PROYECTOS ELÉCTRICOS RESIDENCIALES

TOMO II

Protección contra sobrecorrientes
Circuitos ramales residenciales
Cálculo de acometidas y alimentadores
Consideraciones sobre la acometida
Puesta a tierra y conexión equipotencial
El proyecto eléctrico residencial
Instalaciones telefónicas

Júpiter Figuera – Juan Guerrero

Proyectos Eléctricos Residenciales
Júpiter Figuera
Juan Guerrero

Revisión y corrección:
Prof. Carlos Lezama
Prof. Ernesto Leal

Maquetación, dibujos e ilustraciones:
Prof. Júpiter Figuera

Derechos reservados conforme a la ley
Prof. Júpiter Figuera
Ing. Juan Guerrero

Los dibujos, ilustraciones, presentación y maquetación
de esta obra pertenecen al Prof. Júpiter Figuera.
Queda prohibido la reproducción y el uso total o parcial del
texto, las ilustraciones y los dibujos sin el permiso
escrito de los autores.

ISBN-13: 978-1544714691
ISBN-10: 1544714696
Depósito legal: SU2017000004

Dedicatorias

A mi bella esposa Isabel
A Celeste, Brisa, Karlene, Karla y Katherine
(Júpiter Figuera Yibirín)

A mi querida esposa, Alba
A mis amados hijos Ninel, Juan, Libia y Miriam
(Juan Guerrero Márquez)

Agradecimientos

Agradecemos la revisión exhaustiva que de los originales de esta obra hizo el Prof. Carlos Lezama; aunque inconclusa por el azar del destino, su laboriosa tarea siempre nos acompañará. Asimismo reconocemos la cuidadosa revisión llevada a cabo por el escritor Ernesto Leal para perfeccionar el estilo final.

INTRODUCCIÓN

A QUIÉN ESTÁ DIRIGIDO ESTE LIBRO

Este libro, compuesto por dos tomos, es el resultado de una laboriosa investigación sobre el conocimiento en el área de las instalaciones eléctricas. Aunque trata, fundamentalmente, de los sistemas eléctricos residenciales, su contenido describe una serie de elementos y conceptos que se extienden a diversas áreas de la ingeniería eléctrica y sirven de base para posteriores y diversos estudios en este importante sector. Su objetivo fundamental es dotar al ingeniero de proyectos eléctricos residenciales, así como al estudiante de ingeniería eléctrica, o de las carreras técnicas en el área de la electricidad, con las herramientas fundamentales para garantizar la realización de un diseño esencialmente seguro y apegado a las normas que rigen la especialidad.

CONOCIMIENTOS REQUERIDOS

Para abordar el estudio del presente libro se requieren los elementos básicos de la electricidad y de las operaciones aritméticas fundamentales. Solo en muy pocos casos es necesario conocer operaciones más complejas, como la función exponencial y la representación fasorial de las variables eléctricas (voltaje, corriente e impedancia).

NORMAS EN LAS CUALES SE BASA

A lo largo del texto se menciona el apego del contenido a las normas que rigen el cálculo de las instalaciones eléctricas residenciales. Para ello se consultaron regulaciones de los países latinoamericanos y del **National Electrical Code** (**NEC**) de los Estados Unidos. Este último ha servido de base para la redacción de los códigos de varios países de Latinoamérica. En el caso de Venezuela, el **National Electrical Code** ha sido traducido al idioma español. Este código fue adaptado a las características venezolanas y designado como **Código Eléctrico Nacional** (**CEN**), por cuanto «los procedimientos de construcción y los materiales que se utilizan en Venezuela son los mismos en ambos países».

ILUSTRACIONES

En el desarrollo del contenido se hace un uso abundante de las figuras relacionadas con los conceptos teóricos. De esta manera se busca lograr una mayor comprensión del material de estudio. La transformación de las ideas expuestas en hermosas ilustraciones, muy cercanas a lo que la realidad presenta, hace más atractiva la lectura del texto y complementa la aprehensión del conocimiento.

ORGANIZACIÓN

El libro consta de 14 capítulos divididos en dos tomos. En este primer tomo se tratan los capítulos 8, 9, 10, 11, 12, 13 y 14. Los capítulos, a la vez, están divididos en secciones, y estas, en algunos casos, se dividen en subsecciones. Todos ellos están enumerados en orden correlativo. En cada capítulo se presenta un número apreciable de ejemplos y al final del mismo se proponen preguntas teóricas y problemas en relación con el tema estudiado. Numerosas ilustraciones, referidas a los temas descritos, refuerzan, como ya se dijo, los planteamientos teóricos. Las tablas incluidas en los distintos capítulos aportan datos y particularidades de los elementos que caracterizan a las instalaciones eléctricas y que son útiles para seleccionarlos. Dichas tablas fueron adaptadas, en su mayoría, de los códigos eléctricos que rigen el diseño de las instalaciones. Al final del libro se incluyen apéndices que contienen las tablas mencionadas en el contenido y otros datos de importancia en el estudio y la selección de los componentes eléctricos. A continuación se describe el contenido de los capítulos de cada tomo.

TOMO I

CAPÍTULO 1: Principios básicos

Se estudian los aspectos generales y los constituyentes básicos de una instalación eléctrica, sea aérea o subterránea. Asimismo, se presentan los requisitos necesarios para obtener un buen diseño y un sistema eléctrico seguro y confiable. Finalmente se describen los sistemas eléctricos más comunes, tanto monofásicos como trifásicos, y se desarrollan las fórmulas que establecen las caídas de voltaje en los mismos.

CAPÍTULO 2: Conductores eléctricos

Se refiere al estudio de los conductores usados en las instalaciones eléctricas. Se definen lo que son un conductor, un alambre y un cable, y se describen los distintos sistemas (AWG, kcmil, métrico y SWG) para establecer su calibre en *mils*, *circular mils*, *square mil*, pulgadas y mm. Se presentan los distintos tipos de aislantes de los conductores y sus características físicas. La definición de ampacidad, un concepto básico en la caracterización de los conductores, y su dependencia de la temperatura ambiente y del número de conductores en un ducto, son analizadas en todos sus detalles. Se responde a las preguntas relativas a cuándo un conductor neutro es portador de corriente y cuál es el calibre adecuado para el mismo. Se analiza con precisión cómo influye el régimen de temperatura de los distintos componentes de la instalación sobre la selección del conductor. Se deducen fórmulas para determinar la caída de voltaje en los distintos sistemas eléctricos, tanto en corriente continua como en corriente alterna. Teniendo en cuenta esas relaciones, se elaboran tablas que permiten seleccionar el tipo y calibre del conductor a partir de una caída de voltaje determinada, así como determinar la longitud máxima del conductor para esa caída de voltaje. Los distintos tipos de cables utilizados en las instalaciones eléctricas también son objeto de estudio.

Capítulo 3: Canalizaciones eléctricas

Se estudian los diferentes tipos de ductos usados comúnmente (PVC, EMT, RMC, FMC) en las instalaciones eléctricas y se describen: *a*) los usos permitidos y no permitidos; *b*) los tamaños mínimo y máximo de los tubos; *c*) el número máximo de conductores permitidos en un tubo; *d*) la forma de doblar los tubos y el número máximo de curvas en su recorrido; *e*) la fijación de los tubos mediante soportes; *f*) la conexión a cajas y uniones, y *g*) la puesta a tierra de los tubos.

Capítulo 4: Cajas eléctricas

Se describen las cajas eléctricas, metálicas y no metálicas, de las instalaciones, así como sus tapas y cómo se realiza la conexión a los tubos. Se estudian las conduletas, las cajas de paso o de empalme y las cajas a prueba de agua. Se explican las normas y el procedimiento para determinar el número máximo de conductores en una caja.

Capítulo 5: Tomacorrientes

Este capítulo trata sobre los tomacorrientes, sus características, su capacidad y cableado, así como la relación de los distintos tipos de tomacorrientes con las normas de seguridad eléctrica. Se estudia el interruptor de corriente por fallas a tierra (GFCI), así como su funcionamiento y cableado, sus limitaciones y tipos. Los circuitos multiconductores son un tema de este capítulo. Se menciona el interruptor contra fallas de arco.

Capítulo 6: Interruptores

A partir de conceptos básicos se presentan los distintos tipos de interruptores (SPST, SPDT), describiendo su funcionamiento y su uso en las instalaciones eléctricas. Se muestran diagramas pictóricos de los cableados utilizados para encender luminarias, desde distintos sitios de una residencia o edificación, mediante el uso de interruptores sencillos, de tres vías y de cuatro vías.

Capítulo 7: Ubicación de tomacorrientes y luminarias

Este capítulo se propone establecer cómo se colocarán los tomacorrientes y luminarias en los ambientes de una residencia. Se mencionan los equipos y artefactos eléctricos más comunes en una unidad residencial y se dan indicaciones sobre las distancias que deben mantener los tomacorrientes entre sí y con respecto a los muebles que se encuentran en los distintos espacios de una vivienda. El estudio tiene en cuenta tanto tomacorrientes interiores como exteriores a la residencia.

TOMO II

Capítulo 8: Protección contra sobrecorriente

Está dedicado a la protección contra sobrecorriente en los sistemas eléctricos residenciales. Se definen conceptos como sobrecarga y cortocircuito, y se hace una descripción de los fusibles e interruptores automáticos encontrados en una instalación eléctrica. Asimismo se estudia cómo operan estos componentes. En este capítulo se mencionan las normas eléctricas más relevantes, en relación con los interruptores, que establece el **Código Eléctrico Nacional** de los Estados Unidos, ilustrando con ejemplos y figuras la aplicación de dichas normas. También, varios ejemplos indican el procedimiento para calcular las protecciones.

Capítulo 9: Circuitos ramales residenciales

Se definen los diferentes circuitos ramales de 15, 20, 30, 40 y 50 amperios, así como los circuitos individuales típicos de una unidad residencial, y se describe cómo calcular el número de circuitos ramales para tomacorrientes e iluminación. Se estudian los circuitos ramales para pequeños artefactos de la cocina y la manera de calcular el número de los mismos. Se presenta la tabla correspondiente a los factores de demanda para cargas de iluminación. Asimismo se describen los circuitos ramales que las normas eléctricas especifican para el lavadero y la sala de baño. Se mencionan detalladamente los circuitos individuales de: las cocinas eléctricas, los calentadores de agua, las secadoras de ropa, las compactadoras de basura, los trituradores de desperdicios, los hornos de microondas y los acondicionadores de aire.

Capítulo 10: Cálculo de acometidas/alimentadores

El procedimiento para calcular los alimentadores y las acometidas de una unidad de vivienda es el objetivo principal de este capítulo. Se mencionan las normas más relevantes que se aplican en estos cálculos. Los métodos estándar y opcional de cálculo se utilizan para determinar los calibres de los conductores de fase y del neutro. Se especifica cuándo un conductor neutro es portador de corriente y cómo la corriente en el neutro se relaciona con el valor de la corrientes de las fases. Varios ejemplos contribuyen a esclarecer los procedimientos de cálculo.

Capítulo 11: Características de la acometida

Se comienza con la definición de la acometida y de los distintos elementos que la conforman. Se considera el número de acometidas y las separaciones verticales y horizontales que deben tener con respecto a una edificación y con respecto al suelo. Se estudian las características de los conductores de la acometida, los elementos de soporte de esta, los medios de desconexión y la protección contra sobrecorriente del equipo de acometida. El capítulo finaliza con el estudio de algunas características de los tableros eléctricos.

Capítulo 12: Puesta a tierra y conexión equipotencial

Los importantes tópicos de la puesta a tierra y de la fusión conductiva (conexión equipotencial o *bonding*) se tratan en forma detallada. Se dan las definiciones más relevantes en relación con ambos conceptos. Se explica cómo se han de conectar los elementos de una instalación eléctrica para garantizar una buena fusión conductiva. Se describe detalladamente el camino de una corriente de falla a tierra y cómo evitar que la misma constituya una amenaza para los usuarios de la instalación eléctrica. Se dice qué son las corrientes indeseables en un sistema eléctrico. Se da a conocer el concepto de un sistema eléctrico derivado separadamente. Se mencionan los electrodos de puesta a tierra más comúnmente utilizados.

Capítulo 13: El proyecto eléctrico residencial

Tomando como ejemplo una residencia familiar, se desarrolla paso a paso el procedimiento a seguir para el cálculo de una instalación eléctrica.

Capítulo 14: Instalaciones telefónicas

Se establecen las características de las instalaciones telefónicas en residencias unifamiliares y edificios, y se describen la clasificación y las características de cada tipo de instalación.

CONTENIDO DEL TOMO II

Dedicatorias y agradecimientos		iii
Introducción		iv

8 Protección contra sobrecorriente

8.1	Sistemas eléctricos: la necesidad de protegerlos	303
8.2	Definiciones básicas	304
	8.2.1 Sobrecarga	305
	8.2.2 Cortocircuito	306
	8.2.3 Falla a tierra	308
8.3	Fusibles	309
	8.3.1 Operación del fusible	310
	8.3.2 Fusibles tipo tapón	311
	8.3.3 Fusibles de cartucho	312
8.4	Características de los fusibles	315
	8.4.1 Régimen de voltaje o voltaje nominal	315
	8.4.2 Régimen de corriente o corriente nominal	316
	8.4.3 Capacidad de interrupción de corriente	317
	8.4.4 Curvas tiempo *vs* corriente	317
8.4.5	Limitación de corriente	318
8.5	Cálculo de la corriente de cortocircuito	319
8.6	Clasificación de fusibles	321
8.7	Interruptores automáticos	322
	8.7.1 Operación de un interruptor	322
	8.7.2 Interruptor magnético	324
	8.7.3 Clasificación de los interruptores	325
8.8	Características de los interruptores automáticos	326
	8.8.1 Régimen de voltaje	326
	8.8.2 Régimen de corriente	327
	8.8.3 Capacidad de interrupción de corriente	328
	8.8.4 Curvas tiempo *vs* corriente	329
8.9	Interruptores tipos GFCI y AFCI	332
8.10	El **Código Eléctrico Nacional** y la protección de conductores contra sobrecorriente	333
8.11	Cálculo de las protecciones	356
8.12	Resumen de las normas más resaltantes del **CEN** en cuanto a la protección contra sobrecorriente	366

9 Circuitos ramales residenciales

9.1	Circuitos ramales. Definiciones.	375
9.2	Requisitos generales de los circuitos ramales	377

9.3	Clasificación de los circuitos ramales	380
9.4	Circuitos ramales de uso general de 15 amperios	383
9.5	Número de circuitos ramales de 15 amperios	387
9.6	Número de salidas de iluminación y/o tomacorrientes en un circuito ramal de uso general de 15 amperios	389
9.7	Circuitos ramales de 20 amperios para uso general	391
9.8	Número de circuitos ramales de 20 amperios	394
9.9	Número de salidas de iluminación y/o tomacorrientes en un circuito ramal de uso general de 20 A	396
9.10	Circuitos ramales de 20 amperios para pequeños artefactos	397
9.11	Cálculo del número de circuitos ramales de 20 amperios para pequeños artefactos	399
9.12	Carga de los circuitos de pequeños artefactos a tener en cuenta para el cálculo de alimentadores	400
9.13	Circuitos ramales de 20 A de uso en el lavadero	402
9.14	Circuitos ramales de 20 A para las salas de baño	404
9.15	Circuitos ramales de 30 A para uso general	407
9.16	Circuitos ramales de 40 A y 50 A para uso general	408
9.17	Circuitos ramales individuales	409
9.18	Artefactos y equipos especiales conectados a circuitos individuales	414
9.19	Circuitos ramales para equipos de cocinas eléctricas	419
9.20	Circuito ramal para calentadores de agua	434
9.21	Circuito ramal para la secadora eléctrica de ropa	437
9.22	Circuito ramal para el lavaplatos eléctrico	442
9.23	Circuito ramal para el compactador de basura	444
9.24	Circuito ramal para el triturador de desperdicios	445
9.25	Circuito ramal para el horno de microondas	447
9.26	Circuito ramal para los equipos de aire acondicionado	448
9.27	Circuito ramal multiconductor	451

10 Cálculo de acometidas/alimentadores

10.1	Acometidas y alimentadores	457
10.2	Cálculo de alimentadores. Método estándar	461
10.3	Método opcional para viviendas unifamiliares	491
10.4	Cálculo de acometidas en residencias multifamiliares	497

11 Consideraciones sobre la acometida

11.1	La acometida. Generalidades.	526
11.2	La acometida. Definiciones.	529
11.3	Número de acometidas	530
11.4	Acometidas externas a un edificio	532
11.5	Separación de la acometida aérea de las edificaciones	535
11.6	Los conductores de la acometida aérea	536
11.7	Elementos de soporte de la acometida aérea	414

11.8	Conductores de la acometida subterránea	539
11.9	Conductores de entrada de la acometida	540
11.10	Medios de desconexión del equipo de acometida	547
11.11	Protección contra sobrecorriente del equipo de cometida	549
11.12	Tableros eléctricos. Generalidades.	550
11.13	Especificaciones eléctricas de los tableros	552

12 Puesta a tierra y conexión equipotencial

12.1	Aspectos generales. Definiciones.	558
12.2	Requerimientos generales para la puesta a tierra y la conexión equipotencial	568
12.3	Corrientes indeseables	569
12.4	Accesorios para la puesta a tierra	572
12.5	Puesta a tierra de sistemas y circuitos	572
12.6	Puesta a tierra de la acometida de sistemas de corriente alterna	575
12.7	Puesta a tierra en el lado de la carga	577
12.8	El puente equipotencial principal	578
12.9	Conductor puesto a tierra (neutro)	581
12.10	Puesta a tierra de sistemas derivados separadamente	581
12.11	Sistema de puesta a tierra	583
12.12	Electrodos de puesta a tierra	584
12.13	Puentes de conexión equipotencial	587
12.14	Conductores de puesta a tierra (*bonding*) de los equipos	590
12.15	Métodos para la unión equipotencial de equipos (*bonding*)	591
12.16	A manera de resumen	594

13 El proyecto eléctrico residencial

13.1	Consideraciones generales	599
13.2	Partes de un proyecto	600
13.3	Planos eléctricos	602
13.4	Cálculo de los circuitos ramales	613
13.5	Cálculo del alimentador y de la acometida	616
13.6	Tablas de carga	621
13.7	Esquemas de los tableros. Símbolos.	622
13.8	Puesta a tierra. Tanquillas.	622
13.9	Memoria final del proyecto eléctrico	623

14 Instalaciones telefónicas

14.1	Consideraciones generales	634
14.2	Teléfonos en viviendas unifamiliares	634
14.3	Distribución interna de la red telefónica	636
14.4	Instalaciones telefónicas en edificios	639

14.5 Elementos principales de un proyecto telefónico en un edificio	649
Apéndices	655
Índice alfabético	691

CAPÍTULO 8

PROTECCIÓN CONTRA SOBRECORRIENTE

8.1 SISTEMAS ELÉCTRICOS: LA NECESIDAD DE PROTEGERLOS.

La energía eléctrica es una de las más barata, más limpia y más conveniente de las formas de energía. Su generación, control y distribución ha sido la base del desarrollo de todas las naciones. Sin embargo, el usuario común no maneja la idea del poder que se esconde detrás de este tipo de energía, si se utilizara de manera incontrolada. Una de las manifestaciones más espectaculares de la energía eléctrica no controlada se evidencia en la presencia de rayos y truenos, donde el caudal de energía liberada alcanza valores extremadamente altos. De igual modo y, pasando a las aplicaciones cotidianas de la electricidad en el hogar y en instalaciones comerciales e industriales, se pueden anticipar efectos catastróficos, tanto a la propiedad como a la propia vida, de no tener medios de control apropiados para manejar la energía eléctrica a utilizar.

La aplicación indebida, el uso no apropiado o los accidentes en las instalaciones, liberan potencia en forma incontrolada de la energía eléctrica, lo cual da como resultado las llamadas corrientes de falla, que se manifiestan a lo largo de los conductores y a través de otros caminos no previstos del sistema.

La protección de los sistemas eléctricos contra daños y destrucción, que se traduce, al final, en el resguardo de vidas y propiedades, ha recibido siempre la atención de ingenieros electricistas y de los diseñadores de las instalaciones eléctricas. En un principio, la protección se reducía, a la desconexión del circuito, incluso si esto comportaba la destrucción del mismo dispositivo de protección. Fue Thomas Edison el pionero en la protección de los sistemas eléctricos, con la invención del fusible, un alambre conectado en serie con el conductor a proteger que se funde cuando la corriente es excesiva.

Aun cuando una instalación eléctrica consta de elementos de grandes dimensiones y considerables costos, tales como generadores, transformadores, motores y cables de alta y baja tensión, los componentes más relevantes, desde el punto de vista del resguardo de la vida y de los equipos conectados, son los elementos de protección. Estos se diseñan para detectar las fallas eléctricas y desconectar los circuitos ramales envueltos en las fallas, antes de que se produzcan daños irreversibles al resto de la instalación o a los bienes servidos por la misma.

Los conductores de un sistema eléctrico constituyen la red de distribución de la energía, en cualquier área residencial, comercial o industrial. Por esa razón, su preservación en óptimas condiciones es uno de los objetivos principales de los dispositivos de protección contra sobrecorriente (OCPD, por sus siglas en Inglés: *Overcurrent Protection Devices*).

La variable más importante en la protección de conductores y equipos es la corriente eléctrica. Con respecto a conductores y cables, la idea básica es que no se produzca deterioro al alambre o al aislante que lo recubre, cuando fluye corriente a lo largo de los mismos. Bajo la condición de exceso de corriente, los OCPD deben detectarla y desconectar el circuito que protegen, cortando el flujo de corriente eléctrica.

Tal como se expresa en la **Fig. 8.1**, el flujo de corriente en el interior de un conductor siempre genera calor. Si la corriente en el conductor está dentro del valor máximo para el cual fue diseñado, su expectativa de duración se encontrará dentro de los valores límites esperados. Bajo condiciones normales, el calor generado en el interior del conductor atraviesa al aislante y se disipa en el ambiente que lo rodea. Cuando la corriente alcanza altos valores, el calor generado es excesivo; se producen severos daños al aislamiento del cable o conductor, llegando, inclusive, a carbonizar la cubierta plástica que lo protege. Si este último proceso no es interrumpido a tiempo, el aumento de temperatura podría significar un alto riesgo de incendio en la instalación eléctrica. De allí la importancia del uso de los dispositivos de protección contra sobrecorriente, de los cuales los fusibles y los interruptores termomagnéticos son los elementos utilizados para proteger, tanto a los conductores como a los equipos conectados a la instalación.

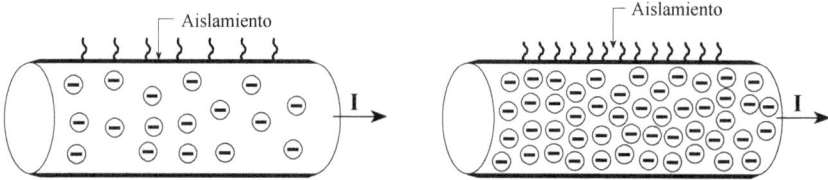

Flujo normal de corriente: El número de electrones se corresponde con la corriente para la cual fue diseñado el conductor. El aislamiento del conductor no se deteriora, puesto que la temperatura alcanzada por el mismo no supera el valor para el cual fue diseñado.

Flujo excesivo de corriente: El número de electrones es muy elevado, generando una corriente para la cual no fue diseñado el conductor. El aislamiento se deteriora, llegando, inclusive, a fundirse, puesto que la temperatura alcanzada por el mismo supera su valor de diseño.

Fig. 8.1 Comportamiento de un conductor, bajo condiciones normales y condiciones excesivas de corriente.

Como se ha estudiado anteriormente, en el **Capítulo 2** de este libro, la máxima corriente que puede soportar un conductor en forma continua está relacionada con la temperatura máxima que puede alcanzar el aislante que lo recubre. A esta corriente se le denomina ampacidad y se define de la siguiente manera:

> **Ampacidad**: *La corriente, en amperios, que un conductor puede soportar continuamente bajo las condiciones de uso, sin exceder la máxima temperatura de operación.*

Bajo este concepto, los OCPD se seleccionan, fundamentalmente, para evitar superar la ampacidad de un conductor.

8.2 DEFINICIONES BÁSICAS

Las normas definen una sobrecorriente en los siguientes términos:

> **Sobrecorriente**: *Cualquier corriente cuyo valor esté por encima de la máxima corriente de diseño de un equipo o de la ampacidad de un conductor. Se puede deber a una sobrecarga, un cortocircuito o una falla a tierra.*

En una instalación eléctrica se pueden encontrar los tipos de sobrecorriente, mencionados a continuación: *a*) *Sobrecargas*, *b*) *Cortocircuitos*, *c*) *Fallas a tierra*. Para hacer las comparaciones adecuadas, nos referiremos al circuito ramal de la **Fig. 8.2**, en el cual suponemos fluye una corriente I, cuyo valor es menor que la ampacidad del conductor.

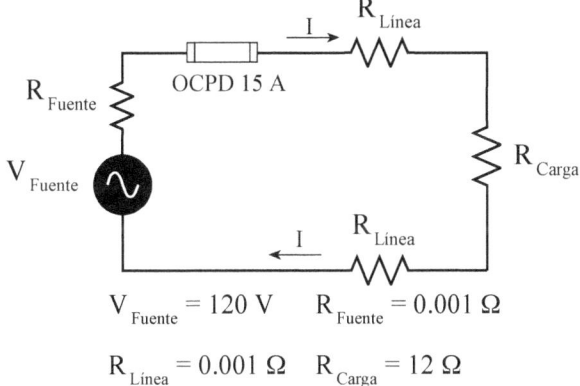

$V_{Fuente} = 120$ V $R_{Fuente} = 0.001$ Ω

$R_{Línea} = 0.001$ Ω $R_{Carga} = 12$ Ω

Fig. 8.2 Comportamiento de un conductor, bajo condiciones normales y excesivas de corriente.

El circuito ramal está alimentado por una fuente de 120 V, presente en el tablero, que aloja los OCPD, la cual posee una resistencia interna muy pequeña de 0.001 Ω. El conductor tiene una resistencia total de línea de 0.002 Ω y la carga es de 12 Ω. El dispositivo de protección (OCPD), bien sea un fusible o un interruptor termomagnético es de 15 amperios. Para estos valores, la corriente I en el circuito ramal es:

$$I = \frac{V}{R_{Total}} = \frac{120 \text{ V}}{(12 + 0.001 + 0.002)} = 9.9975 \text{ A}$$

Como la corriente I es menor que la corriente del OCPD, el circuito funciona normalmente.

8.2.1 Sobrecarga

El término sobrecarga es definido de la manera siguiente:

> **Sobrecarga**: *Funcionamiento de un equipo por encima de régimen a plena carga o de un conductor con una corriente por encima de su ampacidad y que, de persistir por un tiempo suficientemente largo, podría causar daño o sobrecalentamiento peligroso. Fallas como cortocircuitos o una falla a tierra no se consideran sobrecargas.*

Típicamente, las corrientes de sobrecarga alcanzan valores entre dos y seis veces la corriente normal de operación del circuito.

Las corrientes de sobrecarga pueden ser transitorias o permanentes. Generalmente, las primeras no producen daño alguno en el sistema eléctrico y tienen su origen en el arranque de motores o cuando se le suministra energía a un transformador. Su duración es relativamente corta y, por tanto, los OCPD no las detectan. Las corrientes permanentes son el resultado, entre otras causas, del exceso de corriente por la conexión de muchos artefactos y de motores o equipos defectuosos. Estas últimas son de naturaleza destructiva y los OCPD deben eliminarlas, antes de que ocasionen severos deterioros al sistema de distribución de energía. Una corriente de sobrecarga sostenida produce un sobrecalentamiento de los conductores y de otros componentes de la instalación, ocasionando desperfectos en el aislante que, a su vez, da lugar a daños graves y es una fuente de incendios. La **Fig. 8.3** muestra el mismo circuito ramal de la **Fig. 8.2**, cuando una sobrecarga tiene lugar.

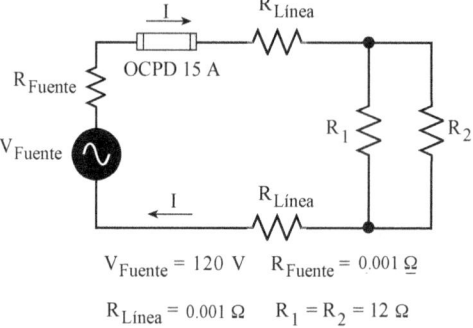

Fig. 8.3 Al añadir otra resistencia de carga la corriente en el circuito supera la capacidad del OCPD (ver texto) y, por tanto, el circuito está sobrecargado.

Como se puede observar en la **Fig. 8.3**, la carga está representada por dos resistencias de 12 Ω cada una. Por tratarse de una combinación en paralelo, la resistencia resultante es de 6 Ω y la corriente en el circuito es:

$$I = \frac{120 \text{ V}}{(6 + 0.001 + 0.002)} = 19.99 \text{ A}$$

La corriente supera a la capacidad de interrupción del OCPD, lo cual este dispositivo se abrirá. evitando una situación de riesgo para los conductores y para la carga de 6 Ω por efecto de la corriente de sobrecarga.

Las corrientes de sobrecarga generadas en un circuito siempre circulan por los conductores del mismo. Es decir, parten desde la fuente de suministro de energía, pasan por el OCPD, siguen por el conductor, alcanzan la carga y se devuelven hacia la fuente de energía.

8.2.2 Cortocircuito

El cortocircuito es una situación en la cual dos o más conductores energizados entran en contacto, dando lugar a una corriente de gran magnitud que elude el paso por la carga conectada. La corriente de cortocircuito, en consecuencia, no circula por la trayectoria normal de la corriente en el circuito.

CAPÍTULO 8: PROTECCIÓN CONTRA SOBRECORRIENTE   307

Un cortocircuito se puede producir entre una fase (activo) y un neutro o entre dos fases. El camino que crea un cortocircuito es de muy baja impedancia, y en él están involucradas solo las bajas impedancias de la fuente y de los conductores. Esto da como resultado corrientes de mucha intensidad que constituyen un alto riesgo para personas y bienes por las altas temperaturas que se generan. La **Fig. 8.4** indica la situación que se presenta cuando la fase de la **Fig. 8.2** se conecta con el neutro.

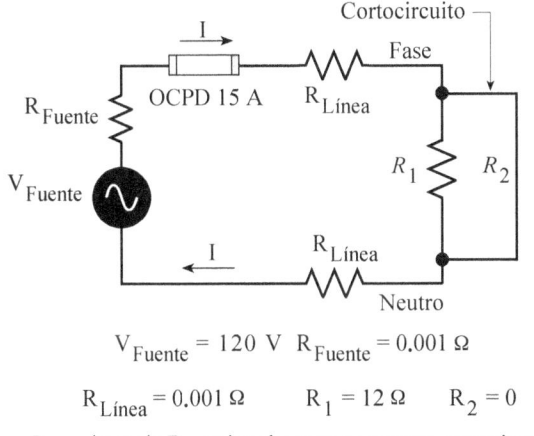

$V_{Fuente} = 120 \text{ V}$ $R_{Fuente} = 0.001 \text{ }\Omega$

$R_{Línea} = 0.001 \text{ }\Omega$ $R_1 = 12 \text{ }\Omega$ $R_2 = 0$

La resistencia R_2 es igual a cero por ser un cortocircuito

Fig. 8.4 Cuando la fase se conecta con el neutro, el resultado es un cortocircuito que está representado por la resistencia R_2 de valor cero. Bajo esta condición, la corriente resultante es muy grande (ver texto).

Como la resistencia R_2, correspondiente al cortocircuito es, idealmente, igual a cero, la resistencia equivalente en la carga es nula:

$$R_{Carga} = \frac{R_1 \cdot R_2}{R_1 + R_2} = \frac{12 \cdot 0}{12 + 0} = 0$$

La corriente de cortocircuito es:

$$I_{Cortocircuito} = \frac{120 \text{ V}}{(0.001 + 0.001 + 0.001)} = 40000 \text{ A}$$

Esta enorme corriente, a menos que sea interrumpida por el OCPD en un tiempo muy corto, provocará el sobrecalentamiento del conductor, su derretimiento y la carbonización del aislante*.

Este tipo de falla genera corrientes cientos de veces mayores que la corriente normal de operación del circuito. Aparte de los daños al conductor, tienen lugar fenómenos de vaporización de partes metálicas, ionización de gases, formación de arcos eléctricos y campos magnéticos de gran magnitud. Estos últimos crean esfuerzos enormes sobre los elementos metálicos que integran la instalación eléctrica, llegando a causar su destrucción.

---

* El calor generado está dado por $Q = 0.24 \text{ I}^2 \text{Rt}$. Con los valores dados, este calor es igual a 3456 calorías en 3 ms, lo que da lugar a una temperatura capaz de derretir cualquier metal presente y generar incendios en el área circundante.

8.2.3 Falla a tierra

Se produce una falla a tierra cuando un conductor de fase entra en contacto con cualquier superficie metálica puesta a tierra, como una canalización, la cubierta de un artefacto o equipo eléctrico o una tubería de agua. La corriente que fluye en una falla a tierra también elude el camino normal de conducción en el circuito.

Las corrientes de falla a tierra pueden ser de baja o alta intensidad. Cuando la corriente tiene una magnitud pequeña, el OCPD no se disparará, mientras que al alcanzar valores por encima del valor nominal del OCPD, este funcionará, desconectando el circuito afectado por la sobrecarga.

Una corriente de falla de baja intensidad presenta un camino de alta impedancia para la instalación eléctrica, dando lugar a valores por debajo del régimen del OCPD. Cuando se produce por una conexión no intencional y no afecta a personas, el consumo de energía eléctrica se incrementa sin que el usuario detecte la falla. Cuando una persona toca accidentalmente un conductor activo, la falla a tierra puede producir electrocución, a menos que el ramal afectado esté protegido por interruptores de fallas a tierra (GFCI), tal como se estudió en el Capítulo 5 de este libro. La **Fig. 8.5** ilustra un ejemplo de este tipo de falla.

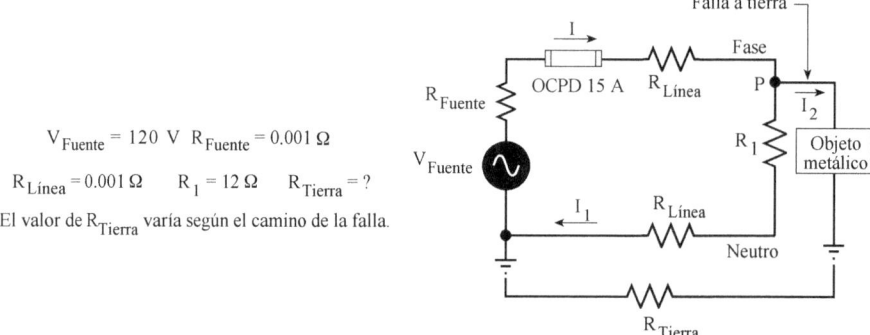

$V_{Fuente} = 120$ V $R_{Fuente} = 0.001\ \Omega$
$R_{Línea} = 0.001\ \Omega$ $R_1 = 12\ \Omega$ $R_{Tierra} = ?$
El valor de R_{Tierra} varía según el camino de la falla.

Fig. 8.5 Cuando la fase hace contacto con una parte metálica, como una canalización o la carcasa de un artefacto, se produce una falla a tierra.

La falla a tierra se produce en el punto P, donde el conductor de fase se pone en contacto con la cubierta metálica de un artefacto, que está puesta a tierra. En esta condición, la corriente proveniente de la fuente de alimentación se divide en las corrientes I_1 e I_2, la primera de las cuales pasa por la carga, mientras que la segunda recorre la falla a tierra. Las magnitudes de estas corrientes dependen de la impedancia del recorrido. Entonces, I_1 encuentra una impedancia dada por la suma:

$$Z_1 = R_{Fuente} + 2R_{Línea} + R_1$$

La corriente I_2 encuentra la impedancia:

$$Z_2 = R_{Fuente} + R_{Línea} + R_{Tierra}$$

CAPÍTULO 8: PROTECCIÓN CONTRA SOBRECORRIENTE

Normalmente, cuando se produce una falla a tierra, la resistencia de tierra es muy pequeña y la impedancia Z_2 es mucho menor que Z_1. Como resultado, la corriente I_2 es mucho mayor que I_1 y el incremento en la corriente I es debido, principalmente, a I_2.

Si Z_2 es relativamente grande, la corriente de falla a tierra resulta pequeña y posiblemente el OCPD no se dispare. Por el contrario, si Z_2 es muy pequeña, la falla a tierra es considerable y la corriente I_2 producirá el disparo del OCPD.

La **Fig. 8.6** es un resumen de los tipos de sobrecorriente que se presentan en una instalación eléctrica: sobrecargas, cortocircuitos y fallas a tierra. Como se observa en esa figura, todos los circuitos ramales están protegidos por dispositivos de protección contra sobrecorriente; en este caso, interruptores. A continuación se describen los fusibles e interruptores, elementos fundamentales en el funcionamiento seguro de los sistemas eléctricos.

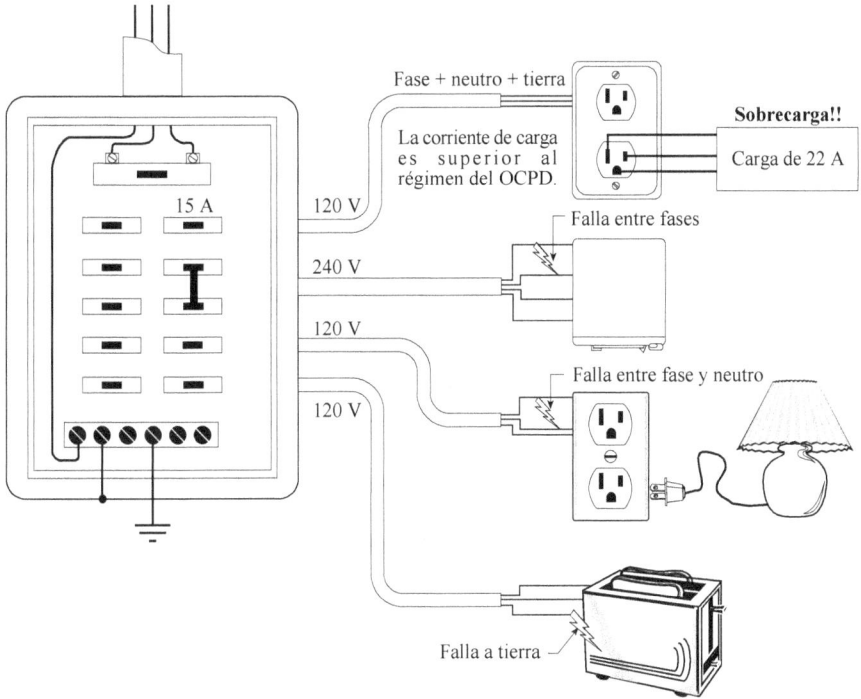

Fig. 8.6 Resumen de los distintos tipos de sobrecorrientes en una instalación eléctrica.

8.3 FUSIBLES

Aun cuando en instalaciones residenciales han sido reemplazados por los interruptores, todavía se utilizan en muchas viviendas. Asimismo, su uso en instalaciones eléctricas industriales y en los sistemas de distribución está muy difundido. Una cantidad apreciable de tiempo transcurrió antes de que los fusibles se utilizaran de manera confiable. Los primeros fusibles eran simplemente conductores de cobre de diámetro pequeño que se conectaban en serie con los circuitos. Como consecuencia de este reducido diámetro, la gran resistencia del conductor producía una alta temperatura que lo fundía cuando la corriente era excesiva. Este tipo de fusible podía explotar cuando se fundía. Su funcionamiento bajo carga de grandes proporciones lo convertía en un elemento peligroso, tanto por el riesgo de incendio que implicaba como por el riesgo para el personal que trabajaba en las instalaciones eléctricas.

El próximo paso fue la utilización de una aleación de plomo como elemento de fusión, la cual también presentaba problemas de explosión en su funcionamiento. Posteriormente, se sustituyó el alambre de plomo por un elemento de zinc, rodeado, en el caso de los fusibles cilíndricos, por un material de relleno granulado (se han utilizado arena de cuarzo y otras sustancias) que ayuda a la extinción del arco que se forma cuando el fusible se abre para proteger al circuito. Este material actúa también como vehículo para disipar el calor que se genera en el interior del fusible.

Los procesos de investigación y fabricación de fusibles se han mejorado en la actualidad, y cada empresa que se dedica al diseño de estos elementos de protección oculta celosamente los materiales y esquemas utilizados en sus productos. Se han desarrollado tres tipos de fusible según su forma geométrica: los de tapón, los de cartuchos (cilíndricos) sin cuchillas en sus extremos y los de cartuchos con cuchillas en sus extremos.

8.3.1 Operación del fusible

La operación de los fusibles se basa en principios térmicos. Observemos la **Fig. 8.7**, que representa esquemáticamente a un tipo de fusible de cartucho con cuchillas. Cuando la corriente atraviesa el fusible, la resistencia del elemento que lo conforma genera calor. Si esa corriente es inferior a la capacidad de diseño del elemento de fusión, el fusible no sufrirá daño alguno. Bajo esta condición, el fusible intercambia calor de manera estable, a través del material de relleno, con el medio que lo rodea: el calor interno que se genera es disipado. En este caso, la temperatura generada por el paso de la corriente no provoca que el elemento fusible se destruya. Cuando se produce una sobrecarga, se genera calor en el interior del fusible, a una velocidad mayor que la que puede ser disipada en el medio ambiente. Esto crea un sobrecalentamiento del elemento que, finalmente, produce la fusión del mismo. El elemento de fusión se corta por lo más delgado y su velocidad de ruptura dependerá de la magnitud y duración

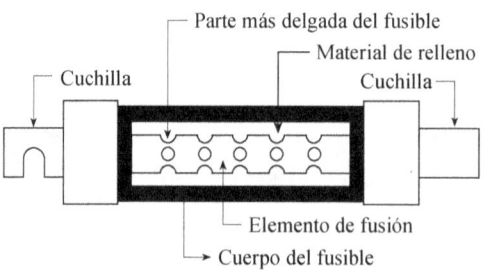

Fig. 8.7 Fusible típico de cuchillas.

de la corriente. El material de relleno ayuda a la extinción del arco que se produce al interrumpirse abruptamente la corriente de sobrecarga.

El *tiempo de respuesta* de los primeros fusibles fabricados era muy largo, dando lugar a efectos masivos de destrucción en los circuitos protegidos. En la actualidad, los fabricantes han conseguido tiempos de respuesta realmente cortos, que desconectan los conductores y equipos en fracciones de segundo.

8.3.2 Fusibles tipo tapón

Los *fusibles de tapón*, conocidos también como fusibles de vidrio, tipo T o de base Edison, se encuentran todavía en residencias antiguas y su presentación se muestra en la **Fig. 8.8**.

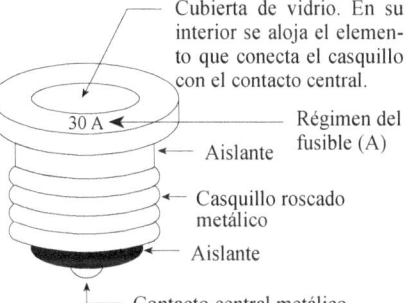

El elemento de interrupción es una lámina que se extiende desde el contacto central del fusible hasta la base roscada. El casquillo, o base roscada, cubierto por una lámina metálica, es estándar para todos los valores nominales de interrupción de corriente. Se

Fig. 8.8 Fusible de tapón con base tipo Edison.

fabrican para amperajes de 0.5, 1, 2, 3, 5, 6, 8, 10, 15, 20, 25 y 30 amperios. *Según las normas eléctricas, estos fusibles no se deben utilizar para corrientes superiores a 30 A y voltajes mayores de 125 V.*

Un problema con este tipo de fusible es que, al ser su base la misma para todos los valores nominales de corriente, es fácil intercambiar un fusible de un amperaje dado por otro, lo cual da lugar a riesgos en el uso de la instalación. Por desconocimiento o error, por ejemplo, un fusible de 15 A pudiera ser sustituido por uno de 30 A, creándose así un riesgo de incendio. Esta falla de diseño condujo a la invención del *fusible*

de tapón tipo S, cuyo casquillo roscado es distinto para diferentes valores de corriente nominal, lo cual impide que una persona sustituya a un fusible por otro que no se corresponda. Además, la base roscada está formada por un material aislante no recubierto por metal. Para cajetines portafusibles viejos, donde se utilicen fusibles estándar, existen adaptadores que permiten usar fusibles tipo S. Es de hacer notar que, según las normas, en toda instalación residencial donde se usen cajas portafusibles nuevas, los fusibles deben ser tipo S. En la **Fig. 8.9** se muestra una foto de este tipo de fusible.

Fig. 8.9 Fusibles de tapón.

De acuerdo con las normas, todos los fusibles de casquillo roscado deberán llevar marcado el régimen de corriente y no deben presentar partes energizadas expuestas una vez que hayan sido instalados en los portafusibles.

La *velocidad de respuesta de un fusible* (o de un interruptor) tiene que ver con el tiempo que se tarda en desconectar un circuito bajo la acción de una corriente que supere el valor nominal del dispositivo de protección. En este contexto se pueden distinguir dos tipos de fusibles, los cuales se mencionan a continuación.

Fusibles sin retardo de tiempo: Su acción es inmediata. Al producirse una sobrecorriente que supera el valor nominal del fusible, su elemento activo (ver **Fig. 8.10**) se rompe, abriendo el circuito. Este tipo de fusible no es la mejor elección para circuitos con motores, ya que la corriente de arranque de los mismos supera transitoriamente la corriente nominal del fusible. En esta condición, el motor no podría arrancar nunca. Un fusible sin retardo puede típicamente dispararse, bajo la acción de una corriente de magnitud igual al 500% de su corriente nominal, en un tiempo de apenas 0.25 segundos, mientras que un motor tarda en arrancar un tiempo mucho mayor (entre 2 y 4 s, dependiendo del par de arranque del motor).

Fusibles de acción retardada: Como su nombre lo indica, este fusible no responde inmediatamente a una sobrecorriente, permitiendo de esta manera que los motores conectados a la red eléctrica puedan arrancar sin dificultad. En la **Fig. 8.11** se indica esquemáticamente su configuración interna. Además del elemento de fusión, se observa un resorte atado al mismo y la presencia de un punto de soldadura de bajo punto de fusión. Si se produce una sobrecarga momentánea de hasta un 200% del régimen de corriente del fusible, este no es afectado y conduce normalmente. Si ocurre una sobrecarga prolongada, el calor se incrementa en su interior y hace fundir la soldadura. El resorte se recoge y abre el circuito. En el caso de producirse un cortocircuito, el elemento del fusible se abre como en un fusible sin retardo.

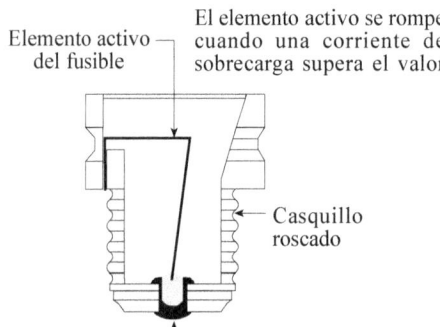 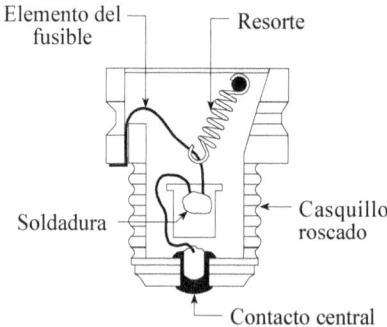

Fig. 8.10 Diagrama interno de fusible de tapón sin retardo.

Fig. 8.11 Diagrama interno de fusible de tapón de acción retardada.

8.3.3 Fusibles de cartucho

Este fusible presenta una forma cilíndrica y puede tener dos configuraciones distintas: con *férulas* (cilindros metálicos terminales) y con cuchillas terminales (ver **Fig. 8.12**). En el cuerpo del fusible, según las normas, se deben marcar el amperaje, el voltaje máximo de operación y la corriente de interrupción (a ser definida más tarde)*.

---

* Los fusibles con férula tienen una capacidad máxima de 60 A a 600 V. Los de cuchilla tienen una capacidad entre 61 y 6000 A a 600 V.

CAPÍTULO 8: PROTECCIÓN CONTRA SOBRECORRIENTE 313

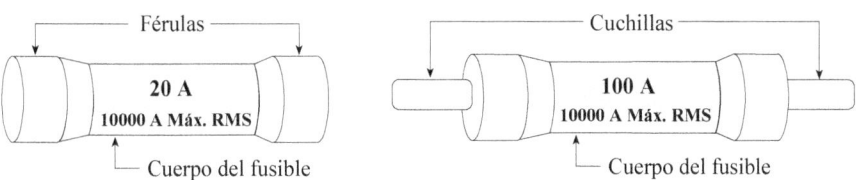

Fig. 8.12 Fusibles de férulas y de cuchillas.

Al igual que con los fusibles de tapón, encontramos los de acción rápida y los de acción retardada. Los primeros, como se ha estudiado, abren el circuito rápidamente, cuando se produce una sobrecarga en el mismo, mientras que los de acción retardada tardan cierto tiempo en actuar antes de desconectarlo.

Dos tipos de configuraciones son comunes en los fusibles de acción retardada. En una de ellas se coloca un disipador de calor muy cercano a la parte más delgada del elemento de fusión. Este disipador absorbe una cantidad apreciable de calor antes que el elemento de fusión se derrita y abra el circuito. Otro diseño consta de dos elementos de fusión: uno de ellos se abre rápidamente bajo la acción de una corriente excesiva, mientras que el otro se abre lentamente bajo la acción de una sobrecarga.

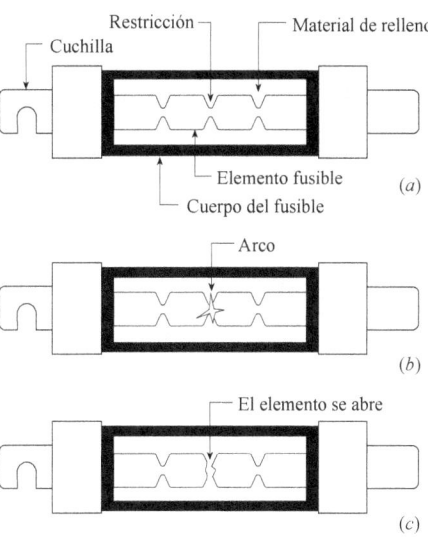

La **Fig. 8.13**(a) corresponde a un fusible de cuchillas, de acción rápida, donde se destacan los elementos y acciones más importantes que tienen lugar cuando sucede una sobrecarga. Bajo condiciones de carga normal, el fusible, simplemente, funciona como un conductor. Como se indica en la **Fig. 8.13**(b), si se origina una sobrecarga que persista por cierto tiempo, una de las restricciones del elemento se funde y se produce un arco que se extingue al aumentar la apertura en el elemento. El material de relleno ayuda a la extinción del arco. De esta forma, se interrumpe la corriente en el circuito, tal como se muestra en la **Fig. 8.13**(c).

Fig. 8.13 Fusible de cartucho sometido a una sobrecarga.

Una sobrecarga normalmente da origen a una corriente de hasta seis veces la corriente normal de un circuito. Por lo contrario, un cortocircuito somete al circuito, y por tanto al fusible, a una corriente mucho mayor. Valores de 20000 a 40000 amperios no son extraños bajo la condición de cortocircuito. La respuesta del fusible puede ser tan rápida como 3 milisegundos (0.003 segundos) en el caso de una falla de grandes proporciones. Este tiempo corresponde a un tiempo mucho menor que el que le toma a la onda de corriente alcanzar medio ciclo a una frecuencia de 60 Hz. Como resultado, la corriente de cortocircuito se corta antes de que alcance su valor máximo. Al producirse un cortocircuito, tal como lo presenta la **Fig. 8.14**, en todas las restricciones del fusible surgen arcos simultáneos, parte (*a*), que producen la apertura del elemento, parte (*b*), en esos puntos. Como en el caso anterior, el material de relleno ayuda a la extinción de los arcos, absorbiendo parte de la energía proveniente de los mismos.

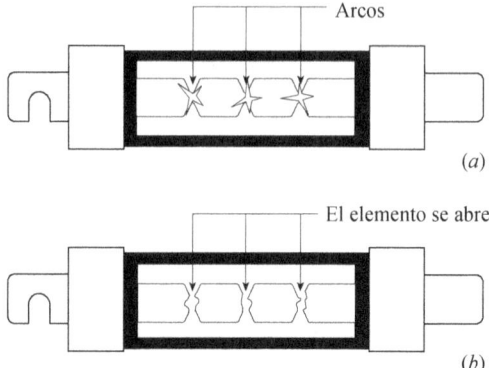

Fig. 8.14 Fusible de cartucho sometido un cortocircuito.

El diseño de acción retardada de dos elementos permite inicialmente una sobrecarga, proveniente de equipos como motores, y abre el circuito al producirse una sobrecarga sostenida o un cortocircuito de grandes proporciones. **La Fig. 8.15**(*a*) es un fusible dual (dos elementos) de acción retardada, sometido a la acción de una sobrecarga sostenida. Bajo la acción de esta corriente, el material de fusión se funde y el elemento de sobrecarga, que internamente posee un resorte extendido, desconecta el circuito después de la sobrecarga, tal como lo muestra la **Fig. 8.15**(*b*).

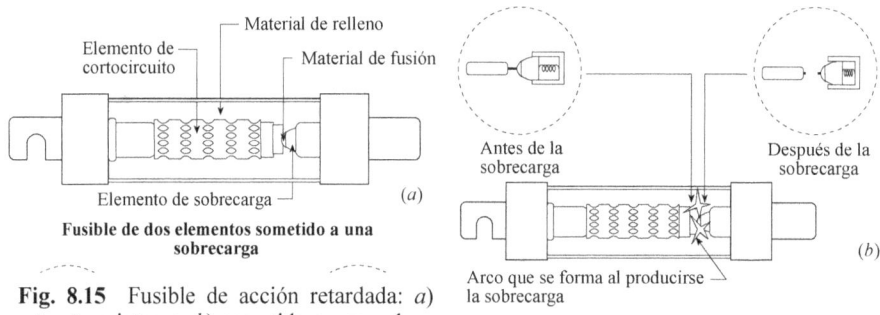

Fig. 8.15 Fusible de acción retardada: *a*) estructura interna; *b*) sometido a una sobrecarga.

En la **Fig. 8.16**(*a*) se indica el comportamiento de un fusible dual de acción retardada, sometido a la acción de un cortocircuito. La acción de una corriente de esta naturaleza provoca la ruptura simultánea de las partes delgadas del elemento del fusible, originándose múltiples arcos. Como producto de esto, se abre el fusible en varias partes y se detiene la corriente de cortocircuito. De esta manera se protege al circuito conectado.

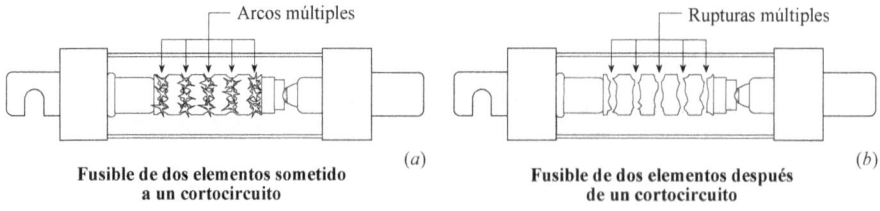

Fig. 8.16 Fusible de acción retardada de dos elementos sometido a un cortocircuito.

CAPÍTULO 8: PROTECCIÓN CONTRA SOBRECORRIENTE 315

Los fusibles de cartucho están disponibles en una gran variedad de corrientes de operación, que van desde 0.125 A hasta 800 A. Los voltajes nominales en voltios son, normalmente, 125, 250 y 600.

8.4 CARACTERÍSTICAS DE LOS FUSIBLES

A fin de desarrollar criterios de selección de los fusibles para una aplicación específica, se describen a continuación las propiedades más importantes que se deben tener en cuenta.

8.4.1 Régimen de voltaje o voltaje nominal

Se refiere esta característica al voltaje máximo de operación de un fusible o de cualquier otro tipo de dispositivo de protección contra sobrecorriente (OCPD). El régimen de voltaje de un fusible debe ser, al menos, igual o mayor que el voltaje del circuito a proteger. Este valor puede ser mayor, pero nunca menor que el voltaje del circuito al cual se conecta el fusible. Por ejemplo, un fusible de 600 V se puede usar para proteger un circuito ramal de 120 V, pero un fusible de 250 V no se debe usar para proteger a un circuito cuyo voltaje de operación sea de 600 V. La mayoría de los fusibles para bajo voltaje tienen un régimen de 250 V o 600 V. Otros valores encontrados son de 125, 300 y 480 voltios.

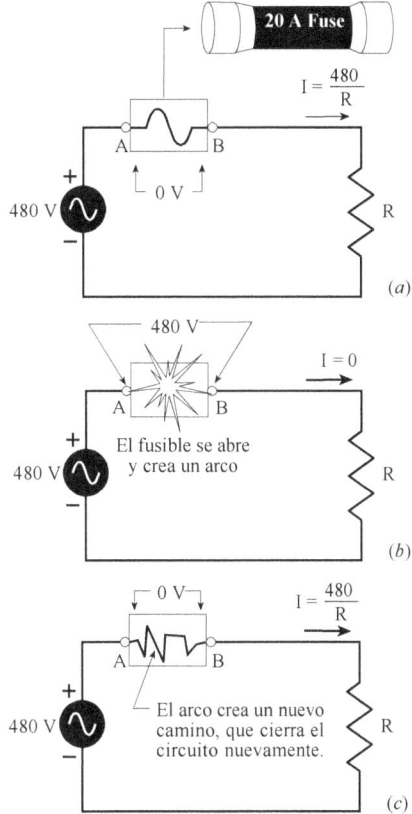

Un voltaje apropiado del fusible es esencial para la interrupción segura de un circuito. En esencia, el régimen de voltaje de un OCPD determina su capacidad para suprimir y extinguir un arco eléctrico cuando tiene lugar una sobrecorriente. Si el fusible tiene un régimen de voltaje menor que el voltaje del circuito, la habilidad para suprimir y extinguir el arco resultará afectada y, de darse algunas condiciones adversas, el fusible no cortará la corriente de manera segura, tanto para un operador como para el circuito mismo (ver **Fig. 8.17**).

En la **Fig. 8.17**(*a*) se conecta un fusible con voltaje de 250 V a un circuito cuya alimentación es de 480 V. El voltaje del circuito es, por tanto, mayor que el voltaje nominal o de régimen del fusible. Bajo condiciones normales de funcionamiento, la corriente está dada por I = 480/R, donde R es la resistencia de carga. El voltaje en el fusible es prácticamente igual a cero, puesto que la resistencia del mismo es nula.

La **Fig. 8.17**(*b*) corresponde al caso en que se produce, por cualquier razón, una sobre-

Fig. 8.17 Comportamiento de un fusible cuando su régimen de voltaje es inferior al voltaje del circuito.

corriente en el circuito. El fusible debería abrirse normalmente si su voltaje nominal de operación resultare superior al voltaje del circuito. La corriente resultante sería cero para esta condición. Sin embargo, como el caso es precisamente lo contrario, puede suceder lo indicado en la **Fig. 8.17**(*c*). El fusible no es capaz de extinguir el arco en forma segura y este se mantiene por un tiempo relativamente largo y podría establecer un puente entre los terminales A y B, cerrando nuevamente el circuito. Para evitar esta última situación, el diseño del fusible debe ser tal que su voltaje máximo de operación no sostenga el arco entre los terminales por un tiempo prolongado. Mientras mayores sean este tiempo y el voltaje de funcionamiento del circuito, mayor será también la probabilidad de que el arco formado conecte internamente los terminales donde se asienta el fusible.

En conclusión, se puede afirmar que el régimen de voltaje de un fusible determina la habilidad del dispositivo de protección para suprimir el arco interno que se produce cuando se abre bajo la acción de una sobrecorriente.

En relación con el voltaje nominal del OCPD (un fusible o un interruptor), hay que distinguir entre el voltaje para un régimen de voltaje único y el voltaje con doble voltaje de régimen.

Un OCPD con régimen único se marca, simplemente, con el valor máximo del voltaje de operación. Cuando se marca un OCPD con un voltaje único de 240 V, por ejemplo, se establece que el OCPD se utilizará en un circuito en que el voltaje nominal entre dos conductores cualesquiera no supere el voltaje de régimen del OCPD. *Los fusibles son dispositivos de protección de régimen único de voltaje.*

Un OCPD con un doble voltaje de régimen podría estar marcado, por ejemplo, como 120/240 V y expresado con dos valores separados por una barra inclinada. El número mayor expresa el máximo valor del voltaje entre fases y el número menor corresponde al máximo voltaje entre fase y neutro. Ninguna de estas cantidades debe superar el valor de voltaje del OCPD. Los OCPD con doble voltaje de régimen no se deben usar para proteger a sistemas eléctricos no puestos a tierra. Trataremos estos dispositivos de doble voltaje de régimen cuando estudiemos con más detalles los interruptores.

8.4.2 Régimen de corriente o corriente nominal

Esta característica tiene que ver con la capacidad de un fusible para abrir el circuito cuando ocurre una sobrecorriente. Cada fusible tiene una corriente nominal determinada, que está impresa en el cuerpo del mismo. En la selección de un fusible se deben considerar el tipo de carga y los requerimientos establecidos por las normas. En general, la capacidad del fusible no debe ser mayor que la corriente que el circuito demanda. Por ejemplo, si un circuito demanda 30 A, la corriente nominal del fusible no debe superar este valor.

Bajo ciertas circunstancias, la corriente de régimen de un fusible puede ser mayor que la demandada por el circuito. Así, para cargas representadas por motores se permite el uso de fusibles sin tiempo de retardo, con una corriente nominal de hasta el 300% de la carga. En el caso de fusibles de acción retardada se permite que la corriente nominal

CAPÍTULO 8: PROTECCIÓN CONTRA SOBRECORRIENTE 317

sea hasta el 175% de la carga de los motores. Para cargas continuas (aquellas que se conectan por tres o más horas a un circuito), el OCPD se debe seleccionar al 125% de las mismas.

8.4.3 Capacidad de interrupción de corriente

La capacidad de interrupción de corriente (*Ampere Interrupting Capacity: AIC*) de un fusible se define como la máxima corriente, a la tensión de operación, que el mismo puede interrumpir cuando se somete a los ensayos pertinentes. Estos ensayos tienen que ver con las pruebas certificadas a que se someten los fusibles para verificar que realmente cumplen con lo marcado en el cuerpo de los mismos.

Esta característica de un OCPD se relaciona con las corrientes de cortocircuito que se pudieran generar en un sistema eléctrico. Un fusible o un interruptor tiene que ser capaz de soportar la tremenda cantidad de energía que se libera al producirse un cortocircuito en el ramal protegido. Si la corriente de falla excede la capacidad de interrupción del fusible, el dispositivo puede explotar, causando daños a la instalación.

Las corrientes de falla pueden ser cientos de veces mayores que la corriente normal de operación de un circuito. Una corriente de cortocircuito de alta intensidad puede estar en el orden de 50000 A o mayor. Si esta corriente no es interrumpida en milésimas de segundos, la destrucción que se origina es galopante: daño del aislamiento, fundición de conductores, vaporización de partes metálicas, ionización de gases con formación de plasma, arcos eléctricos y campos magnéticos de alta intensidad que dan origen a fuerzas de grandes proporciones; en el caso más severo, se producen incendios con sus nefastas consecuencias.

Las normas establecen que la mínima capacidad de interrupción (AIC) de un fusible de cartucho sea de 10000 amperios. Si la AIC de un fusible es superior a este valor, se debe hacer constar en el cuerpo del mismo. Los fusibles actuales tienen un AIC que va de 200000 a 300000 amperios al voltaje de régimen.

La **Fig. 8.18**, correspondiente a un fusible de cartucho (férulas), indica los valores que es obligatorio marcar sobre su envoltura externa. El fusible seleccionado es de 60 A, con un voltaje de operación de 250 V y una capacidad de interrupción de 10000 amperios, esta última dada en valor RMS.

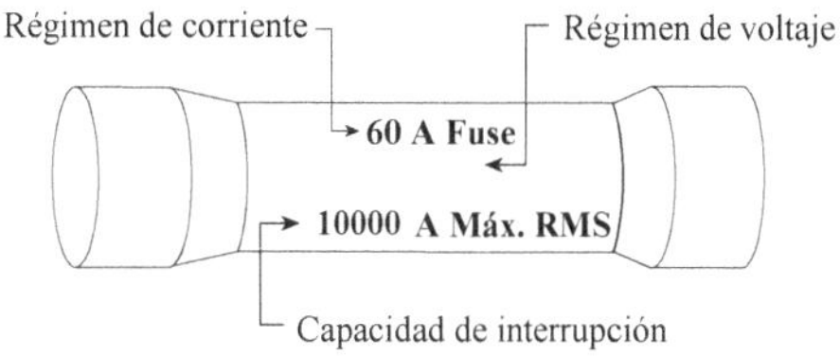

Fig. 8.18 Fusible típico con sus valores de corriente nominal de operación, el régimen de voltaje y la capacidad de interrupción de corriente.

8.4.4 Curvas tiempo vs corriente

Cuando tiene lugar una sobrecorriente de baja intensidad, un fusible tarda un tiempo relativamente largo en abrirse y cortar la corriente. Esto correspondería a una sobrecarga o a una falla a tierra de pocos amperios. Si, por el contrario, se produce una corriente de cortocircuito de alta intensidad, el fusible se abrirá rápidamente. En general, el tiempo de apertura de un fusible dependerá de la magnitud de la corriente de falla.

Cuanto más grande sea la intensidad de la corriente de cortocircuito, menor será el tiempo que el fusible tardará en responder. A este tipo de comportamiento se le conoce como curva característica inversa de corriente contra tiempo. Es corriente dibujar esta curva en una escala logarítmica en los ejes X e Y, por el gran rango que exhiben los valores de corriente y tiempo. La **Fig. 8.19** presenta varias curvas típicas de esta relación para fusibles cuyas corrientes normales de operación son de 100, 200 y 400 amperios. De las curvas se pueden hacer las siguientes observaciones:

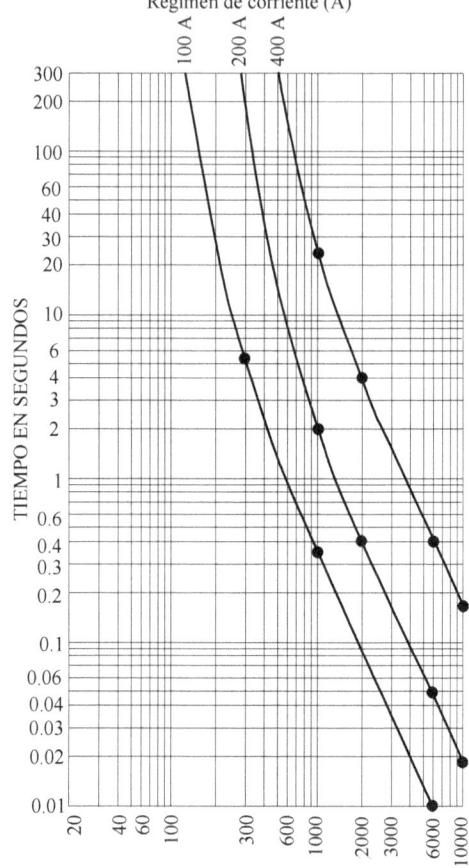

Fig. 8.19 Tiempo de apertura de un fusible en función de la corriente de falla de un circuito.

a) El fusible de 100 A tarda, aproximadamente, 0.035 segundos (35 milisegundos) en cortar una corriente de falla de 1000 amperios, mientras que una corriente de falla de 6000 amperios es cortada en 0.01 segundos (10 milisegundos). Si la corriente de falla es tres veces la corriente de operación normal del fusible (300 A), el cortocircuito es despejado en, aproximadamente, cinco segundos.

b) El fusible de 200 A tarda dos segundos en suprimir un cortocircuito de 1000 A. Asimismo, tarda 0.4 segundos en suprimir un cortocircuito de 2000 A y unos 0.019 segundos en cortar una corriente de falla de 10000 A.

8.4.5 Limitación de corriente

Cuando surge un cortocircuito, la corriente aumenta mucho, como se representa en la **Fig. 8.20**. La onda de corriente, de forma sinusoidal, alcanza su máximo valor en el primer semiciclo y, luego, trata de estabilizarse a cierto valor menor, también de gran magnitud. Los daños ocasionados al circuito, de no ser interrumpido, se producen tanto en el primer medio ciclo como en los ciclos subsiguientes.

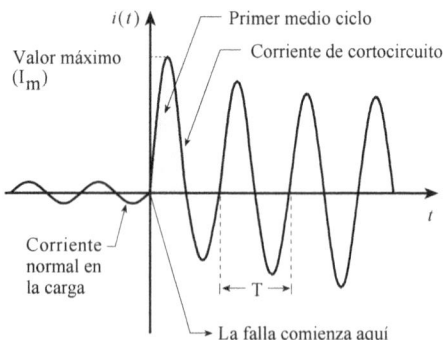

Fig. 8.20 Corriente de cortocircuito en un sistema eléctrico.

Un dispositivo de protección contra cortocircuitos sin limitación de corriente, que no tenga manera de cortar rápidamente la falla, dejará pasar el primer pico con todas las consecuencias que esto traería. Por el contrario, un OCPD con limitación de corriente abriría el circuito tan rápidamente que, incluso, no permitiría que el primer medio ciclo se cumpliera, tal como se muestra en la **Fig. 8.21**.

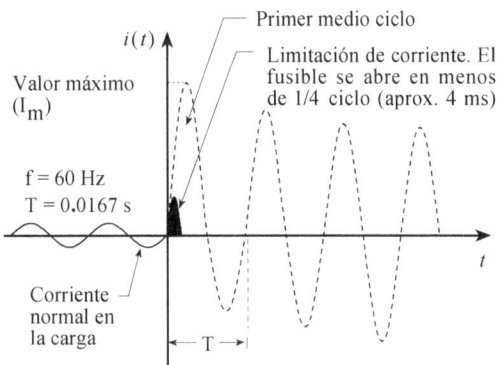

Fig. 8.21 Un OCPD (fusible o interruptor) con limitación de corriente extinguiría la falla y el arco que se forma en un tiempo menor de 1/4 de período, cortando la corriente de cortocircuito en menos de 4 ms para el caso mostrado. De no haber limitación de corriente, el patrón seguido por la falla es el indicado por el de la línea de trazos.

> *Si un OCPD corta una corriente de cortocircuito en un tiempo menor que 1/4 de ciclo, antes de que alcance su pico máximo, durante el primer semiciclo de la onda de corriente, se clasifica como un dispositivo limitador de corriente.*

La mayoría de los fusibles usados actualmente son OCPD limitadores de corriente, los cuales restringen la corriente a valores que garantizan una adecuada protección. En el proceso de limitar la corriente a valores manejables, desempeña un papel importante el material de relleno que envuelve al elemento del fusible, al absorber la energía térmica de los arcos que se forman, aglomerarse y crear una barrera aislante en el interior del fusible.

8.5 CÁLCULO DE LA CORRIENTE DE CORTOCIRCUITO

El cálculo de la corriente de cortocircuito es importante para seleccionar los dispositivos de protección. Tal como se indica en la **Fig. 8.22**, un sistema eléctrico simplificado consta de un transformador alimentador, un tablero de servicio, los OCPD y la carga. De producirse una falla en la carga, se generaría una corriente de cortocircuito cuya amplitud debe ser soportada por los OCPD.

Un método para calcular el valor de la corriente de cortocircuito requiere el conocimiento de los parámetros del transformador que intervienen en la determinación de la misma. Básicamente, estos son la potencia en KVA, el voltaje en el secundario y la

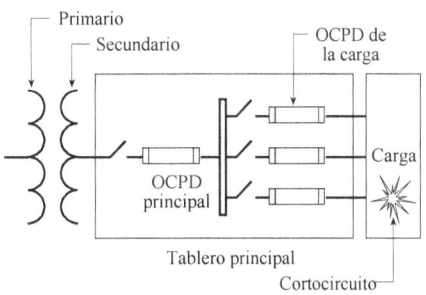

Fig. 8.22 Sistema eléctrico de alimentación con sus protecciones contra cortocircuitos.

impedancia del secundario, expresada en porcentaje (%). Los dos primeros parámetros mencionados no necesitan mucha explicación, mientras que al último lo definimos a continuación.

Consideremos un transformador trifásico de 100 KVA con 13800 V en el primario y 120/240 V en el secundario. La placa del transformador expresa la impedancia como 1.5%. La corriente en el secundario se obtiene substituyendo valores en la conocida fórmula de la potencia para sistemas trifásicos. Con P = 100 y V = 240 V, se tiene:

$$P = \sqrt{3} \cdot V \cdot I \Rightarrow I = \frac{P \cdot 1000}{\sqrt{3} \cdot V} \Rightarrow I = \frac{100000}{\sqrt{3} \cdot 240} = 241 \text{ A}$$

El resultado anterior nos dice que, en condiciones normales, la corriente en el secundario del transformador es de 241 A. ¿Cuál es el significado de una impedancia del 1.5%?

Por definición, un valor de impedancia igual a 1.5% indica que en el secundario del transformador circulará una corriente de 241 A si en el mismo hay un cortocircuito entre fase y fase y el voltaje en el primario se incrementa desde cero hasta que aparezca en el secundario del transformador un voltaje igual al 1.5% de 240 V, es decir, 3.6 voltios. Bajo estas condiciones, la impedancia del transformador es:

$$Z = \frac{3.6}{241} = 0.01494$$

En este tipo de cálculo, se supone que el transformador es capaz de suministrar una corriente de cualquier magnitud, teóricamente infinita. La corriente de cortocircuito que, con los valores anteriores, puede proporcionar el transformador es:

$$I = \frac{240}{0.01494} = 16064 \text{ A}$$

Por tanto, los OCPDs se seleccionarán para ser capaces de soportar esta corriente de cortocircuito.

Un método alternativo para calcular la corriente de cortocircuito consiste en multiplicar la corriente normal de operación por el factor $100/Z_{Transf}$. Si aplicamos esta relación:

$$I = 241 \cdot \frac{100}{1.5} = 16067 \text{ A}$$

Cuando se trate de un transformador monofásico, la fórmula a aplicar es:

$$P = V \cdot I \Rightarrow I = \frac{P \cdot 1000}{V} = \frac{150 \cdot 1000}{240} = 625 \text{ A} \quad \text{con P en KVA}$$

Ejemplo 8.1

Un transformador monofásico muestra en su placa una potencia P = 150 KVA a 120/240 V, con una impedancia del 1%. Determine la corriente de cortocircuito.

Solución

Corriente normal de operación del transformador:

$$P = V \cdot I \quad \Rightarrow \quad I = \frac{P \cdot 1000}{V} = \frac{150 \cdot 1000}{240} = 625 \text{ A} \quad \text{con P en KVA}$$

Para obtener la corriente de cortocircuito, el valor anterior se debe multiplicar por:

$$\text{Factor} = \frac{100}{Z_{\text{Transformador}}} = \frac{100}{1} = 100$$

Corriente de cortocircuito: $I_{\text{Transformador}} = 625 \cdot 100 = 62500$ A

8.6 CLASIFICACIÓN DE FUSIBLES

Debido a la gran diversidad de fusibles existentes en el mercado, el *Underwriters Laboratory* (UL) ha establecido valores estándares que tienen en cuenta el tipo de fusible en cuanto al tiempo de respuesta a una sobrecorriente, la capacidad de interrupción, el voltaje y la corriente normal de operación. La **Tabla 8.1** recoge estos valores y la clasificación correspondiente.

Clasific. UL	Régimen de sobrecorriente (A)	Capacidad de interrupción (A)	Voltaje de operación AC (V)	Corriente de operación (A)
L	Acción retardada	200000	600*	200 - 6000
L	Acción retardada	200000	600*	601 - 4000
L	Acción retardada	200000	600*	200 - 2000
RK1***	Acción retardada	200000	250 - 600	1/10 -600
RK1***	Acción rápida	200000	250 - 600	1-600
RK5	Acción retardada	200000	250 - 600	1/10 - 600
T	Acción rápida	200000	300** - 600	1 - 1.200
J	Acción retardada	200000	600	1 - 600
J	Acción rápida	200000	600	1 - 600
CC	Acción retardada	200000	600	1/10 - 30
CC	Acción rápida	200000	600	1/10
CD	Acción retardada	200000	600	35 - 60
G	Acción retardada	100000	480*	1/2 - 60
K5	Acción rápida	50000	250	1 - 600
K5	Acción rápida	50000	600	1 - 600

* LCD con voltaje de operación 600 V AC/DC.
** La clase JLLN tiene voltaje de operación de 300 V.
*** Los fusibles clase RK1 son de acción ultrarrápida.

Tabla 8.1 Clasificación de fusibles según *Underwriters Laboratory*.

8.7 INTERRUPTORES AUTOMÁTICOS

> *Un interruptor automático es un dispositivo diseñado para proteger a un circuito eléctrico contra sobrecargas, cortocircuitos y fallas a tierra.*

Contrario a un fusible, que debe ser reemplazado una vez que se produce una falla, el funcionamiento del interruptor puede ser restablecido manualmente para reanudar la operación normal del dispositivo. Los interruptores se fabrican con diferentes características y su uso contempla desde la protección a unidades residenciales hasta la protección de los circuitos para alto voltaje. Más estrictamente, las normas eléctricas definen a un interruptor como:

> **Interruptor**: *Un dispositivo diseñado para abrir y cerrar un circuito por medios no automáticos y para abrir un circuito automáticamente cuando tiene lugar una determinada sobrecorriente, sin que se produzcan daños al mismo dispositivo cuando se utilice dentro de sus especificaciones.*

La **Fig. 8.23** corresponde a la foto de un interruptor, como los usados corrientemente en residencias.

8.7.1 Operación de un interruptor termomagnético

El tipo de interruptor de la **Fig. 8.23** tiene un doble mecanismo de acción: uno de característica térmica y otro de característica magnética. De allí el nombre de interruptor termomagnético. Funciona, en forma general, de la siguiente manera:

Fig. 8.23 Interruptor utilizado en unidades residenciales.

1. *Cuando el dispositivo detecta una sobrecarga que persiste por un tiempo largo, se produce el calentamiento de una lámina bimetálica que se dobla y causa la activación de un mecanismo de palancas. Como resultado, el camino de conducción de la corriente se corta.*

2. *Cuando la corriente corresponde a una falla, como la de un cortocircuito, se crea un campo magnético de considerable magnitud que activa el mecanismo de palanca y abre el circuito.*

Los detalles básicos de la estructura interna de un interruptor y su operación en estado normal se muestran, de manera esquemática, en la **Fig. 8.24** y se describen a continuación.

CAPÍTULO 8: PROTECCIÓN CONTRA SOBRECORRIENTE

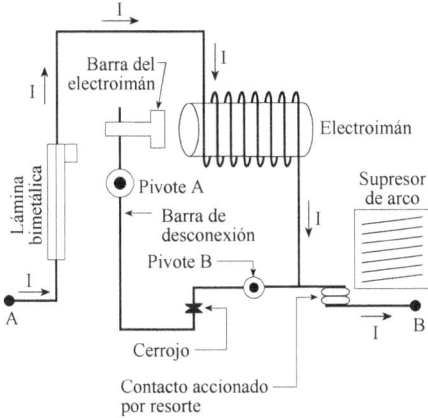

Fig. 8.24 Diagrama esquemático de un interruptor termomagnético en condiciones normales de operación.

En condiciones normales de operación, la corriente entra al interruptor por el punto A y sale por el B. En su recorrido, pasa por la lámina bimetálica, por el electroimán y por el contacto accionado por resorte. La barra de desconexión y el cerrojo conforman el mecanismo de palanca, que desconecta el circuito si se produce una falla. El supresor de arco tiene como función acelerar la extinción del arco que se forma en el contacto accionado por resorte, en el momento de producirse la desconexión del circuito. Estudiemos cómo se comporta el interruptor bajo la acción de una sobrecarga de bajo nivel, para lo cual nos referiremos a la **Fig. 8.25**.

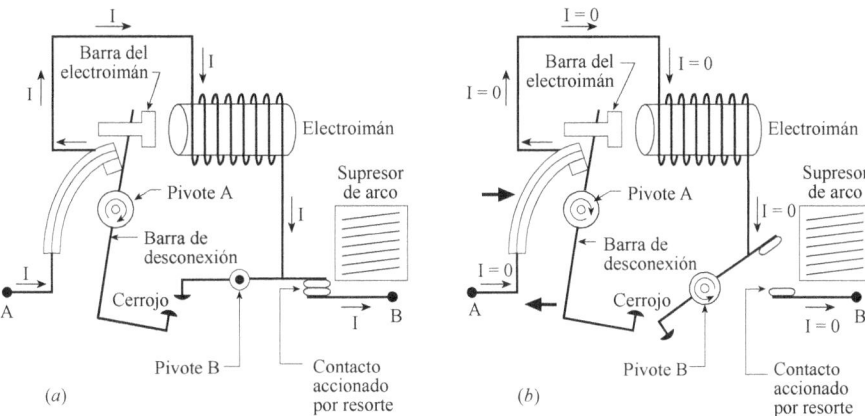

Fig. 8.25 Funcionamiento de un interruptor termomagnético bajo la acción de una corriente de sobrecarga.

En una primera fase, **Fig. 8.25**(*a*), cuando la corriente está por encima del valor normal de operación del interruptor, la lámina bimetálica comienza a doblarse hacia la derecha por efecto del calor, hasta que llega un momento, si se prolonga el calentamiento, en que empuja a la barra de desconexión. Esta última gira en el sentido de las agujas del reloj alrededor del pivote A y abre el cerrojo.

Sucesivamente, en la segunda fase, **Fig. 8.25**(*b*), que tiene lugar casi instantáneamente, la barra que sostiene al contacto accionado por resorte, al soltarse el cerrojo, gira alrededor del pivote B y abre el circuito. De esta forma, se corta la corriente para proteger a los conductores y a la carga conectada. Como la corriente es de bajo nivel, el arco que se forma en el contacto accionado por resorte no tiene mayores consecuencias cuando se produce la desconexión. Es decir, el supresor de arco no es sometido a una acción violenta por la chispa que se pudiera crear.

A continuación, y en referencia a la **Fig. 8.26**, se describe en forma simplificada la acción de un interruptor sometido a un cortocircuito. Al producirse una falla de alto nivel, como la de un cortocircuito, se genera un campo magnético de gran magnitud en el electroimán. Como consecuencia de esto, se genera una fuerza producto de la interacción entre el campo magnético y el flujo de corriente. La fuerza generada atrae a la barra del electroimán, que, a la vez, hace girar a la barra de desconexión alrededor del pivote A. Esto libera el cerrojo, **Fig. 8.26**(a), y el contacto accionado por resorte gira, en sentido contrario al giro de las agujas del reloj, alrededor del pivote B. La liberación del contacto accionado por resorte da lugar a una chispa cuando se separan los contactos, como lo presenta la **Fig. 8.26**(b). Inmediatamente, entra en juego el supresor de arco, que absorbe y divide la energía contenida en la chispa formada. De este modo, se produce una operación satisfactoria del interruptor en la presencia de un cortocircuito. Todos estos eventos se suceden tan rápidamente que el contacto bimetálico, diseñado para responder a sobrecargas que lentamente lo doblen, no tiene tiempo de activarse.

Los interruptores tienen, además, la alternativa de desconectar el circuito protegido, a voluntad del usuario, para efectuar el mantenimiento de la instalación eléctrica. Cuando el interruptor se dispara por efecto de una sobrecorriente y continúa haciéndolo repetidamente al reconectarlo, se debe corregir la falla antes de que se reanude la operación normal del dispositivo de protección*.

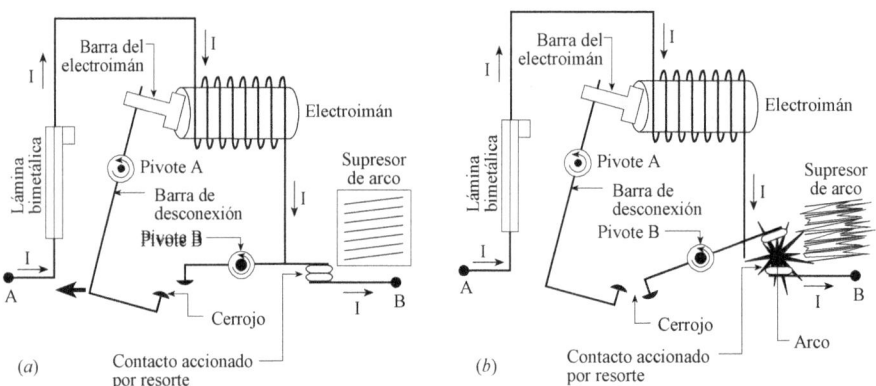

Fig. 8.26 Funcionamiento de un interruptor termomagnético bajo la acción de una corriente de cortocircuito.

8.7.2 Interruptor magnético

En algunas aplicaciones podría ser redundante la presencia de protección contra sobrecargas y se usan interruptores que solo responden a corrientes de cortocircuito. Tal es el caso de algunos motores, en los que la protección contra sobrecarga es suministrada por un relé de sobrecarga independiente: **Fig. 8.27**. Entonces, solo es necesario el mecanismo de interrupción por campo magnético descrito para el interruptor de la **Fig. 8.24**.

Los interruptores magnéticos son interruptores de disparo instantáneo utilizados solo en arrancadores de combinación para motores. Las normas exigen que los interruptores

---

* Al dispararse un *breaker*, su palanca queda entre las posiciones de abierto y cerrado. Para reactivarlo, se lleva la palanca hasta la posición de abierto y, luego, se pasa a la posición de cerrado. Así, queda listo para reiniciar su operación.

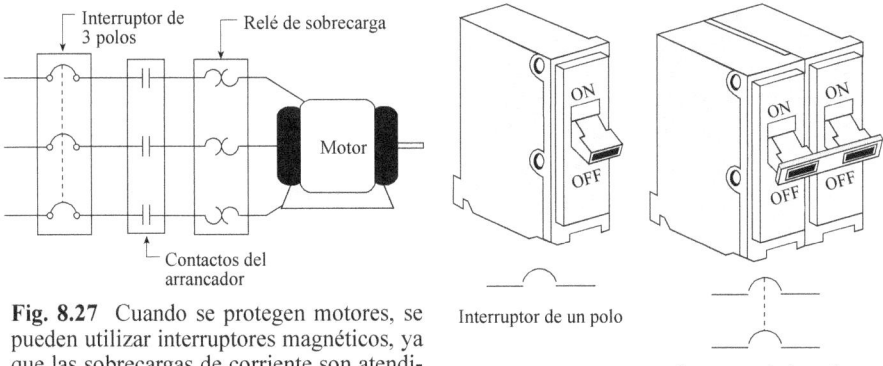

Fig. 8.27 Cuando se protegen motores, se pueden utilizar interruptores magnéticos, ya que las sobrecargas de corriente son atendidas por el relé de sobrecarga, que abre los contactos del arrancador cuando la corriente es excesiva.

Fig. 8.28 Interruptores automáticos de uno y dos polos y sus símbolos correspondientes.

magnéticos sean ajustables, con un rango de corriente que sea de tres a diez veces la corriente nominal de operación del motor.

8.7.3 Clasificación de los interruptores automáticos

Un interruptor puede desconectar simultáneamente una, dos o tres fases de un circuito. Una primera clasificación tiene que ver, entonces, con el número de fases a proteger. Así, se habla de interruptores de uno, dos y tres polos, donde cada polo se relaciona con una fase. Es decir, un interruptor de un polo protege a un conductor activo de un circuito monofásico (por ejemplo, un circuito de 120 V), uno de dos polos protege a dos conductores activos de un circuito monofásico (por ejemplo, un circuito de 208 o 240 V) y uno de tres polos protege a los tres conductores activos de un sistema trifásico. En la **Fig. 8.28** se muestran interruptores de uno y dos polos; asimismo se indica su representación esquemática. La palanca del interruptor de dos polos tiene la posibilidad de quitarles la energía, simultáneamente, a las dos fases.

Otra clasificación de los interruptores tiene que ver con el tipo de material usado en el encapsulado de los elementos que conforman su mecanismo interno:

a) Interruptor de caja moldeada. Es el tipo más común entre los dispositivos de protección. Son utilizados regularmente en instalaciones eléctricas residenciales, comerciales e industriales. La caja actúa tanto para proteger al interruptor como para sostener a los componentes internos. En su fabricación se utilizan varios tipos de materiales aislantes y plásticos retardantes del fuego. La caja no está totalmente sellada, lo que la hace proclive a la corrosión por factores ambientales. Su voltaje de operación está limitado a 600 V y se encuentra en el mercado con uno, dos y tres polos.

b) Interruptor de caja aislada. Se usa en circuitos con valores intermedios de voltaje y corriente. Posee una carcasa metálica contenida dentro de una caja plástica. Se utiliza en tableros de distribución en grandes instalaciones eléctricas y de alta potencia.

c) Interruptor de potencia o de revestimiento metálico. Usado en circuitos de alto amperaje y voltajes medios.

8.8 CARACTERÍSTICAS DE LOS INTERRUPTORES AUTOMÁTICOS

Al igual que los fusibles, los interruptores están limitados en cuanto al voltaje y la corriente que pueden manejar en forma segura. Lo discutido para el caso de los fusibles se aplica, con algunas variantes, a los interruptores. A continuación estudiamos sus características de corriente y voltaje.

8.8.1 Régimen de voltaje

El régimen de voltaje, o voltaje máximo de operación de un interruptor, es el valor más alto de voltaje que este dispositivo es capaz de soportar bajo condiciones normales de sobrecarga o de cortocircuito. El régimen de voltaje, que se debe marcar en la caja, tiene que ser igual o mayor que el voltaje del sistema donde el interruptor funcione. Así, un interruptor de régimen 240 V no se puede utilizar para proteger a un circuito conectado a un sistema de 480 V. Sin embargo, un interruptor de 480 V sí se puede usar en un circuito conectado a un sistema de 240 o 120 V.

Dos consideraciones básicas tienen que ver con la apropiada selección del régimen de voltaje de un interruptor:

*a) Distancia suficiente entre los terminales donde asientan dos interruptores contiguos, para estar seguros de que no se creará un camino conductivo o una chispa entre dos fases, fase y neutro, o fase y tierra (ver **Fig. 8.29**). Al aumentar el voltaje del sistema, esta distancia debe ser mayor.*

b) Tal como se mencionó al estudiar los fusibles, el régimen de voltaje determina la capacidad del interruptor para suprimir y extinguir el arco que se forma al dispararse el dispositivo.

Los interruptores se especifican mediante un régimen único de voltaje o un régimen doble de voltaje. Estos regímenes pueden ser de voltaje alterno o continuo. Cuando se marcan, sin especificar el tipo de voltaje, se asume que se trata de un voltaje AC. Sin embargo, las normas establecen que se debe marcar de cuál voltaje se trata: AC o DC.

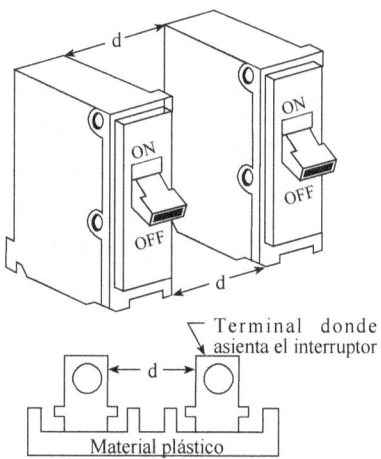

Fig. 8.29 El voltaje de operación de un interruptor está relacionado con la distancia existente entre dos terminales contiguos donde asientan esos dispositivos. A mayor voltaje de operación, mayor distancia.

Tal como se indicó anteriormente, un régimen único (250 V, 600 V) nos dice el voltaje máximo de operación a que puede ser sometido el interruptor de acuerdo con las pruebas que se le han hecho para comprobar su comportamiento en las condiciones de trabajo. Los interruptores de uso común en residencias e instalaciones comerciales son de régimen único de voltaje.

CAPÍTULO 8: PROTECCIÓN CONTRA SOBRECORRIENTE   327

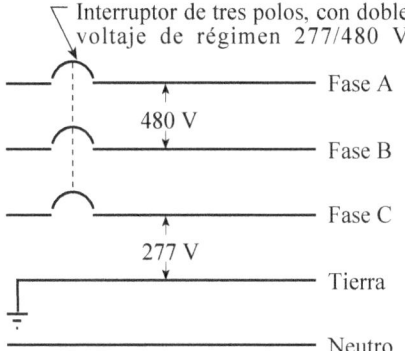

Fig. 8.30 Significado del doble régimen de voltaje en un interruptor.

En un doble voltaje de régimen (120/240 V, 277/480 V), encontrado en interruptores de más de un polo, el menor valor está referido al voltaje que debe encontrar el dispositivo en un polo, entre fase y tierra, cuando se produce una sobrecorriente. El valor mayor está referido al voltaje que debe encontrar el interruptor entre dos o tres polos cuando se produce una sobrecorriente (ver **Fig. 8.30**).

8.8.2 Régimen de corriente

El régimen de corriente de un interruptor es la máxima corriente que el dispositivo puede soportar continuamente sin dispararse, bajo condiciones de prueba estándar. Un OCPD, sea un interruptor o un fusible, tiene como función proteger a los conductores y a los equipos conectados al mismo. Por regla general, el régimen de corriente de un interruptor debe coordinarse con la ampacidad del conductor. Por ejemplo, si la ampacidad del conductor es de 20 A, el régimen de corriente del interruptor debe ser de 20 A. Como se verá más adelante, hay excepciones a esta regla. Así, si se trata de cargas continuas, el interruptor se debe escoger con un régimen de corriente del 125% de la corriente continua de carga. Si un conjunto de lámparas se mantiene encendido por tres horas (carga continua, según la definición) y su consumo es de 12 A, el interruptor se debe seleccionar con un régimen de corriente de 15 A, que es el 125% de 12.

A continuación se hace un listado de los valores estándar de las corrientes de régimen, en amperios, que los interruptores y fusibles deben tener. La siguiente tabla comprende estos valores:

15	20	25	30	35	40
45	30	60	70	80	90
100	110	125	150	175	200
225	250	300	350	400	450
500	600	700	800		
1000	1200	1600	2000	2500	3000
4000	5000	6000			

Se permite el uso de fusibles de corrientes de régimen con valores intermedios a los mencionados, por lo que en las normas se citan valores estándar de corriente de 1, 3, 6, 10 y 601 A. Este último es un fusible sin retardo, muy común entre los fabricantes de estos dispositivos. De hecho, en el mercado hay una gran variedad de fusibles e interruptores con valores intermedios a los de la tabla anterior, que se pueden utilizar siempre y cuando cumplan con las reglas de protección establecidas para estos dispositivos.

Al igual que los fusibles, los interruptores son diseñados para soportar una corriente del 110% de su valor de régimen sin dispararse. Por ejemplo, un interruptor de 20

A dejará pasar 20 • 1.1 = 22 A sin cortar el circuito que protege. Los fabricantes de interruptores suministran curvas que indican la corriente que pueden soportar por un tiempo determinado, sin dispararse, bajo condiciones de sobrecarga. Por ejemplo, un interruptor puede manejar una sobrecarga del 150% de la corriente nominal por un tiempo cercano a los 60 segundos y del 200% por un tiempo de unos 20 segundos, pero si la sobrecarga alcanza el 300%, ese tiempo se reduce a unos 5 segundos. Esto significa que el interruptor espera un tiempo prudencial antes de desconectar el circuito que está protegiendo. El tiempo de respuesta mantiene una relación inversa con el valor de sobrecarga: a mayor sobrecarga, menor será el tiempo de respuesta.

Los interruptores usados en instalaciones eléctricas residenciales tienen un rango típico de corriente entre 15 y 60 amperios. Los de un polo, con corrientes nominales de 15 a 20 A, controlan la mayoría de los circuitos ramales de 120 V de propósito general (tomacorrientes y luminarias), mientras que los de dos polos, con corrientes nominales de 20 a 60 A, protegen a los circuitos ramales de 208 o 240 voltios, como los que alimentan a calentadores de agua, cocinas eléctricas y secadoras.

Comercialmente, hay también interruptores cuádruples que contienen varias configuraciones dentro de una misma unidad compacta. Estos dispositivos cuádruples ocupan el lugar de dos interruptores de dimensiones normales y encajan exactamente en la posición de dos de ellos. En la **Fig. 8.31**, la unidad central corresponde a un interruptor de dos polos y las unidades en los extremos son interruptores de un polo. El de doble polo podría proteger a un circuito de 30 amperios, mientras que los de un polo protegerían a circuitos ramales de 15 y 20 amperios a 120 voltios. Si el interruptor cuádruple incorpora dos unidades de doble polo, se podría utilizar para controlar dos circuitos de ramales de, digamos, 20 y 30 amperios a 240 V. El tablero donde se utilicen interruptores cuádruples debe estar diseñado para aceptar este tipo de dispositivo de protección.

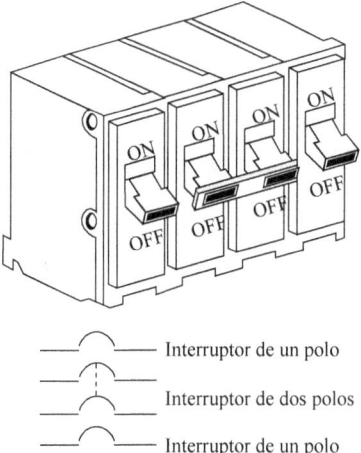

Fig. 8.31 Interruptor cuádruple. Está compuesto por un interruptor de dos polos y dos de un polo.

8.8.3 Capacidad de interrupción de corriente

En la **sección 8.4.3** se hizo una descripción general de este parámetro, tanto para fusibles como para interruptores. La capacidad de interrupción de corriente tiene que ver con la corriente máxima de cortocircuito, expresada en valores RMS, que el interruptor puede soportar al voltaje nominal de operación sin que se produzca la destrucción del dispositivo. La corriente de cortocircuito de un circuito se calcula tal como se hizo en la **sección 8.5**. De nuevo, se pone el énfasis en que el interruptor debe tener suficiente capacidad de interrupción de corriente según la corriente de falla calculada. La no observación de esta regla puede ocasionar la destrucción del equipo protegido por fallas de fase a fase o de fase a tierra, la destrucción del dispositivo e incluso severos daños a instalaciones o a personas cercanas a los puntos donde se encuentran los interruptores (ver **Fig. 8.32**).

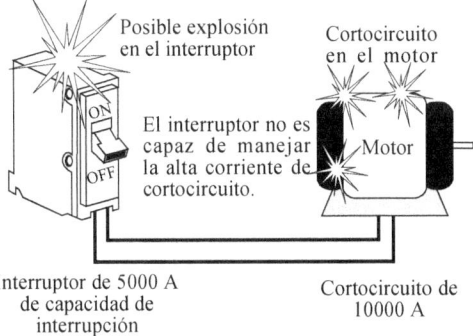

Fig. 8.32 Si la capacidad de interrupción del *breaker* es menor que la corriente de cortocircuito, hay peligro de explosión o de incendio en el tablero. Asimismo, el equipo protegido puede resultar dañado al recibir una corriente de falla por encima del valor admisible.

De acuerdo con las normas, los interruptores deben tener una capacidad de interrupción de al menos 5000 A. Cuando esa capacidad sea distinta a 5000 A, se debe estampar su valor en la caja del interruptor. Por lo general, los interruptores de bajo amperaje en corriente nominal interrumpen el circuito conectado en un rango de tiempo entre 1/2 y 1 ciclo. Interruptores de alto amperaje abren el circuito protegido en 1 a 3 ciclos.

Cuando se trata de un interruptor limitador de corriente, la interrupción del circuito tiene lugar, de manera ordinaria, en un tiempo menor que 1/4 de ciclo, si la corriente de falla está dentro del rango de limitación de corriente del dispositivo.

8.8.4 Curvas tiempo vs corriente

La característica de protección de un interruptor está dividida, básicamente, en dos zonas de protección: contra sobrecargas y contra cortocircuitos. Las **figuras 8.25** y **8.26** muestran cómo es en ambos casos la operación interna del dispositivo.

Los niveles de sobrecarga que exceden los valores de régimen de un interruptor dan como resultado tiempos relativamente grandes de disparo. Dependiendo de la magnitud de la sobrecorriente y del tipo de interruptor utilizado, los tiempos de disparo pueden durar desde décimas de segundos hasta varios minutos, incluso horas, cuando la sobrecarga es muy pequeña.

Los elementos de protección contra cortocircuitos del interruptor se activan prácticamente en forma instantánea, dando lugar a la interrupción de la corriente en un tiempo muy corto.

Al igual que los fusibles, los interruptores exhiben una curva característica que relaciona la corriente con el tiempo de activación o disparo del dispositivo. Esta curva es comúnmente suministrada por los fabricantes de interruptores y tiene la forma general mostrada en la **Fig. 8.33**. En la curva se observan tres zonas bien definidas:

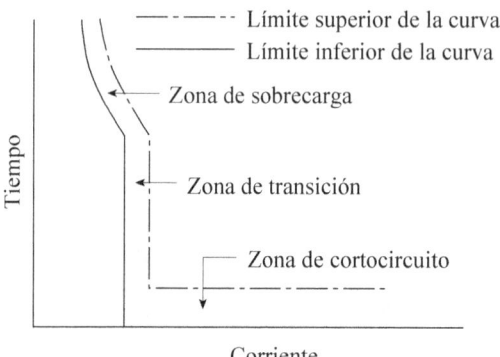

Fig. 8.33 Curva general de tiempo vs corriente para un interruptor. La zona superior izquierda corresponde a sobrecargas, mientras que la zona inferior derecha corresponde a la respuesta a cortocircuitos.

a) **Zona de sobrecarga**: Corresponde al área más alta entre las dos curvas de la **Fig. 8.33** y da los tiempos de disparo del interruptor en esa zona. Corresponde a la operación del interruptor cuando actúa bajo la acción de una corriente superior a la nominal, pero no suficientemente grande para activar el electroimán interno. En este caso, actúa el elemento bimetálico, tal como lo indica la **Fig. 8.25**. El tiempo de interrupción es relativamente grande.

b) **Zona de cortocircuito**: Corresponde al área más baja de la **Fig. 8.33** y está relacionada con el disparo del interruptor al producirse una corriente de cortocircuito. En esta zona actúa el electroimán del interruptor, tal como lo indica la **Fig. 8.26**. El tiempo de interrupción es muy pequeño.

c) **Zona de transición**: Esta zona está entre las dos anteriores. Su presencia indica cambios muy abruptos en la respuesta del interruptor.

Se observa también la presencia de dos envolventes de las zonas mencionadas, limitadas por las líneas continua y discontinua. Estos límites superior e inferior de la característica tiempo-corriente tienen en cuenta las variaciones que puede haber en los interruptores del mismo modelo de un fabricante. En otras palabras, en un interruptor del mismo tipo, uno de estos podría ostentar la característica del límite superior, mientras que el otro obedecería al límite inferior.

En todo caso, la curva muestra una característica inversa tiempo-corriente, lo cual indica que a medida que aumenta la corriente, disminuye el tiempo de apertura del interruptor.

En la **Fig. 8.34** se presenta una curva real, correspondiente a un interruptor tipo THQMV, modelo GES-9923B de la *General Electric*, de 100 A, 2 polos y voltaje de operación 120/240 V. Las líneas continua y discontinua indican los límites superior e inferior de los tiempos que tarda el interruptor en despejar una falla. Como se dijo, estos límites acotan la curva t - i para los interruptores del mismo tipo.

CAPÍTULO 8: PROTECCIÓN CONTRA SOBRECORRIENTE   331

Tanto el eje de tiempo como el de corriente tienen una escala logarítmica. El eje de las abscisas representa a múltiplos de las corrientes de operación del interruptor. Para el interruptor de 100 A, el 1 en el eje de corriente representa a la corriente nominal del interruptor, esto es, 100 A. Los otros valores en el eje de corriente corresponden a múltiplos de 100 A. Por ejemplo, los números 5 y 30 representan cinco veces a la corriente nominal (500 A) y 30 veces a la corriente nominal (3000 A), respectivamente. Como en el caso general de la **Fig. 8.33**, se distinguen las zonas de sobrecarga, de transición y de cortocircuito.

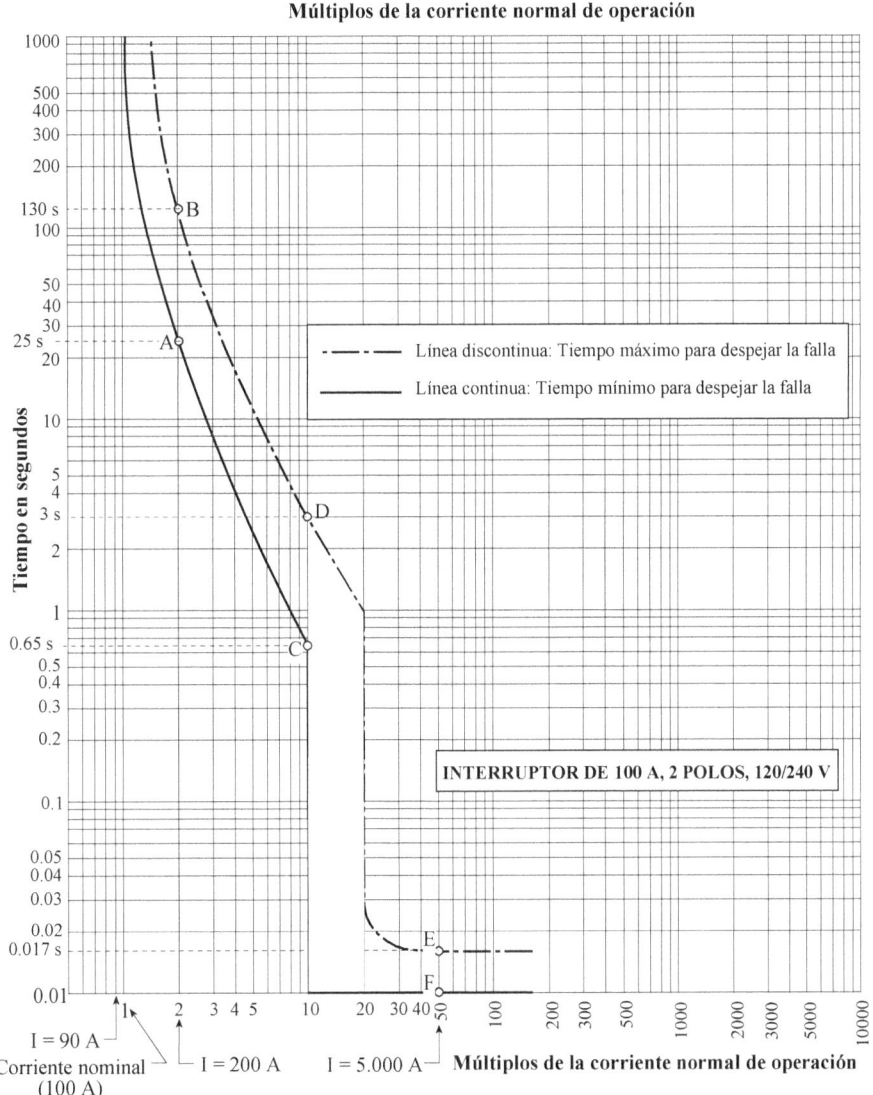

Fig. 8.34 Curva de tiempo vs corriente para un interruptor tipo THQMV, modelo GES-9923B de la *General Electric* de 100 A, 2 polos y voltaje normal de operación 120/240 V. Las áreas de color gris corresponden a las corrientes de sobrecarga y de cortocircuito, respectivamente. El área sin color es la zona de transición.

Ejemplo 8.2

Para el interruptor de la **Fig. 8.34**, determine el tiempo que tarda en desconectar el circuito que protege para las siguientes condiciones : *a*) 90 A; *b*) 200 A; *c*) 1000 A, y *d*) 5000 A.

Solución

En la **Fig. 8.34** se indican los valores de corrientes mencionados en el enunciado.

a) Corriente de 90 amperios: El interruptor admite esta corriente en forma indefinida, puesto que su corriente normal de operación es de 100 amperios. Una línea vertical dibujada hacia arriba del eje de corriente en 90 amperios no corta ni a la curva mínima ni a la curva máxima.

b) Corriente de 200 amperios: Para este valor de corriente, que es el doble de la corriente normal de operación del interruptor, los puntos A y B sobre las curvas mínima y máxima indican que el interruptor completa su disparo en tiempo mínimo de 25 segundos y un tiempo máximo de unos 130 segundos. La respuesta del interruptor se encuentra en la zona de sobrecarga. Es decir, si la corriente en la carga alcanza 200 A, los interruptores de este tipo tardan entre 25 y 130 segundos en dispararse.

c) Corriente de 1000 amperios: Corresponde al borde de la zona de transición, y el rango de variación de la respuesta del interruptor es de 0.65 a 3 segundos, correspondientes a los puntos C y D de la curva tiempo-corriente.

d) Corriente de 5000 amperios: El funcionamiento del interruptor cae en la zona de respuesta para cortocircuitos y se abre completamente en un rango de tiempo que va desde 0.01 s (punto F) hasta 0.017 segundos (punto E). Como se puede observar, el tiempo de respuesta se reduce drásticamente en esta zona, donde la corriente es de tal magnitud que el interruptor funciona en la zona de cortocircuito.

La respuesta de los diferentes tipos de interruptores puede variar con respecto a la mostrada en la **Fig. 8.34**, pero, en general, las curvas corriente-voltaje tienen formas similares a las tres zonas mencionadas anteriormente.

8.9 INTERRUPTORES TIPOS GFCI Y AFCI

En el **Capítulo 5** se estudiaron los interruptores de corriente por falla a tierra (GFCI) y los interruptores de corriente por fallas de arco (AFCI). Como se estableció en esa oportunidad, los GFCIs disparan su mecanismo interno cuando la corriente en la fase es distinta a la corriente del neutro, mientras que los AFCIs se activan cuando se produce una falla intermitente, la cual se manifiesta como un arco en cualquiera de las salidas del circuito protegido. Las normas eléctricas establecen los sitios donde es obligatorio colocar los GFCIs y AFCIs, a fin de proteger a personas y bienes.

Estos dispositivos, además, se pueden colocar en los tableros como protección a los circuitos ramales. Así se protege a todos los tomacorrientes y a otras salidas que formen parte de los mismos. Los detalles de conexión a los tableros se deben tener en cuenta en el momento del cableado.

8.10 EL CÓDIGO ELÉCTRICO NACIONAL Y LA PROTECCIÓN DE CONDUCTORES CONTRA SOBRECORRIENTE

En esta sección nos referiremos a varios artículos citados por el **Código Eléctrico Nacional** que consideramos de mucha importancia en el estudio de las protecciones eléctricas. En este código, la protección contra sobrecorriente está ligada con varios tópicos de los sistemas eléctricos que es necesario relacionar para integrar los distintos puntos de vista enunciados en el **CEN**. A continuación exponemos los artículos del **CEN** referidos principalmente a voltajes por debajo de 600 V que consideramos más importantes, los analizamos y sacamos las conclusiones pertinentes.

Art. 210 - Sección 210.19(A)(1)
(Ampacidad mínima y calibre de conductores para circuitos ramales
para voltajes menores a 600 V. Aspectos generales.)

> *Los conductores de un circuito ramal tendrán una ampacidad no menor que la máxima carga a servir. Cuando un circuito ramal alimenta a cargas continuas o a cualquier combinación de cargas continuas y no continuas, el calibre mínimo de los conductores del circuito ramal, antes de aplicar cualquier ajuste o factor de corrección, tendrá una ampacidad no menor (igual o mayor) que la carga no continua más el 125% de la carga continua.*

Según esta sección, los conductores de un circuito ramal deben tener suficiente ampacidad para alimentar a una carga, una vez que se han aplicado los factores de ajustes que correspondan. Por ejemplo, si la carga es monofásica de 30 A, la ampacidad del conductor no puede ser menor de 30 A luego de aplicar los ajustes apropiados a las condiciones de operación del circuito ramal. Estos ajustes tienen que ver con la temperatura ambiente y el número de conductores en un mismo ducto. Entonces, podemos escribir:

$$I_{Ampacidad} \geq I_{CM} \qquad (8.1)$$

Donde $I_{Ampacidad}$ es la ampacidad del conductor e I_{CM} es la corriente máxima en la carga. Asimismo, según la **sección 210.19(A)(1)**, el calibre del conductor se debe seleccionar de manera que su ampacidad obedezca a la siguiente relación:

$$I_{Ampacidad} \geq I_{No\,continua} + 1.25 \cdot I_{Continua} \qquad (8.2)$$

Otro concepto a esclarecer en esta sección es el de carga continua, que es tratado en la sección 100, concerniente a las definiciones:

Art. 100
(Definiciones: Carga continua)

> *Carga continua: Aquella en la cual la corriente máxima se mantiene por 3 o más horas.*

Por ejemplo, un acondicionador de aire es una carga continua. Igualmente, las luminarias de establecimientos comerciales en general permanecen encendidas por más de tres horas y son, por tanto, cargas continuas. Por supuesto, una carga no continua es la que no cumple con la definición anterior. La **Fig. 8.35** ilustra la **sección 210.19(A)(1)** del CEN. Se omite el cable de puesta a tierra.

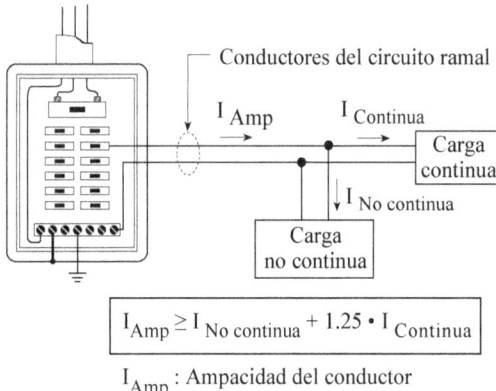

Fig. 8.35 Sección 210.19(A)(1): Los conductores de un circuito ramal deben tener una ampacidad igual o mayor que la suma de la carga no continua y el 125% de la carga continua.

Otra parte de la **sección 210.19(A)(1)**, a la cual se debe poner atención, se refiere a que el calibre del conductor se selecciona con una ampacidad igual o mayor que el 125% de la carga continua. Si un circuito ramal alimenta solo a una carga continua, cuya magnitud, $I_{Continua}$, es de 20 A, el 125% es igual a 20 • 1.25 = 25 A. Es decir, el conductor tendrá un calibre que pueda soportar, al menos, este valor de corriente. Por tanto:

$$I_{Ampacidad} \geq 1.25 \cdot I_{Continua} \tag{8.3}$$

Puesto que 1.25 = 1/0.80, se tiene:

$$I_{Ampacidad} \geq \frac{I_{Continua}}{0.80} \quad \Rightarrow \quad 0.80 I_{Ampacidad} \geq I_{Continua} \tag{8.4}$$

Lo cual significa que el 80% de la ampacidad del conductor tiene que ser, cuando menos, igual a la corriente continua de carga. Similarmente, para cargas continuas y no continuas, se puede escribir:

$$I_{Ampacidad} \geq I_{No\ continua} + 1.25 \cdot I_{Continua} \quad \Rightarrow \quad \frac{I_{Ampacidad}}{1.25} \geq \frac{I_{Continua}}{1.25} + I_{Continua}$$

Finalmente, se tiene:

$$0.80 I_{Ampacidad} \geq I_{Continua} + 0.80\ I_{No\ continua} \tag{8.5}$$

Es decir, el 80% de la ampacidad tiene que ser igual o mayor que la carga continua, más el 80% de la carga no continua.

CAPÍTULO 8: PROTECCIÓN CONTRA SOBRECORRIENTE 335

Ejemplo 8.3

Un circuito ramal alimenta a una carga continua de 46 amperios. ¿Cuál debe ser el calibre de un conductor tipo THW a seleccionar, si la temperatura de los terminales del circuito es de 75°C?

Solución

Como se trata de una carga continua, el conductor debe tener una ampacidad mínima de:

$$I_{Amp.} = 46 \cdot 1.25 = 57.5 \text{ A}$$

En la **Tabla 2.11** de este libro (**Tabla 310.16** del **CEN**) se observa que el conductor THW, calibre 6 AWG, cumple con los requerimientos, ya que puede soportar una corriente de 65 A. El conductor THW, calibre 8 AWG, no es apropiado porque la corriente que soporta es de 50 A.

Enlazada con el tema de la ampacidad de la **sección 210.19(A)(1)**, está la referencia del **CEN** respecto a que la elección del conductor se debe hacer según el régimen de temperatura de las terminaciones (ver **sección 2.8** de este libro). Las secciones del **CEN** **110.14(C)** y **110.14(C)(1)(a)** mencionan este particular:

Art. 110 - Sección 110.14(C)
(Limitaciones de temperatura)

> *El régimen de temperatura asociado con la ampacidad de un conductor se seleccionará y coordinará de manera que no exceda el menor régimen de temperatura de cualquier terminación, conductor o dispositivo. Se permitirá el uso de conductores con regímenes de temperatura superiores al de las terminaciones, a los fines de ajustes y corrección de la ampacidad.*

Cuando en un circuito ramal, por ejemplo, se tengan tomacorrientes e interruptores con regímenes de temperatura de 60°C y 75°C, respectivamente, se podrá seleccionar un conductor cuyo aislante soporte 75°C, pero la ampacidad a tomar deberá ser igual a la que se especifica para 60°C. Para un conductor THHN, calibre 10 AWG, la corrección de la ampacidad se hace a partir de 40 A, que es la señalada en la **Tabla 2.11** para una temperatura ambiente de 90°C*.

Art. 110 - Secciones 110.14(C)(1)(a)(1) y (a)(2)
(Circuitos con $I_{Régimen} \leq 100$ A)

---

* Si este conductor se conecta, mediante un enchufe, al tomacorriente con régimen de 60°C, su ampacidad se toma como 40 A según la **Tabla 2.11**.

Sección 110.14(C)(1)(a)(1): *Las terminaciones de equipos para circuitos clasificados como circuitos de 100 A o menores de 100 A (la clasificación depende del dispositivo de protección), o expresamente marcados para operar con conductores desde calibre 14 AWG hasta calibre 1 AWG, a menos que sean identificados con otra marca o designación, estarán basadas en la ampacidad a 60°C de los conductores, de acuerdo con la* **Tabla 310.6** *del* **CEN** (**Tabla 2.11** *del libro*).

Sección 110.14(C)(1)(a)(2): *Se pueden utilizar conductores con un régimen de temperatura superior al de las terminaciones, siempre y cuando la ampacidad de los mismos sea referida a una temperatura de 60°C en la* **Tabla 2.11**.

Los artículos anteriores previenen el sobrecalentamiento de las terminaciones de un circuito para evitar daños a instalaciones y, posiblemente, incendios. Se deduce del mismo que si en un circuito se tiene una terminación que no posee designación alguna sobre su régimen de temperatura, se debe referir la ampacidad del conductor que la alimenta a la temperatura de 60°C en la **Tabla 2.11** de ampacidades. Veamos la **Fig. 8.36**. En un circuito ramal de 50 A, con terminaciones sin marcas de temperatura (a), el calibre mínimo del conductor será 6 AWG que soporta una corriente de 55 A a 60°C (ver **Tabla 2.11**). Se pensaría, en principio, que se podría usar un conductor THHN, calibre 8 AWG, con una ampacidad de 55 A a 90°C. Sin embargo, si se permitiese que una corriente de magnitud 55 A circulara por el circuito, se podría generar una temperatura de 90°C, lo cual afectaría seriamente la terminación de 60°C [ver **Fig. 8.36** (*b*) y (*c*)].

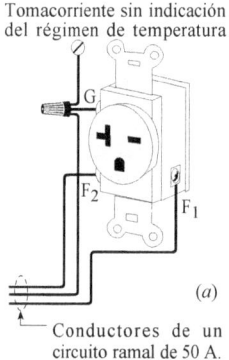

(a)

Conductores de un circuito ramal de 50 A.

Como el tomacorriente no especifica el régimen de temperatura, la ampacidad de los conductores debe referirse a la columna de 60°C de la tabla de ampacidad. Para la corriente de 50 A, el conductor debe tener un calibre mínimo 6 AWG, que puede soportar una corriente de 55 A a 60°C.

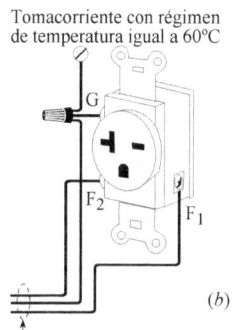

(b)

Conductores THHN, calibre 6 AWG, de un circuito ramal de 50 A

Como el tomacorriente tiene un régimen de temperatura de 60°C, la ampacidad de los conductores debe referirse a la columna de 60°C de la tabla de ampacidad, aun cuando la temperatura de su aislante pueda ser de 75°C o 90°C y tengan, por tanto, ampacidades superiores a las de 60°C. Para la corriente de 50 A, el conductor puede ser, por ejemplo, THW calibre 6 (65 A) o THHN calibre 6 (75 A).

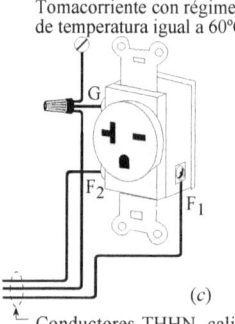

(c)

Conductores THHN, calibre 8 AWG, de un circuito ramal de 50 A.

El tomacorriente tiene un régimen de temperatura de 60°C. Si se utilizan conductores THHN calibre 8 AWG de ampacidad 55 A a 90°C, se corre el riesgo de que una alta temperatura dañe al tomacorriente. Esta selección, por tanto, constituye una violación al **Código Eléctrico**.

Fig. 8.36 El calibre se debe seleccionar según las terminaciones del circuito alimentador.

Ejemplo 8.4

Un circuito ramal es alimentado mediante conductores THHN, está protegido por interruptores con temperaturas de operación de 75°C y sirve a tomacorrientes de régimen 60°C. Si alimenta a una carga continua de 23 A y a cargas discontinuas de 10 A, determine el calibre del conductor a usar.

Solución

Como la parte más sensible en el circuito ramal la integran los tomacorrientes de 60°C, la ampacidad del conductor se debe referir a esa temperatura, independientemente de que el conductor tenga un régimen de 90°C. A fin de determinar el calibre del conductor, calculamos su ampacidad:

$$I_{Amp.} = 10 + 23 \cdot 1.25 = 38.75 \text{ A}$$

De la **Tabla 2.11**, se selecciona el conductor THHN, calibre 8 AWG, que tiene una ampacidad de 40 A a 60°C. Observa que se podría pensar que el conductor calibre 10, el cual tiene una ampacidad de 40 A, se podría usar; sin embargo, su ampacidad, referida a 60°C, es de 30 A, valor menor que el calculado.

Ejemplo 8.5

Un tomacorriente, que alimenta a una carga no continua de 45 amperios, está conectado a un circuito ramal mediante conductores THHN. Determine el calibre del conductor a utilizar si: *a*) el tomacorriente tiene un régimen de temperatura de 60°C; *b*) el tomacorriente tiene un régimen de temperatura de 75°C.

Solución

Para resolver el ejemplo, nos referiremos a la **Fig. 8.37**, en la que se representa el tomacorriente para regímenes de temperatura de 60°C y 75°C.

a) El conductor THHN, calibre 6, referido a 60°C, que es el régimen de temperatura del tomacorriente, tiene una ampacidad de 55 A (ver **Tabla 2.11**), por lo que es adecuado para esta aplicación.

b) Como el tomacorriente tiene un régimen de temperatura de 75°C, debemos ir a la **Tabla 2.11** en la columna de 75°C. Allí observamos que el conductor THHN, calibre 8, tiene una ampacidad de 50 A, que lo hace adecuado para la corriente de 45 A exigida por el circuito ramal.

Es relevante hacer notar que los conductores THHN pueden operar a una temperatura hasta de 90°C sin que su aislante se deteriore. Esto supondría la presencia de corrientes de 55 A y 75 A en los casos (*a*) y (*b*). Sin embargo, la corriente se ha de limitar a aquellos valores que no dañen a los tomacorrientes conectados al circuito. Es aquí donde

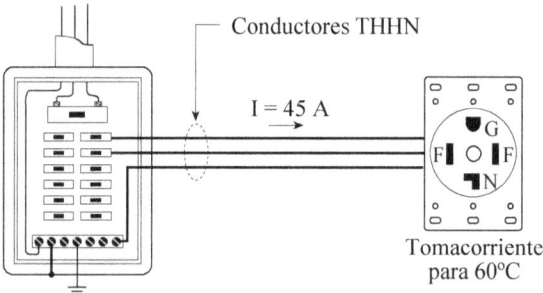

Como el tomacorriente tiene un régimen de temperatura de 60°C, la primera columna de la **Tabla 2.11** nos indica que se debe seleccionar un conductor AWG calibre 6, con una ampacidad de 55 A.

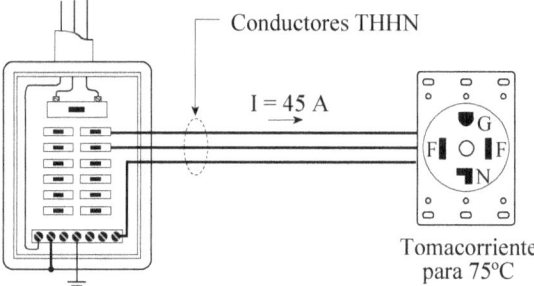

Como el tomacorriente tiene un régimen de 75°C, la segunda columna de la **Tabla 2.11** nos indica que se debe seleccionar un conductor AWG calibre 8, con una ampacidad de 50 A.

Fig. 8.37 Ejemplo 9.5. No se muestra el conductor de puesta a tierra.

los dispositivos de protección entran en juego, restringiendo la corriente para que no superen aquellos valores que harían subir la temperatura a más de 60°C en el primer caso, y a más de 75°C en el segundo caso.

Ejemplo 8.6

Se utilizan conductores THHN, calibre 10 AWG, para alimentar a una carga continua. En el ducto se alojan seis conductores portadores de corriente y la temperatura ambiente es de 45°C. ¿Cuál es la ampacidad de los conductores?

Solución

Partiremos de la ampacidad de 40 A a 90°C del conductor THHN, calibre 10, dada en la **Tabla 2.11**. Para determinar la corriente de la carga continua, no dada en el enunciado, multiplicamos la ampacidad a 90°C por 0.80 (relación 8.5):

$$\text{Ampacidad} = 40 \cdot 0.80 = 32 \text{ A}$$

Al valor anterior aplicamos los factores de ajuste al conductor THHN por temperatura y por exceso de conductores en el ducto. Estos factores se obtienen de las **tablas 2.12** y **2.13**. Para una temperatura de 45°C el factor es igual a 0,87, y para seis conductores en el ducto el factor de corrección es 0,80. Luego:

$$\text{Ampacidad} = 32 \cdot 0.87 \cdot 0,80 = 22.3 \text{ A}$$

Ejemplo 8.7

Se tiene una carga continua no lineal de 20 kVA, alimentada por un sistema trifásico en Y de cuatro conductores, a 120/208 V. Las terminaciones del circuito soportan 75°C. *a*) Determine la corriente en la carga. *b*) Seleccione al conductor sin tener en cuenta el factor de agrupamiento. *c*) ¿Cuál es la ampacidad corregida del conductor?

Solución

a) Por tratarse de un sistema trifásico, la corriente en la carga está dada por:

$$I = \frac{P}{\sqrt{3} \cdot V} = \frac{20000 \text{ VA}}{1.73 \cdot 208} = 55.58 \text{ A}$$

Se redondeará la cifra calculada a 56 A.

b) Como la carga es continua, el conductor se debe seleccionar de modo que su ampacidad sea:

$$I_{Amp.} \geq 1.25 \cdot 56 \qquad I_{Amp.} \geq 70 \text{ A}$$

Dado que las terminaciones son de 75°C, utilizamos la **Tabla 2.11** para obtener la ampacidad correcta. Allí vemos que un conductor THHN, calibre 4, referido a 75°C, tiene una ampacidad de 85 A, la cual es mayor que la corriente de carga (56 A) y cumple con los requisitos. El dispositivo de protección será de 70 A.

c) Puesto que hay cuatro conductores portadores de corriente (el neutro, en cargas no lineales, también transporta corriente), debemos multiplicar la ampacidad a 90°C del conductor THHN, calibre 4, por 0.80 (ver **Tabla 2.13**). Como este valor es de 95 A, resulta:

$$\text{Ampacidad corregida} = 95 \cdot 0.80 = 76 \text{ A}$$

Vemos que la ampacidad corregida es superior a la corriente de carga y al valor de la ampacidad obtenido en la parte (*b*). El conductor debe ser protegido de acuerdo con este último valor. El interruptor de 70 A, seleccionado antes, es apropiado.

Para circuitos con corrientes mayores de 100 A o constituidos por conductores con calibre mayor al 1 AWG, el régimen mínimo de temperatura será de 75°C. La ampacidad de tales conductores se basará entonces en los valores correspondientes a 75°C. Es aceptable seleccionar conductores con un régimen de temperatura superior a 75°C, pero se deben usar los valores de ampacidades que aparecen en la columna de 75°C de la **Tabla 2.11** [sec. 110.14(C)(1)(b)].

Art. 210 - Sección 210.3
(Clasificación de circuitos ramales)

> *Los circuitos ramales se clasifican de acuerdo con la capacidad de corriente del dispositivo de protección contra sobrecorriente o según su máximo valor de ajuste. Los circuitos ramales no individuales se clasificarán en circuitos de 15, 20, 30, 40 y 50 amperios. Cuando se utilicen conductores de mayor ampacidad, la clasificación del circuito estará determinada por la capacidad nominal o el ajuste del dispositivo de protección.*

Entonces, de acuerdo con la **sección 210.3**, la clasificación de un circuito ramal no depende del calibre del conductor o de cualquier otro componente del mismo. Solo tiene que ver con el régimen nominal del dispositivo de protección. Por ejemplo, si el interruptor o el fusible es de 90 amperios, el circuito ramal será clasificado como un circuito de 90 amperios, independientemente de la ampacidad del conductor que se utilice. También, según esta sección y cuando se trate de circuitos no individuales que suministren energía a varias luminarias o tomacorrientes para cargas portátiles de cordón y enchufe, se clasificarán en circuitos ramales de 15, 20, 30, 40 y 50 amperios.

Art. 210 - Sección 210.19(A)(2)
(Circuitos ramales de varios tomacorrientes)

> *Los conductores de circuitos ramales que alimenten a varios tomacorrientes para conectar cargas portátiles de cordón y enchufe, tendrán una ampacidad mayor o igual que la capacidad del circuito ramal dado por el dispositivo de protección.*

La sección anterior del **CEN** se puede expresar de la siguiente manera:

$$I_{Ampacidad} \geq I_{OCPD} \qquad I_{OCPD} \leq I_{Ampacidad}$$

Lo establecido por las relaciones anteriores indica que la capacidad del dispositivo de protección, cuando se trata de circuitos de tomacorrientes múltiples, debe ser menor o igual que la ampacidad del conductor. Esto asegura que el conductor siempre estará protegido contra sobrecargas por el dispositivo de protección. Así, por ejemplo, si la ampacidad del conductor es de 55 A, el dispositivo de protección será de 50 A, lo que garantiza que nunca se llegará a sobrecargar al conductor con una corriente superior a este valor.

La **Fig. 8.38** condensa lo enunciado en las dos secciones citadas anteriormente.

CAPÍTULO 8: PROTECCIÓN CONTRA SOBRECORRIENTE 341

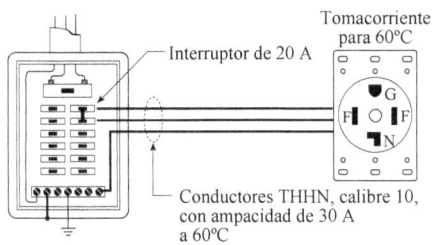
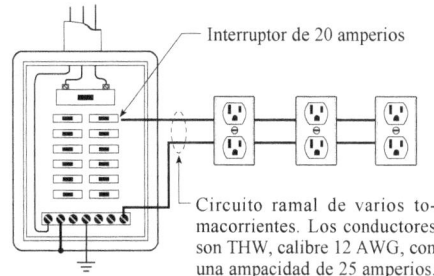

Aplicación de la **sección 210.3 del CEN**: Aun cuando el conductor tiene una ampacidad de 30 A, el circuito ramal se clasifica como un circuito de 20 A, puesto que el interruptor es de 20 A.

Aplicación de la **sección 210.19(A)(2) del CEN**: La capacidad del interruptor es de 20 A, lo cual permite proteger

Fig. 8.38 Explicación relativa a las **secciones 210.3 y 219.19 A(2)** del **Código Eléctrico Nacional**.

Art. 210 - Sección 210.20 (A) - (D)
(Protección contra sobrecorrientes)

Los conductores y equipos de los circuitos ramales serán protegidos por dispositivos contra sobrecorriente de acuerdo con lo establecido en los puntos siguientes:

(A) **Cargas continuas y no continuas**: *Cuando un circuito ramal alimenta a cargas continuas o a cualquier combinación de cargas continuas y no continuas, la capacidad del dispositivo de protección no será menor que la carga no continua más 125% de la carga continua.*

(B) **Protección de los conductores**: *Los conductores de un circuito ramal se deben proteger según la sección 240.4. Los cordones flexibles y los cables de luminarias se deben proteger según lo establece la* **sección 240.5**.

(C) **Equipos**: *La capacidad o ajuste de los dispositivos de protección no debe exceder lo especificado en la* **Tabla 240.3**.

(D) **Dispositivos de salida**: La capacidad o el ajuste no debe exceder lo establecido en la **sección 210.21** para dispositivos de salida.

Lo señalado en las **secs. 210.19, 210.20, 210.21** y los **arts. 230, 422 y 430** permite observar la complejidad de lo establecido por el **CEN** en lo correspondiente a la protección de sobrecorriente. Si las relaciones entre las distintas secciones del **CEN** se dibujaran, se obtendría el esquema de la **Fig. 8.39**.

Se deduce de la **sección 210.20(A)** (camino A de la **Fig. 8.39**) que para seleccionar el dispositivo de protección se debe sumar la carga no continua con la carga continua, multiplicada por 1.25. De no haber carga no continua, se utilizará solo la carga continua para realizar el cálculo del dispositivo de protección. Según esta sección, se puede escribir la siguiente relación:

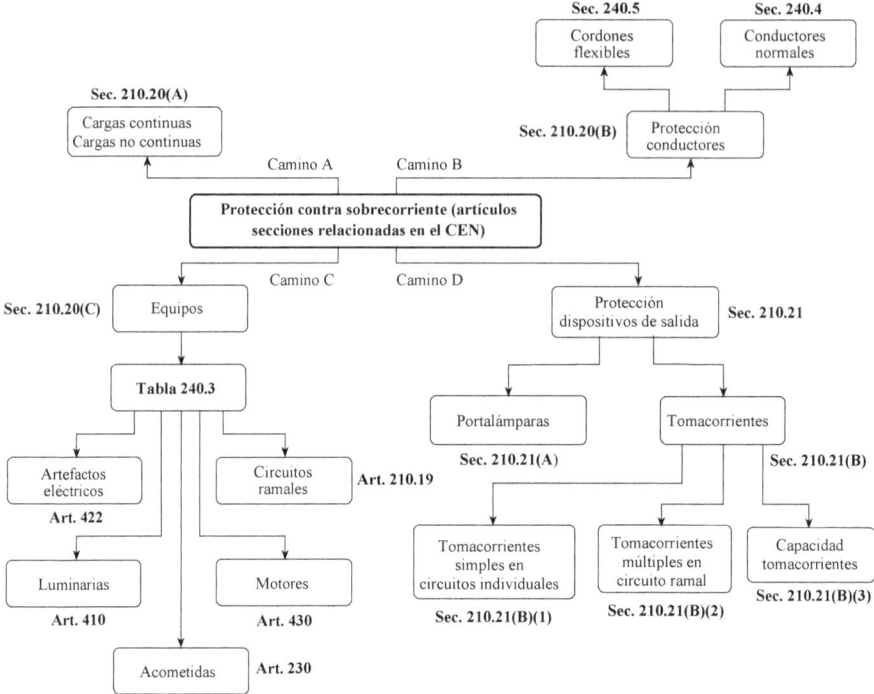

Fig. 8.39 Relaciones entre distintos artículos del **CEN** relativos a la protección contra sobrecorriente.

$$I_{OCPD} \geq I_{No\ Continua} + 1.25\ I_{Continua}$$

donde I_{OCPD} es la capacidad de corriente del dispositivo de protección.

Hay que destacar que tanto la selección del calibre del conductor como la del dispositivo de protección demandan la multiplicación de la carga continua por 1.25. Se podría pensar que bastaría hacer un solo cálculo para estimar el calibre del conductor y la capacidad del interruptor o del fusible, lo cual, como se verá, podría no ser el caso.

La **sección 210.20** nos remite a la sección **210.21** (camino D), y esta última, a las **secciones 210.21 (A)** y **210.21(B)**, que estudiamos a continuación.

Art. 210 - Sección 210.21
(Protección contra sobrecorrientes de dispositivos de salida)

*Los dispositivos de salida tendrán una capacidad de corriente no menor que la carga a servir y cumplirán con **210.21 (A)** y **(B)**.*

Es decir, cualquier dispositivo de salida, trátese de portalámparas o de tomacorrientes, tiene que ser capaz de soportar la corriente exigida por la carga conectada. Si se conecta, por ejemplo, una tostadora de 1200 W a un circuito ramal de 120 V, la corriente exigida por la carga será de 1200/120 = 10 A y el tomacorriente al cual se conecta la misma debe tener una capacidad de corriente superior a este valor (ver **Fig. 8.40**). Esta regla sirve como protección al circuito ramal y a la instalación eléctrica, pues garantiza que un exceso de corriente no provocará la fusión del material plástico, del cual, por lo general, se fabrican los dispositivos de salida, en particular los tomacorrientes.

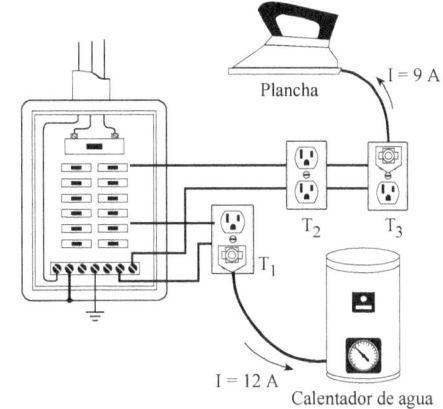

Sección 210.21 del CEN: Los tomacorrientes T_1 y T_3 deben ser capaces de soportar corrientes de 12 A y 9 A, respectivamente, ya que esas son las corrientes exigidas por el calentador y por la plancha.

Fig. 8.40 Explicación relativa a la **sección 210.21** del **CEN**.

Art. 210 - Sección 210.21(A)
(Protección contra sobrecorrientes de portalámparas)

> *Cuando los portalámparas se conecten a un circuito ramal de más de 20 A, serán del tipo de servicio pesado. Un portalámparas de servicio pesado tendrá una potencia nominal no menor de 660 W si es del tipo medio y no menor de 750 W si es de cualquier otro tipo* (ver **Fig. 8.41**).

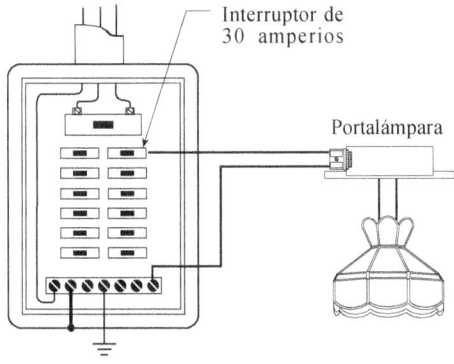

Sección 210.21(A): Como el circuito ramal es de 30 A, el portalámpara tendrá que ser del tipo pesado.

Fig. 8.41 Explicación relativa a la **sección 210.21(A)** del **Código Eléctrico Nacional**.

Se recuerda aquí que la denominación del circuito ramal corresponde a la capacidad de corriente del dispositivo de protección. Por tanto, un circuito ramal de 20 A tendrá un OCPD (interruptor o fusible) de 20 A. Por lo general, en las instalaciones residenciales las salidas para portalámparas corresponden a circuitos ramales menores o iguales a 20 A; pero cuando este no sea el caso, deberemos ceñirnos a la regla anterior.

Los portalámparas para luces fluorescentes no están catalogados como de servicio pesado y no se deben instalar en circuitos protegidos por dispositivos de protección mayores de 20 A.

Art. 210 - Sección 210.21(B)(1)
(Protección contra sobrecorrientes de tomacorrientes individuales)

> *Un tomacorriente simple, instalado en un circuito ramal individual, tendrá una capacidad de corriente no menor que la clasificación del circuito ramal.*

El circuito ramal se clasifica según la capacidad del OCPD. Como se muestra en la **Fig. 8.42**, un tomacorriente único, alimentado por un circuito ramal individual, tendrá una capacidad de corriente superior a la indicada por el OCPD.

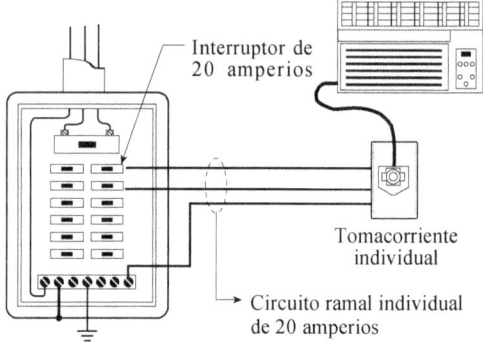

Sección 210.21(B)(1): La capacidad del tomacorriente sencillo del circuito ramal individual debe ser de 20 A o más, puesto que la clasificación del circuito es de 20 A, tal como lo determina el OCPD.

Fig. 8.42 Explicación relativa a la **sección 210.21(B)(1)** del **Código Eléctrico Nacional**.

Art. 210 - Sección 210.21(B)(2)
(Carga total conectada mediante cordón y enchufe)

> *Cuando se conecte a un circuito ramal que suministre corriente a dos o más tomacorrientes, un tomacorriente no alimentará a una carga, conectada con cordón y enchufe, que supere la máxima corriente establecida en la* **Tabla 8.2**.

La **Tabla 8.2**, mostrada a continuación, reproduce la **Tabla 210.21(B)(2)** del **CEN**.

En la tabla anterior se observa que la carga máxima que se puede conectar, mediante cordón y enchufe, a un tomacorriente, en un circuito ramal que alimenta a varios tomacorrientes, es el 80% de la capacidad del mismo. Resalta en la **Tabla 8.2** el hecho de que un tomacorriente con régimen de trabajo de 15 A pueda conectarse a un circuito de clasificación 20 A. Esto se permite porque un tomacorriente doble de régimen 15 A es capaz de soportar, internamente, 20 A. Sin embargo, como se infiere de la sección anterior, **210.21(B)(1)**, no se permite conectar un tomacorriente sencillo de 15 A a un circuito ramal de 20 amperios.

Clasificación del circuito (A)	Capacidad del tomacorriente (A)	Carga máxima (A)
15 o 20	15	12
20	20	16
30	30	24

Tabla 8.2 Máxima carga que se puede conectar, mediante cordón y enchufe, a un tomacorriente en un circuito ramal de varios tomacorrientes.

En la tabla anterior se observa que la carga máxima que se puede conectar, mediante cordón y enchufe, a un tomacorriente, en un circuito ramal que alimenta a varios tomacorrientes, es el 80% de la capacidad del mismo. Resalta en la **Tabla 8.2** el hecho de que un tomacorriente con régimen de trabajo de 15 A pueda conectarse a un circuito de clasificación 20 A. Esto se permite porque un tomacorriente doble de régimen 15 A es capaz de soportar, internamente, 20 A. Sin embargo, como se infiere de la sección anterior, **210.21(B)(1)**, no se permite conectar un tomacorriente sencillo de 15 A a un circuito ramal de 20 amperios.

Art. 210 - Sección 210.21(B)(3)
(Capacidad o régimen de los tomacorrientes)

> *Cuando se conecte a un circuito ramal que alimenta a dos o más tomacorrientes o salidas, la capacidad de corriente de cualquier tomacorriente corresponderá a los valores de la **Tabla 8.3**. Cuando la clasificación del circuito sea igual o superior a 50 A, la capacidad de corriente del tomacorriente no será inferior a la correspondiente a la clasificación del circuito ramal.*

Clasificación del circuito (A)	Capacidad del tomacorriente (A)
15	No mayor de 15
20	15 o 20
30	30
40	40 o 50
50	50

Tabla 8.3 Capacidad de tomacorrientes según la clasificación del circuito.

En la **Fig. 8.43** se ilustra la aplicación de las reglas anteriores.

El camino C de la **Fig. 8.39** nos lleva a la **sección 210.20(C)** sobre protección de equipos eléctricos, la cual, a su vez, nos refiere a la **Tabla 240.3** del **CEN**. En esa tabla se enumeran los artículos del **CEN** aplicables a una gran variedad de equipos. De ellos, en la **Fig. 8.39**, solo se mencionan los siguientes:

*Protección de acometidas (***art. 230** *del* **CEN** *): A estudiar posteriormente en este libro en el* Capítulo 11.

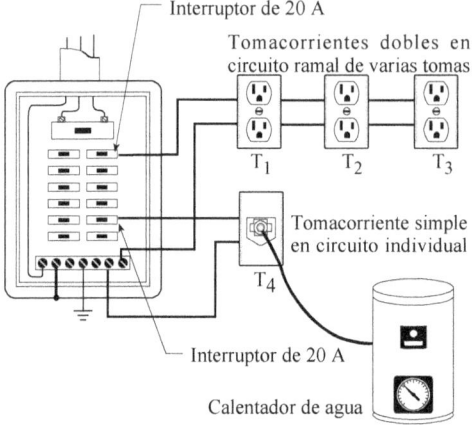

Los tomacorrientes T_1, T_2 y T_3 del circuito ramal de 20 A de múltiples tomas pueden tener una capacidad de corriente de 15 o 20 A, de acuerdo con la **Tabla 210.21(B)(3)**. Sin embargo, el tomacorriente T_4, conectado también a un circuito ramal de 20 A, debe tener una capacidad de corriente no menor a 20 A.

Fig. 8.43 Explicación relativa a las **secciones 210.21(B)(1)**, **B(2)** y **B(3)** del **CEN**.

Protección de motores (**art. 430** del **CEN**)*: Por ser un tópico especializado, no se trata en este libro.*

Protección de luminarias (**art. 410** del **CEN**)*: Tratado en el Capítulo 6.*

Protección de circuitos ramales (**art. 210** del **CEN**)*: Estudiada en este capítulo y en el Capítulo 10.*

Protección de aparatos eléctricos (**art. 422** del **CEN**)*: Será estudiada a continuación.*

Art. 422 - Sección 422.10
(Capacidad de los circuitos ramales que alimentan a artefactos eléctricos)

Esta sección establece la capacidad de los circuitos ramales para soportar la corriente de los artefactos eléctricos, sin sobrecalentamiento, bajo las condiciones especificadas.

Art. 422 - Sección 422.10(A)
(Circuitos individuales de artefactos eléctricos)

La capacidad o régimen de un circuito ramal individual no debe ser menor que el régimen del artefacto, marcado sobre el mismo. El régimen de un circuito individual para artefactos eléctricos operados por motor y que no tengan marcada su capacidad máxima será establecido por los requisitos de la parte II de la sec. 430.

CAPÍTULO 8: PROTECCIÓN CONTRA SOBRECORRIENTE

> *La capacidad de un circuito ramal para un artefacto eléctrico, no operado por motor, que constituya una carga continua, no será menor al 125% de la capacidad de corriente marcada sobre este o no menor al 100% de la capacidad de corriente marcada, si el dispositivo del circuito ramal y sus accesorios están aprobados para carga continua al 100% de su capacidad. Los circuitos ramales para los aparatos de cocina se rigen por la* **Tabla 220.55**.

La primera parte de esta sección puede sintetizarse en la fórmula:

$$I_{Ampacidad} \geq I_{Capacidad\ marcada\ sobre\ el\ aparato} \tag{8.7}$$

La expresión (9.7) se basa en lo siguiente: Si la capacidad del circuito ramal fuera menor que la capacidad del aparato eléctrico, el conductor podría recalentarse.

La segunda parte establece que para un circuito individual de carga continua, no operado por motor, se cumplirá que $I_{Ampacidad} \geq 1.25 \cdot I_{Marcada}$. Para la **Fig. 8.44**, si la corriente marcada es de 22 A, la ampacidad del circuito ramal será mayor de $1.25 \cdot 22 = 27.5$ A. El conductor será THHN, calibre 12 AWG, y tendrá una ampacidad de 30 A a 90°C.

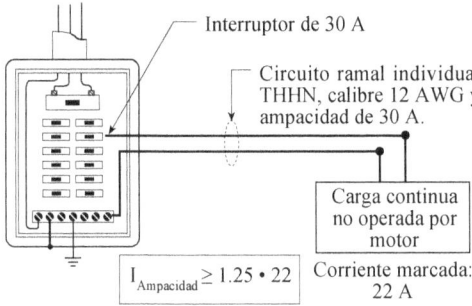

El artefacto eléctrico está marcado para un régimen de corriente de 22 A y, por tanto, el circuito ramal tendrá una ampacidad superior a 27.5 A.

Fig. 8.44 Explicación relativa a la **sección 422.10(A)** del **Código Eléctrico Nacional**.

Art. 422 - Sección 422.11(A)
(Protección contra sobrecorriente de circuitos ramales que alimentan a artefactos eléctricos)

> *Los conductores de los circuitos ramales serán protegidos contra sobrecorriente de acuerdo con la* **sección 240.4**. *Si el artefacto eléctrico tiene marcada la capacidad del OCPD a utilizar, no se debe usar un dispositivo de protección que exceda a la protección contra sobrecorriente marcada en el artefacto.*

Esta sección nos conduce a la **sección 240.4**, que describiremos más adelante. La segunda parte de la regla anterior se basa en que algunos artefactos tienen placa de características en la que se indica la capacidad máxima del dispositivo de protección del circuito ramal que alimenta al artefacto. Si este es el caso, el régimen del OCPD a usar en el circuito ramal no debe ser superior al marcado sobre el artefacto (ver **Fig. 8.45**). La relación que se aplica es la siguiente:

$$I_{OCPD \text{ del circuito ramal}} \leq I_{OCPD \text{ marcado sobre artefacto}} \tag{9.8}$$

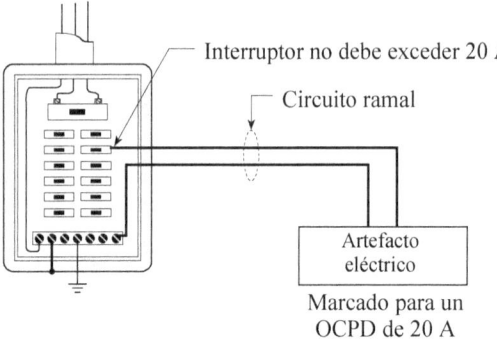

El artefacto eléctrico está marcado para un OCPD de 20 A y, por tanto, el dispositivo de protección no será mayor de 20 A.

Fig. 8.45 Explicación relativa a la **sección 422.11(A)** del **CEN**.

Art. 422 - Sección 422.11(E)
(Protección contra sobrecorriente de un solo artefacto eléctrico no accionado por motor)

Si el circuito ramal alimenta a un solo artefacto eléctrico no accionado por motor, la capacidad (rating) del OCPD no debe:

1. Exceder la protección contra sobrecorriente marcada en el artefacto eléctrico.

2. Exceder el valor de 20 A si la capacidad de corriente del OCPD no está marcada en el artefacto y el mismo tiene un consumo igual o menor a 13.3 A.

3. Exceder el 150% del consumo del artefacto si la capacidad del OCPD no está marcada en el artefacto y este tiene un consumo mayor de 13.3 A. Si el 150% del consumo del artefacto no corresponde a un valor estándar del OCPD, se permitirá el uso del valor normalizado inmediatamente superior.

Como se deduce de la **sección 422.11(E)** del **CEN**, si sobre el aparato eléctrico está marcada la capacidad del OCPD, se debe adoptar ese valor en la selección del interruptor o el fusible. Si, por el contrario, en el artefacto no está marcada la capacidad del OCPD, se debe proceder así:

a) Si el artefacto consume más de 13.3 A, el OCPD no debe tener una capacidad mayor que el 150% de la corriente a plena carga del mismo. $I_{OCPD} \leq 1.50 \cdot I_{Carga}$.

b) Si el artefacto consume hasta 13.3 A, el OCPD no debe tener una capacidad mayor de 20 A. $I_{OCPD} \leq 20$ A.

Los criterios anteriores fueron seleccionados para limitar la protección al 150% de la corriente a plena carga del artefacto y, de esta manera, ampliar su rango de protección. Asimismo, la protección se extiende a aquellos artefactos que funcionan de manera continua (más de tres horas en forma ininterrumpida). Según lo establece el **CEN**, la carga continua no debe exceder al 80% de la capacidad del OCPD, lo cual es equivalente a decir que la capacidad del OCPD no debe ser menor que el 125% de la corriente de la carga continua.

Se deduce, de las dos últimas secciones, que el valor 13.3 amperios establece un límite de corriente para la selección del OCPD. Veamos por qué. Cuando un artefacto eléctrico consume 13.3 A, la protección no debe ser superior al 150% de ese valor. Es decir, la protección no debe superar:

$$I_{OCPD} = 1.5 \cdot 13.3 = 20 \text{ A}$$

El 80% de 20 A es: $0.80 \cdot 20 = 16$ A. Esto significa que el 80% (16 A) de la capacidad del OCPD (20 A) no supera el valor permitido para una carga continua (125% de 13.3 A = 16.63 A).

La **sección 422.11(E)** del **CEN** permite, además, seleccionar a un OCPD de mayor capacidad de corriente al 150% de la corriente del artefacto cuando la carga sea superior a 13.3 A y el cálculo $1.50 \cdot I_{\text{artefacto Eléctrico}}$ arroje un resultado que no se corresponda con un valor estándar del dispositivo de protección contra sobrecorriente (**sección 240.6 del CEN**). La **Fig. 8.46** recoge lo planteado en la **sección 422.11(E)**.

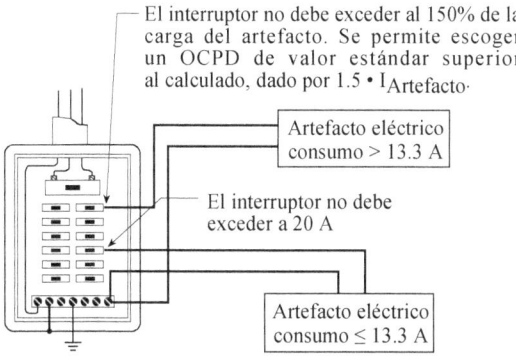

Fig. 8.46 Explicación relativa a la sección **422.11(E)** del **CEN**.

Continuando con el diagrama de la **Fig. 8.39**, observamos que el camino B nos conduce a las **secciones 240.4** y **240.5** del **Código Eléctrico Nacional**. Veamos lo que tratan.

Art. 240 - Sección 240.4
(Protección de conductores)

> *Los conductores, distintos a cordones y cables flexibles y cables de luminarias, serán protegidos contra sobrecorriente de acuerdo con su ampacidad, tal como se especifica en* **310.15***, excepto en los casos permitidos o requeridos en* **240.4(A)** *hasta* **240.4(G)**.

El **artículo 240** del **CEN** trata todo lo concerniente a la protección de los conductores. Para toda instalación eléctrica es necesario calcular el calibre de los conductores, sean estos de circuitos ramales, alimentadores al tablero principal (acometidas) o alimentadores a subtableros. Una vez realizado el cálculo, los valores obtenidos permiten seleccionar a los conductores apropiados según la ampacidad de los mismos, el tipo de aislamiento, la temperatura ambiente, el número de conductores en cada tubo y el tipo y uso continuo o discontinuo de la carga. Los conductores se seleccionan mediante la **Tabla 310.16** del **CEN** (**Tabla 2.11** de este libro). Como se verá posteriormente, conviene seleccionar primero el dispositivo de protección y luego el calibre del conductor.

Los OCPD deben desconectar automáticamente el circuito si se produce una sobrecorriente que haga subir la temperatura de los elementos que conforman la instalación por encima de los límites que produzcan daños a los conductores y a los equipos conectados.

Cuando estudiamos los OCPD en este capítulo, se estableció que los mismos no solo desconectan a los circuitos protegidos al producirse una sobrecorriente (sobrecarga o cortocircuito), sino que el dispositivo mismo soportará, sin destruirse, el impacto de una corriente excesiva. La capacidad de interrupción de corriente de un interruptor o de un fusible debe superar la corriente que el sistema eléctrico es capaz de suministrar a la carga en el caso de un cortocircuito.

En la **sección 8.4.5** se discutió la característica de limitación de corriente de un OCPD, sea un interruptor o un fusible. Estos dispositivos, cuando limitan la corriente, desconectan a los conductores y a los equipos eléctricos que protegen en un tiempo suficientemente corto para evitar causar daños en todo el sistema. **En la Tabla 8.4** se presenta, en términos del tiempo, la máxima corriente de cortocircuito que es capaz de soportar un conductor de cobre a 70°C, cubierto con aislante de plástico, funcionando a 60 Hz, los cuales están relacionados con un ciclo de la onda de corriente.

La **Tabla 8.4** indica que, por ejemplo, un conductor calibre 14 es capaz de soportar una corriente de 4800 A por 1/8 de ciclo, equivalente a 2 ms, mientras que solo soportaría 1700 A si el cortocircuito durara un ciclo completo (10 ms).

Lo mencionado para los conductores puede extenderse a cualquier otro elemento que forme la cadena de alimentación de un sistema eléctrico: interruptores, tomacorrientes

CAPÍTULO 8: PROTECCIÓN CONTRA SOBRECORRIENTE 351

Calibre	Ciclos (tiempo)			
	1/8 (2 ms)	1/4 (4 ms)	1/2 (8 ms)	1 (10 ms)
14	4800	3400	2400	1700
12	7600	5400	3800	2700
10	12000	8500	6020	4300
8	19200	13500	9600	6800
6	30400	21500	16200	10800
4	48400	34200	24200	17100

Tabla 8.4 Máxima corriente de cortocircuito, en amperios, que puede soportar un conductor de cobre en función del tiempo de ocurrencia del cortocircuito.

y, en general, todo dispositivo conectado a la instalación. De allí la importancia de usar interruptores o fusibles con una respuesta rápida a cortocircuitos.

Es indudable que la **sección 240.4** del **CEN** apunta a evitar que los conductores sean sujetos a corrientes mayores que su ampacidad. Para ello se requiere que la ampacidad se haya ajustado a los valores resultantes una vez considerados los factores de corrección por temperatura y por agrupamiento (**tablas 2.12** y **2.13** de este libro). Es importante mencionar que el objetivo es seleccionar los dispositivos de protección una vez aplicados estos factores y no antes:

> *Los conductores se deben proteger teniendo en cuenta los valores corregidos de ampacidad y no los que figuran directamente en las tablas de ampacidad.*

Recuerde que la regla general es que los conductores sean protegidos contra sobrecorriente por un interruptor o un fusible de capacidad no superior a la ampacidad corregida del conductor.

Ejemplo 8.8

¿Cuál interruptor se debe usar para proteger a tres conductores TW calibre 2, colocados en un tubo a una temperatura ambiente de 30°C?

Solución

En la **Tabla 2.11** vemos que el valor de la ampacidad para este tipo de conductor es de 95 A. Se seleccionará un interruptor o fusible de 100 A, que es el valor estándar superior más cercano estipulado por el **CEN** [**sección 240.4(B)**].

Art. 240 - Sección 240.4(A)
(Riesgo por pérdida de energía)

> *No se requiere protección contra sobrecarga de los conductores si la protección de un circuito puede dar lugar a riesgos, como, por ejemplo, en los sistemas de transporte de materiales a base de imanes o en bombas contra incendios (ver* **Fig. 8.47***).*

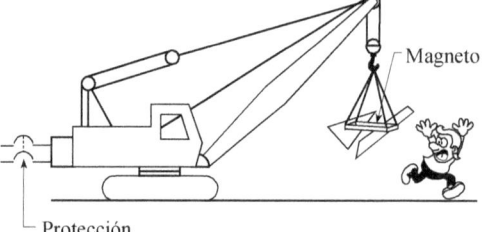

El corte de la energía eléctrica al magneto puede acarrear graves consecuencias al personal

Sección 240.4(A) del CEN: Cuando la protección de un circuito pueda dar lugar a riesgos, no es necesario que este sea protegido contra sobrecargas, pero sí contra corrientes de cortocircuitos.

Fig. 8.47 Explicación relativa a la **sección 240.4(A)** delCEN.

La regla anterior pone de manifiesto la importancia que da el **CEN** a la conservación de la vida. En este caso, se privilegia la protección al personal que trabaja en el sitio sobre la protección de los conductores, que pueden recalentarse cuando se supere su ampacidad. En otras palabras, es de más graves consecuencias la caída de los materiales que el magneto mantiene en su lugar, que el sobrecalentamiento que, por cierto tiempo, soporten los conductores del circuito. Incluso en condiciones como estas, donde el tiempo de uso del magneto es intermitente, se permite el uso de conductores de mayor calibre o de protecciones de mayor capacidad, a fin de contrarrestar el efecto de la sobrecarga de corriente. Algunos autores recomiendan el uso de OCPDs con un 200% a 400% de la corriente de operación del magneto.

Art. 240 - Sección 240.4(B)
(Protección mediante dispositivos con capacidades iguales o menores a 800 A)

> *Se permite* el uso de un dispositivo de protección contra sobrecorriente de valor normalizado o estándar inmediato superior (por encima de la ampacidad del conductor a proteger) siempre que se cumplan las siguientes condiciones:*
>
> *1. Los conductores no alimenten a circuitos ramales de múltiples salidas para conectar cargas portátiles de cordón y enchufe.*
>
> *2. La ampacidad de los conductores, después de ajustada con los factores de temperatura y de agrupamiento, no se corresponda con los valores normalizados de corriente para OCPD señalados en la* **sección 240.6(A)**.
>
> *3. La protección inmediata superior no exceda 800 A.*

Se entiende, por la **sección 240.4(B)**, que la capacidad del OCPD puede exceder la ampacidad, o la ampacidad corregida del conductor, solo cuando se trate de un circuito ramal individual (que no suministra energía a más de una salida) o cuando suministre energía a varias salidas de cargas fijas, como salidas de iluminación o aparatos eléctricos

---

* Es decir, el **CEN** no lo considera obligatorio.

permanentemente conectados. Esta regla se aplica cuando el dispositivo de protección seleccionado es menor de 800 amperios.

Cuando el circuito ramal alimente a cargas mediante cordón y enchufe, la protección contra sobrecorriente nunca debe exceder a la ampacidad de los conductores del circuito ramal. Esto concuerda con lo mencionado en la **sección 210.19(A)(2)**, ya estudiada en este capítulo, donde se establece que en un circuito de múltiples tomacorrientes, la capacidad del OCPD será menor o igual que la ampacidad del conductor ($I_{OCPD} \leq$ Ampacidad).

En la **Fig. 8.48** se muestra gráficamente el contenido de la **sección 240.4(B)**.

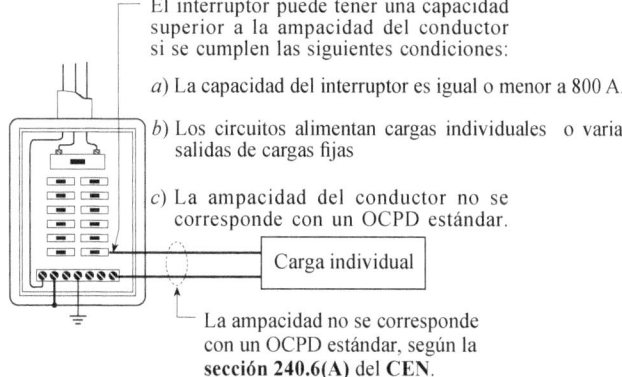

Fig. 8.48 Explicación relativa a la **sección 240.4(B)** del **CEN**.

La anterior sección nos remite a la **sección 240.6(A)**, referida a los valores normalizados de las capacidades de los OCPD.

Art. 240 - Sección 240.6(A)
(Valores normalizados de fusibles e interruptores)

> *Las capacidades normalizadas para fusibles e interruptores de tiempo inverso serán de 15, 20, 25, 30, 35, 40, 45, 50, 60, 70, 80, 90, 100, 110, 120, 150, 175, 200, 225, 250, 300, 350, 400, 450, 500, 600, 700, 800, 1000, 1200, 1600, 2000, 2500, 3000, 4000, 5000 y 6000 amperios. Valores adicionales de corriente para fusibles serán 1, 3, 6, 10 y 601 A. Se permitirá el uso de fusibles e interruptores de tiempo inverso con amperajes no normalizados.*

Aun cuando en la norma anterior se dan los valores estándar de fusibles e interruptores, se observa que al final de la misma se permite el uso de OCPD no normalizados. Se deduce, entonces, que se podrán usar interruptores y fusibles de valores intermedios siempre y cuando se cumpla con la regla relativa a que los conductores sean protegidos según su ampacidad.

Las regulaciones de las **secciones 240.4(B)** y **240.6(A)** se tienen que relacionar con las **secciones 210.19(A)** y **210.20(A)** del **CEN** en lo concerniente a la combinación de cargas continuas y no continuas, las cuales mencionan la ampacidad que debe tener un conductor para ser apropiadamente seleccionado y protegido. Recordemos que cuando se alimenta a cargas continuas, hay que multiplicar por 1.25, tanto para escoger la ampacidad del conductor como para la selección del dispositivo contra sobrecorriente.

Ejemplo 8.9

Se tiene un circuito ramal individual con tres conductores de cobre THW calibre 350 kcmil, a una temperatura ambiente de 30°C. ¿Cuál dispositivo se utilizará para proteger a los conductores?

Solución

En la **Tabla 2.11** se ve que la ampacidad del conductor THW calibre 350 kcmil es de 310 A. Por el calibre del conductor, se supone que la corriente en la carga será mayor de 100 A, lo que nos permite usar la columna de 75°C de la **Tabla 2.11**.

La primera y tercera condiciones de la **sección 240.4(B)** se cumplen, puesto que la corriente es menor de 800 A y se trata de un circuito individual. Por tanto, el OCPD puede tener una capacidad de 350 A como lo dicta la **sección 240.6(A)**.

Se observa que el OCPD estándar menor de 310 A corresponde a 300 A y que este valor está más próximo a la ampacidad de 310 A del conductor 350 kcmil, por lo que uno podría estar tentado a seleccionar, dependiendo de la carga, esta protección, lo cual no significaría una violación al **CEN**.

Art. 240 - Sección 240.4(C)
(Dispositivo de protección superior a 800 A)

Cuando el dispositivo de protección tiene una capacidad superior a 800 A, la ampacidad del conductor protegido será igual o mayor que la capacidad del dispositivo de protección mencionada en la sección 240.6.

Esta última sección del **CEN** (ver **Fig. 8.49**) obliga a seleccionar un dispositivo de protección cuya capacidad sea menor que la ampacidad del conductor cuando el OCPD sea de capacidad mayor de 800 A. En este caso, cuando la ampacidad de los conductores no se corresponda con un valor estándar de corriente de los dispositivos de protección, no se debe usar el valor normalizado o estándar inmediato superior, sino el valor normalizado inmediatamente

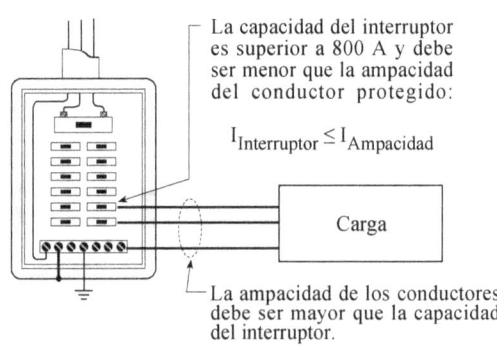

$I_{Interruptor} \leq I_{Ampacidad}$

Fig. 8.49 Explicación relativa a la **sección 240.4(C)** del **Código Eléctrico Nacional**.

inferior. La capacidad del OCPD no debe superar la ampacidad del conductor. Se deduce entonces la siguiente relación:

$$I_{OCPD} \leq I_{Ampacidad} \quad \text{(cuando } I_{OCPD} > 800 \text{ A)} \qquad 8.9$$

Ejemplo 8.10

En la **Fig. 8.50**, cada fase consta de tres conductores iguales que consumen 320 A cada uno y el sistema está protegido por un interruptor de tres polos de 1000 A. Determine si la protección es apropiada para conductores calibre 300 kcmil. De no serlo, ¿cuál debe ser el calibre de los conductores en caso de que se utilice la misma protección?

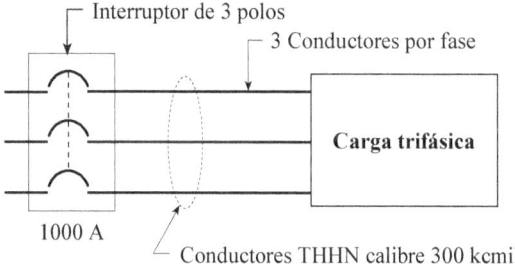

Fig. 8.50 Sistema eléctrico para el ejemplo 8.10.

Un conductor THHN, calibre 300 kcmil, es capaz de soportar una corriente de 320 A a 90°C según la **Tabla 2.11** de este libro. La carga total por fase del circuito es:

Corriente total = 3 • 320 = 960 amperios

Como la capacidad del dispositivo de protección es de 1000 A, lo cual está por encima de 800 A, se está violando la **sección 240.4(C)** del **CEN**, la cual dice que la protección debe ser igual o menor que la ampacidad del conductor. Más aun, según la **sección 110.14(C)(1)(b)**, cuando el conductor pasa del calibre 1 AWG o la corriente por conductor es mayor de 100 A, se debe utilizar la columna de 75°C a los fines de seleccionar la ampacidad de los conductores. Esto supone una ampacidad de 285 A para los conductores 300 kcmil (**Tabla 2.11**), que arrojaría un total de 855 A para el circuito, lo cual agravaría más la situación, puesto que la protección sería, también, aún mayor que la ampacidad del conductor cuando se compara con la ampacidad de la columna de 90°C (855 A < 960 A). Evidentemente, en los dos casos se violaría el **Código Eléctrico Nacional**.

En conclusión, se debe seleccionar un calibre del conductor de la columna de 75°C. Un conductor de calibre 400 kcmil tiene una ampacidad de 335 A. Para los tres conductores de fase, la corriente a soportar será de 3 • 335 = 1005 A. Como el interruptor tripolar es de 1000 A, se cumple la relación 8.9, ya que 1000 < 1005.

Art. 240 - Sección 240.4(D)
(Pequeños conductores)

*A menos que específicamente sea permitido por las **secciones 240.4(E hasta G)**, la protección contra sobrecorriente para conductores de cobre no excederá, después de haber aplicado los factores de corrección por temperatura y/o agrupamiento de conductores, 15 A para el calibre 14 AWG, 20 A para el calibre 12 AWG y 30 A para el calibre 10 AWG. En el caso de conductores de aluminio, la protección contra sobrecorriente no excederá 15 A para el calibre 12 AWG y 25 A para el calibre 10 AWG.*

La **sección 240.4(D)** impone límites a la protección de los llamados pequeños conductores en las instalaciones eléctricas, los cuales corresponden a los calibres 14, 12 y 10 AWG (ver **Fig. 8.51**). Aunque los mismos soportan corrientes de 20, 25 y 30 A a 60°C, como se evidencia en la **Tabla 2.11**, la corriente máxima del dispositivo de protección es de 15, 20 y 30 A, respectivamente. La limitación en corriente de los OCPDs está relacionada con el hecho de que los mismos no son capaces de proteger a los conductores mencionados bajo la condición de cortocircuito. Por ejemplo, un conductor de cobre calibre 12, que puede soportar una corriente de 25 A, se protege mediante un OCPD de 20 A porque, bajo las condiciones de prueba, un interruptor de 25 A no garantiza una operación suficientemente rápida para prevenir que el *breaker* se abra bajo la acción de un cortocircuito. Este problema no se plantea con conductores de calibres mayores que el conductor 10 AWG, los cuales deberán ser protegidos por el dispositivo contra sobrecorriente según el valor de su ampacidad.

8.11 CÁLCULO DE LAS PROTECCIONES

Los dispositivos de protección contra sobrecorriente son elementos básicos de cualquier instalación eléctrica que previenen un calor excesivo, tanto en los equipos conectados a la misma como en los conductores que la conforman. Estos dispositivos abren un circuito ramal cuando un exceso de corriente pone en peligro la integridad del sistema eléctrico. De esta manera se protege a personas y propiedades que hacen uso de la electricidad.

Las secciones del **CEN** mencionadas anteriormente en este capítulo son la base para el cálculo de las protecciones de los circuitos eléctricos. La diversidad de criterios a tener en cuenta complica un poco la situación. Brian J. McPartland y Joseph F. McPartland, en su libro *National Electrical Code Handbook*, dan un procedimiento esquemático para hacer este cálculo cuando se trata de cargas continuas y no continuas, el cual permite seleccionar tanto la capacidad del OCPD como el calibre del conductor. La regla se cumple con la sección 240.4 tal como se describe a continuación:

1. Selección del dispositivo de protección: Se determina la capacidad mínima del dispositivo de protección sumando la corriente de la carga no continua con el 125% de la carga continua. Si el valor obtenido no se corresponde con un valor estándar de protección, se selecciona el de valor superior más próximo al calculado.

2. Selección del conductor: El calibre del conductor se escogerá sobre la base de la capacidad del dispositivo de protección ya seleccionado. De la **Tabla 2.11**, se localiza un conductor en la columna de 75°C cuya ampacidad sea igual o mayor que la capacidad del OCPD. También es importante que la ampacidad del conductor a 75°C sea igual o mayor que la corriente en la carga.

3. Determinación de la ampacidad del conductor: Si no se requiere ajuste por temperatura o por agrupamiento de conductores, se pueden utilizar los valores obtenidos en los puntos 1 y 2 señalados anteriormente. De lo contrario, se aplican los factores de corrección de la ampacidad. Si se utilizan conductores con capacidad para operar a 90°C, los factores de reducción se aplicarán a los valores de ampacidad dados en esta columna.

4. Verificación de que el conductor está apropiadamente protegido: Este último paso se requiere solo si se necesita ajuste por temperatura o por agrupamiento. Después que se establezca la ampacidad del conductor, lo cual incluye la aplicación de los factores de ajuste, se debe asegurar que el dispositivo de protección proteja al conductor a la ampacidad calculada. Con excepción de los circuitos ramales de múltiples tomacorrientes, todos los conductores en circuitos con corrientes hasta 800 A pueden ser protegidos por el dispositivo de valor mayor más próximo al calculado si el valor obtenido no corresponde a un valor estándar. Para circuitos ramales de múltiples tomacorrientes y circuitos de corrientes superiores a 800 A, si el conductor no es protegido, de acuerdo con su ampacidad, por el dispositivo de protección, se debe incrementar el calibre del conductor hasta que sea protegido por el OCPD.

Ejemplo 8.11

Un circuito ramal alimenta a una carga continua de 90 A por fase mediante cuatro conductores THHN. Determine la capacidad del interruptor de protección y el calibre del conductor.

Solución

Selección del dispositivo de protección.

$$I_{OCPD} = 90 \cdot 1.25 = 112.5 \text{ A}$$

Como el valor obtenido no es estándar, se selecciona un interruptor de 125 A de acuerdo con la **sección 240.6(A)***.

Selección del conductor. Vamos a la columna de 75°C de la Tabla 2.11, donde observamos que un conductor calibre 1 AWG, con una ampacidad de 130 A > 125 A, cumple con las especificaciones exigidas en el planteamiento del problema, ya que la

---

* Observa que **240.4(B)** permite seleccionar un dispositivo de protección de capacidad mayor a la ampacidad del conductor. De no haber factores de corrección, el calibre 2 AWG a 75°C cumplirá con lo establecido por el **CEN**.

corriente en la carga, según **210.19(A)(1)**, y la ampacidad del conductor seleccionado están dadas por:

$$125\% \text{ de la carga: } I_{CM} = 112.5 \text{ A} \qquad \text{Ampacidad: } I_{Ampacidad} = 130 \text{ A}$$

Como $I_{Ampacidad} > I_{CM}$, se cumple la sección **210.19(A)(1)** del **CEN**.

Determinación de la ampacidad corregida del conductor. Como hay cuatro conductores, se debe utilizar el factor de agrupamiento igual a 0.8 de la **Tabla 2.13**. Por tratarse de un conductor THHN, nos referimos a la columna de 90°C de la **Tabla 2.11** para tomar el valor de la ampacidad del conductor calibre 1 AWG. Este valor es de 150 A. Luego:

$$\text{Ampacidad} = 150 \cdot 0.8 = 120 \text{ A}$$

Verificación de que el conductor está correctamente protegido. Como no hay un interruptor estándar de 120 A, se utiliza un interruptor de la capacidad calculada en el paso 1, que es de 125 A. Con este resultado observamos que:

$$\text{Capacidad del interruptor: } I_{OCPD} = 125 \text{ A} \qquad 125\% \text{ de la carga: } I_{CM} = 112.5 \text{ A}$$

Como $I_{OCPD} > I_{CM}$, se cumple con la **sección 210.20(A)** del **CEN**.

En conclusión, el interruptor será de 125 A y el conductor será THHN, calibre 1 AWG.

Ejemplo 8.12

Se tiene una carga continua no lineal de 25 kVA, alimentada por un sistema trifásico en Y de cuatro conductores, a 120/208 V. Las terminaciones del circuito tienen un régimen de 75°C. Determine la corriente en la carga, la protección contra sobrecorriente y el calibre del conductor a emplear si se van a utilizar conductores THHN.

Solución

Como se trata de un sistema trifásico, la corriente se calcula mediante la siguiente relación:

$$I = \frac{P}{\sqrt{3} \cdot V} = \frac{25000 \text{ VA}}{1.73 \cdot 208} = 69.39 \text{ A}$$

El resultado anterior se redondea a 69 A. Procederemos, a continuación, a utilizar los cuatro pasos anteriores en la determinación del dispositivo de protección y el calibre del conductor.

Selección del dispositivo de protección. Como se trata de una carga continua, la corriente obtenida anteriormente se debe multiplicar por 1.25:

$$I_{OCPD} = 69 \cdot 1.25 = 86.25 \text{ A}$$

De acuerdo con la **sección 240.6** del **CEN**, debemos seleccionar un dispositivo de protección estándar de 90 A.

Selección del conductor. Usamos la columna de 75°C de la **Tabla 2.11**. Allí vemos que el conductor 3 AWG tiene una ampacidad de 100 A, corriente que es superior a la capacidad calculada, que es de (69 • 1.25) = 86.25 A.

Determinación de la ampacidad corregida del conductor. Puesto que la carga es no lineal, el neutro se debe considerar como un conductor más. Para cuatro conductores en una canalización se aplicará el factor 0.8 de agrupamiento de la **Tabla 2.13**. La reducción de la ampacidad se hará a partir del valor de la columna de 90°C de la **Tabla 2.11** para un conductor calibre 3 AWG. Allí se indica una ampacidad de 110 A y, por tanto:

$$\text{Ampacidad corregida: } 110 \cdot 08 = 88 \text{ A}$$

Verificación de que el conductor está correctamente protegido. Un dispositivo de protección de 90 A, como el seleccionado en el primer paso, puede proteger sin inconvenientes a este circuito. Se observa que la ampacidad del conductor (88 A) supera a la corriente continua de carga (86 A) y que la capacidad del dispositivo de protección (90 A), aún siendo mayor que la corriente continua en la carga, se ciñe a lo establecido en la **sección 210.20** del **CEN**.

Ejemplo 8.13

Un alimentador de tres conductores THHN en una canalización suministra 90 A en régimen continuo y 72 A en régimen no continuo a una carga. Determine la capacidad del dispositivo de protección y el calibre del conductor a utilizar.

Solución

Selección del dispositivo de protección. La capacidad del dispositivo de protección estará dada por lo señalado en la **sección 210.20(A)**:

$$I_{OCPD} = 90 \cdot 1.25 + 72 = 184.5 \text{ A}$$

El valor anterior se redondea a 185 A. En la **sección 240.6(A)** observamos que el valor superior más próximo es 200 A, el cual seleccionamos.

Selección del conductor. En la columna de 75°C, **Tabla 2.11**, vemos que el conductor calibre 3/0, con una ampacidad de 200 A, es apropiado para este circuito. Como esa ampacidad es igual a la del OCPD y no hay factores de reducción para la ampacidad, se selecciona este calibre.

Ejemplo 8.14

Repitamos el **ejemplo 8.13**, excepto que tenemos, en un ducto, a seis conductores que transportan la misma corriente anterior. Determine la protección y la ampacidad para conductores THHN.

Solución

Selección del dispositivo de protección. Como en el **ejemplo 9.13**, se selecciona un OCPD de 200 A.

Selección del conductor. En la columna de 75°C, **Tabla 2.11**, notamos que el conductor calibre 3/0, con una ampacidad de 200 A, satisface la capacidad del OCPD.

Determinación de la ampacidad corregida del conductor. Puesto que hay seis conductores en el ducto, la **Tabla 2.13** indica que debemos aplicar un factor de corrección de 0.8 a la ampacidad a 90°C del conductor 3/0, la cual es de 225 A:

$$\text{Ampacidad} = 225 \cdot 0.8 = 180 \text{ A}$$

Verificación de que el conductor está correctamente protegido. Para proteger a un conductor de 180 A, de ampacidad corregida, se puede utilizar un OCPD de capacidad inmediatamente superior. Según la **sección 240.6(A)**, el OCPD debe tener una capacidad de 200 A, que es el valor inmediatamente superior a 180 A. Por tanto, el conductor estará adecuadamente protegido por un OCPD de capacidad igual a 200 A.

Ejemplo 8.15

Un alimentador suministra energía a una carga que no posee tomacorrientes de uso general y consiste en 40 A de carga continua y 36 A de carga no continua. Los conductores son del tipo THHN y hay únicamente tres conductores en la canalización. Todos los terminales del circuito están marcados para 75°C. ¿Cuál es el dispositivo estándar mínimo de protección a usar?

Solución

Selección del dispositivo de protección. Debido a la presencia de cargas continuas y no continuas, el dispositivo de protección debe cumplir con:

$$I_{OCPD} = 40 \cdot 1.25 + 36 = 86 \text{ A}$$

En la **sección 240.6(A)** notamos que el valor estándar superior más próximo es 90 A.

Selección del conductor. Los conductores del alimentador también deben cumplir con la relación de corriente anterior:

$$I_{Ampacidad} = 40 \cdot 1.25 + 36 = 86 \text{ A}$$

En la columna de 75°C, **Tabla 2.11**, vemos que el conductor calibre 3, con una ampacidad de 100 A, es apropiado para esta aplicación. De los cálculos anteriores, se observa el cumplimiento de los aspectos fundamentales que el **CEN** establece para la selección del conductor y del dispositivo de protección: *a*) El conductor es capaz de suministrar la corriente a la carga sin problemas, puesto que su ampacidad (100 A) es superior a la corriente de carga (86 A). *b*) El conductor está debidamente protegido, ya que la capacidad del OCPD (90 A) es menor que la ampacidad del conductor (100).

Ejemplo 8.16

¿Cuál es la capacidad del dispositivo de protección para tres conductores de cobre THHN, calibre 10 AWG, que alimentan a una carga a la temperatura ambiente de 52°C?

Solución

Los conductores THHN tienen un aislante resistente a una temperatura de 90°C, siendo su ampacidad, a esa temperatura, de 40 A (ver **Tabla 2.11**).

Para determinar la ampacidad de los conductores a 52°C, utilizamos un factor de 0.76 según la **Tabla 2.12**:

$$\text{Ampacidad corregida} = 40 \cdot 0.76 = 30.4 \text{ A}$$

La **sección 240.4(D)** del **CEN** establece que el dispositivo de protección contra sobrecorriente será de 30 A por tratarse de un circuito compuesto por pequeños conductores.

Un procedimiento más esquemático para determinar el dispositivo de protección y la ampacidad del conductor, cuando se conoce la corriente en la carga, se desarrolla en los diagramas de flujo mostrados en las **figuras 8.52** y **8.53**. **La Fig. 8.52** corresponde al diagrama para la selección del OCPD y del conductor cuando no hay que corregir la ampacidad del conductor por efecto del agrupamiento y de la temperatura.

Ejemplo 8.17

Una carga continua de 70 A y una no continua de 55 A es suministrada por un alimentador de tres conductores bajo una temperatura ambiente no mayor a 30°C. Determine el dispositivo de protección y el calibre del conductor si: *a*) las terminaciones tienen un régimen de 60°C/75°C; *b*) las terminaciones tienen un régimen de 60°C.

Solución

a) *Terminaciones con régimen a 60°C/75°C*:

Paso 1. La corriente en la carga es:

$$I_{Carga} = I_{Continua} + I_{No\ Continua} = 70 + 55 = 125 \text{ A}$$

Paso 2. Cálculo de la corriente para determinar el OCPD:

$$I_{OCPD} = 1.25 \cdot I_{Continua} + I_{No\ Continua} = 142.5 \text{ A}$$

El resultado se redondea a 143 A.

Paso 3. El OCPD con régimen mayor a 143 A y más cercano a esta corriente es, según la **sección 240.6(A)**, de 150 A.

Selección del dispositivo de protección (OCPD) y del conductor cuando no hay que corregir la ampacidad (hasta tres conductores en una canalización y temperatura ambiente igual a 30°C).

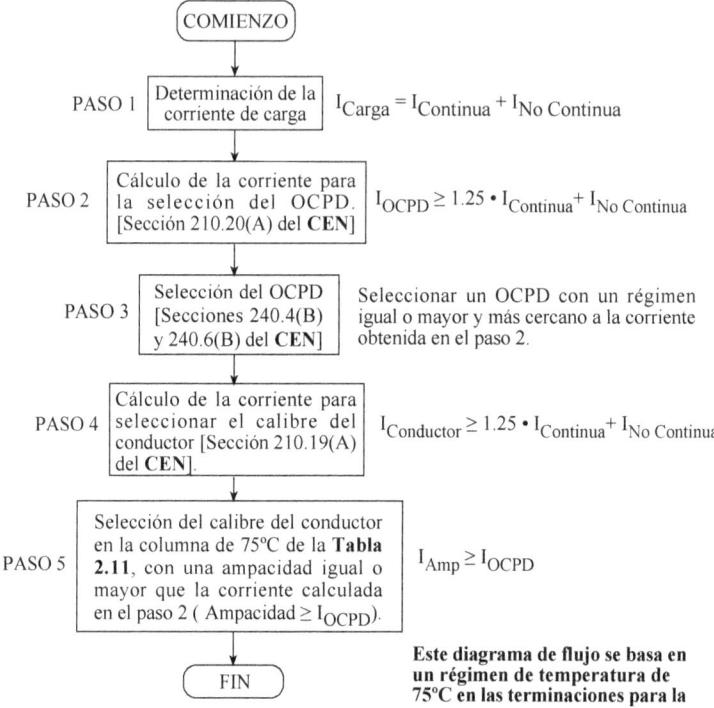

1. El esquema es el mismo cuando una de las dos, la carga continua o la carga no continua, es igual a cero.

2. Estas secciones se aplican cuando: *a*) los conductores a proteger no son parte de un circuito de múltiples salidas que alimentan a tomacorrientes para cargas portátiles; *b*) la ampacidad de los conductores no se corresponde con valores estándar de OCPDs, y *c*) el valor estándar del OCPD seleccionado no excede a 800 A.

3. Se pueden usar conductores con un régimen de 90°C siempre y cuando la ampacidad se tome a 75°C. Si no hay especificación en cuanto al régimen de temperatura de las terminaciones, se debe seleccionar el calibre del conductor con base en la corriente calculada en el paso 4, en la columna de 60°C. Si la corriente es mayor que 100A, es obligatorio tomar la ampacidad en la columna de 75°C.

Fig. 8.52 Diagrama de flujo para determinar el dispositivo de protección y el calibre del conductor cuando se conoce la corriente en la carga y no hay factores de corrección para la ampacidad.

Paso 4. Cálculo de la corriente para seleccionar, posteriormente, el calibre del conductor:

$$I_{Conductor} = 1.25 \cdot I_{Continua} + I_{No\ Continua} = 142.5\ A$$

Paso 5. Selección del calibre del conductor para terminaciones con 60°C/75°C: el conductor THW calibre 1/0 AWG, con una ampacidad de 150 A a 75°C, es adecuado para este caso (ver **Tabla 2.11**). También es posible usar un conductor tipo THHN, con régimen de temperatura 90°C y con su ampacidad referida a la columna de 75°C.

CAPÍTULO 8: PROTECCIÓN CONTRA SOBRECORRIENTE   363

En los dos cálculos anteriores se observa que la capacidad del OCPD es igual a la ampacidad del conductor. De esta manera se cumple la relación $I_{OCPD} \geq$ Ampacidad, mencionada en el paso 5.

b) Terminaciones con régimen a 60°C:

Los pasos 1, 2, 3 y 5 son idénticos al caso anterior. Sin embargo, para terminaciones a 60°C hay que usar la columna de 60°C en la **Tabla 2.11**. Allí vemos que se debe seleccionar un conductor calibre 2/0 AWG, con ampacidad de 145 A, aun cuando se utilice un conductor como el THHN de régimen 90°C o un conductor THW de 75°C. Como en el caso (a), se cumple que $I_{OCPD} \geq$ Ampacidad.

Ejemplo 8.18

Una carga no continua de 120 A es suministrada por un alimentador de tres conductores, bajo una temperatura ambiente no mayor a 30°C. Determine el dispositivo de protección y el calibre del conductor si: *a*) las terminaciones tienen un régimen de 60°C/75°C; *b*) las terminaciones tienen un régimen de 60°C.

Solución

a) Terminaciones con régimen de 60°C/75°C:

Paso 1. $I_{Carga} = 120$ A.

Paso 2. Cálculo de I_{OCPD}: $I_{OCPD} = I_{No\ Continua} = 120$ A

Paso 3. Selección del OCPD: Se escoge un OCPD estándar de 125 A según la **sección 240.6(A)**.

Paso 4. Cálculo de la corriente en el conductor:

$$I_{Conductor} = I_{No\ Continua} = 120\ A$$

Paso 5. Selección del calibre del conductor en la columna de 75°C: de la **Tabla 2.11**, se escoge un conductor calibre 1 AWG, de ampacidad 130 A.

b) Las terminaciones tienen un régimen de 60°C. En este caso, el conductor debe ser 1/0 AWG, que puede soportar una corriente de 125 A.

La **Fig. 8.53** corresponde al diagrama para la selección del OCPD y del conductor cuando hay que corregir la ampacidad del conductor por efectos del agrupamiento y de la temperatura.

Aunque el diagrama de flujo de la **Fig. 8.53** parece complicado, su aplicación, como se desprende de los ejemplos que siguen, no lo es.

Selección del dispositivo de protección (OCPD) y del conductor cuando hay que corregir la ampacidad (más de tres conductores en una canalización y temperatura ambiente mayor que 30°C)

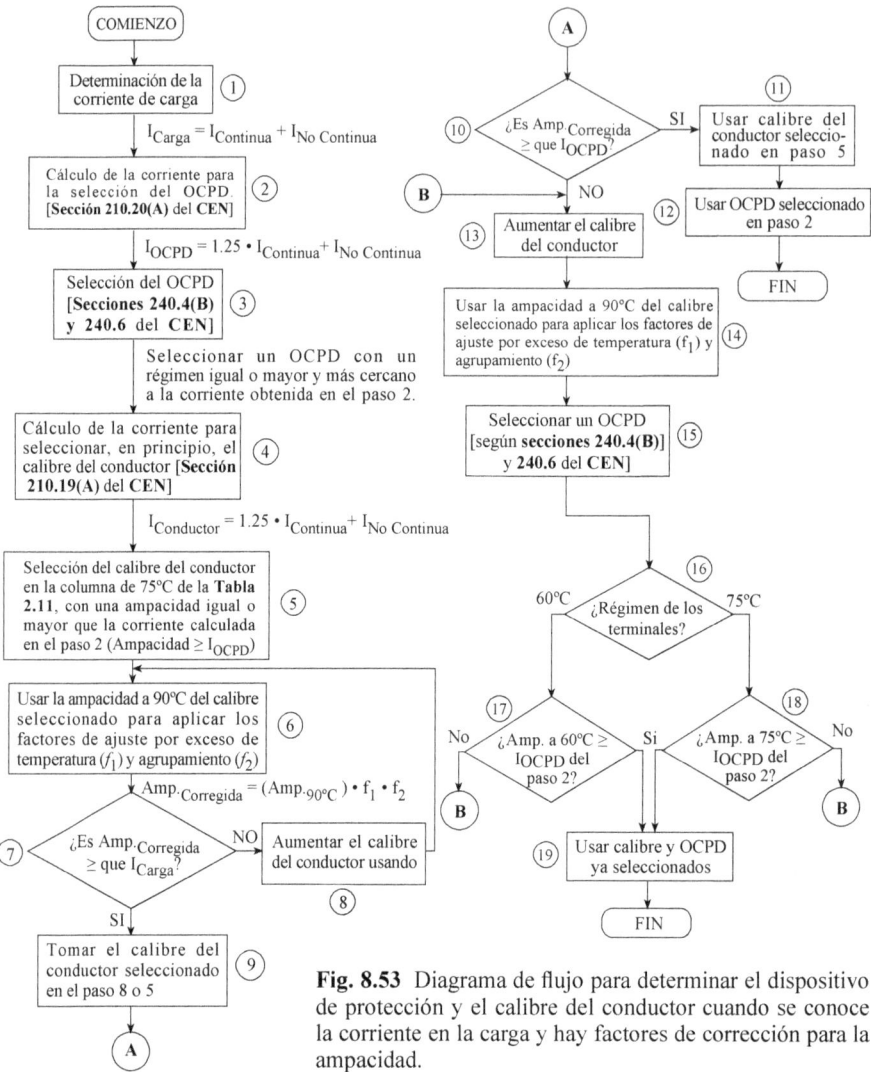

Fig. 8.53 Diagrama de flujo para determinar el dispositivo de protección y el calibre del conductor cuando se conoce la corriente en la carga y hay factores de corrección para la ampacidad.

Ejemplo 8.19

Cuatro conductores portadores de corriente alimentan a una carga continua de 50 A, a una temperatura ambiente de 45°C. Se deben usar conductores con un aislamiento de 90°C. Determine la capacidad del interruptor a utilizar y el calibre de los conductores.

Solución

Paso 1. Corriente de carga: $I_{Carga} = 50$ A.

CAPÍTULO 8: PROTECCIÓN CONTRA SOBRECORRIENTE 365

Paso 2. Cálculo de la corriente para la selección del OCPD:

$$I_{OCPD} = 50 \cdot 1.25 = 62.5 \text{ A}$$

Paso 3. Selección del OCPD: De la **sección 240.6(A)** del **CEN**, el valor más próximo y mayor que 62.5 es 70 A.

Paso 4. Cálculo de la corriente para seleccionar el conductor:

$$I_{Conductor} = 50 \cdot 1.25 = 62.5 \text{ A}$$

Paso 5. Selección del calibre del conductor: En la columna de 75°C, **Tabla 2.11**, vemos que un conductor calibre 6 AWG, con una ampacidad de 65 A a 75°C, podría satisfacer los requerimientos del problema. Como se especifica en el enunciado que el conductor debe tener un aislamiento de 90°C, seleccionamos el tipo THHN, calibre 6 AWG, con una ampacidad de 75 A a 90°C.

Paso 6. Uso de los factores de ajuste para corregir la ampacidad: En las **tablas 2.12** y **2.13**, vemos que para una temperatura de 45°C el factor es 0.87, y para cuatro conductores el factor es 0.8. Luego:

$$\text{Ampacidad corregida} = 75 \cdot 0.87 \cdot 0.8 = 52 \text{ A}$$

Paso 7. ¿Es la ampacidad corregida mayor que la corriente en la carga, I_{Carga}? Como $I_{Carga} = 50$ A y la ampacidad corregida es 52 A, se cumple:

$$\text{Ampacidad corregida} \geq I_{Carga}$$

Paso 8. La relación anterior nos permite mantener, hasta los momentos, el calibre 6 AWG para el conductor THHN.

Paso 9. ¿Es la ampacidad corregida mayor que la capacidad del OCPD? Como $I_{OCPD} = 63$ A y la ampacidad corregida es de 52 A, se tiene:

$$\text{Ampacidad corregida (52 A)} < I_{OCPD} \text{ (63 A)}$$

Paso 10. El resultado anterior nos indica que se debe aumentar el calibre del conductor al 4 AWG, que tiene una ampacidad de 95 A a 90°C.

Paso 11. Apliquemos los factores de corrección para este nuevo calibre de conductor:

$$\text{Ampacidad corregida} = 95 \cdot 0.87 \cdot 0.8 = 66 \text{ A}$$

Paso 12. Selección del OCPD. Un interruptor de 70 A, como se hizo en el paso 2 del diagrama de flujo, es adecuado para proteger al conductor. Se observa que:

$$\text{Ampacidad corregida (66 A)} > I_{Carga} \text{ (50 A)}$$

$$\text{Ampacidad corregida (66 A)} > I_{OCPD}\ (63\ A)$$

Paso 13. Como el régimen de temperatura de los terminales es de 75°C, seguimos al Paso 14.

Paso 14. La ampacidad a 75°C del conductor THHN, calibre 4 AWG, es 85 A y la capacidad del OCPD es de 70 A. Por tanto, se cumple la relación:

$$\text{Ampacidad a 75°C (85 A)} > I_{OCPD}\ (63\ A)$$

Es de notar que también se cumple:

$$I_{OCPD} < \text{Ampacidad corregida} > I_{Carga}$$

la cual garantiza que el conductor soportará la carga y que el dispositivo de protección, a la vez que permite el funcionamiento normal de la carga, protegerá al conductor.

8.12 RESUMEN DE LAS NORMAS MÁS RESALTANTES DEL CEN EN CUANTO A LA PROTECCIÓN CONTRA SOBRECORRIENTE

A continuación presentamos un resumen de las secciones del Código Eléctrico Nacional relativas a la protección contra sobrecorriente:

1. Sección 210.19(A). Relativa a la selección de la ampacidad de un conductor:

$$I_{Ampacidad} \geq 1.25 I_{Continua} + I_{No\ continua}$$

2. Sección 220.20(A). Relativa a la selección del dispositivo de protección de un circuito ramal:

$$I_{OCPD} \geq 1.= 25 I_{Continua} + I_{No\ continua}$$

3. Sección 204.4(B). Se permite la selección de un dispositivo de protección de capacidad inmediatamente superior al calculado si: *a)* los conductores no forman parte de un circuito de tomas múltiples para cargas de cordón y enchufe; *b)* la ampacidad del conductor no se corresponde con la capacidad de un dispositivo de protección estándar, y *c)* la capacidad del OCPD inmediato superior seleccionado no supera los 800 A.

4. Sección 2404(D). Protección de pequeños conductores de cobre:

Calibre 14 AWG se protegen con un OCPD de 15 A

Calibre 12 AWG se protegen con un OCPD de 20 A

Calibre 10 AWG se protegen con un OCPD de 30 A

5. Sección 422.11(A). Si un artefacto tiene marcada la capacidad del dispositivo de protección en su placa característica, se debe seleccionar ese valor.

6. Sección 422.11(E). Artefacto no accionado por motor. El dispositivo de protección debe cumplir con lo siguiente:

a) No exceder lo marcado en la placa.

b) No exceder 20 A si no está marcado y tiene un consumo menor o igual que 13.3 A. ($I_{OCPD} \leq 20$ A).

c) No exceder 150% de la corriente de carga si no está marcado y su consumo es superior a 13.3 A ($I_{OCPD} < 1.5\ I_{Carga}$). Si no existe un OCPD estándar, seleccionar un OCPD de capacidad inmediata superior.

Nota: Es muy importante saber si la carga corresponde a un artefacto. Si este es el caso, se deben aplicar los puntos 5 y 6 descritos anteriormente, en lugar de utilizar lo establecido en los puntos 1, 2, 3 y 4.

8.1 ¿Cuál es el papel fundamental de los dispositivos de protección contra sobrecorrientes en las instalaciones eléctricas?

8.2 Mencione los OCPD más utilizados en la protección de los sistemas eléctricos.

8.3 ¿Cuál es la variable más importante a controlar en las instalaciones eléctricas con el fin de evitar daños por excesivo calentamiento de cables, terminaciones y equipos?

8.4 Explique el mecanismo de calentamiento en los conductores de un circuito eléctrico y cómo puede el mismo conducir a inutilizar un cableado.

8.5 Defina ampacidad.

8.6 Defina sobrecorriente y mencione los distintos tipos de sobrecorriente.

8.7 ¿Qué es una sobrecarga y cómo se manifiesta en un circuito? ¿Qué es una sobrecarga transitoria? ¿Qué es una sobrecarga permanente?

8.8 ¿Qué es un cortocircuito y cómo se manifiesta en una instalación eléctrica? ¿Cuál es su diferencia con una sobrecarga y cuál es su efecto sobre el circuito?

8.9 ¿Qué es una falla a tierra? ¿Qué son fallas a tierra de alta y baja intensidad?

8.10 ¿Qué es un fusible? ¿Cómo evolucionó históricamente este elemento?

8.11 Explique la operación de un fusible de cuchillas con base en los distintos elementos que lo conforman.

8.12 Explique la operación de un fusible de tapón con base en los distintos elementos que lo integran.

8.13 ¿Cuáles limitaciones, en cuanto a la corriente y el voltaje, tienen los fusibles de tapón?

8.14 ¿Cómo se clasifican los fusibles de tapón y cuáles son las características de cada tipo?

8.15 Con base en su conformación interna, describa la acción de los fusibles de tapón sin retardo y los de acción retardada.

8.16 Mencione los tipos de fusibles de cartucho y describe su estructura interna.

8.17 Mediante las ilustraciones apropiadas, indique cómo reacciona un fusible de cartucho cuando se somete a una sobrecarga o a un cortocircuito.

8.18 ¿Cuál es la función del material de relleno en los fusibles de cartucho?

8.19 Haciendo uso de las figuras apropiadas, explique cómo funciona un fusible de cartucho dual bajo la acción de una sobrecarga y de un cortocircuito.

8.20 ¿Qué es el régimen de voltaje de un fusible y cuál es la importancia que tiene en relación con el voltaje de operación de una instalación eléctrica?

8.21 Con base en la formación de arcos, explique por qué el régimen de voltaje de un fusible tiene que ser mayor que el voltaje nominal del circuito.

8.22 Las normas distinguen entre dos tipos de régimen cuando aluden al voltaje nominal de un fusible. Descríbalos haciendo ver la diferencia entre ambos.

CAPÍTULO 8: PROTECCIÓN CONTRA SOBRECORRIENTE 369

8.23 ¿Cómo se define la corriente nominal de un fusible? ¿Puede la corriente nominal de un fusible ser mayor que el circuito que protege? Explica.

8.24 ¿Qué es la capacidad de interrupción de corriente de un fusible?

8.25 ¿Cuál problema se presentaría si la capacidad de interrupción de corriente de un fusible es menor que la corriente de falla?

8.26 ¿Cuál es la mínima capacidad de interrupción de un fusible de cartucho según las normas eléctricas?

8.27 ¿Cuáles características se deben marcar sobre el cuerpo de un fusible de cartucho?

8.28 Explique las curvas de corriente vs tiempo para un fusible.

8.29 ¿A qué se conoce como limitación de corriente en un fusible? Explique el concepto haciendo uso de las ilustraciones apropiadas. ¿Cuándo se dice que un fusible es limitador de corriente?

8.30 Explique cómo se calcula la corriente de cortocircuito en un sistema eléctrico.

8.31 ¿Qué es un interruptor termomagnético? ¿Cuál es la diferencia de este con respecto a un fusible?

8.32 ¿Por qué a un interruptor se le llama interruptor termomagnético de corriente?

8.33 ¿Cómo funciona un interruptor en condiciones normales de operación?

8.34 Explique la operación de un interruptor cuando hay una sobrecarga de corriente.

8.35 Explique la operación de un interruptor bajo la acción de un cortocircuito.

8.36 ¿Cómo se clasifican los interruptores según el número de fases que pueden interrumpir simultáneamente?

8.37 ¿Cómo se clasifican los interruptores según el encapsulado que utilizan?

8.38 ¿Qué es el régimen de voltaje de un interruptor? ¿Puede un interruptor de 240 V ser utilizado para proteger a un circuito de 480 V? ¿Puede un interruptor de 480 V ser utilizado para proteger a un circuito de 240 V?

8.39 ¿Cuáles factores tienen que ver con la selección apropiada del régimen de voltaje de un interruptor?

8.40 ¿Qué es el régimen de corriente de un interruptor?

8.41 ¿Qué es la capacidad de interrupción de corriente de un interruptor? ¿Cuál es la mínima capacidad de interrupción que debe tener un interruptor?

8.42 Describa las curvas corriente vs tiempo de un interruptor, mencionando sus distintas zonas de operación.

8.43 ¿Qué es un interruptor magnético? ¿Cuál es su diferencia con un interruptor termomagnético y dónde se utiliza?

8.44 ¿Cuál debe ser mayor: la ampacidad de un conductor o la corriente de carga? Explique por qué.

8.45 ¿Cómo se define una carga continua?

8.46 ¿Por qué el régimen de temperatura de un conductor no debe ser mayor que el régimen de temperatura asociado con una terminación?

8.47 Para un conductor THHN, ¿a partir de cuál régimen de temperatura de la **Tabla 2.11** se deben hacer los ajustes de ampacidad?

8.48 ¿Qué establecen las normas en cuanto al régimen de temperatura para circuitos con corrientes menores o iguales a 100 A?

8.49 ¿Se puede usar un conductor THHN con terminales de régimen térmico 60°C?; ¿con terminales de 75°C?

8.50 ¿Con base en qué se clasifican los circuitos ramales?

8.51 En un circuito ramal que alimenta a tomacorrientes para cargas portátiles, ¿cómo es la ampacidad de los conductores en comparación con la capacidad del dispositivo de protección?

8.52 ¿Qué establecen las normas en relación con la capacidad de corriente de los dispositivos de salida?

8.53 ¿Qué establecen las normas en relación con la capacidad de corriente de los tomacorrientes individuales?

8.54 ¿Qué establecen las normas en relación con la protección contra sobrecorriente de un solo artefacto eléctrico no accionado por motor?

8.55 Comente el **artículo 240.4(A)** del **CEN**, mencionado en la pág. 351 de este capítulo, el cual se refiere al riesgo por pérdida de energía en equipos de transporte de materiales u otros similares.

8.56 ¿Cuáles son los requisitos necesarios para que se permita el uso de un OCPD de capacidad superior a la ampacidad de un conductor?

8.57 ¿Está permitido el uso de interruptores y fusibles de valores no normalizados? ¿Cuáles de los siguientes valores para OCPDs son normalizados: 50, 240, 320, 800 A?

8.58 Describa el procedimiento señalado por Brian y Joseph McPartland para calcular las protecciones y el calibre de un conductor en un circuito eléctrico.

8.59 Explique exhaustiva y justificadamente la **Tabla 8.3** relativa a la clasificación de un circuito, según la capacidad del tomacorriente.

Ejercicios

8.1 Utilice las curvas de la **Fig. 8.19** para determinar: *a*) el tiempo de interrupción de un fusible de 100 A para una corriente de cortocircuito de 4000 A; *b*) el tiempo de interrupción de un fusible de 200 A para una corriente de cortocircuito de 3000 A.

8.2 Calcule el tiempo de interrupción de un fusible de acción rápida.

8.3 Un transformador trifásico de 150 KVA, con 13800 V en el primario y 120/208 V en el secundario, tiene una impedancia del 1%. *a*) ¿Cuál es la corriente en el secundario del transformador en condiciones normales? *b*) ¿Cuál es el significado de la impedancia del 1%? *c*) ¿Cuál es la impedancia del transformador en ohmios? *d*) Determine la corriente de cortocircuito del sistema.

8.4 Para el interruptor cuya curva $i - t$ se muestra en la **Fig. 8.34**: *a*) especifique, en términos de la corriente, las zonas de sobrecarga, de transición y de cortocircuito; *b*) ¿cuál es el tiempo de respuesta para corrientes de 400 y 4000 A?

8.5 Determine el calibre del conductor en un régimen térmico de 75°C para un interruptor de 80 A que protege a una carga no continua de 80 A.

8.6 Determine el calibre de un conductor THHN requerido para alimentar a una carga no continua de 18 A, a una temperatura de 38°C, si el circuito está protegido por un interruptor de 20 A.

8.7 En relación con un conductor THHN, ¿cuál es el calibre mínimo a usar para un interruptor de 140 A que alimenta a circuitos de tomacorrientes y alumbrado?

8.8 ¿Cuál es el calibre del conductor que se requiere para alimentar a una carga de 180 A si los terminales tienen un régimen térmico de 75°C? ¿Qué tipo de conductor se puede seleccionar?

8.9 Determine la ampacidad de seis conductores activos THHN en un mismo ducto.

8.10 Se tiene una carga de iluminación no continua de 25 A, la cual es alimentada por dos conductores que comparten el mismo ducto con seis conductores activos más. Si el interruptor que protege a la carga de iluminación es de 30 A, determine el calibre de los conductores.

8.11 Determine la ampacidad de nueve conductores THHN, calibre 10 AWG, en un ducto sometido a una temperatura ambiente de 40°C.

8.12 ¿Cuál debe ser la capacidad de un interruptor para una carga continua de 33 A?

8.13 Una carga continua de 43 A es alimentada mediante conductores que van en un ducto. En total, hay diez conductores en la canalización. Determine la capacidad del dispositivo de protección y el calibre del conductor a utilizar.

8.14 El edificio de un centro comercial posee una carga de iluminación de 110 A. La alimentación se hace mediante tres conductores en un ducto, con una temperatura ambiente de 32°C. Determine la capacidad de los conductores de alimentación y del interruptor de protección.

8.15 ¿Cuál es la ampacidad de seis conductores de cobre, portadores de corriente, tipo RHH, calibre 2/0?

8.16 ¿Qué calibre de conductor THHN se requiere para alimentar una carga no continua de 23 A si hay seis conductores portadores de corriente en el mismo ducto y la temperatura externa es de 35°C?

8.17 Un circuito ramal alimenta a una carga continua de 53 A. ¿Cuál debe ser el calibre de un conductor RHW si la temperatura de las terminaciones del circuito es de 75°C?; ¿y si es de 60°C?

8.18 Un circuito ramal es alimentado mediante conductores XHH y está protegido por interruptores de régimen térmico igual a 60°C. Si la carga que alimenta es una combinación de una carga continua de 27 A y una no continua de 12 A, determine el calibre del conductor a utilizar.

8.19 Un circuito ramal individual alimenta a una carga no continua de 33 A mediante conductores THHN. Determine el calibre del conductor si: *a*) la terminación del circuito individual tiene un régimen térmico de 60°C; *b*) la terminación tiene un régimen térmico de 60/75°C.

8.20 Se usan conductores THHN, calibre 8 AWG, para alimentar a una carga continua. En la canalización se alojan seis conductores y la temperatura ambiente es de 40°C. ¿Cuál es la ampacidad de los conductores?

8.21 Una carga continua no lineal de 17 kVA es alimentada por un sistema trifásico en Y de cuatro conductores a 120/208V. Las terminaciones de la instalación tienen un régimen de 60/75°C. *a*) Determine la corriente en la carga. *b*) Selecciona el conductor para alimentar a la carga. *c*) ¿Cuál es la ampacidad corregida del conductor. *d*) ¿Cuál debe ser la capacidad del dispositivo de protección a utilizar?

8.22 ¿Cuál es la capacidad de un OCPD necesaria para proteger a tres conductores THW, calibre 250 kcmil, alojados en un ducto a la temperatura ambiente de 30°C?

8.23 Se tiene un circuito ramal individual formado por tres conductores de cobre THW, calibre 4/0, alojados en un ducto, a una temperatura ambiente de 30°C. ¿Cuál debe ser la capacidad del interruptor a utilizar? Si la temperatura externa es de 45°C, ¿cuál será la capacidad del interruptor?

9.24 Un circuito ramal alimenta a una carga trifásica de 115 A por fase, mediante cuatro conductores portadores de corriente tipo RHH. Determine la capacidad del interruptor y el calibre del conductor si la temperatura ambiente es de 35°C.

8.25 Una carga continua no lineal de 32 kVA es alimentada por un sistema trifásico en Y de cuatro conductores a 120/208 V. Las terminaciones del circuito tienen un régimen térmico de 75°C. *a*) ¿Cuál es la corriente en la carga? *b*) ¿Qué capacidad tendrá el OCPD? *c*) Si se usan conductores THHN, ¿cuál debe ser su calibre?

8.26 Se tiene una carga continua de 38 A y otra no continua de 40 A, alimentadas por nueve conductores THHN. ¿Cuáles deben ser: *a*) la capacidad del OCPD y *b*) el calibre del conductor?

8.27 Seis conductores portadores de corriente alimentan a una carga continua de 55 A, a una temperatura ambiente de 40°C. Se dispone de conductores THHN. ¿Cuáles serán el calibre del conductor y la capacidad del interruptor a utilizar?

8.28 Un circuito alimenta a una carga continua de 45 A y a una no continua de 20 A. Solo hay tres conductores en el ducto y la temperatura ambiente es de 30°C. ¿Cuál será la capacidad del OCPD: *a*) si las terminaciones son para 60/75°C?; *b*) si las terminaciones son para 60°C?

CAPÍTULO 9

CIRCUITOS RAMALES RESIDENCIALES

9.1 CIRCUITOS RAMALES. DEFINICIONES.

Un *circuito ramal* se define como los conductores del circuito que se extienden desde el último dispositivo de protección contra sobrecorriente, que protege a los conductores del circuito, hasta las salidas. Las salidas a que se refiere tal definición son los puntos donde el circuito ramal suministra energía para el funcionamiento, en una edificación, del sistema de iluminación, del conjunto de tomacorrientes que alimentan a los diversos artefactos eléctricos y de los artefactos de conexión fija. En otras palabras, un circuito ramal es una parte de una instalación eléctrica que se extiende desde un dispositivo de protección de sobrecorriente, como pueden ser un interruptor termomagnético o un fusible, ubicado siempre en un tablero de protecciones, hasta los puntos de alimentación de las salidas para iluminación, artefactos, aparatos y equipos de una instalación eléctrica. La **Fig. 9.1** ilustra esta definición. Allí podemos distinguir dos circuitos ramales. El primero va desde el punto A hasta el punto C, mientras que el segundo se extiende desde el punto D hasta el punto F. A fin de no complicar el dibujo, se ha omitido al conductor de puesta a tierra.

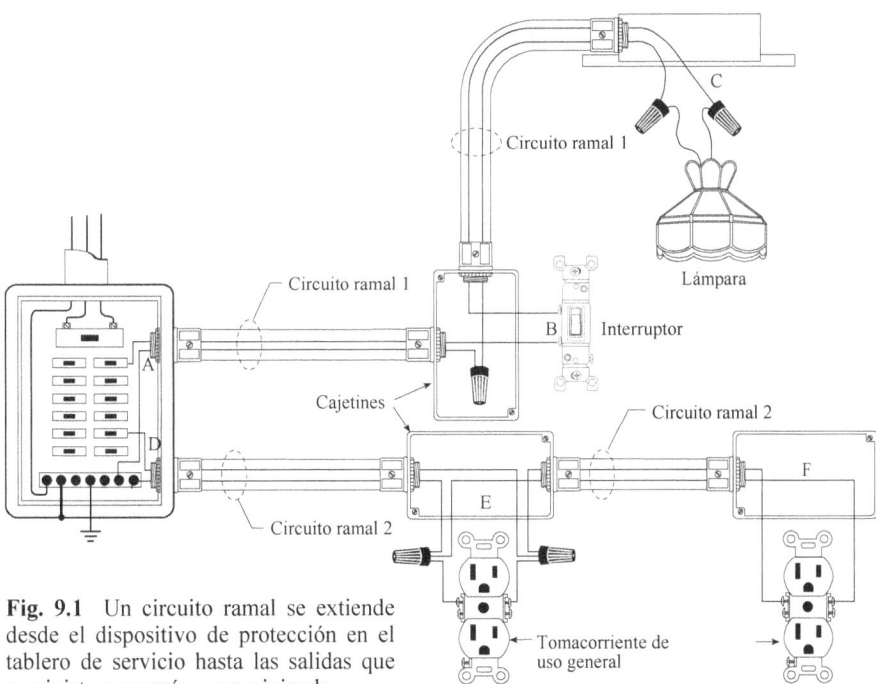

Fig. 9.1 Un circuito ramal se extiende desde el dispositivo de protección en el tablero de servicio hasta las salidas que suministran energía a una vivienda.

Asociados a la definición anterior, encontramos cuatro tipos diferentes de circuitos ramales, que conforman los componentes medulares del sistema eléctrico en una unidad de vivienda. Esos cuatro circuitos ramales son los siguientes:

1. *Circuito ramal de uso general.* Un circuito destinado a alimentar a dos o más tomacorrientes o salidas para iluminación y artefactos.

2. *Circuito ramal de artefactos.* Un circuito ramal que suministra energía a una o más salidas, a las cuales se conectan artefactos. Estos circuitos no deben alimentar a luminarias en forma permanente, es decir, a luminarias instaladas en techos o paredes, con excepción de aquellas que formen parte integral del circuito de un artefacto.

3. *Circuito ramal individual.* Es un circuito que alimenta solamente a un artefacto a través de un tomacorriente simple.

4. *Circuito ramal multiconductor.* Este circuito está constituido por dos o más conductores no puestos a tierra (conductores activos), que tienen entre sí una diferencia de potencial, y un conductor neutro, puesto a tierra, que tiene una diferencia de potencial igual entre este y los conductores activos.

La **Fig. 9.2** muestra esquemas de los circuitos descritos. Los circuitos ramales individuales o multiconductores se pueden alimentar a 120 V o 240 V, dependiendo de la carga.

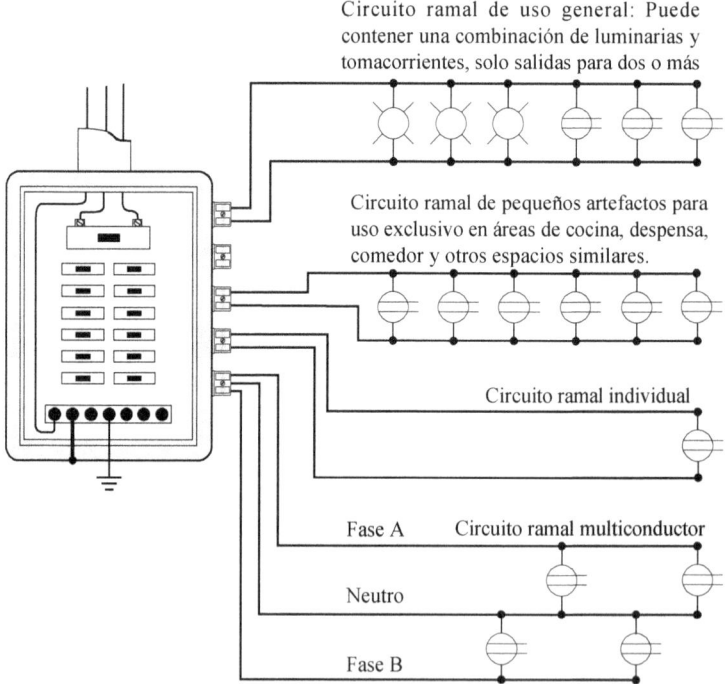

Fig. 9.2 Los distintos circuitos ramales encontrados en una instalación eléctrica.

CAPÍTULO 9: CIRCUITOS RAMALES RESIDENCIALES

9.2 REQUISITOS GENERALES DE LOS CIRCUITOS RAMALES

1. Mínima ampacidad de los conductores de un circuito ramal

La ampacidad de un conductor fue ampliamente estudiada en la **sección 2.7** del **Capítulo 2**. De acuerdo con lo tratado en ese capítulo:

> **Ampacidad**: *Es la corriente, expresada en amperios, que un conductor puede soportar en forma continua, en las condiciones de uso, sin exceder a su máxima temperatura de trabajo.*

Según las normas eléctricas, para voltajes de funcionamiento no mayor de 600 V, *los conductores de un circuito ramal tendrán una ampacidad no menor que la carga máxima a ser servida.* Cuando el circuito ramal alimente a una carga continua o a una combinación de cargas continuas y no continuas, el calibre mínimo del conductor del circuito ramal, antes de aplicar cualquier factor de corrección, deberá tener una ampacidad no menor que la carga no continua, más el 125% de la carga continua.

Ejemplo 9.1

En una sala de terapia intensiva se utiliza un equipo acondicionador de aire que nunca deja de funcionar y cuyo compresor consume una corriente de 30 A. El motor trifásico es alimentado a 208 V por un circuito ramal, en un ambiente cuya temperatura máxima se espera sea de 60°C. Selecciona a los conductores del circuito ramal.

Solución

1. De acuerdo con lo señalado anteriormente, la ampacidad no debe ser menor que:

$$30 \cdot 1.25 = 37.50 \text{ A}$$

Como la temperatura ambiente puede subir a 60°, hacemos uso de la **Tabla 2.12** (**Capítulo 2**) para determinar la capacidad de corriente que deben tener los conductores del circuito ramal. El factor de corrección es 0.71 para un conductor tipo THHN. Por tanto, la corriente que los conductores deben ser capaces de soportar es:

$$I = \frac{37.50}{0.71} = 52.82 \text{ A}$$

Según la **Tabla 2.11**, se selecciona a tres conductores THHN, calibre 6 AWG, que soportan 55 A a 60°C.

---

2. Protección contra sobrecorriente de los conductores de un circuito ramal

La protección contra sobrecorriente de los conductores de un circuito ramal deberá cumplir con lo ya estudiado en el **Capítulo 8**, donde se establece que aquellos conductores que no sean cordones flexibles y cables de luminarias serán protegidos contra sobrecorriente de acuerdo con su ampacidad. Según lo estudiado, *cuando la capacidad nominal del dispositivo de protección no se corresponda con la ampacidad del conductor, se admite el uso del dispositivo de protección inmediato superior*. En este caso, se deben utilizar los valores normalizados de fusibles e interruptores de protección contra sobrecorriente mencionados en la **sección 8.10**, Pág 353. Ver **Fig. 9.3**.

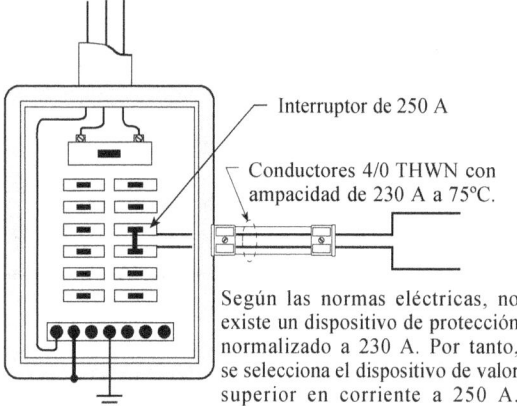

Fig. 9.3 Uso de un dispositivo de protección superior al de la ampacidad de los conductores cuando el valor normalizado del fusible o interruptor no coincide con el de la ampacidad.

Ejemplo 9.2

Determine el dispositivo de protección adecuado para un conductor THW, calibre 2 AWG, a 75°C

Solución

El conductor de cobre THW-75°C, calibre 2 AWG, tiene una ampacidad de 115 amperios según la **Tabla 2.11**. El dispositivo de protección de este conductor debería tener una capacidad no superior a su ampacidad de 115 amperios, pero al revisar la lista de la página 353, que muestra las capacidades normalizadas, en amperios, de los diferentes dispositivos de protección, vemos que no hay ningún dispositivo cuya capacidad sea igual a esta ampacidad. El valor inmediato superior es de 125 amperios. Por tanto, este dispositivo de protección es el adecuado para el conductor THW, calibre 2 AWG, a 75°C.

Esta alternativa de utilizar un dispositivo de valor inmediato superior no es permitida cuando el circuito ramal, de uso general, es un circuito de múltiples tomacorrientes a los cuales se conecten, mediante cordón y enchufe, solo artefactos portátiles. Esto se debe a que, existiendo la posibilidad de conectar muchos artefactos de este tipo, se podría llegar a una condición de sobrecarga del circuito ramal.

Ejemplo 9.3

Un conductor tipo THW de cobre, calibre 10 AWG, se utiliza para un circuito ramal ubicado en un sitio donde la temperatura ambiente oscila entre 46° y 50°C. Determine el

CAPÍTULO 9: CIRCUITOS RAMALES RESIDENCIALES 379

dispositivo de protección necesario para que el circuito pueda suministrar, con seguridad, energía a los artefactos que se le conecten. Los terminales están referidos a 60°C.

Solución

Ampacidad del conductor: Según la **Tabla 2.11**, la ampacidad de un conductor THW, 10 AWG, es de 30 A, referido a 60°C.

Factor de corrección por temperatura: De la **Tabla 2.12** del **Capítulo 2**, el factor de corrección por temperatura es 0.75. A continuación, calculamos la ampacidad resultante:

$$\text{Ampacidad} = 30 \cdot 0.75 = 22.50 \text{ A}$$

a) Si el circuito está destinado a alimentar a luminarias fijas y a otros artefactos fijos, como, por ejemplo, un equipo de aire acondicionado, la protección del circuito se llevará a cabo por medio del dispositivo de protección normalizado inmediato superior con capacidad de 30 amperios, según lo estudiado en el **Capítulo 8**.

b) Si el circuito es para alimentar únicamente a artefactos portátiles que se conectan mediante cordón y enchufe, la protección del circuito se llevará a cabo por medio de un dispositivo de capacidad inmediata inferior a 22.50 A para que esté en concordancia con la reducida ampacidad del conductor. Es decir, para este caso será de 20 A, con el fin de evitar una sobrecarga sobre el circuito.

Es oportuno aclarar que cuando el dispositivo de protección de sobrecorriente de un circuito tiene una capacidad superior a 800 amperios, la capacidad del dispositivo de protección deberá ser igual o menor que la ampacidad de los conductores protegidos.

Ejemplo 9.4

Para transportar 1600 amperios en un sistema trifásico, se requiere utilizar tres conductores por fase, tipo THW, calibre 1000 kcmil, a 75°C, en paralelo. Determine la protección a utilizar.

Solución

Corriente en cada conductor. Por cada conductor circularán, aproximadamente, 533 A:

$$I = \frac{1600}{3} = 533.33 \text{ A}$$

De acuerdo con la **Tabla 2.11**, un conductor del calibre arriba mencionado tiene una ampacidad 545 A. Por tanto, la capacidad del conjunto de los tres conductores será:

$$I = 545 \cdot 3 = 1635 \text{ A}$$

Ahora bien: un dispositivo de protección con capacidad estándar de 1600 A puede proteger al sistema que se menciona en el enunciado de este ejemplo. Este valor es menor que la corriente total en los conductores y cumple con los requisitos establecidos por las normas eléctricas.

Antes de entrar a considerar los diferentes circuitos del sistema eléctrico, sean de una unidad de vivienda, de un establecimiento comercial o de una edificación industrial, conviene tener en cuenta las definiciones que a continuación se dan en lo que respecta a los siguientes términos: artefacto, equipo de utilización, equipo, accesorio y dispositivo.

Artefacto: Un equipo de utilización de tipo no industrial, construido en tipos o tamaños normalizados, que se instala y conecta como una unidad, para cumplir con una o más funciones, como lavado y secado de ropa, acondicionamiento de aire, mezcla de alimentos y así por el estilo.

Equipo de utilización: Un ente que utiliza la energía eléctrica para fines electrónicos, electromecánicos, químicos, caloríficos, de iluminación o similares.

Con frecuencia, estas dos últimas definiciones: artefacto o equipo de utilización, se utilizan indistintamente.

Equipo: Se refiere a un ente más complejo que un artefacto, ya que está constituido por un conjunto de artefactos donde el funcionamiento individual de cada uno permite el funcionamiento del equipo. Es un término general que incluye materiales, accesorios, dispositivos, artefactos, aparatos, luminarias y similares que se usan como parte de una instalación eléctrica o en conexión con la misma. Así, se habla de equipo de refrigeración, de rayos X y de cocina. Esta última expresión se refiere al conjunto de artefactos de una sala de cocina, como la cocina misma, el horno, la parrillera, etc. Un equipo de aire acondicionado, por ejemplo, consta de lo siguiente: *accesorios*, que se refieren a los herrajes, como tuercas, grapas de sujeción u otra parte del sistema de cableado, y que, fundamentalmente, cumplen una función mecánica, por lo general de sujeción, en lugar de una función eléctrica; *dispositivos*, unidades de un sistema eléctrico cuya función principal es transportar o controlar la energía eléctrica, como los interruptores termomagnéticos, los fusibles y los tomacorrientes; *artefactos*, como el conjunto compresor-condensador, y *aparatos*, como el motor del ventilador o del compresor.

9.3 CLASIFICACIÓN DE LOS CIRCUITOS RAMALES

Los circuitos ramales se clasifican de acuerdo con la capacidad de corriente nominal, en amperios, del dispositivo de protección de sobrecorriente, sea un interruptor termomagnético o un fusible. Es decir, esa clasificación no obedece a la capacidad de corriente de los conductores del circuito ramal según su calibre, sino a la capacidad nominal de corriente o al máximo valor de ajuste permitido del dispositivo de protección de sobrecorriente. Se menciona, sin embargo, que los dispositivos de sobrecorriente tienen como función proteger a los conductores del circuito ramal y están relacionados siempre con la ampacidad de los mismos (ver **Fig. 9.4**).

De acuerdo con este criterio, los circuitos ramales, que no sean circuitos individuales, se clasifican en los cinco tipos mencionados a continuación:

Circuitos ramales de 15 A   Circuitos ramales de 20 A   Circuitos ramales de 30 A

Circuitos ramales de 40 A   Circuitos ramales de 50 A

CAPÍTULO 9: CIRCUITOS RAMALES RESIDENCIALES

Cada uno de estos circuitos ramales está relacionado con los conductores de cobre calibres AWG, como se indica en la **Tabla 9.1**.

Como se muestra en la **Tabla 9.1**, al circuito de 15 amperios le corresponde el conductor calibre 14 AWG; al de 20 amperios, el calibre 12 AWG; al de 30 amperios, el calibre 10 AWG; al de 40 amperios, el calibre 8 AWG, y al de 50 amperios, el calibre 6 AWG. Observa que *el amperaje de cada uno de los dispositivos de protección es siempre menor o, cuando mucho, igual a la ampacidad de los conductores*. Esto garantiza una efectiva protección contra sobrecorrientes de los circuitos ramales.

Podemos afirmar entonces que cuando un circuito ramal se identifica como un circuito de 15 amperios estará protegido por un dispositivo de sobrecorriente de 15 amperios, sea este un fusible o un interruptor termomagnético, y los conductores que se utilizan son calibre 14 AWG, cuya ampacidad nominal es de 20 amperios a 60°C, según la **Tabla 9.1**. Lo mismo se puede decir de conductores de otros calibres, tal como se puede leer en esa tabla.

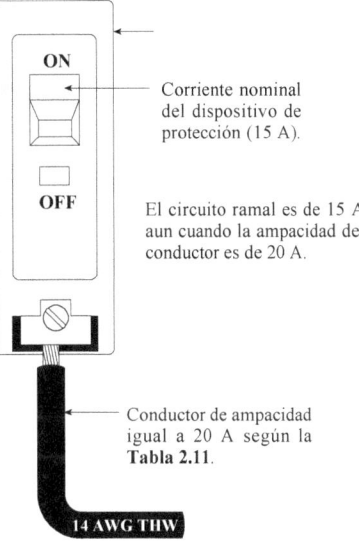

Fig. 9.4 La clasificación de un circuito ramal está dada por la corriente nominal o máximo ajuste del dispositivo de protección y no por la ampacidad del conductor que se protege.

AWG	Máxima temperatura de operación			Clasificación del circuito ramal según el dispositivo de protección
	60°	75°C	90°C	
	TW, UF	RHW, THHW, THW, THWN, XHHW, USE	SA, MI, RHH, THHN, THW-2, THWN-2, USE-2, XHH, XHHW, XHHW-2	
AMPACIDAD				
14	20	20	25	15 A
12	25	25	30	20 A
10	30	35	40	30 A
8	40	50	55	40 A
6	55	65	75	50 A

Tabla 9.1 Clasificación de los circuitos ramales con base en los dispositivos de protección (fusibles o *breakers*). Como referencia, se indican las ampacidades de los distintos calibres.

Como se dijo antes, los circuitos individuales no entran en la clasificación anterior, lo mismo que los circuitos multiconductores, ya que pueden tener un dispositivo de protección de cualquier capacidad, incluyendo los de la clasificación y otros de mayor tamaño, como, por ejemplo, de 60, 90, 150 y 200 amperios. De acuerdo con lo expuesto, *solo los circuitos ramales de uso general y los circuitos ramales de pequeños artefactos se incluyen en la clasificación estudiada.*

En todo caso, cuando se usan conductores de mayor ampacidad que los señalados, la capacidad en amperios del dispositivo de protección de sobrecorriente, o el ajuste de este dispositivo, determinará la capacidad o clasificación del circuito ramal.

Ejemplo 9.5

Un circuito ramal individual alimenta a un equipo de utilización que trabaja en forma continua por más de cuatro horas, con una corriente de 54.3 A, según la placa de características del equipo. *a*) ¿Cómo se clasifica este circuito ramal individual con base en el dispositivo de protección? *b*) Determine el calibre del conductor del circuito ramal.

Solución

En relación con el enunciado del problema, conviene recordar que una carga continua se define de la manera siguiente:

Carga continua: Es una carga que opera en forma continua, a su máxima corriente, durante tres horas o más.

a) Primero, determinaremos la corriente del equipo de utilización según el régimen de trabajo. Como el equipo de utilización trabaja por más de cuatro horas ininterrumpidas, se le considera una carga continua. Según hemos reiterado en varias oportunidades, cuando un circuito ramal alimenta a una carga continua, la capacidad nominal del conductor del circuito y la capacidad nominal del dispositivo de protección serán el 125% de la corriente suministrada al equipo. Luego, la corriente a considerar será:

$$I = 54.3 \text{ A} \cdot 1.25 \approx 68 \text{ A}$$

Con respecto a la capacidad nominal del dispositivo de protección del circuito, se ha establecido que esta será igual o mayor que la corriente en régimen continuo del equipo. Si se selecciona a un interruptor termomagnético, no hay, en la lista de la página 353 de este libro, un interruptor que tenga una capacidad de 68 amperios. Por tanto, se elige al inmediato superior, que es de 70 amperios.

El circuito se clasifica como un circuito de 70 amperios porque está protegido por un dispositivo de protección con capacidad nominal de 70 amperios.

b) Determinación del calibre del conductor: Según la **Tabla 2.11**, un conductor THW, calibre 4 AWG, con capacidad para 70 A, referido a 60° C, es un calibre adecuado para esta corriente. También podría seleccionarse un conductor THHN, calibre 4 AWG, con capacidad para 95 A, a una máxima temperatura de operación de 90°C y ampacidad de 70 A, referida a 60°C. Se debe observar que la ampacidad es de 70 amperios, tanto para un conductor THW, calibre 4 AWG, como para un conductor THHN, calibre 4 AWG.

CAPÍTULO 9: CIRCUITOS RAMALES RESIDENCIALES   **383**

Como se ha descrito antes, la capacidad nominal del dispositivo de protección de sobrecorriente se debe corresponder normalmente con la ampacidad del conductor del circuito ramal. Así, un conductor calibre 14 AWG de un circuito ramal se protegerá con un dispositivo de protección de 15 A, y un conductor calibre 12 de un circuito ramal se protegerá con un interruptor o un fusible de 20 A. Sin embargo, este no es siempre el caso. En algunas circunstancias se puede utilizar un conductor calibre 12 AWG, protegido por un dispositivo de protección de 15 A, porque la corriente a esperar no supera este valor, pero la caída de tensión, debida quizás a la longitud del circuito ramal, impone la selección del conductor calibre 12 AWG. Para los efectos de la clasificación, el circuito ramal continúa siendo de 15 A, ya que está protegido por un dispositivo de sobrecorriente de 15 A.

9.4 CIRCUITOS RAMALES DE USO GENERAL DE 15 AMPERIOS

Los circuitos ramales de uso general de 15 amperios están destinados a suministrar energía a todas las salidas de iluminación y tomacorrientes de uso general en viviendas y establecimientos comerciales e industriales. De acuerdo con las normas, los circuitos ramales de 15 amperios, de uso general, pueden alimentar a las siguientes cargas:

1. Circuitos de salidas para unidades de iluminación.

2. Circuitos de salidas para tomacorrientes que alimentan a equipos de utilización como televisores, computadoras, ventiladores y artefactos portátiles similares, así como a artefactos fijos en sitio.

3. Circuitos que alimentan a una combinación de unidades de iluminación y equipos de utilización conectados a tomacorrientes.

La **Fig. 9.5** ilustra los tres casos citados.

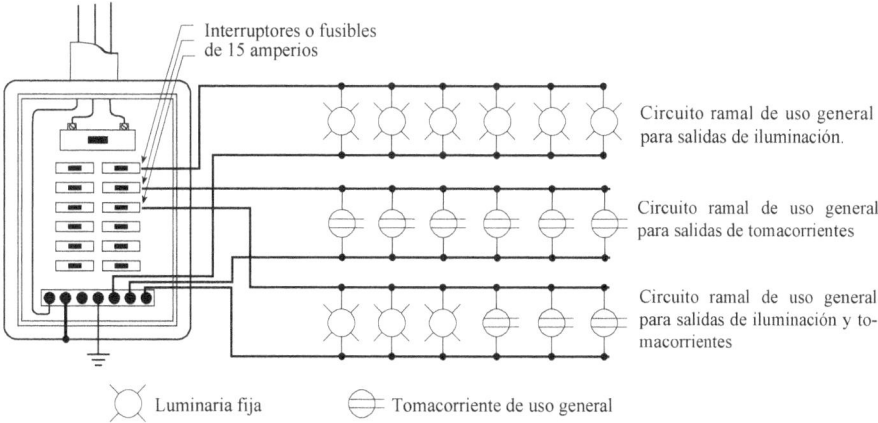

Fig. 9.5 Circuitos ramales de uso general de 15 amperios.

Como se indicó antes, los circuitos ramales de 15 A, de uso general, son cableados con conductores de cobre calibre 14 AWG y la protección contra sobrecorriente se lleva a cabo mediante fusibles o interruptores termomagnéticos con capacidad no mayor de 15 A. Igualmente, los tomacorrientes conectados a este circuito deberán ser especificados, con una capacidad no mayor de 15 A.

Es importante tener en cuenta que si a este ramal de uso general de 15 A se conecta, mediante cordón y enchufe, un artefacto *que no esté instalado fijo en sitio*, la capacidad del artefacto no excederá el 80% de la capacidad del circuito (ver **Fig. 9.6**). En términos de potencia, un circuito de 15 amperios a 120 V suministra, a su capacidad nominal, una potencia igual a:

$$P = 15 \cdot 120 = 1800 \text{ VA}$$

El 80% de esta potencia es:

$$1800 \cdot 0.80 = 1440 \text{ VA}$$

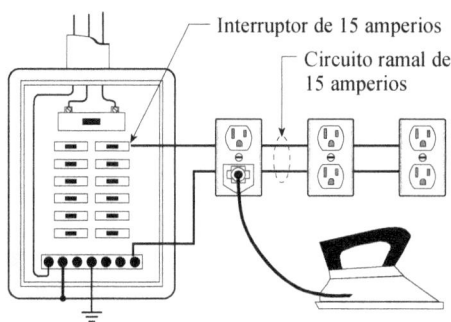

Fig. 9.6 El consumo de cualquier artefacto de enchufe y cordón, que se conecte a un circuito ramal de 15 A, no debe superar el 80% de la corriente correspondiente al dispositivo de protección contra sobrecorriente.

La plancha es un artefacto que se conecta mediante cordón y enchufe y no está instalada fija en el tomacorriente. Por tanto, su especificación en corriente no debe exceder el 80% de la capacidad del circuito, es decir, no debe superar 12 A.

Es decir, cualquier artefacto conectado al circuito de uso general, mediante cordón y enchufe, no podrá consumir más de 1440 VA. Entre los artefactos que se pueden conectar a este circuito de uso general debemos mencionar los siguientes: computadoras, equipos pequeños de aire acondicionado, televisores, radios, etc.

Cuando la capacidad del artefacto supera 1440 voltio-amperios, se deberá conectar a un circuito individual; sin embargo, esto no quiere decir que un artefacto de menor potencia no se pueda asignar y conectar a un circuito individual. En términos de corriente, el artefacto no podrá exceder a 12 amperios. Es decir: 15A • 80% = 12A.

Ejemplo 9.6

Se dispone de una plancha eléctrica con capacidad para producir vapor a fin de facilitar el planchado. La demanda de la plancha es de 1500 W a 120 voltios, según su placa de características. Se requiere saber si se puede enchufar esta plancha a un tomacorriente de un circuito ramal de uso general de 15 amperios.

Solución

La potencia de 1500 VA puede igualarse a 1500 W porque la plancha es un artefacto puramente resistivo. Luego: $P_{Plancha} = 1500$ W

Dado que la plancha se conecta al circuito ramal de 15 A mediante cordón y enchufe, la máxima potencia que se puede suministrar al artefacto conectado es:

$$P_{Máxima} = 1800 \cdot 0.80 = 1440 \text{ W}$$

Como la potencia de la plancha excede la potencia que puede suministrar el circuito ramal, no se puede conectar al mismo.

Hay que mencionar que, normalmente, el uso de la plancha se restringe al lavadero y que, para esta área, se deja un circuito ramal de 20 amperios, con el fin de cubrir tal demanda. Sin embargo, la plancha es, con frecuencia, enchufada en cualquier tomacorriente de uso general de una vivienda. Es posible que esta circunstancia, cuando se trata de un circuito de 15 amperios, viole doblemente las normas: en primer lugar, por usar la plancha fuera de un circuito de 20 amperios, como corresponde, y, en segundo lugar, por utilizar un circuito que posiblemente no pueda cumplir con la regla expuesta anteriormente para la conexión de artefactos mediante cordón y enchufe.

Por otra parte, si, además de luminarias o artefactos portátiles o de una combinación de ambos, el circuito ramal alimenta a *artefactos fijos instalados en sitio* (distintos a luminarias fijas), como podría ser un pequeño equipo de aire acondicionado de ventana, o un ventilador de techo, la carga total de los artefactos fijos no podrá exceder el 50% de la capacidad nominal del circuito, como se indica en la **Fig. 9.7**.

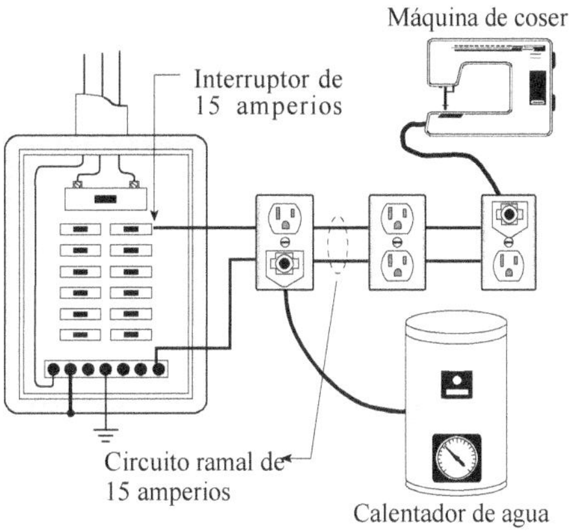

Fig. 9.7 Para un circuito de 15 A, donde hayan varios artefactos portátiles y un artefacto fijo, conectado permanentemente al circuito, la corriente en este último no debe ser superior al 50% de 15 A, es decir, 7.5 A.

Además de un artefacto portátil, como la máquina de coser, se conecta en sitio, en forma fija, un calentador de agua. Este último no podrá exigir del circuito ramal una corriente superior al 50% de la corriente establecida para clasificarlo. Es decir, la corriente del calentador no puede exceder los 7.5 amperios.

En términos de la potencia, se tiene:

$$P_{Máx.} = 15 \cdot 120 \cdot 0.50 = 900 \text{ VA}$$

Entonces, la suma de las cargas de los artefactos fijos no podrá exceder los 900 VA. En términos de corriente, el máximo amperaje que podrán absorber los artefactos fijos será:

$$I_{Máx.} = 15 \cdot 0.50 = 7.5 \text{ A}$$

Se hace notar que de los 15 amperios de capacidad del dispositivo de protección del circuito ramal, la capacidad de 7.5 amperios se asigna a los artefactos fijos y el 50% restante (7.5 amperios) protege a las salidas de iluminación y/o tomacorrientes de uso general, y a otros artefactos portátiles conectados mediante cordón y enchufe.

Ejemplo 9.7

Se dispone de un acondicionador de aire de ventana de 1/3 HP a 120 voltios. Se desea saber si este equipo se puede conectar fijo a un circuito ramal de uso general con capacidad de 15 amperios.

Solución

Según la **Tabla 9.2 (Apendice D, Tabla D4)**, la corriente en amperios de un motor de 1/3 HP a 115 voltios es:

$$I_{Motor} = 7.2 \text{ A}$$

La carga a conectar en el circuito ramal no debe ser superior al 50% de la capacidad del mismo:

$$I_{Máxima} \leq 15 \cdot 0.5 = 7.5 \text{ A}$$

Como $I_{Motor} < I_{Máxima}$, el equipo de aire acondicionado se puede conectar al circuito.

HP	115 V	200V	208V	230V
1/6	4.4	2.5	2.4	2.2
1/4	5.8	3.3	3.2	2.9
1/3	7.2	4.1	4.0	3.6
1/2	9.8	5.6	5.4	4.9
3/4	13.8	7.9	7.6	6.9
1	16	9.2	8.8	8.0
1,5	20	11.5	11.0	10.0
2	24	13.8	13.2	12.0
3	34	19.6	18.7	17.0
5	56	32.2	30.8	28.0
7,5	80	46.0	44.0	40.0
10	100	57.5	55.0	50.0

Tabla 9.2 Corriente a plena carga en amperios para motores monofásicos de corriente alterna. La tabla se aplica a motores funcionando a velocidades y características de torque normales. Los voltajes pueden tener un rango de 110 a 120 voltios y de 220 a 240 voltios.

Ejemplo 9.8

En cada uno de los casos siguientes, determine el dispositivo de protección contra sobrecorriente: *a)* Una canalización en la cual están presentes cinco conductores de cobre, tipo THW, calibre 14. *b)* Una canalización de siete conductores de cobre, tipo THHN, calibre 10 AWG, que está instalada en un ambiente de temperatura igual a 50°C.

Solución

a) La ampacidad de un conductor THW, calibre 14 AWG, se obtiene de la **Tabla 2.11**:

$$\text{Ampacidad} = 20 \text{ A}$$

Según el enunciado, hay más de tres conductores en la canalización; la **Tabla 2.13** indica que el valor anterior hay que multiplicarlo por un factor de corrección igual a 0.80:

$$\text{Ampacidad} = 20 \cdot 0.80 = 16 \text{ A}$$

Para proteger este circuito ramal, se debe utilizar un interruptor de 15 A.

b) Ampacidad de un conductor THHN calibre 10: Ampacidad = 40 A

Como hay siete conductores y la temperatura es de 50°C, se deben aplicar los factores de corrección suministrados por las **tablas 2.12** y **2.13**:

$$\text{Ampacidad} = 40 \cdot 0.82 \cdot 0.70 \approx 23 \text{ A}$$

Para proteger a este circuito ramal, se debe utilizar un interruptor de 20 A, a pesar de que se trata de un conductor calibre 10, el cual, normalmente, se debe proteger con un dispositivo de protección contra sobrecorriente de 30 A.

Es preciso enfatizar que cuando se habla de circuitos ramales de iluminación de 15 o 20 amperios, nos estamos refiriendo a circuitos que incluyen tanto a salidas para iluminación como a salidas para tomacorrientes.

En una instalación eléctrica residencial son comunes los circuitos ramales de propósito general de 15 A y 20 A. La conveniencia de usar uno u otro dependerá del tipo de vivienda, de la caída de voltaje en el circuito y de factores de economía en la instalación. A continuación estudiamos cómo determinar el número de circuitos ramales de 15 A.

9.5 NÚMERO DE CIRCUITOS RAMALES DE 15 AMPERIOS

En esta sección determinaremos los circuitos ramales requeridos en una instalación residencial. Para ello se utilizará la **Tabla 9.3** de la siguiente página (**Tabla D1**, **Apéndice D**) a fin de calcular el número de circuitos ramales. En esa tabla se dan los valores en voltamperios para distintos ambientes o espacios que requieren energía eléctrica. En particular, para viviendas se dispone que el número de circuitos ramales se debe calcular con base en una carga de 33 VA/m^2, equivalente a 3 VA/pie^2:

> Carga mínima para una vivienda: 33 VA/m^2

Para los efectos del cálculo eléctrico de una vivienda, el área a utilizar se debe obtener tomando en cuenta las dimensiones exteriores de cada uno de los espacios de la misma. El área no incluirá porches abiertos, garajes o espacios que normalmente no son utilizados. Tampoco incluirá espacios cuya construcción no ha terminado y que no se usarán en el futuro. Hay que pensar que, con frecuencia, estos espacios se terminan de construir y son utilizados posteriormente como áreas recreativas, por lo cual se recomienda prever siempre un circuito para salidas de iluminación y tomacorrientes dentro de los mismos.

El área de los sótanos generalmente no se suma al área para el cálculo de los circuitos de iluminación; sin embargo, si se piensa que una parte, o todo el sótano, pueda ser utilizada para actividades de un pequeño taller, un gimnasio, etc., se debe añadir esta área al cálculo de los circuitos de iluminación de la vivienda. Lo mismo es válido para espacios no terminados de construir.

Tipo de ambiente	Carga unitaria	
	VA/m²	VA/ft²
Auditorios	11	1
Bancos	39	3.5
Barberías y tiendas de belleza	33	3
Iglesias	11	1
Clubes	22	2
Salas de juzgados	22	2
Unidades de vivienda	33	3
Garajes – Comercios (almacenamiento)	6	0.5
Hospitales	22	2
Hoteles y moteles (incluye casas de apartamentos sin facilidades de cocina para huéspedes)	22	2
Edificios comerciales e industriales	22	2
Casas de huéspedes	17	1.5
Edificios de oficina	39	3.5
Restaurantes	22	2
Escuelas	33	3
Tiendas	33	3
Almacenes (depósitos).	3	0.25
En cualquiera de los ambientes anteriores, excepto residencias unifamiliares, bifamiliares y multifamiliares:		
Salones de reunión y auditorios	11	1
Recibos, corredores escaleras	6	0.50
Espacios para almacenamiento	3	0.25

Tabla 9.3 Carga de iluminación general por m² o por pie² para distintos ambientes (ver **Tabla D1, Apéndice D**).

La carga mínima de 33 VA/m² se basa en las mínimas condiciones de carga a 100% de factor de potencia y puede que no provea suficiente capacidad para la instalación. Hoy se tiende cada vez más a utilizar artefactos portátiles y fijos, así como mayor cantidad de luminarias, por lo cual los sistemas eléctricos se deben diseñar con suficiente reserva para lograr un funcionamiento seguro y adecuado a las necesidades actuales y futuras.

> *El número de circuitos ramales de 15 amperios se calcula multiplicando el área total de la unidad de vivienda por 33 VA/m² y dividiendo el resultado obtenido entre la capacidad nominal del dispositivo de protección y el voltaje nominal del circuito.*

Si llamamos N_{15} al número de circuitos ramales de 15 amperios, tenemos:

$$N_{15} = \frac{\text{Área} \cdot 33 \ (\text{VA/m}^2)}{I_{\text{Nominal}} \cdot V_{\text{Nominal}}} \qquad (9.1)$$

donde $I_{Nominal}$ es la corriente correspondiente al dispositivo de protección contra sobrecorriente y $V_{Nominal}$ es el voltaje del circuito, por lo general 120 voltios para una vivienda. Como se trata de circuitos ramales de 15 A y el voltaje es de 120 V, sustituimos en la expresión anterior para obtener:

$$N_{15} = \frac{33}{15 \cdot 120} \cdot \text{Área} \Rightarrow \boxed{N_{15} = 0.01833 \cdot \text{Área}} \quad (9.2)$$

La relación (9.2) indica simplemente que para determinar el número de circuitos de 15 amperios, debemos multiplicar el área de la vivienda, expresada en m^2, por el factor 0.01833.

Ejemplo 9.9

Una unidad de vivienda tiene un área de 237 metros cuadrados. Calcule el número de circuitos ramales de alumbrado de 15 amperios.

Solución

De acuerdo con la relación (9.2): $\quad N_{15} = 0.01833 \cdot 237 = 4.34$

Puesto que no existen fracciones de un circuito, es práctica común redondear siempre hacia arriba cualquier resultado del cálculo. Por tanto, redondeando hacia arriba se concluye que el número de circuitos requeridos es 5.

El mismo resultado se puede obtener teniendo en cuenta que un circuito de 15 amperios, a 120 voltios, suministra una potencia de:

$$P = VI = 120 \cdot 15 = 1800 \text{ VA}$$

Según la **Tabla 9.3** se requieren 33 VA/m^2. Por tanto, un circuito de 15 amperios puede servir a un área de:

$$A_{15} = \frac{1800 \text{ VA}}{33 \text{ VA/m}^2} = 54.54 \text{ m}^2$$

Dado que el área de la vivienda es 237 m^2, el número de circuitos ramales de 15 A será:

$$N_{15} = \frac{237 \text{ m}^2}{54.54 \text{ m}^2} = 4.34 \text{ m}^2$$

Que se redondea a 5 circuitos.

9.6 NÚMERO DE SALIDAS DE ILUMINACIÓN Y/O TOMACORRIENTES EN UN CIRCUITO RAMAL DE USO GENERAL DE 15 AMPERIOS

Es interesante enfatizar que no hay limitación en el número de salidas de iluminación y/o tomacorrientes sobre un circuito ramal de uso general de 15 amperios. Esto parece ir contra el sentido común. No parece lógico que en un circuito ramal se puedan instalar, digamos, 25 tomacorrientes y 20 salidas para luminarias sin que se piense que, en estas condiciones, no pueda resultar sobrecargado. *Las normas, sin embargo,* *no imponen ninguna restricción al número de salidas sobre un circuito ramal de uso general, tomando como argumento que la carga a conectar está considerada en el factor de 33 VA/m^2 establecido en la* **Tabla 9.3**. De manera que no hay restricción para instalar cualquier número de salidas para iluminación y/o tomacorrientes en un circuito de 15 amperios. Sin embargo, conviene mencionar que la carga debe repartirse en forma equilibrada entre los distintos circuitos ramales, lo que obliga a una distribución sensata de tomacorrientes y salidas de iluminación en los distintos circuitos de la instalación.

La no limitación de tomacorrientes se justifica por la alta diversificación de la demanda en los circuitos de alumbrado de una unidad residencial. Por experiencia, se sabe que nunca se utilizarán simultáneamente todos los tomacorrientes de un circuito ramal de una vivienda. La falta de limitación en el número de salidas en circuitos ramales residenciales tiene en cuenta que mientras mayor es el número de tomacorrientes en un circuito ramal, menor será el uso simultáneo de dichas salidas, lo cual da como resultado que el circuito nunca se sobrecargue.

Para las instalaciones comerciales e industriales, a cada una de las salidas para tomacorrientes de uso general se le asignan 180 VA, con lo cual se establece un límite al número de tomacorrientes por circuito. Así, un circuito ramal de 15 amperios podrá tener un número máximo de tomacorrientes, dado por:

$$\text{Número de tomacorrientes} = \frac{15 \cdot 120}{180} = 10$$

Ejemplo 9.10

Determine el número de circuitos de 15 A para una vivienda de 95 m^2 y el número máximo de salidas eléctricas permitidas en los circuitos ramales obtenidos. Dibuja un diagrama esquemático del tablero principal, mostrando la conexión de los circuitos ramales a sus protecciones.

Solución

Cada circuito ramal puede suministrar una potencia de: 15 A • 120 V = 1800 W

Como se trata de un área residencial, la densidad de carga es de 33 W/m^2. Por tanto, el área a servir por cada circuito de 15 A es:

$$\text{Área a servir:} \frac{1800 \text{ W}}{33 \text{ W/m}^2} = 54.55 \text{ m}^2$$

Como el área total es de 95 m^2, el número de circuitos de 15 A se determina mediante la relación:

$$N_{15} = \frac{95}{54.55} = 1.74$$

Resultado que nos dice que el número de circuitos debe ser igual a 2.

CAPÍTULO 9: CIRCUITOS RAMALES RESIDENCIALES 391

Como se expuso anteriormente, en teoría se puede conectar un número ilimitado de salidas a los dos circuitos ramales. En la práctica, las salidas necesarias para circuitos de propósito general se deben repartir equilibradamente entre los dos circuitos.

En la **Fig. 9.8** se presenta el diagrama esquemático de los circuitos ramales. Observa el símbolo para representar el dispositivo de protección del circuito, sea este un interruptor o un fusible. Aparte de los circuitos de 15 amperios, aparecen en la figura otros circuitos que alimentan a cargas no especificadas, de distinta naturaleza. Los conductores del neutro se indican en la parte inferior, conectados a la barra del neutro puesto a tierra. Se omiten los conductores de puesta a tierra.

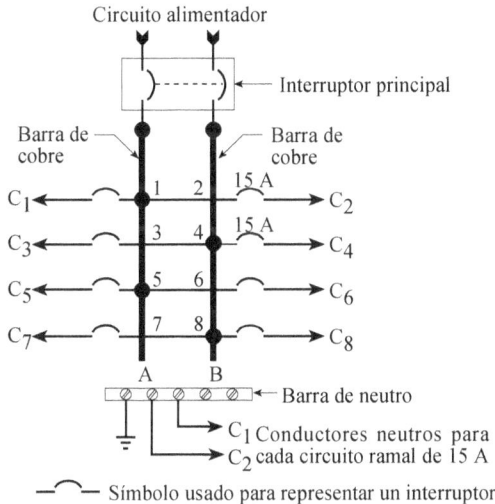

Fig. 9.8 Ejemplo 9.10. Diagrama para representar a los circuitos de 15 A en el tablero de protecciones.

9.7 CIRCUITOS RAMALES DE 20 AMPERIOS PARA USO GENERAL

Al igual que los circuitos de 15 A, estos circuitos ramales se utilizan para alimentar a salidas de iluminación y de tomacorrientes, o combinaciones de salidas de iluminación y de tomacorrientes.

> *Un circuito ramal que utilice conductores calibre 12 y esté protegido por un fusible o interruptor de 20 A es un circuito de 20 A de acuerdo con los criterios de clasificación de circuitos ramales.*

Los tomacorrientes conectados a este circuito pueden ser de 15 o 20 amperios.

Es importante aclarar que los circuitos de propósito general de 20 amperios no incluyen las salidas y cargas de los tomacorrientes de pequeños artefactos en las áreas de cocina, salas de baño y lavadero. Asimismo, las cargas de artefactos especiales, como lavaplatos, trituradores de desperdicios, hornos de microondas, etc., que podrían ser alimentados mediante circuitos de 20 A, y que son normalmente alimentados mediante circuitos individuales, no se consideran circuitos ramales de 20 A de propósito general.

Tal como lo descrito para los circuitos de 15 amperios, si un artefacto se conecta a un tomacorriente de un circuito de 20 amperios, mediante cordón y enchufe, su capacidad no podrá exceder el 80% de la capacidad nominal del circuito, es decir, no podrá exceder a 1920 VA o 16 A de acuerdo con los siguientes cálculos:

Capacidad nominal del circuito de 20 A en VA:

20 A • 120 V = 2400 VA

80% de capacidad nominal del circuito de 20 A en VA:

2400 VA • 0.80 = 1920 VA

Capacidad nominal del circuito de 20 A en amperios:

20 A

80% de capacidad nominal del circuito de 20 A en amperios:

20 A • 0.80 = 16 A

Ejemplo 9.11

Se dispone de un secador de pelo cuya capacidad es de 1650 vatios a 120 voltios. Este secador se conecta, mediante cordón y enchufe, a un tomacorriente de un circuito ramal de uso general de 20 amperios. Se desea saber si este artefacto se puede conectar a este circuito sin violar lo establecido en las normas.

Solución

Como la potencia del secador es de 1650 VA y su valor es menor que 1920 VA, se puede conectar con seguridad a un tomacorriente de este circuito.

Similar al circuito de 15 amperios, si se conectan uno o más artefactos fijos a un circuito de 20 A, que alimenta a dos o más salidas, la capacidad nominal total de estas cargas no podrá exceder el 50% de la capacidad del circuito ramal:

Capacidad nominal del circuito de 20 A en VA:

20 A • 120 V = 2400 VA

50% de capacidad nominal del circuito de 20 A en VA:

2.400 VA • 0.50 = 1200 VA

CAPÍTULO 9: CIRCUITOS RAMALES RESIDENCIALES   393

> Capacidad nominal del circuito de 20 A en amperios:
>
> 20 A
>
> 50% de capacidad nominal del circuito de 20 A en amperios:
>
> 20 A • 0.50 = 10 A

Como se dijo antes, los tomacorrientes de los circuitos ramales de 20 A podrán tener una capacidad de 15 o 20 A, lo cual contrasta con la capacidad de los tomacorrientes de los circuitos de 15 A, que deben tener una capacidad no mayor de 15 A, y a los mismos no se pueden conectar enchufes de 20 amperios. En la **Tabla 9.4** se indican los máximos valores de amperaje según la clasificación de los circuitos ramales. Aunque los circuitos de 20 A se usan con frecuencia, es bueno recordar que:

Capacidad del circuito (A)	Capacidad del tomacorriente (A)
15	No mayor de 15
20	15 o 20
30	30
40	40 o 50
50	50

Tabla 9.4 Capacidad de los tomacorrientes para circuitos ramales de distintos amperajes.

> *Los circuitos ramales de 15 amperios son los más recomendados en los sistemas eléctricos de alumbrado para viviendas, puesto que son más fáciles de manejar mecánicamente y son más económicos.*

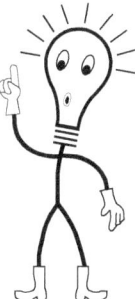

> *Por costumbre, en algunos países es frecuente seleccionar en instalaciones residenciales conductores 12 AWG para conductores de circuitos ramales generales de alumbrado y tomacorrientes. Aunque no está prohibido por el **CEN**, esto tiene como resultado el encarecimiento del sistema eléctrico. En la mayoría de los casos, conductores calibre 14 AWG son suficientes.*

Ejemplo 9.12

Un circuito ramal de 20 A alimenta a dos salidas para luminarias y a cinco para tomacorrientes. ¿Se pueden conectar permanentemente a este circuito dos acondicionadores de aire de 1/4 HP y de 1/3 HP a 120 V? (ver **Fig. 9.9**).

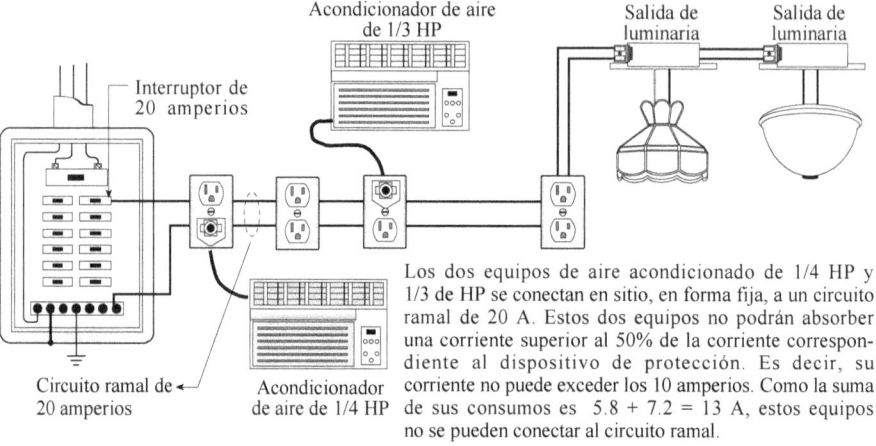

Fig. 9.9 Ejemplo 9.12.

Solución

Según la **Tabla 9.2**, los equipos de aire de 1/3 HP y 1/4 HP consumen 5.8 A y 7.2 A, respectivamente. Como su suma es 13 A, se supera el límite del 50%, correspondiente a 10 A, y esos equipos no pueden conectarse de manera fija al circuito ramal de 20 A.

9.8 NÚMERO DE CIRCUITOS RAMALES DE 20 AMPERIOS

El número de circuitos de iluminación de 20 amperios para propósitos generales se puede determinar de manera similar a lo tratado para los circuitos de 15 amperios. La relación (9.1) también se puede utilizar. Si designamos al número de circuitos ramales de 20 A por N_{20}, se tiene:

$$N_{20} = \frac{\text{Área (m}^2) \cdot 33 \text{ (VA/m}^2)}{I_{\text{Nominal}}(A) \cdot V_{\text{Nominal}}(V)} \tag{9.3}$$

donde $I_{\text{Nominal}} = 20$ A y $V_{\text{Nominal}} = 120$ V. Si sustituimos en la expresión anterior, tenemos:

$$\boxed{N_{20} = 0.01375 \cdot \text{Área}} \tag{9.4}$$

donde el área de la vivienda se mide en m². El otro procedimiento utilizado hace uso de la potencia máxima suministrada por un circuito ramal de 20 A:

$$P_{20} = I_{\text{Nominal}} \cdot V_{\text{Nominal}} = 20 \text{ A} \cdot 120 \text{ V} = 2400 \text{ VA}$$

El área residencial cubierta por esta capacidad en voltamperios es:

$$A_{20} = \frac{P_{20} \text{ (VA)}}{33 \text{ (VA/m}^2)} = 72.73 \text{ m}^2$$

CAPÍTULO 9: CIRCUITOS RAMALES RESIDENCIALES

El número de circuitos ramales se obtiene dividiendo el área total de la vivienda entre el área cubierta por el circuito de 20 amperios:

$$N_{20} = \frac{\text{Área}}{72.73} = 0.01375 \cdot \text{Área}$$

que es el mismo resultado obtenido anteriormente.

Ejemplo 9.13

Para la vivienda mostrada en la **Fig. 9.10**, determine el número de circuitos de 15 y 20 amperios que se puede utilizar.

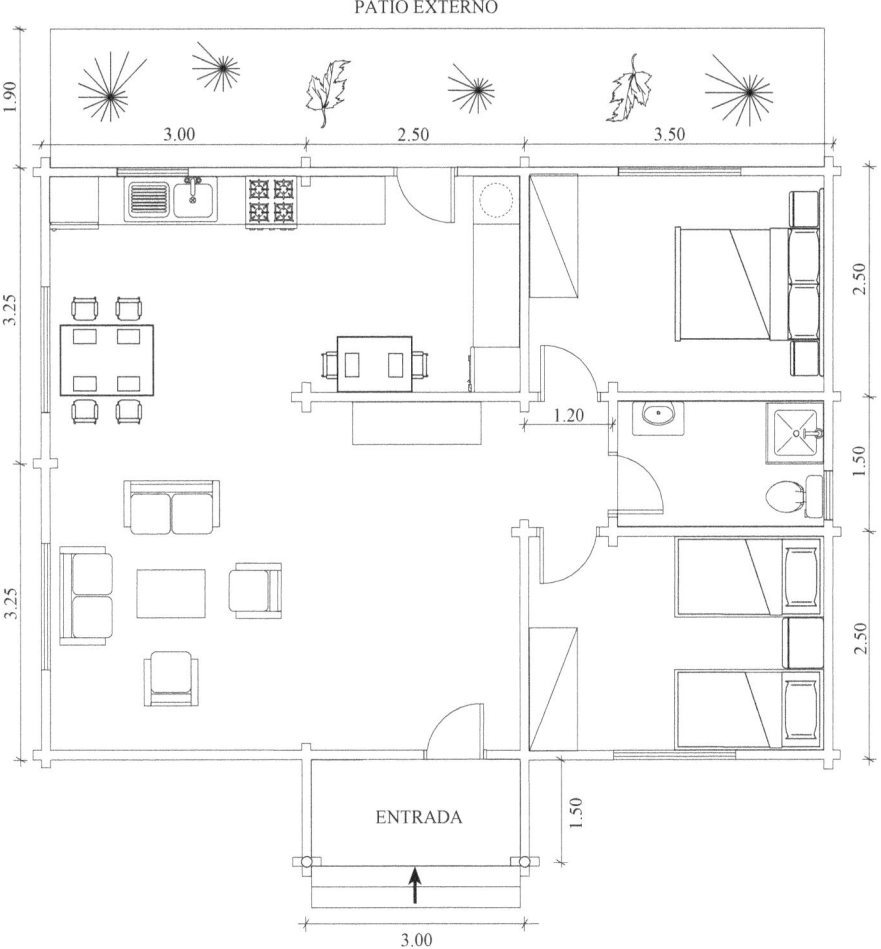

Fig. 9.10 Ejemplo 9.13.

Para el cálculo del área de la vivienda no se debe tener en cuenta ni el patio trasero ni el porche de entrada de la vivienda. Las medidas de la vivienda en la **Fig. 9.10** son 9 m y 6.50 m, por lo que el área está dada por:

$$\text{Área} = 9 \cdot 6.50 = 58.50 \text{ m}^2$$

Según la **Tabla 9.3**, la densidad de carga para una vivienda es de 33 VA/m^2. Utilizando la relación (9.2) para circuitos ramales de 15 A:

$$N_{15} = 0.01883 \cdot 58.50 = 1.10 \text{ circuitos}$$

Es decir, se necesitarían dos circuitos ramales de 15 amperios.

Para el caso de los circuitos ramales de 20 amperios, se hace uso de la relación (9.4):

$$N_{20} = 0.01375 \cdot 58.50 = 0.80 \text{ (1 circuito)}$$

En los resultados anteriores se observa que el número de circuitos ramales de 20 A es la mitad de los de 15 A. En este ejemplo particular, es recomendable usar dos circuitos de 15 A en lugar de 1 circuito de 20 A, ya que esto aumenta la confiabilidad de la instalación eléctrica, puesto que, en el caso de fallar uno de los circuitos ramales, no toda la vivienda quedaría sin energía eléctrica en tomacorrientes y luminarias.

9.9 NÚMERO DE SALIDAS DE ILUMINACIÓN Y/O TOMACORRIENTES EN UN CIRCUITO RAMAL DE USO GENERAL DE 20 A

Lo expuesto para el número de salidas de iluminación y/o tomacorrientes en un circuito ramal de uso general de 15 amperios se aplica en forma idéntica para el número de salidas de iluminación y/o tomacorrientes en un circuito ramal de uso general de 20 amperios. Es decir, no hay limitaciones en el número de salidas de iluminación y tomacorrientes. La distribución de esas salidas entre los circuitos ramales se debe abordar con un criterio de confiabilidad de la instalación.

En las instalaciones comerciales e industriales, las salidas para tomacorrientes de uso general son evaluadas a 180 voltamperios cada una, por lo que un circuito ramal de 20 amperios podrá tener hasta un máximo de 13 tomacorrientes, según esta relación:

$$N_{\text{Tomacorrientes}} = \frac{20 \text{ A} \cdot 120\text{V}}{180 \text{ VA}} = 13$$

También es conveniente aclarar que en las edificaciones comerciales e industriales, las cargas de iluminación y tomacorrientes se deben instalar en circuitos separados. Este criterio, aun cuando no es obligatorio para instalaciones eléctricas residenciales, es una buena norma de diseño para los mismos, por lo que:

> *Es recomendable separar los circuitos de tomacorrientes de los de salidas para iluminación en circuitos ramales de 15 y 20 amperios.*

CAPÍTULO 9: CIRCUITOS RAMALES RESIDENCIALES   397

Se recuerda aquí que el número de circuitos ramales obtenidos a partir de una densidad de carga de 33 VA/m², establecida en la **Tabla 9.3**, es un valor mínimo y se deja al criterio del diseñador aumentar este número.

9.10 CIRCUITOS RAMALES DE 20 A PARA PEQUEÑOS ARTEFACTOS

Estos circuitos ramales suministran energía a una o más salidas, a las cuales se les conectan pequeños artefactos de las áreas de cocina, despensa, sala de desayuno, sala de comedor o áreas similares relacionadas con las actividades propias de la cocina.

> *Los circuitos ramales de 20 A para pequeños artefactos no pueden alimentar en forma permanente a artefactos fijos conectados en sitio, lo mismo que no pueden alimentar permanentemente a luminarias, con la excepción de aquellas que estén incorporadas a los pequeños artefactos.*

El número y la capacidad de los circuitos ramales que suministran energía al ambiente de la cocina y sus áreas conexas están establecidos en las normas eléctricas. En cocina, *pantry*, área de cena, área de desayuno y otras áreas similares de una unidad de vivienda se requiere un mínimo de dos circuitos ramales de 20 A para pequeños artefactos, los cuales alimentarán a los tomacorrientes ubicados sobre los gabinetes de cocina o a las salidas para equipos de refrigeración.

Tal como se presenta en la **Fig. 9.11**, se contemplan tres circuitos para pequeños artefactos: dos en el área de la sala de cocina y uno en el área del comedor. El número de circuitos es mayor que dos, lo cual se ajusta a las normas. Se excluyen los artefactos individuales descritos más adelante.

Si en la sala de cocina hubiese tomacorrientes de pared que no se encuentren encima del tope de los gabinetes de cocina, los mismos podrían ser alimentados a partir de los circuitos ramales de pequeños artefactos.

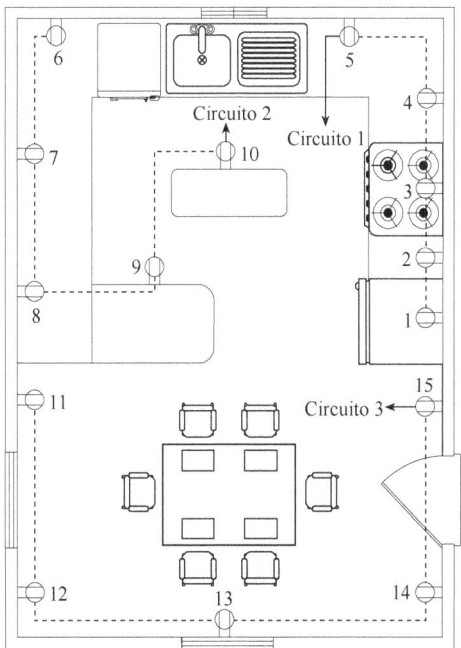

Fig. 9.11 Al menos dos circuitos de pequeños artefactos se deben disponer para alimentar a los tomacorrientes de la sala de cocina y sus áreas conexas. En la figura mostrada, el área conexa es la del comedor.

Con respecto al equipo de refrigeración (nevera y congelador) se establece una excepción respecto a su conexión en las salidas correspondientes a los circuitos de pequeños artefactos (ver **Fig. 9.12**):

> *El equipo de refrigeración se puede conectar a los circuitos de pequeños artefactos; también se permite conectarlo a un circuito individual de 15 A o de 20 A, este último el más recomendado.*

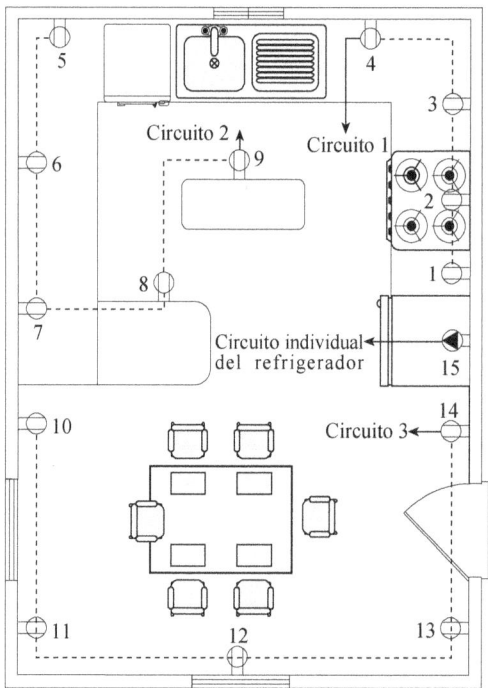

Fig. 9.12 Los equipos de refrigeración se pueden conectar bien a los circuitos de pequeños artefactos o a un circuito ramal individual de 15 o 20 amperios, para evitar fluctuaciones de voltaje en el circuito ramal cuando arrancan los motores de esos equipos.

Como se expuso en el **Capítulo 7** (**sección 7.3**), la conexión del equipo de refrigeración a un circuito individual evita fluctuaciones de voltaje en el circuito ramal, ya que cuando arrancan los motores de tales equipos, requieren mayor cantidad de corriente y; como resultado, producen caídas de voltaje momentáneas en el circuito.

Los pequeños artefactos de la cocina son artefactos portátiles que pueden ser trasladados de un sitio a otro y conectados a cualquiera de los tomacorrientes de los circuitos mediante cordón flexible y enchufe. Ellos son, entre otros, la licuadora, la cafetera eléctrica, la mezcladora, la tostadora de pan, la asadora, la batidora, el esterilizador de teteros, el extractor de jugos y la sartén eléctrica.

Los circuitos para pequeños artefactos no se pueden usar para dar energía a las siguientes salidas:

> *Luminarias*: Sean cuales fueren, con la excepción de aquellas luces que formen parte del circuito de cualquier pequeño artefacto, las cuales serán alimentadas por el circuito ramal de dicho artefacto.
>
> *Campana del equipo de cocina*: Será alimentada desde el circuito general de alumbrado.
>
> *Lavaplatos, triturador de desperdicios, horno de microondas, compactador de basura y cualquier otro artefacto instalado en forma fija*: Serán alimentados por circuitos individuales. Si hay un ventilador de extracción, será alimentado por el circuito de alumbrado de la cocina.
>
> *Tomacorrientes de otras salas, cuartos o habitaciones próximos al área de la cocina, la despensa y comedores*: Se deben alimentar a partir de circuitos distintos a los de pequeños artefactos.

Es importante mencionar que se admiten dos excepciones en cuanto a conexión de ciertos equipos o artefactos a los circuitos ramales de pequeños artefactos:

> ***Excepción 1***: *De cualquiera de los circuitos de pequeños artefactos se puede alimentar, mediante un tomacorriente, a un reloj de pared, el cual puede estar ubicado en sitios como la cocina, la despensa, el* pantry *o el comedor.*
>
> ***Excepción 2***: *Se permite dejar tomacorrientes para alimentar al equipo suplementario de ignición e iluminación de una cocina a gas, un horno o unidades de cocina de sobremesa.*

Es necesario mencionar también que un circuito ramal de pequeños artefactos no debe servir a más de una sala de cocina y sus ambientes conexos. En el caso de viviendas con más de una unidad de cocina, se destinará un circuito de pequeños artefactos para cada sala de cocina.

9.11 CÁLCULO DEL NÚMERO DE CIRCUITOS RAMALES DE 20 A PARA PEQUEÑOS ARTEFACTOS

El número de circuitos ramales de pequeños artefactos se puede obtener haciendo uso de la densidad mínima de carga de la **Tabla 9.3**. Este valor es de 33 VA/m². El procedimiento consta de los siguientes pasos:

1. Se calcula, en primer lugar, el área que cubre un circuito de 20 amperios ($A_{Cubierta}$):

$$A_{Cubierta} = \frac{120 \text{ V} \cdot 20 \text{ A}}{33 \text{ VA/m}^2} = 72.73 \text{ m}^2$$

2. El resultado anterior se multiplica por dos, que corresponde al número mínimo de circuitos de pequeños artefactos establecido por las normas:

$$A_{Total\ cubierta} = 2 \cdot 72.73 = 145.46\ m^2$$

3. Se compara el resultado anterior con la suma de las áreas de la sala de la cocina y sus espacios conexos, que denominaremos A_{Cocina} (despensa, pantry, sala de comedor):

Si $A_{Cocina} \leq A_{Total\ cubierta}$, los dos circuitos de pequeños artefactos son suficientes. De lo contrario, se añade otro circuito de 20 A y se vuelve a hacer la comparación.

Ejemplo 9.13

Una vivienda tiene una sala de cocina de 5 m x 6 m, una despensa de 2 m x 3 m, una sala para el desayuno de 3 m x 3 m y una sala de comedor de 4 m x 5 m. ¿Cuántos circuitos ramales de 20 amperios se requieren?

Solución

Cálculo de la suma de las áreas de la cocina y sus espacios conexos:

$$A_{Cocina} = 5 \cdot 6 + 2 \cdot 3 + 4 \cdot 5 = 65\ m^2$$

De este resultado se puede concluir que: $A_{Cocina} < 145.46\ m^2$

Por tanto, los dos circuitos de 20 A para pequeños artefactos son suficientes para alimentar a la sala de cocina y a sus áreas conexas.

La solución de este ejemplo muestra que, generalmente, dos circuitos de 20 A de pequeños artefactos para el área de la cocina son suficientes en la mayoría de los casos.

9.12 CARGA DE LOS CIRCUITOS DE PEQUEÑOS ARTEFACTOS A TENER EN CUENTA PARA EL CÁLCULO DE ALIMENTADORES

Cuando se trata de calcular el calibre de los alimentadores de tableros y el conductor de acometida, a cada uno de los circuitos de pequeños artefactos se les asignará una carga de 1500 VA.

Las cargas de los circuitos de pequeños artefactos se deben añadir a las cargas de iluminación y a la carga del circuito de lavadero, como se verá luego, para ser sometidas a la aplicación de los factores de demanda previstos en la **Tabla 9.5** (**Tabla D2** del **Apéndice D**).

Tipo de ambiente	Porción de carga de alumbrado al cual se aplica el factor de demanda (VA)	Factor de demanda (%)
Hogares (incluye casas y apartamentos)	Primeros 3000 o menos	100
	Desde 3001 a 120000	35
	Remanente sobre 100000	25
Hospitales	Primeros 50000 o menos	40
	Remanente sobre 50000	20
Hoteles y moteles (incluye casas de apartamentos sin facilidades de cocina para huéspedes)	Primeros 20000 o menos	50
	Desde 20001 hasta 100000	40
	Remanente sobre 100000	30
Almacenes (depósitos)	Primeros 12500 o menos	100
	Remanente sobre 12500	50
Todos los demás	Total voltios-amperios	100

Tabla 9.5 Factores de demanda para cargas de iluminación
(**Apéndice D**, **Tabla D2**).

La carga de 1500 VA, como se puede observar, es una carga inferior a la capacidad nominal del circuito de 120 • 20 = 2400 VA. Esto se debe a que la demanda de carga en estas áreas es muy diversificada y los pequeños artefactos jamás serán utilizados en forma simultánea.

Cuando los equipos de refrigeración se conectan a tomacorrientes individuales, la carga de este circuito no se incluirá, como si fuera un circuito de pequeños artefactos, en los cálculos de carga de la vivienda. Es decir, no se deben tomar 1500 VA adicionales a la carga necesaria para calcular los alimentadores y la acometida.

Como se dijo antes, se requieren como mínimo dos circuitos ramales para alimentar a pequeños artefactos. Esto significa que se puede instalar más de un circuito adicional de 20 amperios, especialmente cuando se tengan espacios de cocinas muy grandes, donde se prevea la utilización de muchos pequeños artefactos. Si se decide instalar, por ejemplo, uno o dos circuitos ramales adicionales, hay que tener presente que estos circuitos se utilizan en forma idéntica a los dos primeros; es decir, solo se pueden utilizar para alimentar a pequeños artefactos en la sala de cocina y áreas conexas, y a cada uno de ellos se le debe asignar 1500 VA para incorporarlos a los cálculos de alimentadores de tableros y acometida eléctrica de la vivienda.

Es importante recordar que tampoco se establece limitación al número de tomacorrientes en un circuito ramal de 20 amperios de pequeños artefactos. Por consiguiente, es posible conectar cuantos tomacorrientes se quiera en este circuito ramal, a menos que los limite un código particular de una autoridad competente. La no limitación del número de tomacorrientes se explica en forma semejante a lo expuesto para los circuitos de uso general de 15 y 20 amperios. Es recomendable, sin embargo, evaluar la carga de los pequeños artefactos a utilizar, ya que si el conjunto de estas cargas resulta excesivo, el número de tomacorrientes en un circuito deberá ser menor, con el fin de evitar sobrecargar al circuito ramal. Si se estima que la cantidad de pequeños artefactos es muy grande, las normas, como se dijo antes, autorizan a utilizar circuitos adicionales que permitan repartir la carga en forma conveniente.

Cuando se tienen suficientes tomacorrientes en un circuito de pequeños artefactos, los tamaños de las extensiones de los cordones de enchufe de los artefactos se pueden hacer más cortos, minimizando de esta manera la ocurrencia de accidentes eléctricos.

En este punto es necesario recordar que la capacidad de los tomacorrientes utilizados en los circuitos ramales de 20 amperios de pequeños artefactos es de 15 o 20 amperios según la **Tabla 9.4**, y que los conductores serán de cobre, calibre 12 AWG, con una protección contra sobrecorriente de 20 amperios.

9.13 CIRCUITOS RAMALES DE 20 A DE USO EN EL LAVADERO

El lavadero es un cuarto donde hay, al menos, una lavadora eléctrica. Con frecuencia, se instala una secadora eléctrica de ropa y, algunas veces, se utiliza una secadora de ropa a gas, que se conecta a un tomacorriente doble, el cual sirve también a la lavadora. Muy cerca de estos artefactos se construye un fregadero o batea, como ordinariamente se le conoce. En el lavadero probablemente habrá un área para el planchado de ropa. Artefactos eléctricos, como máquinas de coser, se encuentran a menudo en esta área. En algunas viviendas se acostumbra colocar el calentador de agua en el lavadero. En la **Fig. 9.13** se muestran los artefactos típicos del área del lavadero con sus respectivos tomacorrientes.

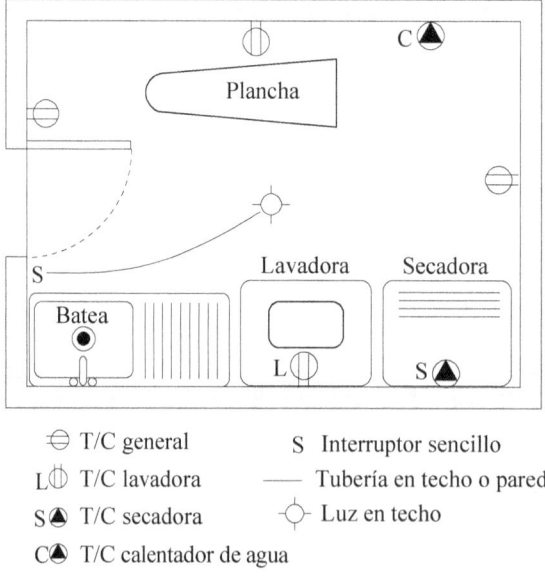

Fig. 9.13 Artefactos y tomacorrientes en un lavadero.

Las normas estipulan que:

> *Al menos un circuito ramal monofásico de 20 A y 120 V se requiere para alimentar a los tomacorrientes del lavadero. A este circuito no se le debe conectar ningún otro tomacorriente de la vivienda.*

Estos circuitos ramales de 20 A usarán tres conductores calibre 12 AWG: uno para el conductor activo, otro para el neutro y otro para la puesta a tierra. Dichos circuitos podrán alimentar a los tomacorrientes de uso general del lavadero, la lavadora y otros artefactos como la plancha. No se estipula un circuito ramal solo para la lavadora.

El calentador de agua y la secadora eléctrica de ropa se deben alimentar a partir de circuitos individuales, como se estudiará más tarde.

El circuito de 20 A del lavadero no podrá alimentar a la luminaria del cuarto del lavadero, así como a tomacorrientes instalados fuera del cuarto, en paredes que colinden con el mismo.

En la actualidad se dispone, en el mercado, de la lavadora y la secadora ensambladas como una unidad compacta, donde la lavadora descansa directamente en el piso y la secadora se coloca en la parte superior. Esta unidad de lavado y secado debe ser alimentada por un circuito ramal de 30 A, monofásico, de tres conductores de 120/208 o 120/240 V voltios, debido a la significativa demanda eléctrica requerida por la secadora.

La **Fig. 9.14** indica los circuitos típicos del lavadero y las violaciones más notorias a las normas que se podrían cometer en esta área: la conexión al circuito ramal de 20 A del fregadero a salidas para luminarias y a tomacorrientes de ambientes contiguos al fregadero.

El circuito del lavadero será computado a 1500 VA, potencia que se sumará a las cargas de los circuitos de iluminación y a las cargas de los circuitos de pequeños artefactos, para el cálculo de los alimentadores de tableros y la acometida eléctrica en la unidad de vivienda.

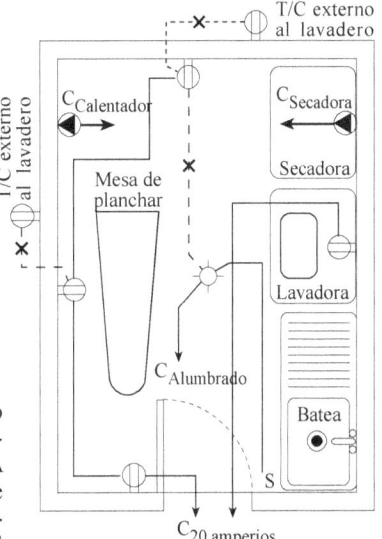

Fig. 9.14 Al circuito ramal de 20 A del lavadero no se deben conectar luminarias o tomacorrientes de ambientes colindantes, so pena de violar las normas. A dicho circuito se pueden conectar tomacorrientes de uso general, de la plancha y de la lavadora. La secadora y el calentador de agua, si están en el área del lavadero, tendrán tomacorrientes individuales.

X Violaciones a las normas

Cuando la carga en el lavadero sea muy grande, se podrá utilizar un circuito adicional de 20 A, al cual también se le asignará un valor de 1500 VA, a los efectos del cálculo de los alimentadores de los tableros y de la acometida.

Si, en lugar de una secadora eléctrica, en el lavadero se dispone de una secadora a gas, se puede utilizar un tomacorriente doble al que se conecten la secadora y la lavadora. Este tomacorriente, sea sencillo o doble, debe ser instalado dentro de una distancia de 1.80 m desde donde se coloquen la lavadora y la secadora a gas.

Se recuerda (ver **Fig. 7.36**, **Capítulo 7**) que los tomacorrientes del área del lavadero que estén dentro de una distancia de 1.80 m del borde exterior del fregadero (batea) serán del tipo GFCI para protección de las personas. Si no hay la batea, el tomacorriente será del tipo normal sin dispositivo de protección.

También es importante aclarar que si, en lugar de la lavadora individual, se tiene una unidad compacta constituida por un conjunto lavadora-secadora, alimentada por una salida de 30 amperios, se debe mantener la salida de 120 V prevista para la lavadora y la posible secadora a gas. Esto se hará en previsión de que en un futuro se sustituya la unidad compacta por una lavadora sencilla.

9.14 CIRCUITOS RAMALES DE 20 A PARA LAS SALAS DE BAÑO

El número de circuitos ramales en las salas de baño se debe ceñir a la norma siguiente:

> *Al menos un circuito ramal de 20 amperios se debe destinar a alimentar los tomacorrientes en el baño. Tales circuitos no deben suministrar energía eléctrica a otras salidas, como luminarias y tomacorrientes, en espacios contiguos al baño.*

Aun cuando un circuito ramal de 20 A puede alimentar a más de un baño, es recomendable utilizar un circuito de 20 A para cada sala de baño, tal como se indicó en la **sección 7.4** del **Capítulo 7**. Estas situaciones se presentan en la **Fig. 9.15**.

Como se observa, el tomacorriente externo al baño 1 no se debe conectar al circuito de 20 A porque las normas no lo permiten. El circuito ramal de 20 A alimenta a los dos baños y no se puede usar para proporcionar energía a las luminarias, que son energizadas mediante un circuito ramal de uso general de 15 A.

Otra situación diferente tiene lugar cuando un circuito de 20 A alimenta solamente a una sala de baño, como se indica en la **Fig. 9.16**. Al respecto, se debe considerar lo siguiente:

Si el circuito ramal de 20 A solo alimenta a un baño, se permite que se utilice para alimentar a otras salidas de artefactos dentro de la misma sala, incluyendo luminarias, siempre y cuando no se violen las siguientes normas, que permiten conectar:

   a) Cargas que no superen el 80% de la carga nominal de un circuito de 20 A, si se conectan mediante cordón y enchufe (por ejemplo, un secador de pelo). Esto es, 1920 VA o 16 A.

CAPÍTULO 9: CIRCUITOS RAMALES RESIDENCIALES

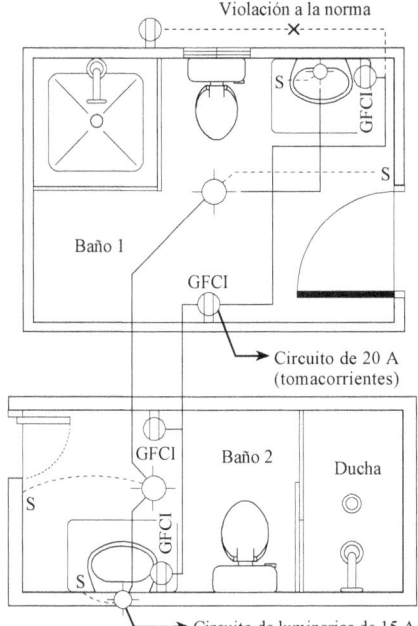

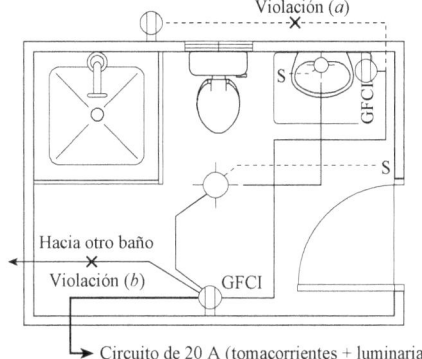

Fig. 9.15 Circuito único de 20 A para alimentar a dos baños. Este circuito no debe alimentar a tomacorrientes en ambientes distintos. Se recomienda usar circuitos de 20 A independientes para cada baño. Las luminarias se conectan a un circuito de 15 A.

Violaciones a las normas: *a)* No se pueden conectar al circuito de 20 A tomacorrientes ubicados en ambientes distintos al baño. *b)* Como el circuito de 20 A del baño alimenta a sus luminarias, no se puede utilizar para suministrar energía a otro baño.

Fig. 9.16 Cuando se trata de un solo baño, el circuito de 20 A puede alimentar a luminarias.

b) Cargas que no superen el 50% de la carga nominal de un circuito de 20 A si se conectan en forma fija (por ejemplo, un ventilador extractor). Esto significa 1200 VA o 10 A.

Es importante tener siempre en cuenta que todos los tomacorrientes de los baños deberán ser del tipo GFCI para protección de las personas.

> *En cuanto a la carga que proporcionan los circuitos de 20 A de los baños, a los fines del cálculo de acometidas y alimentadores de los tableros, hay que mencionar que la misma se considera incluida al asumir una densidad de 33 VA/m2 en una residencia. Es decir, no hay que añadir cargas adicionales provenientes de los circuitos de los baños.*

Ejemplo 9.15

Para la vivienda de la **Fig. 9.17**, determine la carga a tener en cuenta para los efectos del cálculo de alimentadores y acometida.

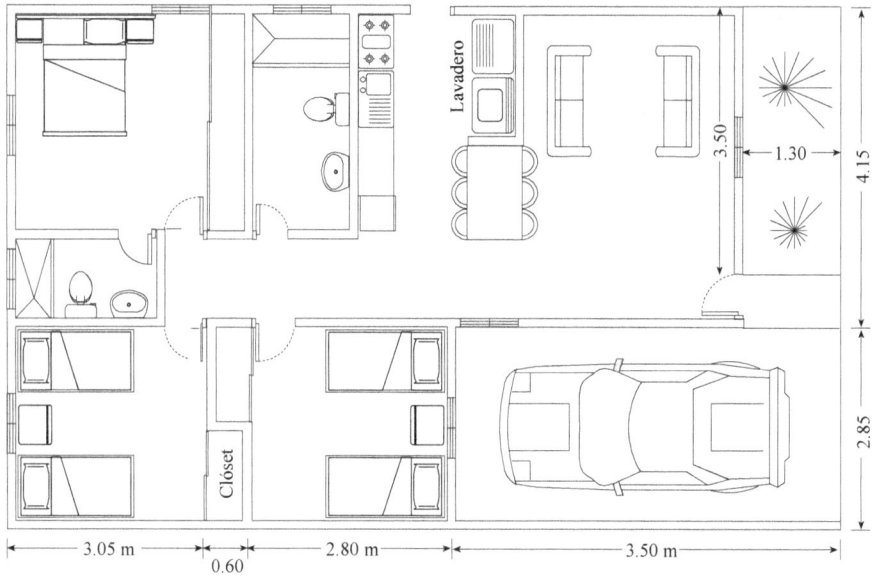

Fig. 9.17 Ejemplo 9.15: Determinación de la carga eléctrica para el cálculo de alimentador y acometida.

Solución

Según la **Fig. 9.17**, el área de la vivienda es:

$$\text{Área} = 9.95 \cdot 7 = 69.65 \text{ m}^2$$

Para los efectos del cálculo de la carga residencial, hay que restar al área anterior las superficies correspondientes al porche y al garaje, que, según la **Fig. 9.17**, son:

$$\text{Área del porche: } 3.50 \cdot 1.30 = 4.55 \text{ m}^2$$

$$\text{Área del garaje: } 2.85 \cdot 3.50 = 9.98 \text{ m}^2$$

El área a tener en cuenta es:

$$\text{Área efectiva} = 69.65 - 4.55 - 9.98 = 55.12 \text{ m}^2$$

Como la densidad de carga residencial es de 33 VA/m², la carga de iluminación, que denotaremos por $P_{\text{Iluminación}}$, y que incluye luminarias y tomacorrientes de uso general, está dada por:

$$P_{\text{Iluminación}} = 33 \, \frac{\text{VA}}{\text{m}^2} \cdot 55.12 \text{ m}^2 = 1818.96 \text{ VA}$$

Si se usan dos circuitos ramales de 20 A para pequeños artefactos en la cocina, su carga será:

$$P_{\text{Pequeños artefactos}} = 2 \cdot 1500 = 3000 \text{ VA}$$

El circuito ramal de 20 A para el lavadero se debe computar a 1500 VA:

CAPÍTULO 9: CIRCUITOS RAMALES RESIDENCIALES   **407**

$$P_{Lavadero} = 1500 \text{ VA}$$

La carga de los baños está ya incluida en los 33 VA correspondientes a la densidad residencial. Finalmente, se obtiene la carga total en VA sumando los valores anteriores:

$$\text{Carga total} = 1818.96 + 4500 \approx 6319 \text{ VA}$$

9.15 CIRCUITOS RAMALES DE 30 A PARA USO GENERAL

Los circuitos ramales de uso general de 30 amperios se utilizarán para alimentar a luminarias fijas mediante portalámparas tipo de servicio pesado cuya base de lámpara es del tipo *mogul* roscado. Estas luminarias no se encuentran, por lo general, en unidades de vivienda, sino que son utilizadas para sistemas de alumbrado en instalaciones deportivas y establecimientos comerciales e industriales.

Estos circuitos también son usados para alimentar a equipos utilizados tanto en viviendas como en instalaciones comerciales e industriales. Calentadores de agua, acondicionadores de aire y secadoras de ropa son, entre otros, ejemplos de equipos alimentados mediante estos circuitos ramales de 30 amperios.

En forma similar a los circuitos de 15 y 20 amperios, al conectar cualquier artefacto individual mediante cordón y enchufe, la capacidad nominal de dicho artefacto no excederá el 80% de la capacidad nominal del circuito, es decir, 2880 VA o 24 A. Estos valores se obtienen a partir de los siguientes cálculos:

30 A • 120 V = 3600 VA   3600 VA • 0.80 = 2880 VA   30 A • 0.80 = 24 A

Un artefacto que consuma más de 24 amperios no puede ser conectado a este circuito.

Las salidas para iluminación, en circuitos ramales de 30 A, deben estar separadas de las salidas de tomacorrientes de 30 A para artefactos (**Fig. 9.18**).

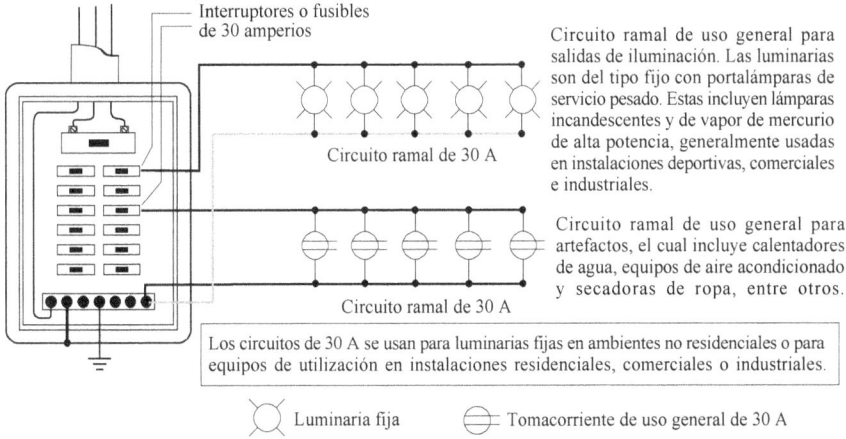

Fig. 9.18 Circuitos ramales de uso general de 30 amperios.

Ejemplo 9.16

Una secadora de ropa con capacidad de 5500 W se conecta normalmente a un voltaje de 240 voltios en sistema monofásico de tres hilos. Determine si esta secadora puede ser conectada a un circuito ramal de 30 A trabajando en un régimen de operación no continuo.

Solución

Corriente de carga de la secadora: $I_{Secadora} = \dfrac{5500 \text{ W}}{240 \text{ V}} = 22.5 \text{ A}$

Corriente máxima que puede absorber la secadora del circuito ramal:

$$I_{Máx.} = 24 \text{ A}$$

Como $I_{Secadora} < I_{Máx.}$, la secadora puede ser alimentada por este circuito ramal.

9.16 CIRCUITOS RAMALES DE 40 A Y 50 A PARA USO GENERAL

Los circuitos ramales de 40 y 50 A son usados para alimentar a cocinas eléctricas conectadas fijas, en sitio, tanto en unidades de vivienda como en instalaciones comerciales e industriales. Aun cuando esas cocinas eléctricas se conecten mediante cordón y enchufe, no pierden la condición de artefactos fijos conectados en sitio. En unidades de vivienda también se utilizan estos circuitos en calentadores de agua, secadoras de ropa y unidades de calentamiento, entre otros equipos del hogar.

Aparte de su uso en viviendas, estos circuitos se utilizan para conectar unidades de iluminación mediante portalámparas del tipo pesado, de alta capacidad, así como en artefactos infrarrojos de calentamiento.

Las salidas para unidades de iluminación y tomacorrientes, en los circuitos ramales de 40 y 50 amperios, deben ir siempre en circuitos separados, tal como se indica en la **Fig. 9.19**. Es importante aclarar que no hay en el mercado tomacorrientes para un régimen de 40 A. El próximo estándar en tomacorrientes tiene una capacidad de 50 A. Por tanto, a un circuito de 40 A se puede conectar un tomacorriente de 50 A.

Ejemplo 9.17

Un calentador de agua absorbe 37 amperios en régimen continuo. Determine: *a*) el calibre del conductor adecuado para suministrar esta corriente; *b*) la capacidad nominal del dispositivo de protección, sea un interruptor termomagnético o un fusible, y, con base en lo anterior, *c*) la clase de circuito ramal de uso general.

Solución

a) Corriente en el calentador.

CAPÍTULO 9: CIRCUITOS RAMALES RESIDENCIALES **409**

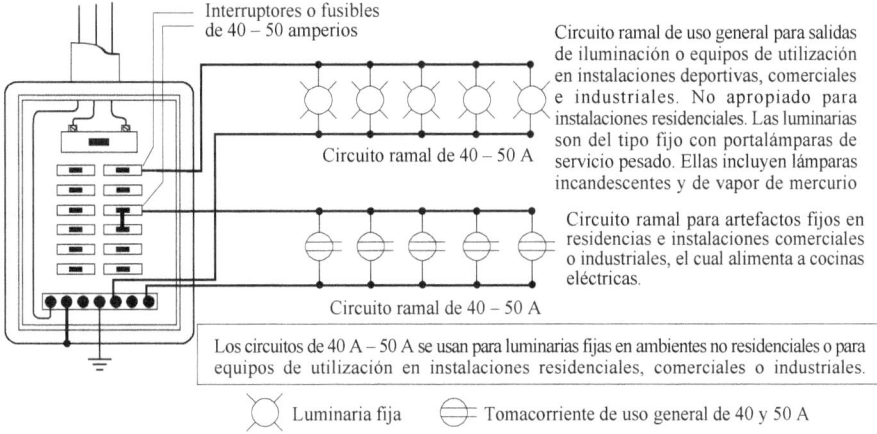

Fig. 9.19 Circuitos ramales de uso general de 40 y 50 amperios.

Como se trata de un régimen de trabajo continuo, la ampacidad del conductor debe ser mayor o igual que el 125% de la carga continua:

$$I = 37 \text{ A} \cdot 1.25 = 46.25 \text{ A}$$

Determinación del calibre del conductor para este valor de la corriente:

Según la **Tabla 2.11**, un conductor THW, calibre 8 AWG, con capacidad para 50 A, referido a 75°C, es adecuado para conducir esta corriente. Si los terminales están diseñados para 60°C, se debe optar por un conductor calibre 6 AWG, con una ampacidad de 55 A.

b) Capacidad nominal del dispositivo de protección del circuito:

Como no hay un dispositivo de protección, sea un interruptor termomagnético o un fusible de valor 46.25 A, se va al valor inmediato superior, que, según la lista citada en la página 353, es de 50 A.

c) Clasificación del circuito ramal:

El circuito ramal individual se clasifica como un circuito de 50 amperios, porque el conductor THW está protegido con un dispositivo de protección contra sobrecorriente de 50 amperios.

9.17 CIRCUITOS RAMALES INDIVIDUALES

Un circuito ramal individual es aquel que alimenta solamente a un artefacto o equipo de utilización, a través de un tomacorriente simple. Ver la **Fig 9.20** para identificar los circuitos individuales que comúnmente se encuentran en las instalaciones eléctricas residenciales.

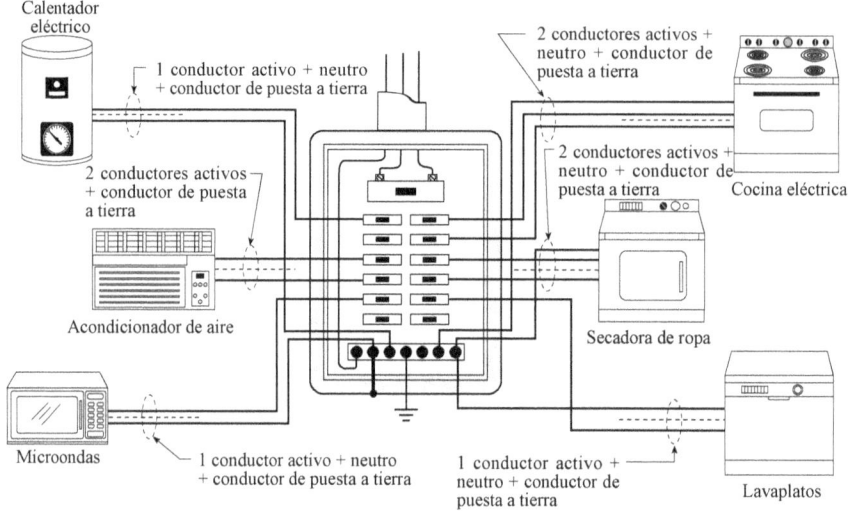

Fig. 9.20 Circuitos ramales individuales que suelen encontrarse en una instalación eléctrica residencial.

Los circuitos ramales que alimentan a un circuito individual, como una cocina eléctrica, un lavaplatos o una secadora, pueden tener cualquier capacidad de corriente. Se debe recordar que, según lo establecido por las normas, cuando, por cualquier razón, se utilizan conductores de mayor ampacidad a los señalados en la clasificación, la capacidad en amperios del dispositivo de protección de sobrecorriente determinará la clasificación del circuito.

Ejemplo 9.18

La placa de características de un artefacto muestra una demanda de 58 A a 120 V en régimen de operación no continua. Determine la capacidad del interruptor de protección y la del circuito ramal que alimenta a este artefacto si los conductores tienen terminales con capacidad de 75°C.

Solución

Corriente que circulará por los conductores:

Dado que el artefacto opera en un régimen no continuo, la corriente se debe tomar como el 100% de la señalada en la placa de características. La corriente de carga será:

$$I_{Carga} = 100\% \text{ de } I_{Placa} = 58 \text{ A}$$

Capacidad nominal del dispositivo de protección:

Para la carga de 58 amperios se requiere un dispositivo de protección de sobrecorriente de 60 amperios.

Determinación del calibre del conductor que puede transportar esta corriente:

De la **Tabla 2.11**, el conductor tipo THW, calibre 6 AWG, a 75°C, con una ampacidad de 65 A, puede soportar esta corriente de carga.

Se recuerda que las ampacidades nominales de los conductores, mostradas en la **Tabla 2.11**, no son válidas para más de tres conductores que transporten corriente en una canalización o conformen un cable, y tampoco se aplican cuando la temperatura ambiente, donde se instalen estos conductores, exceda los 30°C. Si estas condiciones no se cumplieran, sería necesario proceder a aplicar los factores de corrección correspondientes, con el fin de ajustar dichas ampacidades a las condiciones de uso de los conductores. Los factores de corrección a aplicar fueron estudiados en el **Capítulo 2** de este libro y se indican en la **Tabla 2.12**, cuando la temperatura ambiente, donde se ubiquen los conductores, exceda los 30°C, y en la **Tabla 2.13**, cuando se utilicen más de tres conductores que transporten corriente.

Luego de aplicar uno de estos factores o ambos a la vez, el valor que resulte de estas operaciones será la ampacidad de los conductores seleccionados, que se utilizará para los efectos de seleccionar los dispositivos de protección correspondientes.

Ejemplo 9.19

Se alimenta a un conjunto de cuatro secadoras eléctricas en un cuarto donde la temperatura ambiente alcanza 32°C. La capacidad de cada máquina, alimentada individualmente mediante cordón y enchufe, es de 5000 vatios, a una tensión de operación de 208 voltios. ¿Cuál debe ser la capacidad del dispositivo de protección contra sobrecorriente? Determine el calibre de los conductores si se utilizan ocho conductores de cobre tipo THW, en un ducto metálico tipo EMT, protegidos por interruptores termomagnéticos y con terminaciones de 75°C.

Solución

Corriente nominal de cada secadora:

$$I_{Secadora} = \frac{5000 \text{ W}}{208 \text{ V}} = 24.04 \text{ A}$$

Una secadora es considerada un artefacto que trabaja en régimen no continuo y, por tanto, la corriente de carga se toma como el 100% del valor anterior. Como las lavadoras se alimentan de manera individual, tendremos un circuito particular para cada una de ellas y la corriente de carga será igual a 24 A en cada caso. De acuerdo con el resultado anterior, si las secadoras estuvieran instaladas en un ambiente a temperatura de 30°C, temperatura para la cual están especificadas las ampacidades de los conductores en la **Tabla 2.11**, y si cada circuito alimentador de las secadoras estuviera alojado en una tubería diferente, podríamos aplicar la norma que indica lo siguiente: la capacidad del circuito ramal no debe ser menor que la capacidad del artefacto, marcada en la placa de características. Como la temperatura supera 30°C y hay ocho conductores dentro del ducto metálico, es obligatorio aplicar los ajustes correspondientes, indicados en las **tablas 2.12** y **2.13**.

Procederemos, en primer lugar, a seleccionar el dispositivo de protección y, posteriormente, el conductor, de acuerdo con lo señalado en el **Capítulo 8** y siguiendo el diagrama de flujo presentado en la **Fig. 8.53**. Como la corriente en la carga no es continua, el interruptor deberá tener una capacidad igual al valor mayor más cercano a la misma. Como I_{Carga} = 24 A, seleccionamos el próximo valor estándar, que es de I_{OCPD} = 25 A según la lista de valores normalizados de fusibles y interruptores. Luego:

$$I_{OCPD} (25 A) > I_{Carga} (24 A)$$

Se podría pensar en la selección de un conductor calibre 12 AWG que, con una ampacidad de 25 A, soportara la corriente de carga de 24 A. Sin embargo, un conductor calibre 12 AWG se tiene que proteger mediante un interruptor de 20 A, por lo que optamos por ir a un conductor de mayor calibre, en este caso el THHN, 10 AWG, que tiene una ampacidad de 40 A a 90°C y podría ser protegido por el interruptor de 25 A.

Aplicando los factores de corrección, tomando como referencia la temperatura de 90°C:

$$\text{Ampacidad} = 40 \cdot 0.96 \cdot 0.70 = 27 \text{ A}$$

Como la ampacidad corregida (27 A) es mayor que la corriente de carga (24 A), se toma el conductor THHN, calibre 10, para esta aplicación.

El mismo resultado se hubiera obtenido siguiendo el diagrama de flujo de la **Fig. 8.53**. Supongamos que se hubiera seleccionado el conductor calibre 12 AWG. Si la temperatura ambiente es de 32°C y hay ocho conductores en la canalización, multiplicamos los factores de corrección por la ampacidad de los conductores calibre 12 a 90°C. Así:

$$\text{Ampacidad corregida} = 30 \cdot 0.96 \cdot 0.70 = 20 \text{ A}$$

Como el valor obtenido para la ampacidad corregida (20 amperios) es menor que la corriente en la carga (24 amperios), es necesario incrementar el calibre del conductor a 10 AWG, el cual tiene una ampacidad de 40 A, a una temperatura de 90°C.

La última fase consiste en asegurarse que el conductor esté adecuadamente protegido. Puesto que la ampacidad corregida (27 A) es, también, mayor que la capacidad del dispositivo de protección (25 A), el OCPD de 25 A protege perfectamente al conductor THHN calibre 10. Esto es:

$$I_{OCPD} (25 A) < \text{Ampacidad corregida (27 A)}$$

Vale la pena mencionar la norma referida a pequeños conductores:

CAPÍTULO 9: CIRCUITOS RAMALES RESIDENCIALES   413

> *La protección contra sobrecorriente no excederá 15 amperios para 14 AWG, 20 amperios para 12 AWG y 30 amperios para 10 AWG, todos conductores de cobre. La selección de la protección contra sobrecorriente se debe hacer después de haber aplicado los factores de corrección por temperatura y por agrupamiento.*

Observa que se ha subrayado la expresión "no excederá". Esto significa, en relación con el problema planteado, que la capacidad del dispositivo de protección contra sobrecorriente podría ser inferior a 30 amperios, en el caso de conductores de cobre calibre 10 AWG, sin que se produzca una violación a la norma.

De todas maneras, si se selecciona un dispositivo de protección contra sobrecorriente de 30 A, la diferencia entre la ampacidad del conductor (27 A) y la capacidad del OCPD (30 A) es pequeña y podría admitirse esta protección. La carga, con el dispositivo de protección de 30 A, estaría apropiadamente alimentada sin que se produzcan disparos del OCPD para el valor nominal de I_{Carga} (24 A). En conclusión, el calibre del conductor será 10 AWG, con protección de 25 o 30 A.

Régimen o ajuste máximo de OCPD que no exceda el valor mostrado (A)	Tamaño AWG o kcmil conductor de cobre
15	14
20	12
30	10
40	10
60	10
100	8
200	6
300	4
400	3
500	2
600	1
800	1/0
1000	2/0
1200	3/0
1600	4/0
2000	250
2500	350
3000	400
4000	500
5000	700
6000	800

Tabla 9.6 Calibre mínimo de los conductores de puesta a tierra para equipos y canalizaciones (**Apéndice D, Tabla D3**).

Por último, hay que mencionar que el circuito ramal de cada secadora estará constituido por un cable conformado por tres conductores: dos activos más el neutro, todos del tipo THHN, calibre 10 AWG. Además, se debe incluir un conductor de puesta a tierra que, según la **Tabla 9.6** (**Apéndice D**, **Tabla D3**), para el valor del dispositivo de protección de 25 amperios, será de cobre calibre 10 AWG. Como se verá más adelante, los dos conductores activos alimentan a los elementos calentadores a 208 V, mientras que el motor de las secadoras y los elementos de control de las mismas se conectan entre uno de los activos y el neutro de la alimentación.

9.18 ARTEFACTOS Y EQUIPOS ESPECIALES DE UNA VIVIENDA CONECTADOS A CIRCUITOS INDIVIDUALES

Los artefactos y equipos especiales mencionados a continuación se deben alimentar individualmente, mediante circuitos ramales separados:

Cocina sin horno integrado	Cocina con horno integrado
Horno separado	Calentadores de agua
Secadoras de ropa	Lavaplatos
Compactadores de basura	Trituradores de desperdicios
Hornos de microondas	Equipos de aire acondicionado de ventana
Equipos centrales de aire acondicionado	Equipos tipo *split* de aire acondicionado

Cuando la carga del artefacto o equipo no excede el 50% de la capacidad del circuito, se permite conectar otras cargas al mismo. Como en la práctica esta combinación de cargas pocas veces trabaja bien, se recomienda siempre tener un circuito individual para cada uno de los artefactos y equipos especiales de las unidades de vivienda.

Cada uno de los artefactos o equipos mencionados anteriormente se debe alimentar con un circuito ramal propio, en 120, 208 o 240 V, de acuerdo con voltaje nominal de operación, y no se permite que este circuito suministre energía a otras cargas. A tal fin, la salida de cada circuito ramal se hace siempre a través de un tomacorriente simple, para evitar que desde allí se pueda alimentar simultáneamente a otros artefactos o equipos.

> *Es importante tener en cuenta que cuando se procede a realizar cálculos de carga para dimensionar alimentadores de tableros y acometida, se deben usar los datos de voltaje y corriente, o de voltaje y vatios, como aparecen en la placa de características de cada artefacto o equipo, sin tener en cuenta la carga mostrada en la placa de características de los motores que intervienen en la operación de estos artefactos o equipos.*

Sin embargo, cuando se trata de motores eléctricos que operan moviendo una unidad rotativa individual, como una bomba de agua, no se usarán los datos de la placa de características del motor, sino los datos de corriente, indicados en tablas donde se especifican las corrientes a plena carga de los motores (ver **Apéndice D**, **tablas D4** y **D5**).

El circuito ramal de los artefactos o equipos especiales deberá tener suficiente capacidad para conducir la corriente de carga respectiva dentro de los límites de la caída de tensión permisible.

CAPÍTULO 9: CIRCUITOS RAMALES RESIDENCIALES **415**

Es importante cerciorarse si la carga de un artefacto o equipo, conectada a un circuito ramal, es continua o discontinua, ya que, dependiendo de esto, se contemplan algunos requisitos que es necesario cumplir para el cálculo del calibre de conductores y la capacidad de los dispositivos de protección. Se recuerda que *una carga continua se define como aquella donde la corriente máxima se mantiene por tres horas o más*. La mayoría de las cargas de una vivienda, como las de iluminación y tomacorrientes, no son continuas. Otras cargas, como las representadas por calentadores de agua y equipos de aire acondicionado, entre otras, son consideradas como cargas continuas. Las cargas de los establecimientos comerciales e industriales, en contraposición a las cargas de viviendas, son, en su mayoría, continuas.

El hecho de que una carga sea continua, o no, tiene efectos importantes sobre los componentes del circuito por donde fluye la corriente. Una carga continua, si bien no afecta la capacidad del conductor, sí puede afectar mecánicamente a dispositivos eléctricos como interruptores, debido al permanente calor generado por la corriente en el circuito, especialmente cuando esta corriente se acerca al máximo de la capacidad del conductor.

Con el objeto de evitar el constante esfuerzo mecánico por calentamiento sobre un dispositivo eléctrico, lo cual a la larga afectará las características de operación del mismo, se requiere que la corriente de carga del circuito, cuando ella sea continua, no sea superior al 80% de la capacidad de los conductores. Si la corriente de carga no es continua, el valor de la misma debe ser el 100%.

Para los efectos de calcular el calibre de los conductores del circuito ramal y el tamaño del dispositivo de protección, cuando la carga del artefacto o equipo está dada en amperios, se debe multiplicar por 125% para cargas continuas y por 100% para cargas no continuas. Por ejemplo, si la placa de características de un artefacto señala que el mismo opera con una corriente de 18 amperios por más de tres horas, la corriente a considerar para seleccionar los dispositivos de protección, así como para calcular el calibre del conductor que alimentará a este artefacto, será:

$$18 \cdot 125\% = 22.50 \text{ A}$$

Nota que 80% es el recíproco de 125%; es decir: $\dfrac{1}{0.8} = 1.25 \ (125\%)$

En consecuencia, decir que un circuito en carga continua no puede estar cargado sino hasta el 80% de su capacidad, es equivalente a mencionar que la corriente de carga del artefacto por conectar se debe multiplicar por 125% para determinar el calibre de los conductores del circuito y la capacidad del dispositivo de protección.

Ejemplo 9.20

Un artefacto que opera por más de tres horas en forma continua, absorbe 18 A, según su placa de características. Calcule el calibre del conductor y el dispositivo de protección requerido si los terminales son de 60°C. El dispositivo de protección no está definido en la placa del artefacto. El circuito ramal es individual.

Solución

Determinación de la corriente de carga:

El amperaje del artefacto en operación continua es el que marca la placa de características y en este caso es de 18 amperios.

La corriente de carga, a los fines del cálculo de la ampacidad del conductor, será:

$$I_{Carga} = 18 \text{ A} \cdot 1.25 \approx 23 \text{ A}$$

Este valor se obtiene, también, aplicando el inverso de 80% a la carga de placa:

$$\frac{18 \text{ A}}{0.80} = 23 \text{ A}$$

Este resultado es la corriente base para determinar el calibre del conductor y el valor del dispositivo de protección.

Selección del dispositivo de protección:

A fin de determinar el dispositivo de protección, debemos recordar la reglamentación relativa al tema. Según el enunciado del ejemplo, en la placa no se dice nada respecto al dispositivo de protección. En consecuencia, se debe hacer uso de la norma que a continuación transcribimos:

> *Cuando un circuito ramal alimenta a una carga continua o a cualquier combinación de cargas continuas y no continuas, la capacidad del dispositivo de protección no será menor (es decir, será igual o mayor) que la carga no continua más el 125% de la carga continua.*

Si aplicamos la norma anterior, el 125% de la carga es, también, 23 A. Por consiguiente, es necesario seleccionar un dispositivo de protección de capacidad superior a 23 A, lo cual permite escoger un dispositivo de protección de 25 A (próximo valor estándar), basado en que los conductores del circuito ramal, para este ejemplo, no son parte de un circuito de salidas múltiples que suministra energía a cargas portátiles de cordón y enchufe. En conclusión, la protección seleccionada será un interruptor o fusible de 25 A.

Selección del conductor:

Según la **Tabla 2.11**, podríamos vernos tentados a seleccionar un conductor THW calibre 12 AWG, con una ampacidad de 25 A, ya que el mismo puede soportar la corriente de 23 A en la carga. Esto requeriría un dispositivo de protección de 20 A (normas relativas a pequeños conductores), que estaría en contradicción con el valor calculado anteriormente de 25. En consecuencia, aumentamos el calibre del conductor, seleccionando un calibre 10 AWG.

Se podría pensar que, por tratarse de un conductor THW calibre 10, la protección debería ser de 30 A con base en la norma sobre pequeños conductores. Sin embargo ese artículo menciona que el valor de la protección de 30 A, para un conductor calibre 10, es un valor máximo, lo que reduce el rango a:

$$23 \text{ A} \leq I_{\text{Protección}} \leq 30 \text{ A}$$

Es indudable que el valor estándar nos conduce a 25 A, tal como se dedujo. Vale la pena mencionar que un valor de 30 A para la protección, si bien no violaría la norma, sería innecesario de acuerdo con los cálculos. Es decir, tenemos dos alternativas de solución para el calibre del conductor: 25 y 30 A.

Otra alternativa de cálculo la proporciona la norma relativa a la alimentación de artefactos eléctricos cuando se trata de aparatos eléctricos cuyo consumo es mayor que 13.3 A. Para el análisis, dividiremos el contenido de esta norma en dos partes:

a) Si el circuito ramal alimenta a un solo artefacto que no tiene motor, la capacidad de la protección contra sobrecorriente no debe exceder el 150% de la capacidad de corriente del artefacto si dicha protección no está marcada y su consumo es mayor que 13.3 A.

b) Cuando el 150% de la corriente de régimen del artefacto (rating) no se corresponda con una protección estándar, se permite el uso del próximo valor estándar para el dispositivo contra sobrecorriente.

Para el ejemplo que nos ocupa, el 150% de la corriente de placa es:

$$I_{\text{Carga}} = 18 \text{ A} \cdot 1.50 = 27 \text{ A}$$

La frase *no debe exceder* de la parte (a) de la norma citada es clave para el caso que estamos tratando, ya que el valor del dispositivo de protección de 25 A, previamente determinado, no supera los 27 A correspondientes al 150% de la corriente de carga.

A pesar de la conclusión a que hemos llegado, se introduce una salvedad en la parte (*b*) de la norma citada anteriormente, ya que establece que el cálculo se debe hacer a partir del 150% del valor de la corriente de carga y que, una vez obtenido ese valor, se puede ir al dispositivo estándar superior de protección, descartando de esa manera el uso de un valor inferior al 150% de la corriente de carga, tal como lo afirma la parte (*a*) en que dividimos el artículo. Según esta segunda parte de la norma que describimos, se debe ir a una protección de 30 A, lo cual coincide con lo que anteriormente se había concluido: que se podría usar un dispositivo de protección de 30 A.

En conclusión, se requiere un conductor THW, calibre 10, y una protección que puede ser de 25 o 30 amperios. La protección de 30 A correspondería al máximo valor del dispositivo de protección contra sobrecorriente.

Es importante recalcar que se debe tener presente siempre la condición de carga continua y carga no continua en cualquier artefacto o equipo. De lo contrario, se puede incurrir en una violación de la normativa. También se debe tener cuidado para que la suma de la carga no continua y el 125% de la continua no exceda la ampacidad del circuito.

Ejemplo 9.21

Un circuito ramal conduce una corriente de 38 amperios en forma continua y una corriente no continua de 62 amperios, para un total de 100 amperios. Calcule la capacidad del dispositivo de protección y el calibre del conductor.

Solución

Cálculo de la corriente continua de carga: 38 A • 1.25 = 47.50 A

Cálculo de la corriente no continua de carga: 62 A • 1.00 = 62.00 A

Cálculo de la corriente total en la carga: $I_{Carga\ total}$ = 47.50 + 62 = 109.50 A

El valor anterior se puede redondear a 110 A.

Selección del dispositivo de protección:

La capacidad del dispositivo de protección no debe ser menor que 110 A, aun cuando realmente la corriente que pasa por el interruptor es de 100 A. Las normas eléctricas permiten la selección de un dispositivo de protección superior, igual o menor a 110 A, de acuerdo con los valores normalizados que se indican en el **Capítulo 8**. Este valor es, por tanto, 110 A.

Selección del conductor:

El conductor capaz de conducir esta corriente es el tipo THW, calibre 2 AWG, que tiene una ampacidad de 115 amperios, a una temperatura de 75°C, según la **Tabla 2.11**. Se observa que, como la corriente es superior a 100 A, se utiliza la referencia de 75°C para seleccionar el conductor.

Como se ha señalado, en la selección de los dispositivos de protección se permite redondear a valores normalizados superiores, siempre y cuando la corriente no supere 800 A, como en el ejemplo anterior. Cuando se refiere a los calibres de los conductores, se selecciona siempre el inmediato superior al valor que se obtiene en los cálculos de ampacidad, como se explica a continuación.

Supongamos que un artefacto requiere una corriente de carga no continua de 26 amperios, donde la caída de tensión no tiene acción significativa. Para esta corriente no se puede usar un conductor TW calibre 12, que tiene una ampacidad de 25 amperios, valor muy próximo a la corriente de carga de 26 amperios del artefacto. En este caso se debe elegir el calibre que le sigue, el N° 10 AWG–60°C, cuya ampacidad es de 30 amperios.

Si la corriente de 26 amperios del artefacto fuera del tipo continuo, la corriente para dimensionar el calibre del conductor sería:

$$26\ A \bullet 125\% = 32.50\ A$$

El calibre de un conductor TW para esta corriente no puede ser el 10 AWG/60°C, con ampacidad de 30 A, sino el calibre 8 AWG/60°C, con ampacidad de 40 A.

9.19 CIRCUITOS RAMALES PARA EQUIPOS DE COCINAS ELÉCTRICAS

1. Generalidades y conexiones

Las cocinas eléctricas son artefactos de alto consumo que usan voltajes de 120/ 208 V o 120/240 V. El horno y las hornillas calentadoras funcionan con 208 (240) V, mientras que el reloj, el temporizador, la lámpara y la alarma usan 120 V.

Para hornos adosados a la pared, cocinas eléctricas y topes de cocinas eléctricas se requiere el uso de la placa de características para determinar el calibre del conductor del circuito ramal. Sin embargo, se permite la utilización de valores que están por debajo de los valores de la placa de características que se reflejan en los llamados factores de demanda, los cuales se presentan en la **Tabla 9.7** (**Tabla D6**, **Apéndice D**), cuyos valores, usados para determinar el calibre del conductor, son siempre menores al 100%. Esto permite bajar el calibre del conductor. Los factores de demanda se basan en el hecho de que no todos los elementos calefactores de la cocina eléctrica están funcionando al mismo tiempo.

N° de artefactos de cocina	Factores de demanda		Columna C (máxima demanda en kw, régimen menor que 12 kW)
	Columna A (cocinas de capacidad menor que 3.5 kW)	Columna B (cocinas de capacidad de 3.5 kW a 8.75 kW)	
1	80	80	8
2	75	65	11
3	70	55	14
4	66	50	17
5	62	45	20
6	59	43	21
7	56	40	22
8	53	36	23
9	51	35	24
10	49	34	25

Tabla 9.7 Factores de demanda en % y cargas para cocinas eléctricas, hornos de pared, topes eléctricos y otros artefactos con capacidad superior a 1.75 kW. Ver **Tabla D6**, **Apéndice D**.

La alimentación de las cocinas eléctricas consta de cuatro conductores: dos fases, un neutro y un conductor de puesta a tierra. El voltaje entre dos fases es de 208 (o 240 V), y entre cualquier fase y neutro es de 120 V. Las fases y el neutro deben estar aislados, mientras que el conductor de puesta a tierra puede estar aislado o ser de cobre desnudo.

La conexión del circuito ramal a los equipos de cocina se puede hacer mediante tres métodos:

a) Conexión directa al circuito ramal: En este caso, se llevan los conductores del circuito ramal directamente hasta la caja de conexiones de la cocina eléctrica. Allí donde el circuito se une a la cocina, es necesario dejar una cantidad adecuada del conductor, para fines de manejo, movimiento y mantenimiento del artefacto. Ver **Fig. 9.21**.

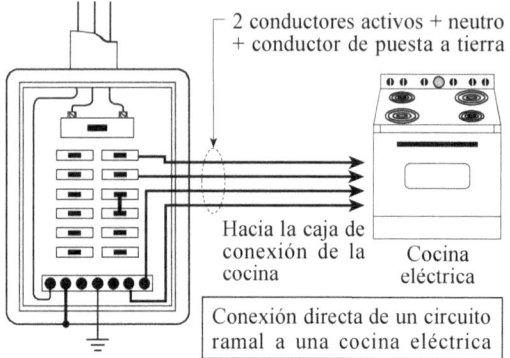

Fig. 9.21 Los conductores del circuito ramal se dirigen hacia el compartimiento de cables de la cocina eléctrica.

b) Cajetín de conexión: Los conductores se llevan hasta un cajetín de conexión y, a partir de allí, se hacen los empalmes para incorporar los equipos de cocina al circuito ramal. El cajetín se debe colocar en forma tal que, al mover el artefacto, se tenga acceso a los conductores del ramal (ver **Fig. 9.22**).

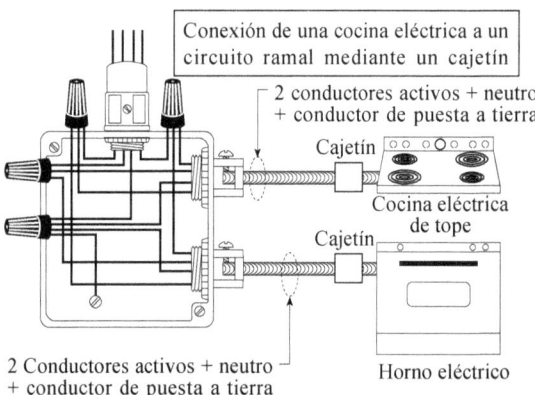

Fig. 9.22 Los conductores del circuito se conectan a la cocina eléctrica o al horno a través de un cajetín.

c) Conexión mediante enchufe y cordón: Los conductores del circuito ramal se hacen llegar hasta un tomacorriente apropiado, y los equipos de cocina se conectan mediante los enchufes que vienen con esos artefactos. Los tomacorrientes deben tener una capacidad de corriente no menor que la del dispositivo de protección (ver **Fig. 9.23**).

CAPÍTULO 9: CIRCUITOS RAMALES RESIDENCIALES   421

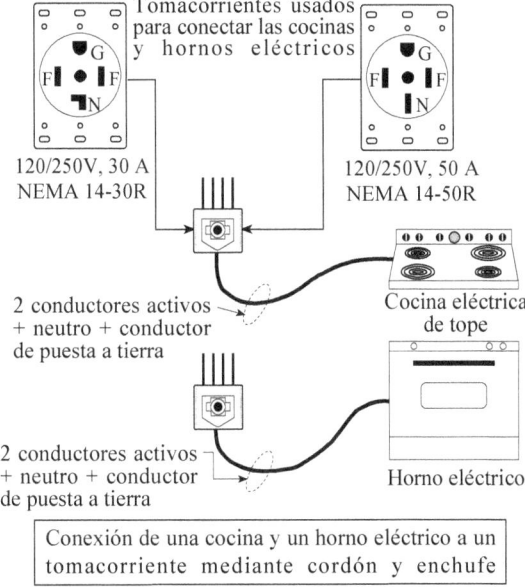

Fig. 9.23 Las cocinas eléctricas se pueden conectar a los circuitos ramales mediante cordón y enchufe, usando tomacorrientes especiales, según las normas NEMA. Dependiendo de la carga, se utilizarán tomacorrientes de 30 o 50 A.

2. Determinación de los circuitos ramales para cocinas eléctricas domésticas y otros artefactos de cocina en unidades de vivienda

La siguiente norma se aplica a cocinas eléctricas:

> *La carga para cocinas eléctricas de tipo doméstico, hornos de pared, topes eléctricos de cocina y otros artefactos domésticos para cocinar, de capacidad mayor que 1.75 kW, se calculará de acuerdo con la* **Tabla 9.7**. *El valor en kVA se considerará equivalente al valor en kW.*
>
> *Cuando dos o más cocinas eléctricas monofásicas sean alimentadas por un alimentador trifásico de cuatro conductores, la carga total se deberá calcular con base en el doble del número máximo conectado entre dos fases cualesquiera.*

La **Tabla 9.7** indica los factores por los cuales se ha de multiplicar el valor de placa de la capacidad de la cocina para obtener la carga a utilizar en la selección de los alimentadores de los circuitos ramales individuales. La **Tabla 9.7** contempla cinco notas que se deben tener en cuenta para su aplicación (ver **Apéndice D**, **Tabla D6**) y que explicaremos más adelante en este capítulo. La tabla completa cubre hasta sesenta artefactos, mientras que la **Tabla 9.7** considera solo diez artefactos.

Mencionaremos a continuación tres normativas importantes que se refieren a los dispositivos de protección y el calibre del neutro en las cocinas eléctricas.

Normativa 1. *Los conductores de los circuitos ramales que alimentan a cocinas eléctricas, hornos y otros artefactos tendrán una ampacidad ($I_{Ampacidad}$) no menor que la capacidad del dispositivo de protección (I_{OCPD}) y no menor que la carga a ser alimentada (I_{Carga}). Para cocinas eléctricas de 8.75 kW o más, la capacidad mínima del circuito ramal será de 40 A (ver* **Fig. 9.24**):

$$I_{Ampacidad} > I_{OCPD} \qquad I_{Ampacidad} > I_{Carga} \qquad I_{OCDP} \geq 40 \text{ A (capacidad} \geq 8.75\text{kW)}$$

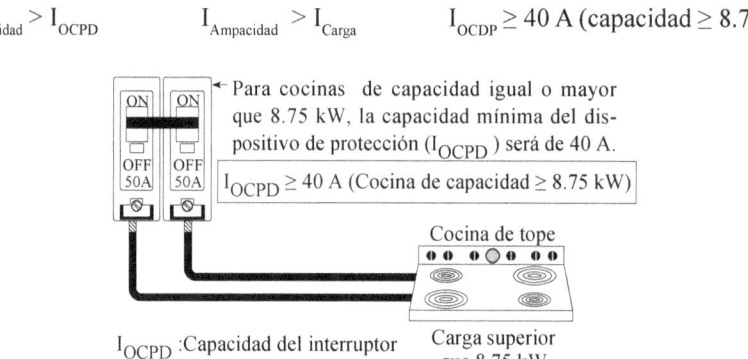

Fig. 9.24 Capacidad del dispositivo de protección cuando la cocina tiene o supera 8.75 kW. Se omite el conductor de puesta a tierra.

Normativa 2. *Se permite que el calibre del neutro de un circuito de tres hilos que alimenta a una cocina u horno eléctrico sea menor que los conductores activos, cuando la demanda de una cocina de 8.75 o más kW haya sido calculada según la columna C de la* **Tabla 9.7**, *pero tendrá una ampacidad no menor al 70% de la capacidad del circuito ramal y no podrá tener un calibre menor que el 10 AWG (ver* **Fig. 9.25**).

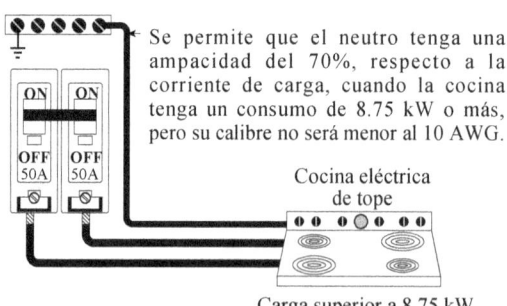

Fig. 9.25 El neutro debe ser el 70% de la corriente de carga cuando la cocina tiene o supera 8.75 kW. Se omite el conductor de puesta a tierra.

Normativa 3. *Para cocinas eléctricas y otros artefactos de cocina, con potencia de 1.75 kW o más, se permitirá una reducción adicional para el conductor neutro del 70%, con respecto a los valores obtenidos, aplicando la* **Tabla 9.7**, *donde se establecen los factores de demanda según la capacidad de las cocinas (ver* **Fig. 9.26**).

CAPÍTULO 9: CIRCUITOS RAMALES RESIDENCIALES   **423**

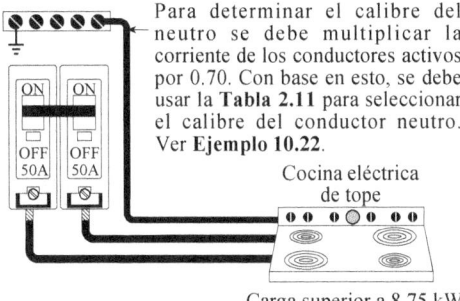

Fig. 9.26 La capacidad del neutro se puede calcular como el 70% de la capacidad de las fases, una vez aplicados los factores de demanda de la **Tabla 9.7**. Se omite el conductor de puesta a tierra.

Ejemplo 9.22

Para una cocina eléctrica de 7.25 kW y 120/240 V, determine el calibre de los conductores activos, del neutro y del dispositivo de protección.

Solución

Uso de los factores de demanda:

Como la cocina tiene una capacidad entre 3.5 y 8.75 kW, se utiliza la columna B de la **Tabla 9.7**. Por tratarse de una sola cocina, el factor de demanda es de 0.80. Por tanto, la potencia a usar para determinar el calibre de las fases es:

$$P = 7.25 \text{ kW} \cdot 0.80 = 5.80 \text{ kW}$$

Cálculo de la corriente en las fases:

$$I = \frac{5800 \text{ VA}}{240 \text{ V}} = 24.17$$

Dispositivo de protección:

Como la carga de una cocina eléctrica no es de tipo continuo, aplicamos la norma siguiente: el dispositivo de protección no sería menor que la carga de 24.17 A. Entonces vemos que se puede seleccionar un interruptor de 25 A*.

Calibre de los conductores:

De acuerdo con la **Tabla 2.11**, se podría seleccionar, en principio, un conductor THHN, calibre 12, con una ampacidad de 25 A (referido a una temperatura terminal de 60°). Sin embargo, un conductor calibre 12 AWG se debe proteger con un interruptor de 20 A. Observa también que la corriente en la carga (24.17 A) está muy cerca de la ampacidad del conductor (25 A). Por estas dos razones, de la **Tabla 2.11** seleccionamos un conductor THHN, calibre 10 AWG, con una ampacidad de 30 A, referida a una temperatura de 60°C.

---

* El conductor también puede protegerse, de acuerdo con el **CEN**, con un breaker de 30 A.

Corriente en el neutro:

Según **220.61(B)**, la corriente en el neutro será el 70% de la corriente en la fase:

$$I_{Neutro} = 0.70 \cdot 24.17 = 16.92 \text{ A}$$

Consultando la **Tabla 2.11**, se observa que un conductor THHN, calibre 14, soportará la corriente en el neutro.

La reducción en el calibre del neutro, en relación con el calibre de los conductores de fase, se justifica porque las hornillas y elementos calentadores de las cocinas y hornos eléctricos son cargas conectadas al voltaje de 240 V y, por tanto, no hay corriente en el neutro debida a estos elementos.

Las otras cargas de los artefactos eléctricos de cocina, conectados a 110 V (fase y neutro), corresponden a relojes, controles, ventiladores, lámparas de señalización y otros; no consumen mucha corriente y la limitan en el neutro a valores relativamente pequeños. Hay, incluso, fabricantes que derivan el voltaje de 110 V a partir del voltaje de 240 V, utilizando un pequeño transformador, en cuyo caso la corriente en el neutro se reduce a cero, haciendo inútil la presencia de un neutro. A pesar de esto último, y en el desconocimiento de la presencia de este transformador, es preferible llevar los cuatro conductores, dos fases, un neutro y el cable de puesta a tierra hasta el artefacto de cocina a alimentar.

3. Uso de factores de demanda de la columna A

Los factores de demanda de la columna A de la **Tabla 9.7** se aplican a equipos de cocina con capacidades menores a 3.5 kW. Veamos algunos ejemplos.

Ejemplo 9.23

Se tiene una cocina tipo de tope de gabinete (ver **Fig. 9.27**) con capacidad de 3 kW a un voltaje de 120/240 V. Calcule: *a*) la demanda en kW; *b*) la protección contra sobrecorriente del conductor; *c*) el calibre del conductor del circuito ramal.

Solución

Cálculo de la demanda en kW:

Como la cocina tiene una capacidad de 3 kW, se tiene que usar la columna A de la **Tabla 9.7**. El factor de demanda para una sola unidad de cocina es 80%. La demanda de la cocina en kW será:

$$P = 3 \cdot 0.80 = 2.4 \text{ kW}$$

Selección del dispositivo de protección:

CAPÍTULO 9: CIRCUITOS RAMALES RESIDENCIALES **425**

La corriente en la carga, que es la misma corriente en los conductores, se obtiene dividiendo la potencia de la cocina, una vez aplicado el factor de demanda, entre 240 V:

$$I = \frac{2400 \text{ VA}}{240 \text{ V}} = 10 \text{ A}$$

El dispositivo de protección, de acuerdo con las normas, puede ser un fusible o un interruptor termomagnético de 15 A.

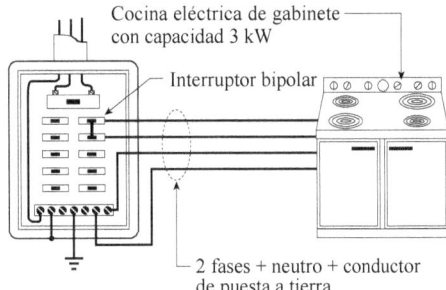

Fig. 9.27 Ejemplo 10.23.

Determinación del calibre del conductor:

De la **Tabla 2.11**, un conductor apropiado será el THW, de calibre 14 AWG, que tiene una ampacidad de 20 A, referido a la temperatura de 60°C.

4. Uso de factores de demanda de la columna B

Los factores de demanda de la columna B de la **Tabla 9.7** son usados para cocinas cuyas capacidades van de 3.5 kW a 8.75 kW.

Ejemplo 9.24

Calcule la demanda de una cocina eléctrica cuya capacidad es de 7.45 kW (ver **Fig. 9.28**).

Solución

Aplicación de los factores de demanda de la columna B de la **Tabla 9.7**:

Como se trata de una sola unidad, el factor de demanda es del 80%. La demanda será:

$$P = 7450 \cdot 0.80 = 5960 \text{ kW}$$

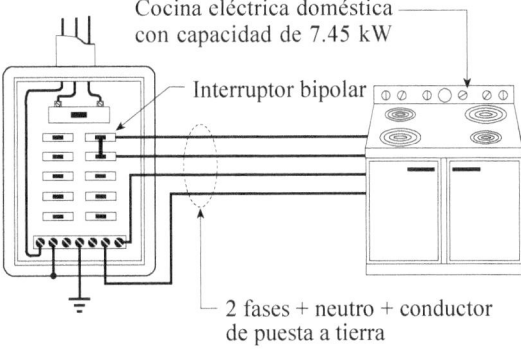

Fig. 9.28 Ejemplo 10.24.

5. Uso de factores de demanda de la columna C

La columna C de la **Tabla 9.7** establece las demandas máximas de equipos de cocina para capacidades sobre 8.75 kW a 12 kW.

Ejemplo 9.25

¿Cuál es la demanda, en amperios, para un circuito ramal que alimenta a una cocina de 12 kW a 240 V? Determine la capacidad del dispositivo de protección y el calibre del conductor.

Solución

Carga máxima de la cocina según la **Tabla 9.7**:

Según la **Tabla 9.7**, la carga máxima para una cocina de 12 kW es de 8 kW. A partir de este valor calcularemos la demanda en amperios para el circuito ramal. La corriente de carga será:

$$I = \frac{8000 \text{ VA}}{240 \text{ V}} = 33.33 \text{ A}$$

Protección contra sobrecorriente:

Alguien podría pensar en usar una protección contra sobrecorriente de 35 A, que es el valor estándar superior más cercano a 33.33 A. Sin embargo, por tratarse de una cocina mayor de 8.75 kW, hay que utilizar un dispositivo de protección contra sobrecorriente de 40 A.

Cálculo del calibre del conductor:

Para la corriente de carga de 33.33 A, el calibre del conductor de cobre, según la **Tabla 2.11**, es el calibre 8 AWG con aislamiento tipo THHN a 60°C y ampacidad de 40 A.

---

6. Notas de la Tabla 9.7 (Tabla D6, Apéndice D)

La **Tabla D6**, **Apéndice D**, correspondiente a cocinas eléctricas, tiene al pie cinco notas que se deben aplicar como se explica a continuación.

a) **Nota 1 (aplicación)** (12 kW < P_{Cocina} ≤ 27 kW)

Para cocinas individuales de más de 12 kW y no más de 27 kW, se aumentará la demanda máxima de la columna C un 5% por cada kW adicional, por encima de 12 kW. Los pasos a seguir son los siguientes:

- Según el número de artefactos de cocina, se va a la columna C de la **Tabla 9.7** para obtener la demanda máxima, que denotaremos como $P_{Máx}$.

CAPÍTULO 9: CIRCUITOS RAMALES RESIDENCIALES 427

- Se resta la potencia de una cocina, P_{Cocina}, de 12 kW. A este resultado lo llamaremos $P_{Diferencia}$:

$$P_{Diferencia} = P_{Cocina} - 12 \qquad (10.5)$$

Si el resultado es un número con una parte entera y una decimal, y si la parte decimal es menor que 0.5, se toma la parte entera y se desecha la parte decimal. Si la parte decimal es mayor o igual a 0.5, se aproxima el resultado al siguiente número entero. Por ejemplo, si $P_{Diferencia} = 36$, el resultado se aproxima a 4; si $P_{Diferencia} = 2.3$, el resultado se aproxima a 2.

- Se aplica el 5% al resultado anterior para obtener el factor de aplicación $F_{Aplicación}$ en %:

$$F_{Aplicación} = 0.05 \cdot (P_{Cocina} - 12) \, (\%) \qquad (10.6)$$

- A $P_{Máx.}$ se le suma $F_{Aplicación} \cdot P_{Máx.}$ para obtener la demanda a usar ($P_{Utilización}$) en el cálculo de la carga:

$$P_{Utilización} = P_{Máx.} + F_{Aplicación} \cdot P_{Máx.} \quad \Rightarrow \quad P_{Utilización} = (1 + F_{Aplicación}) \cdot P_{Máx.} \qquad (10.7)$$

Ejemplo 9.26

Calcule la carga sobre un circuito ramal que alimenta a una cocina eléctrica de 18 kW.

Solución

Lectura de la demanda máxima. Como se trata de una sola cocina, la demanda máxima, según la columna C, es de 8 kW:

$$P_{Máxima} = 8 \text{ kW}$$

Cálculo de $P_{Diferencia}$ (relación 9.5) : $P_{Diferencia} = 18 - 12 = 6$ kW

Cálculo del factor de aplicación: $F_{Aplicación} = 0.05 \cdot 6 = 0,30$

Potencia a usar para el cálculo de la carga:

$$P_{Utilización} = P_{Máxima} \cdot (1 + 0.30) = 8 \cdot 1.30 = 10.40 \text{ kW}$$

Ejemplo 9.27

Selecciona el conductor para dos cocinas eléctricas de 15.7 kW que operan a 120/240 V.

Solución

Lectura de la demanda máxima: Como se trata de dos cocinas de igual capacidad, la demanda máxima, según la columna C, es de 11 kW: $P_{Máxima} = 11$ kW

Cálculo de $P_{Diferencia}$ *(relación 9.5)*:

$$P_{Diferencia} = 15.7 - 12 = 3.7 \text{ kW (se aproxima a 4)}$$

Cálculo del factor de aplicación: $\quad F_{Aplicación} = 0.05 \cdot 4 = 0.20$

Potencia a usar para el cálculo de la carga:

$$P_{Utilización} = P_{Máxima} \cdot (1 + 0.20) = 11 \cdot 1.20 = 13.20 \text{ kW}$$

Cálculo del calibre del conductor:

$$I_{Conductor} = \frac{13200 \text{ VA}}{240 \text{ V}} = 55 \text{ A}$$

De la **Tabla 9.11**, se deduce que un conductor THW, calibre 6 (referido a 60°C), es adecuado para este caso.

___

b) **Nota 2 (aplicación)** $(8.75 \text{ kW} < P_{Cocina} \leq 27 \text{ kW})$

La nota 2 de la **Tabla D6** del **Apéndice D** se usa cuando se tienen varias cocinas de diferentes capacidades cuyos valores van sobre 8.75 kW hasta 27 kW. La carga total sobre el circuito alimentador se calcula como sigue:

- Se aplica la columna C para hallar la carga máxima ($P_{Máxima}$), correspondiente al número de unidades que se están conectando.

- Se obtiene el valor promedio ($P_{Promedio}$) de las cargas sumando las cargas de las cocinas y dividiendo entre el número de unidades (n):

$$P_{Promedio} = \frac{P_1 + P_2 + \ldots + P_n}{n} \qquad (10.8)$$

- A este resultado se le resta 12 kW para obtener el exceso sobre el valor promedio de las unidades de cocina ($P_{Diferencia}$), teniendo en cuenta que cualquier cocina cuya capacidad esté por debajo de 12 kW será computada como una cocina de 12 kW:

$$P_{Diferencia} = P_{Promedio} - 12 \qquad (10.9)$$

Si el resultado es un número con una parte entera y una decimal, y si la parte decimal es menor que 0.5, se toma la parte entera y se desecha la parte decimal. Si la parte decimal es mayor o igual a 0.5, se aproxima el resultado al siguiente número entero.

- A $P_{Diferencia}$ se le aplica el 5% para determinar el factor de aplicación ($F_{Aplicación}$) sobre $P_{Máx.}$:

$$F_{Aplicación} = 0.05 \cdot (P_{Promedio} - 12) \qquad (10.10)$$

- Al factor de aplicación se le suma la unidad y lo que resulta se multiplica por la demanda máxima para obtener la demanda a utilizar ($P_{Utilización}$) en el cálculo de la carga:

$$P_{Utilización} = (1 + F_{Aplicación}) \cdot P_{Máx.} \qquad (10.11)$$

Ejemplo 9.28

Un circuito alimentador suministra energía a una cocina de 10 kW, a una de 16 kW y a una de 24 kW (ver **Fig. 9.29**). Calcule la demanda total de estas tres cocinas sobre el alimentador del tablero.

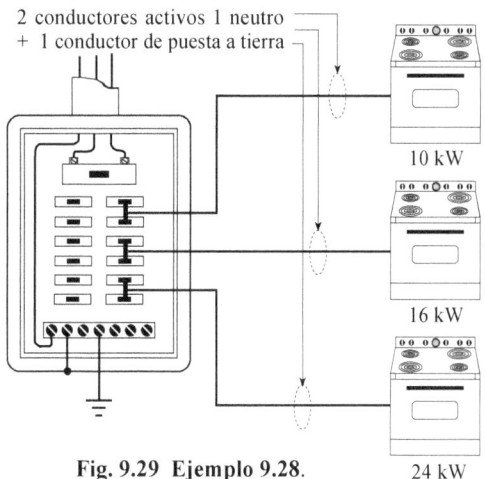

Fig. 9.29 Ejemplo 9.28.

Solución

Aplicación de columna C, **Tabla 9.7** *(tres cocinas):* $P_{Máx.} = 14$ kW

Valor promedio de las cargas (relación 9.8):

Como se tiene una cocina de 10 kW, esta carga se asume igual a 12 kW. El valor promedio para las tres cargas es:

$$P_{Promedio} = \frac{12 + 16 + 24}{3} = 17.33 \text{ kW}$$

Determinación del exceso del valor promedio sobre 12 kW ($P_{Diferencia}$):

$$P_{Diferencia} = P_{Promedio} - 12 = 17.33 - 12 = 5.33 \text{ kW}$$

Aplicación del 5% a $P_{Diferencia}$ para determinar el factor de aplicación:

$$F_{Aplicación} = 0.05 \cdot 5.33 = 0.27$$

Determinación de la potencia (carga) total:

$$P_{Utilización} = P_{Máx.} (1 + 0{,}27) = 14 \cdot 1.27 = 17.78 \text{ kW}$$

c) **Nota 3 (aplicación)** ($1.75 \text{ kW} < P_{Cocina} \leq 8.75 \text{ kW}$)

La nota 3 establece que cuando se tengan cocinas y hornos de capacidades mayores que 1.75 kW y hasta un máximo de 8.75 kW inclusive, se aplican los factores de demanda de las columnas A y B.

La columna A comprende cocinas y hornos que van de 1.75 kW a 3.75 kW, y la columna B comprende cocinas y hornos cuyas capacidades van de 3.75 kW a 8.75 kW. El procedimiento consiste en sumar las capacidades de las cocinas y hornos de la columna A y las capacidades de las cocinas y hornos de la columna B. A cada una de estas sumas se le aplicarán los porcentajes correspondientes a cada columna, sumando luego los resultados obtenidos. La carga, calculada de esta manera, es la carga total aplicada sobre el circuito alimentador de la acometida.

Ejemplo 9.29

Calcule la demanda de carga sobre el circuito alimentador de una acometida que alimenta, entre otras cargas, a tres hornos de pared con capacidad de 3 kW y a tres cocinas tipo de tope de mesa con capacidad de 6 kW (ver **Fig. 9.30**).

Solución

Suma de las capacidades de los hornos y uso de la columna A para aplicar el factor de demanda:

3 hornos • 3 kW = 9 kW ⇒ 9 kW • 0.70 = 6.30 kW

Suma de las cargas de las cocinas que corresponden a la columna B y aplicación del factor de demanda correspondiente:

3 cocinas • 6 kW = 18 kW ⇒ 18 kW • 0.55 = 9.9 kW

Suma de las cargas de las cocinas con los factores de corrección aplicados:

6.30 kW + 9.9 kW = 16.20 kW

Observa que la verdadera carga conectada es de 27 kW; sin embargo, la baja simultaneidad en la utilización de estos equipos permite utilizar esta carga reducida para dimensionar el circuito alimentador.

CAPÍTULO 9: CIRCUITOS RAMALES RESIDENCIALES **431**

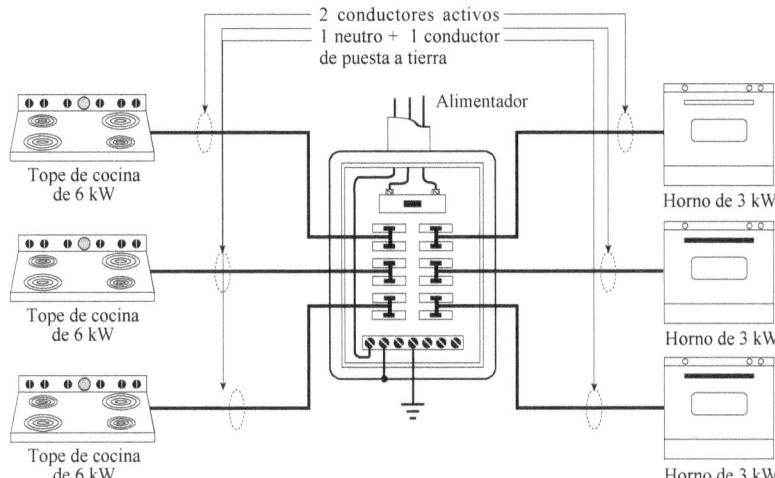

Fig. 9.30 Ejemplo 9.29.

d) **Nota 4 (aplicación) (Apéndice D, Tabla D6)**

La nota 4 se aplica cuando se tiene una cocina de tope de mesa y hasta dos hornos instalados en la pared, alimentados por un mismo circuito y ubicados en el mismo ambiente. Cuando este sea el caso, se procede como lo indican los pasos que se describen a continuación:

- Se suman las capacidades de la cocina y los hornos. El resultado se trata como si esta carga fuera de una sola unidad de cocina y se aplica la columna C. Si la carga no excede los 12 kW, la carga final, según esta columna, es de 8 kW.

- Si la carga excede los 12 kW, se procede como en el caso de la aplicación de la nota 1, ya mencionada.

Ejemplo 9.30

a) Calcule la carga en amperios sobre un circuito ramal que alimenta a una cocina de tope de mesa de 3 kW y un horno de pared de 6.6 kW. Ambos artefactos están conectados a 240 V. *b*) Determine el calibre y el dispositivo de protección contra sobrecorriente del circuito ramal. Ver **Fig. 9.31**.

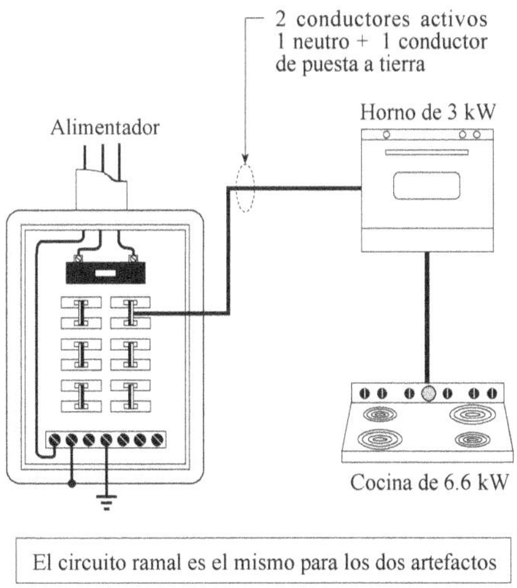

Fig. 9.31 Ejemplo 9.30.   El circuito ramal es el mismo para los dos artefactos

Solución

Suma de las cargas conectadas (cocina y horno): $P_{Total} = 3 + 6.6 = 9.6$ kW

Carga sobre el circuito ramal según columna C:

Como la carga total conectada de 9.6 kW no excede 12 kW, la carga sobre el circuito ramal será la que muestra la columna C:

$$P_{Máxima} = 8 \text{ kW}$$

Corriente de carga sobre el circuito ramal:

La corriente de carga sobre el circuito ramal (I_C) se calcula a partir de la carga mostrada en la columna C ($P_{Máxima}$):

$$I_C = \frac{8000}{240} = 33.33 \text{ A}$$

Determinación del calibre de los conductores del circuito ramal y del dispositivo de protección contra sobrecorriente:

Dado que la corriente de carga está por debajo de 100 A, el terminal de los conductores será el correspondiente a 60°C. Por tanto, según la **Tabla 2.11**, el conductor THHN, calibre 8 AWG, con ampacidad de 40 A, es un conductor adecuado para la corriente de carga de 33.33 A. El dispositivo de protección contra sobrecorriente será el valor estándar para un conductor calibre 8; es decir, se puede utilizar un interruptor termomagnético o un fusible de 40 amperios.

Ejemplo 9.31

Considera un caso parecido al ejemplo anterior, pero donde el circuito ramal alimenta a una cocina de tope de mesa de 10 kW, a un horno de 8 kW y a un horno de 12 kW (ver **Fig. 9.32**).

Solución

Determinación de la carga total conectada:

$$P_{Total} = 10 \text{ kW} + 8 \text{ kW} + 12 \text{ kW} = 30 \text{ kW}$$

Determinación del exceso de la suma de las cargas sobre los 12 kW de la columna C:

$$P_{Diferencia} = 30 \text{ kW} - 12 \text{ kW} = 18 \text{ kW}$$

La carga de una sola cocina, según la columna C, es de 8 kW. Esto corresponde a la demanda máxima $P_{Máxima}$.

CAPÍTULO 9: CIRCUITOS RAMALES RESIDENCIALES **433**

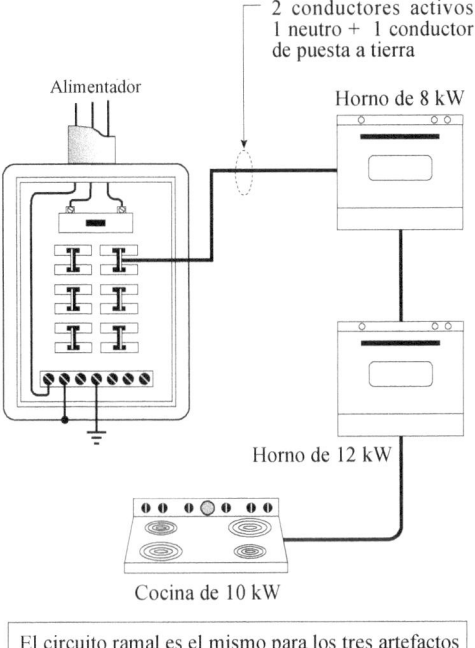

Fig. 9.32 Ejemplo 9.31.

El factor de aplicación, $F_{Aplicación}$ *es*:

$$F_{Aplicación} = 0.05 \cdot F_{Diferencia} = 0.05 \cdot 18 = 0.90$$

Potencia a utilizar ($P_{Utilización}$):

$$P_{Utilización} = P_{Máxima}(1 + F_{Aplicación}) = 8 \cdot 1.90 = 15.2 \text{ kW}$$

Esta carga es la que se aplica al circuito ramal; a partir de la misma se procede a calcular la corriente en el circuito.

Corriente de carga: $I_C = \dfrac{15200}{240} = 63.33 \text{ A}$

A esta corriente, según la **Tabla 2.11**, le corresponde un conductor de cobre tipo THHN, calibre 4 AWG, y el dispositivo de protección contra sobrecorriente tendrá la capacidad normalizada de 70 amperios.

---

e) **Nota 5 (aplicación)**

La nota 5 establece, simplemente, que la **Tabla 9.7** (**Apéndice D**, **Tabla D6**) es válida para los artefactos de cocina domésticos y para aquellos utilizados en programas instruccionales cuyas cargas sean mayores que 1.75 kW.

9.20 CIRCUITO RAMAL PARA CALENTADORES DE AGUA

Los calentadores de agua son artefactos muy utilizados tanto en viviendas como en instalaciones comerciales e industriales. En las viviendas el uso de estos artefactos es casi cotidiano. Su utilización es común para el calentamiento del agua de uso en los baños, sobre todo en climas templados y fríos, así como para el lavado de la ropa en las lavadoras eléctricas residenciales y comerciales.

El uso del calentador es tan extensivo que ocupa el tercer lugar en cuanto al consumo de energía eléctrica en una vivienda. Los tamaños de los calentadores, tanto residenciales como comerciales e industriales, van desde 30, 50, 80 litros hasta 450 litros. Para usos comerciales e industriales pueden tener capacidades significativamente mayores.

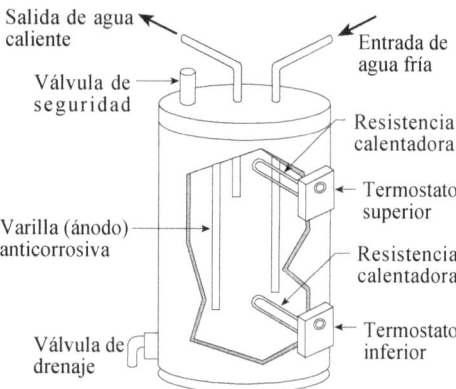

Son exigencias de las normas eléctricas que todo calentador de agua de 450 litros y de menos, sea del tipo de tanque o del tipo de calentamiento instantáneo, esté equipado con un dispositivo limitador de temperatura en adición al termostato de control. Tal dispositivo deberá desconectar todos los conductores no puestos a tierra. Modernamente, el dispositivo limitador de temperatura y el termostato superior, ubicado a 150 mm del tope del tanque, son combinados en un solo dispositivo (ver **Fig. 9.33**).

Fig. 9.33 Calentador de agua y sus elementos básicos.

Adicionalmente, en el tope del tanque se instalará una válvula de seguridad de presión y temperatura que actuará para dejar escapar la presión de agua del tanque en caso de una falla del termostato y del limitador de temperatura. La presión de agua escapará a través de una tubería de descarga, que correrá desde la válvula de seguridad hasta un drenaje apropiado o hasta, aproximadamente, 150 mm del piso.

Voltaje de alimentación de los calentadores

Los calentadores de agua residenciales pequeños, con capacidades de almacenamiento de agua de 30, 50 y 80 litros, que consumen, en ese orden, 800, 1100 y 1500 vatios, son alimentados mediante circuitos ramales monofásicos a 120 voltios.

Los calentadores con capacidades mayores de almacenamiento de agua son alimentados a 240 voltios si se dispone de este voltaje; en caso contrario, se alimentan a 208 voltios. Los calentadores comerciales e industriales se alimentan, normalmente, tanto en sistema monofásico como en sistema trifásico, a 208, 240, 277 y 480 voltios.

Característica de la carga de los calentadores

Cuando los calentadores de agua, con tanque de almacenamiento, tengan capacidades de 450 litros o menos, el circuito ramal que los alimenta tendrá una capacidad nominal

CAPÍTULO 9: CIRCUITOS RAMALES RESIDENCIALES   **435**

no menor al 125% del valor indicado en su placa de características. *Esto significa que la carga de un calentador deberá ser considerada como una carga continua a los efectos de determinar la protección y el calibre del conductor.*

Ejemplo 9.32

Se tiene un calentador de agua en cuya placa de características se indica una potencia de 4500 VA a un voltaje monofásico de 208 voltios. Determine el calibre de los conductores del circuito ramal.

Solución

Cálculo de la corriente absorbida por la carga:

$$I_C = \frac{4500 \text{ VA}}{208 \text{ V}} = 22 \text{ A}$$

Determinación de la corriente de carga del alimentador, con base en el criterio de que es una carga continua:

$$I = 22 \cdot 1.25 \approx 28 \text{ A}$$

Selección del calibre de los conductores:

Según la **Tabla 2.11**, para la corriente de carga de 28 A se puede seleccionar un conductor THW, calibre 10 AWG, referido a una temperatura de 60°C. El dispositivo de protección será de 30 A.

Ejemplo 9.33

Un calentador de agua que se alimenta a 120 V consume 3800 W. Determine la corriente de carga, el dispositivo de protección necesario para proteger a los conductores y el calibre del conductor del circuito ramal.

Solución

Corriente de carga: $I_C = \dfrac{3800 \text{ VA}}{120 \text{ V}} = 32 \text{ A}$

Dispositivo de protección: El valor obtenido de la corriente de carga hay que multiplicarlo por 1.25:

$$I = 32 \cdot 1.25 = 40 \text{ A}$$

Un interruptor o fusible de 40 A se puede utilizar para proteger al circuito.

Calibre del conductor: Con I = 40 A, de la **Tabla 2.11**, vemos que un conductor THHN, calibre 8, referido a una temperatura de 60°, puede llenar las exigencias de carga por ser capaz de soportar 40 A.

Medios de desconexión

De acuerdo con las normas, todo artefacto eléctrico deberá tener un medio que desconecte, simultáneamente, a todos los conductores no puestos a tierra que alimenten al artefacto.

Para todo artefacto con capacidad mayor a 300 VA o 1/8 de HP y que esté permanentemente conectado, se permite que el interruptor manual del circuito ramal, o el dispositivo de protección del circuito, actúen como medios de desconexión, siempre que estos componentes se encuentren en la visual desde el artefacto. De no ser posible la visual, se debe asegurar que tales componentes tengan previsiones para instalarles un candado, con el fin de poder bloquearlos en posición abierta. También se pueden usar como medios de desconexión el cordón y el enchufe del calentador cuando sean accesibles.

Los interruptores manuales o automáticos, usados como medios de desconexión, tendrán un indicador de posición: tales componentes deben mostrar claramente la posición abierta o cerrada en que se encuentran.

Protección del circuito ramal

Hay otra alternativa de cálculo para el circuito ramal y la protección de los artefactos eléctricos, que se aplica a los calentadores. Esta alternativa de cálculo se debe utilizar, en forma prioritaria, según el siguiente esquema:

a) Si un circuito ramal alimenta a un artefacto individual, no operado por motor, la capacidad del dispositivo de protección contra sobrecorriente no excederá el valor marcado en su placa.

b) En caso de que la capacidad de protección contra sobrecorriente no esté marcada y el consumo nominal del artefacto no exceda 13.3 A, la capacidad del dispositivo de protección no excederá 20 A.

c) Si la capacidad de protección contra sobrecorriente no está marcada, y si el consumo del artefacto es mayor de 13.3 amperios, la capacidad del dispositivo de protección no excederá el 150% de la corriente nominal del artefacto. Cuando el 150% de la corriente nominal del artefacto no se corresponda con un valor estándar de un dispositivo de protección de sobrecorriente, como se muestra en la lista de valores normalizados, se permite el uso del valor normalizado inmediato superior.

Ejemplo 9.34

La placa de un calentador de agua establece un consumo de 4000 VA a 208 voltios y no indica el dispositivo de protección. Determine la capacidad del dispositivo de protección de sobrecorriente del circuito ramal que alimenta al calentador.

Solución

Determinación de la carga nominal del calentador: $\quad I_{Nominal} = \dfrac{4000\ VA}{208\ V} = 19\ A$

Selección del dispositivo de protección:

Según las condiciones del problema, la placa del calentador no especifica el dispositivo de protección. Asimismo, la corriente nominal (19.23 A) supera 13.3 A. Por tanto, la capacidad del dispositivo de protección, de acuerdo con el punto (c) mencionado anteriormente, no debería superar el 150% de la corriente nominal:

$$I_{OCPD} \leq 1.50 \cdot 19 \quad \Rightarrow \quad I_{OCPD} \leq 29\ A$$

Como no hay un dispositivo estándar de capacidad igual a 29 A, las normas permiten seleccionar a un *breaker* de 30 A. El conductor será uno THHN, calibre 10 AWG.

9.21 CIRCUITO RAMAL PARA LA SECADORA ELÉCTRICA DE ROPA

Generalidades

La secadora eléctrica de ropa es un artefacto que usualmente se instala en el lavadero. Posee dos elementos principales (ver **Fig. 9.34**):

a) Un elemento de calentamiento: constituido por resistencias eléctricas, normalmente alimentadas a 240 V o 208 V.

b) Un elemento rotatorio: constituido por un pequeño motor alimentado a 120 V.

Las secadoras son, por lo general, conectadas a través de cordón y enchufe, mediante un cable de cuatro conductores: dos fases, neutro y el cable de puesta a tierra; este último se usa para protección del usuario y se selecciona de acuerdo con la **Tabla 9.8** (**Apéndice D**, **Tabla D7**). Esta configuración permite obtener tensiones de 208 o 240 V entre fase y fase, y de 120 V entre fase y neutro.

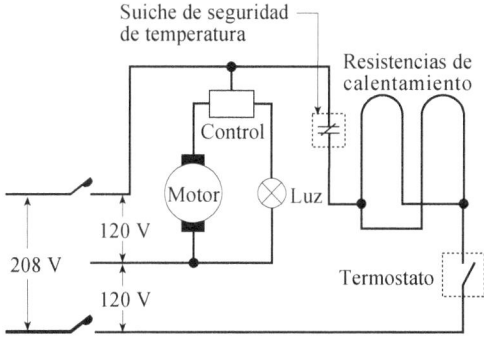

Fig. 9.34 Esquema básico de una secadora eléctrica.

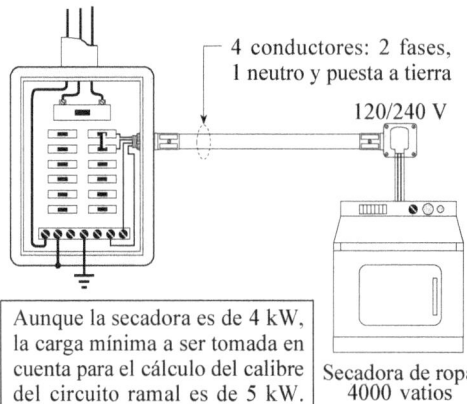

Fig. 9.35 El valor mínimo de la carga que debe tomarse para una secadora eléctrica, a los efectos del cálculo del calibre del circuito ramal, es de 5000 vatios.

Hay que advertir que se prohíbe utilizar el conductor neutro como conductor de puesta a tierra. Aparte del conductor de puesta a tierra de equipos, los siguientes elementos sirven para conectar a tierra los artefactos eléctricos: las tuberías de acero rígido (RMC) galvanizado, las tuberías del tipo EMT y las tuberías metálicas flexibles (FMC), entre otras.

El circuito ramal que alimenta a una secadora, y que viene de un tablero de protecciones, termina en un tomacorriente normalizado de cuatro polos, con capacidad para 30A. Este constituye el método más frecuente de conectar una secadora, la cual posee un enchufe de cuatro terminales que se acopla al tomacorriente. En cuanto a la carga de una secadora, las normas establecen lo siguiente (ver **Fig. 9.35**):

> *La carga mínima de diseño para una secadora eléctrica doméstica será como mínimo 5000 vatios o la carga especificada en la placa de características: la que sea mayor. Se permite aplicar factores de demanda según el número de secadoras instaladas de acuerdo con la* **Tabla 220.54** *del* **CEN (Tabla 9.8** *de este capítulo). Cuando dos o más secadoras monofásicas se conectan a un alimentador o cable de servicio trifásico de 4 hilos, la carga total se debe calcular tomando como base el doble del número máximo conectado entre cualquiera de las dos fases.*

Ejemplo 9.35

En un edificio multifamiliar se presta un servicio de secado de ropa con cinco secadoras de 4500 W. ¿Qué carga debe tenerse en cuenta a los efectos del cálculo del calibre del alimentador y de la acometida del edificio? El voltaje de operación de los equipos es 120/208 V.

Solución

CAPÍTULO 9: CIRCUITOS RAMALES RESIDENCIALES **439**

Número de secadoras	Factor de demanda (%)
1 - 4	100%
5	85%
6	75%
7	65%
8	60%
9	55%
10	50%
11	47%
12 - 22	% = 47 – (N° secadoras – 11)
23	35%
24 - 42	% = 35 – [0,5 • (N° secadoras 23)]
Más de 42	25%

Tabla 9.8 Factores de demanda para secadoras eléctricas domésticas (ver **Apéndice D**, **Tabla D7**).

Se trata de cinco unidades. Teniendo en cuenta que la carga mínima es de 5000 W por unidad y que el porcentaje a aplicar, según la **Tabla 9.8**, es del 85%, se tiene:

$$P_{Carga} = 5 \cdot 5000 \cdot 0.85 = 21250 \text{ W } (21.25 \text{ kW})$$

Es necesario tener en cuenta que *las cargas de secadoras instaladas en unidades de vivienda deben ser consideradas como cargas no continuas; pero si las secadoras son instaladas en locales comerciales, la carga será considerada como una carga continua*. La carga de las secadoras, en vatios, se puede expresar también en voltamperios (VA), al igual que las cargas de las cocinas eléctricas.

Protección de sobrecorriente del circuito ramal

En cuanto a la protección del circuito ramal, se tendrá en cuenta lo siguiente:

> *Cada artefacto eléctrico debe tener una placa que indique el nombre que lo identifica y su régimen de trabajo en voltios y amperios, o en voltios y vatios. La placa estará ubicada en una parte visible o fácilmente accesible después de la instalación.*

Similarmente, en relación con artefactos que posean motores y otras cargas, la normativa eléctrica requiere lo señalado a continuación:

> *Además del marcaje citado en el cuadro anterior, el marcaje de artefactos que posean motores con otras cargas o motores solos, debe especificar la mínima ampacidad de los conductores de alimentación y la capacidad máxima del dispositivo de protección de sobrecorriente del circuito.*

Para las secadoras residenciales la capacidad mínima del circuito ramal es de 30 A;

sin embargo, conviene aclarar que la capacidad del circuito ramal no debe ser nunca menor a la capacidad mostrada en la placa de características de la secadora.

A la capacidad mínima del circuito ramal de 30 amperios le corresponde, según la **Tabla 2.11**, un conductor de cobre calibre 10 AWG, y la protección de sobrecorriente será un interruptor termomagnético o fusible de 30 A. El circuito ramal estará constituido por un cable de cuatro conductores, tal como se expuso antes.

Medios de desconexión

La mayoría de las secadoras eléctricas se conectan al circuito ramal de alimentación mediante cordón y enchufe, el cual se une al circuito por intermedio del tomacorriente especial para secadoras. Se acepta el cordón y enchufe como medio adecuado de desconexión de las secadoras, aun cuando este medio podría ser el interruptor termomagnético de protección, siempre que cumpla con los requisitos de estar en la visual de la ubicación de la secadora y de tener facilidades para instalarle un candado a fin de mantener abierto, con seguridad, el interruptor. De esta forma se evitaría que alguien pudiera pasar el interruptor automático mientras se está trabajando en el mantenimiento del artefacto.

Calibre del neutro

Como ya se ha dicho, de acuerdo con la **Tabla 9.8**, se aplicarán factores de demanda para calcular los alimentadores de tableros y las acometidas, teniendo en cuenta el número de secadoras instaladas; además, se permite aplicar un factor adicional del 70% para dimensionar el neutro, donde este 70% representa la carga de desequilibrio máximo entre las cargas de los conductores activos que alimentan a la secadora. Este factor se aplica después de hacer uso de los factores de demanda de la **Tabla 9.8**.

Ejemplo 9.36

La secadora eléctrica de ropa de una unidad de vivienda tiene una demanda de carga de 4500 W a 208 V según su placa de características. Calcule: *a*) el calibre de los conductores activos del circuito ramal y la capacidad del dispositivo de protección; *b*) el calibre del neutro, y *c*) el calibre del conductor de puesta a tierra de la secadora.

Solución

a) Determinación del calibre del conductor y del dispositivo de protección:

Para el cálculo del circuito alimentador, la carga a utilizar es de 5000 vatios, en lugar de los 4500 vatios de la placa de características. La corriente en la carga es:

$$I_{Nominal} = \frac{5000 \text{ VA}}{208 \text{ V}} = 24 \text{ A}$$

CAPÍTULO 9: CIRCUITOS RAMALES RESIDENCIALES | 441 |

A pesar de que la corriente que exige la secadora es de 24 A, la capacidad del circuito ramal debe ser de 30 A, lo cual significa que el dispositivo de protección será de 30 A*. El conductor del circuito ramal será calibre 10 AWG y se puede seleccionar un conductor THW o THHN, con ampacidad referida a 60°C.

b) Determinación del calibre del neutro:

Se aplica el factor del 70% a la corriente de carga para determinar la corriente del neutro y obtener el calibre de este conductor:

$$I_{Neutro} = 24 \cdot 0.70 = 16.80 \text{ A}$$

A esta carga del neutro le corresponde un conductor de cobre calibre 14 AWG.

c) Calibre del conductor de puesta a tierra:

Según la **Tabla 9.6** (**Apéndice D**, **Tabla D3**), para la capacidad del dispositivo de protección de 30A, le corresponde al conductor de puesta a tierra de la secadora un conductor de cobre calibre 10 AWG.

Ejemplo 9.37

Un edificio de apartamentos de cuatro pisos tiene dos apartamentos por piso. Cada apartamento tiene una secadora de 4500 vatios. Calcule la carga de las secadoras sobre los conductores de la acometida eléctrica al edificio.

Solución

Carga total conectada del conjunto de secadoras:

Según el número de apartamentos del edificio, la cantidad de secadoras instaladas es 8. De acuerdo con las normas, la carga mínima a ser utilizada para los cálculos es de 5000 vatios. Luego, la carga del conjunto de secadoras es:

$$P_{Total} = 5000 \cdot 8 = 40000 \text{ VA}$$

Aplicación de los factores de demanda de la Tabla 9.8:

De acuerdo con la **Tabla 9.8**, para ocho secadoras corresponde una demanda del 60% de la carga total. La carga estimada a tener en cuenta para el cálculo de los conductores de la acometida es:

$$P_{Estimada} = 40000 \cdot 0.60 = 24000 \text{ VA (24 kVA)}$$

Ejemplo 9.38

Se tiene un edificio de apartamentos de diez pisos con tres apartamentos por piso. Cada apartamento cuenta con una secadora eléctrica que tiene una demanda de 5700

---

* De acuerdo con el **Ejemplo 9.19**, se podría utilizar un dispositivo de protección de 25 A sin violar las normas eléctricas.

vatios según la placa de características. Calcule la carga de las secadoras sobre los conductores de la acometida eléctrica general al edificio.

Solución

Carga total conectada:

$$P_{Total} = 5700 \cdot 10 \cdot 3 = 171000 \text{ VA (171 kVA)}$$

Aplicación de los factores de demanda de la **Tabla 9.8**:

Como hay treinta secadoras, se debe aplicar la fórmula que aparece en la **Tabla 9.8** para determinar el factor de demanda en % (FD):

$$FD = 35 - [0.5 \cdot (N° \text{ secadoras} - 23)] \qquad FD = 35 - [0.5 \cdot (30 - 23)] = 31.5\%$$

Carga sobre los conductores de la acometida:

$$P_{Estimada} = 171000 \cdot 0.315 = 53865 \text{ VA}$$

Es decir, sobre los conductores de la acometida al edificio, las secadoras contribuyen con una carga de 53.87 kVA a la demanda eléctrica total.

9.22 CIRCUITO RAMAL PARA EL LAVAPLATOS ELÉCTRICO

Generalidades

El lavaplatos eléctrico es un artefacto instalado para funcionar en un sitio fijo del área de la cocina. En lo fundamental, el lavaplatos eléctrico está constituido por un pequeño motor, una resistencia de calentamiento para el secado de los platos y, en algunos modelos, un ventilador para contribuir a la circulación del calor en el secado. El conjunto funciona secuencialmente en la operación del lavado y secado de los platos.

El circuito ramal de alimentación del lavaplatos debe ser calculado a razón del 125% de la capacidad mostrada en la placa de características, según lo indican la normas. Cuando se trata de aparatos operados por motor, que no tienen marcada la corriente de régimen en su placa de características eléctricas, los conductores del circuito ramal que alimentan a un solo motor, el cual trabaja en operación continua, deberán tener una ampacidad no menor del 125% de la corriente nominal del motor a plena carga.

El motor del lavaplatos no trabaja en forma continua, pero la norma que se aplica en este caso lleva a considerar a este artefacto eléctrico como si operara continuamente: Cualquier aplicación de un motor deberá ser considerada como de operación continua, a menos que la naturaleza del aparato movido por el motor sea tal que el motor no opere continuamente con carga bajo cualquier condición de uso. Es decir, aunque el

CAPÍTULO 9: CIRCUITOS RAMALES RESIDENCIALES **443**

motor del lavaplatos no trabaja, normalmente, por un período de tres horas o más, se debe tratar como una carga continua.

Se observa también que la corriente nominal del artefacto indicada en la placa de características eléctricas, que incluye la corriente del motor, la resistencia de calentamiento y otros elementos como controles, es la que se utilizará para dimensionar los conductores del circuito ramal. En conclusión, queda claro que los conductores del circuito ramal del lavaplatos tendrán una capacidad del 125% de la corriente mostrada en la placa de características.

Se permite que los lavaplatos sean conectados a través de cordón y enchufe mediante un cable tripolar. El tamaño del cordón oscila entre 1 m y 1.2 m, y el enchufe terminal debe contener una clavija para conectarse al conductor de puesta a tierra de la envoltura metálica de los lavaplatos, así como a las partes metálicas no destinadas a transportar corriente, pero que pueden ser energizadas en caso de una falla a tierra. El lavaplatos puede ser conectado también al circuito ramal en forma directa, a través de una caja de conexiones adosada al artefacto.

Medios de desconexión

Todo artefacto eléctrico debe ser provisto de algún medio de desconexión que permita quitar la energía con seguridad, a fin de evitar accidentes eléctricos sobre las personas, principalmente cuando se realizan actividades de mantenimiento sobre estos artefactos. Los medios de desconexión descritos para cocinas eléctricas y secadoras se aplican en forma semejante para los lavaplatos. Los lavaplatos no se deben conectar a los circuitos de pequeños artefactos de la cocina, porque esto sería una violación de la normativa eléctrica.

Ejemplo 9.39

La placa de características de un lavaplatos indica que el artefacto demanda una corriente de 12.5 A a 120 voltios. Determine: *a*) el calibre de los conductores del circuito ramal; *b*) la capacidad del dispositivo de protección, y *c*) el calibre del conductor de puesta a tierra.

Solución

Amperaje nominal de operación: La corriente nominal de operación es la corriente indicada en la placa de características:

$$I_{Nominal} = 12.5 \text{ A}$$

Corriente de carga para determinar el calibre de los conductores del circuito ramal: La corriente de carga está dada por:

$$I_C = 12.5 \cdot 1.25 = 15.63 \text{ A}$$

Calibre de conductores (*primera aproximación*): Para una carga de 16 A (resultado de redondear 15.63 A) se podría, en primer intento, y sujeto a la capacidad del dispositivo de protección, seleccionar un conductor THW calibre 14 de la **Tabla 2.11**, el cual, referido a 60°C, tiene una ampacidad de 20 amperios.

Capacidad del dispositivo de protección: Para los conductores calibre 14 AWG, el dispositivo de protección contra sobrecorriente, sea un interruptor automático o un fusible, será de 15 A. Como se puede ver, este valor está por debajo de los 16 amperios de corriente en la carga. Por tanto, hay que escoger una protección de 20 A.

Calibre de conductores (*opción definitiva*): Como la protección es de 20 A, se selecciona un conductor calibre 12 AWG para cumplir con **240.4(D)** (pequeños conductores).

Calibre del conductor de puesta a tierra: De acuerdo con la capacidad nominal del dispositivo de protección, y según la **Tabla 9.6**, el calibre del conductor de cobre de puesta a tierra del lavaplatos es el 12 AWG.

9.23 CIRCUITO RAMAL PARA EL COMPACTADOR DE BASURA

Los compactadores de basura son artefactos fijos, ubicados en un lugar del gabinete base de la cocina. Su función, como su nombre lo indica, es compactar la basura o los desperdicios no reciclables generados en el proceso del diario cocinar. Un compactador tiene, normalmente, un volumen de 1.4 pies cúbicos para alojar a los desperdicios que, en el proceso de compactación, son reducidos a un volumen que representa entre un 75% y un 80% del volumen sin compactar. El proceso de compactación permite ganar espacio y reducir en algo las actividades de mantenimiento del área de la cocina, pues el hecho de compactar la basura permite cambiar la tarea de sacarla diariamente a otra tarea a realizar semanalmente.

Los compactadores de basura son operados mediante un pequeño motor eléctrico, normalmente con una potencia que oscila entre 1/3 de HP y 2 HP, a 120 voltios. Por ser el motor eléctrico casi la única carga del artefacto, al determinar el calibre de los conductores del circuito ramal de alimentación se utiliza un 125% de la corriente nominal del motor, o se usa la carga indicada en la placa de características: la que sea mayor.

Por seguridad de las personas, el compactador de basura es un artefacto que siempre debe ser puesto a tierra. Todo compactador de basura viene provisto de cordón y enchufe, que no se debe reemplazar por una extensión. El enchufe termina en tres patas, una de las cuales, la del vértice inferior, corresponde al conductor de puesta a tierra, que es de color verde. Este enchufe se conecta a un tomacorriente del tipo con polo a tierra. El polo de puesta a tierra del tomacorriente se conecta con el conductor de puesta a tierra del sistema, que viene del tablero de protecciones.

Ejemplo 9.40

La corriente de carga indicada en la placa de un compactador es de 9.8 amperios y la potencia del motor que opera al compactador es de 1/2 HP. Determine: *a*) el calibre

CAPÍTULO 9: CIRCUITOS RAMALES RESIDENCIALES

de los conductores del circuito ramal que alimenta al compactador; *b)* la capacidad del dispositivo de protección de sobrecorriente de los conductores, y *c)* el calibre del conductor de puesta a tierra del compactador.

Solución

Amperaje nominal de operación del motor: La corriente nominal del motor es la indicada en la placa de características: $I_{Normal} = 9.8$ A.

Corriente de carga para el dimensionamiento de los conductores del circuito ramal:

$$I_C = 9.8 \cdot 1.25 = 12.25 \text{ A}$$

a) Calibre de conductores: Para la carga de 12.25A, de acuerdo con la **Tabla 2.11**, corresponde un conductor calibre 14, AWG de cobre, con aislamiento THW, referido a una temperatura de 60°C.

Capacidad del dispositivo de protección de sobrecorriente: El dispositivo de protección de sobrecorriente tendrá una capacidad nominal de 15 amperios.

Calibre del conductor de puesta a tierra: De acuerdo con la **Tabla 9.6**, el calibre del conductor de puesta a tierra será el 14 AWG de cobre.

9.24 CIRCUITO RAMAL PARA EL TRITURADOR DE DESPERDICIOS

Generalidades

El triturador de desperdicios es un electrodoméstico de pequeñas dimensiones que se instala debajo del fregadero, tal como se muestra en la **Fig. 9.36**. Su componente principal está representado por un motor eléctrico cuya potencia oscila entre 1/3 de HP y 1 HP a 120 voltios, y que tiene como función operar el mecanismo que tritura y licúa los restos de las comidas, logrando que los desperdicios puedan fluir a través de la tubería de desagüe. Con esta acción, las personas que preparan las comidas evitarán la tarea de llenar bolsas de basura con restos orgánicos, los cuales se descomponen fácilmente, expidiendo malos olores y atrayendo a insectos y alimañas cuando aquellas se depositan en los recipientes de basura.

Al igual que para los compactadores de basura, el circuito ramal del triturador se

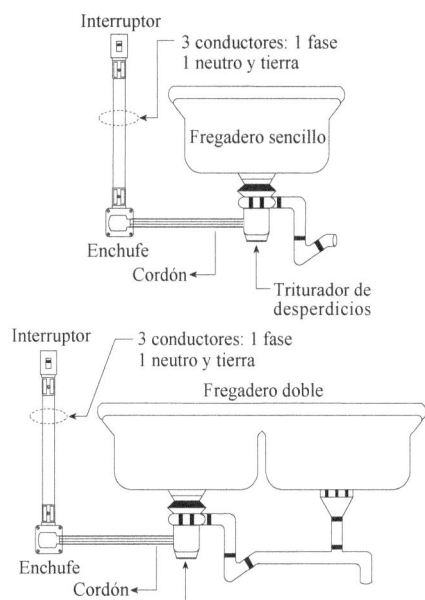

Fig. 9.36 Triturador de desperdicios para fregaderos simple y doble. Las instalaciones son similares en ambos casos.

calcula con base en el 125% de la corriente nominal del motor; si la corriente de placa del triturador es mayor, se utiliza este valor en lugar de la corriente del motor.

Por seguridad de las personas, el triturador de desperdicios, al igual que los demás artefactos alimentados por circuitos individuales, siempre debe ser puesto a tierra. La puesta a tierra del triturador de desperdicios es similar a la del compactador de basura; por tanto, se puede aplicar a este artefacto lo descrito sobre el particular para el compactador.

Conexión al circuito ramal del triturador de desperdicios

Hay dos maneras de lograr la conexión del triturador de desperdicios al circuito ramal:

> *1. Conexión del triturador directamente al circuito ramal individual que viene del tablero de protecciones. Se realiza en una caja de empalmes que se instala en la pared del compartimiento del triturador, muy cerca del artefacto. Siempre se requiere un interruptor para el control del triturador, el cual se ubica en la pared sobre el fregadero. El mismo debe ser del tipo de seguridad que muestre la posición de apagado en letras.*
>
> *2. Instalación de un tomacorriente individual en la pared cerca del triturador. El tomacorriente debe ser con polo a tierra que conecte con el cable tripolar proveniente del tablero de protecciones. A este tomacorriente se conecta el enchufe del cordón que viene instalado de fábrica en el triturador. Dicho enchufe termina en tres patas; la del vértice inferior, de color verde, corresponde al conductor de tierra. De todas maneras se requiere un interruptor de control.*

Ejemplo 9.41

Calcule el calibre de los conductores del circuito ramal de un triturador de desperdicios cuya placa muestra un consumo de corriente de carga de 13.8 amperios a 115 voltios. Determine también el dispositivo de protección de los conductores y el calibre del conductor de puesta a tierra.

Solución

Determinación de la corriente de carga para el dimensionamiento de los conductores del circuito ramal. La corriente de carga será: $I_C = 13.8 \cdot 1.25 = 17.25$ A

Determinación de la capacidad del dispositivo de protección de sobrecorriente: El dispositivo de protección de sobrecorriente para el calibre determinado tendrá una capacidad nominal de 20A.

Calibre de los conductores: Para la carga de 17.25 A, se puede escoger un conductor calibre 12 AWG de cobre, tipo THW, referido a 60°C. ¿Por qué no un conductor calibre 14 AWG, con una ampacidad de 20 A?

Calibre del conductor de puesta a tierra: De acuerdo con la **Tabla 9.6**, el calibre del conductor de puesta a tierra es el 12 AWG.

9.25 CIRCUITO RAMAL PARA EL HORNO DE MICROONDAS

El horno de microondas es un artefacto que forma parte, con mucha frecuencia, de los equipos presentes en la cocina. Debido a la carga significativa que absorben estos artefactos, se alimentan por un circuito ramal individual. Por tanto, no se debe conectar el horno de microondas a los circuitos de pequeños artefactos de la cocina. Los hornos de microondas generalmente se instalan en los siguientes puntos:

- Dentro de uno de los gabinetes superiores de la cocina.

- Directamente sobre la pared, junto a los gabinetes superiores.

- Encima del tope o mesón de la cocina.

Al igual que los demás artefactos que se han descrito antes, el horno de microondas debe ser puesto a tierra para seguridad de las personas.

En lo que se refiere al circuito ramal de alimentación y puesta a tierra, se aplican los mismos requisitos expuestos para el compactador de basura, teniendo en cuenta que se deberá prever la instalación de un tomacorriente para circuito individual muy cerca del horno, cualquiera que sea el sitio donde este se instale. Los fabricantes normalmente indican el lugar más adecuado para ubicar el tomacorriente. Este será del tipo de tres polos, con un polo para el conductor de puesta a tierra del artefacto.

Ejemplo 9.42

La placa de características de un horno de micro-ondas muestra que consume una potencia de 1250 vatios a 120 voltios. Calcule el calibre de los conductores del circuito ramal, la capacidad del dispositivo de protección de los conductores y el calibre del conductor de puesta a tierra.

Solución

Corriente de carga sobre los conductores: $I_C = \dfrac{1250 \text{ VA}}{120 \text{ V}} = 10.42 \text{ A}$

Capacidad del dispositivo de protección: A un conductor calibre 14 AWG le corresponde una protección monopolar de 15 A.

Calibre de conductores: De la **Tabla 2.11**, se selecciona un conductor THW, calibre 14 AWG, que puede soportar una corriente de 20 A, referido a 60°C.

Calibre del conductor de puesta a tierra: Según la **Tabla 9.6**, el calibre del conductor de cobre de puesta a tierra del horno de microondas es el 14 AWG.

9.26 CIRCUITO RAMAL PARA LOS EQUIPOS DE AIRE ACONDICIONADO

Los equipos de aire acondicionado, utilizados comúnmente en viviendas unifamiliares o multifamiliares, se instalan en ventanas y aberturas en la pared, o como unidades tipo split (motor y consolas separados). En este último caso, el compresor del equipo está separado de la consola interna de los ambientes a enfriar.

La reglamentación eléctrica señala todos los requisitos para instalar y operar con seguridad los equipos de aire acondicionado, sea cual fuere su tipo y capacidad. En el caso de habitaciones, ellos son definidos como artefactos de corriente alterna, centrales, de ventana o de consola, destinados a enfriar el ambiente y que poseen al menos un motocompresor. Los equipos de aire acondicionado para habitaciones deben comprender los siguientes aspectos:

a) Ser conectados a tierra.

b) La alimentación eléctrica debe ser monofásica, a una tensión no mayor de 250 voltios, y la capacidad de corriente no debe sobrepasar 40 amperios en esa tensión.

c) Ser conectados al tomacorriente individual del circuito ramal que le suministra la energía, mediante cordón y enchufe tipo tripolar, donde el enchufe de tres patas es para conectar, además de los conductores de corriente y el neutro, el conductor de puesta a tierra del equipo. La máxima longitud del cordón es 3 m para unidades de 120 V y 1.8 m para unidades de 208 y 240 V. El enchufe puede servir como medio de desconexión del equipo.

d) La corriente total marcada sobre los acondicionadores de aire no podrá exceder el 80% de la capacidad del circuito ramal si sobre el circuito no están conectadas otras cargas ($I_{Placa} \leq 80\%$ de I_{Ramal}). Es decir, la corriente en el circuito ramal será mayor que el 125% de la corriente de placa.

e) Si el equipo de aire acondicionado es conectado a un circuito ramal, el cual alimenta a otras cargas, como alumbrado y tomacorrientes de pequeños artefactos, la carga del equipo no puede exceder el 50% de la capacidad del circuito. Se debe recordar que, como recomendación, los circuitos ramales de alimentación de artefactos y equipos especiales, como es el caso de los equipos de aire acondicionado, deben ser circuitos individuales a los cuales no se les debería conectar otras cargas.

f) La capacidad del dispositivo de protección no debe exceder la capacidad de la ampacidad del conductor o del tomacorriente: la que sea menor.

Los equipos de aire acondicionado centrales no son conectados mediante cordón y enchufe, sino que son conectados directamente al circuito ramal a través del tablero de control del equipo. El motor del compresor de estos acondicionadores de aire es normalmente a veces alimentado en sistema trifásico a voltajes de 208, 240 o 440 voltios.

CAPÍTULO 9: CIRCUITOS RAMALES RESIDENCIALES **449**

Ampacidad de los circuitos ramales

Las normas eléctricas establecen que la ampacidad de los conductores del circuito ramal que alimenta a un motocompresor no será inferior al 125%, sea de la corriente nominal del motocompresor o de la corriente del circuito ramal seleccionado: la que sea mayor. El 125% es para compensar cualquier daño al aislamiento de los conductores en el caso de una sobrecorriente. Es necesario tener presente que la corriente de carga del motor del ventilador del condensador-evaporador de los acondicionadores de aire de ventana debe ser añadida, en un 100%, a la corriente de carga del motocompresor.

Ejemplo 9.43

El motocompresor de un equipo de aire acondicionado de ventana indica, en su placa de características, que tiene una potencia de 3 HP y requiere una corriente de 3 A para el motor del condensador. Determine el calibre de los conductores del circuito ramal que alimenta al equipo a la tensión de 208 voltios en sistema monofásico.

Solución

Amperios consumidos por el compresor: De acuerdo con la **Tabla 9.2**, la corriente monofásica de un motor de 3 HP es de 18,7 amperios.

Corriente total suministrada al equipo: $I_C = 18.7 \cdot 1.25 + 3 = 26.38$ A

Calibre de conductores: Para la carga de 26.38A, de acuerdo con la **Tabla 2.11**, se puede seleccionar un conductor THW calibre 10 AWG, con aislamiento referido a una temperatura de 60°C, que soporta 30 amperios.

Protección de sobrecorriente

El dispositivo de protección contra sobrecorriente del circuito ramal y la protección contra fallas a tierra deberán tener la capacidad de soportar la corriente de arranque del motor. Así, la capacidad o ajuste del dispositivo de protección no excederá el 175% de la corriente nominal del motocompresor o de la corriente del circuito ramal seleccionado: la que sea mayor. Si el motocompresor no puede arrancar con el 175% de la corriente nominal porque el dispositivo de protección se dispara, se debe utilizar un dispositivo de sobrecorriente con capacidad hasta del 225% de la corriente nominal de la unidad.

La corriente de la unidad condensadora deberá ser calculada al 100% y sumarse a la corriente total del equipo, y a partir de este valor se deberá seleccionar al dispositivo de protección.

Hay que tener en cuenta que se deberá utilizar el tipo de dispositivo de protección señalado en la placa de características, sea de fusibles o interruptores termomagnéticos.

Ejemplo 9.44

Se tiene, como en el ejemplo anterior, un moto-compresor que consume 18.7 amperios y un condensador que consume 3 amperios. Hallar la capacidad mínima y máxima del dispositivo de protección de los conductores del circuito ramal

Solución

Capacidad mínima del dispositivo de protección: Corriente total de carga para la capacidad mínima del dispositivo de protección:

$$I_C = 18.7 \cdot 1.75 + 3 = 35.73 \text{ A}$$

Para la carga total calculada corresponde un dispositivo de protección con una capacidad de 35 amperios.

Capacidad máxima del dispositivo de protección: La corriente total de carga para la capacidad máxima del dispositivo de protección es:

$$I_C = 18.7 \cdot 2.25 + 3 = 45.08 \text{ A}$$

La capacidad máxima del dispositivo de protección contra sobrecorrientes será de 45 amperios.

Medios de desconexión

A fin de garantizar la seguridad eléctrica, el medio de desconexión debe ser ubicado dentro de la visual del equipo de aire acondicionado, a una distancia no mayor de 15 metros y con la condición de que sea realmente accesible. Se permite que el medio de desconexión se ubique encima o dentro del aire acondicionado.

El medio de desconexión debe tener facilidad para instalarle un candado en posición abierta, a fin de resguardar la integridad del personal especializado cuando realice trabajos de mantenimiento en el equipo acondicionador de aire.

El medio de desconexión puede ser una cuchilla, fusibles o interruptores termomagnéticos en sus cajas. Si se usa una cuchilla, su capacidad debe ser el 115% de la capacidad de corriente del equipo, mostrada en la placa, o la corriente de selección de los conductores del circuito ramal, mostrada en la misma placa: la que sea mayor. Si se utiliza un fusible o un interruptor termomagnético como medio de desconexión, la capacidad de estos dispositivos es la que marque la placa de características. En la **Fig. 9.37** se muestra un diagrama general de los acondicionadores de aire.

Puesta a tierra de los acondicionadores de aire

Los mismos requisitos y procedimientos de puesta a tierra, expuestos anteriormente para otros artefactos, se deben cumplir para los equipos acondicionadores de aire.

CAPÍTULO 9: CIRCUITOS RAMALES RESIDENCIALES

Protección del circuito ramal: Los fusibles o interruptores termomagnéticos se deben seleccionar según el valor marcado en la placa y deben ser capaces de dejar pasar la corriente de arranque del motor del compresor.

Conductores ramales: La placa del equipo muestra la mínima ampacidad de los conductores del circuito ramal. Esta ampacidad toma en cuenta la corriente del motor y del ventilador. Generalmente, esta suma se obtiene sumando el 125% de la corriente del motor y la corriente a plena carga del compresor del motor del ventilador.

Medio de desconexión: Se selecciona según la capacidad de carga mostrada en la placa del equipo o de la ampacidad del conductor del circuito ramal, escogiéndose el valor mayor. La capacidad de la cuchilla debe ser, al menos, el 115% de la corriente de la placa o la ampacidad del circuito ramal

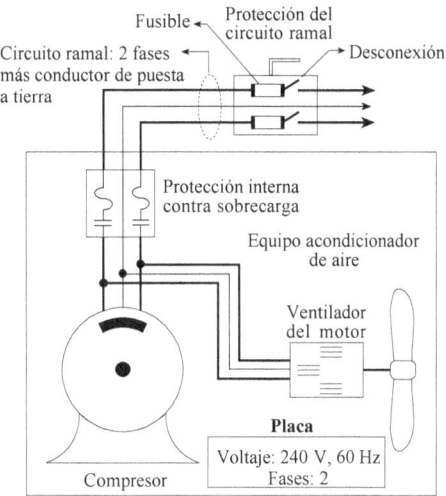

Fig. 9.37 Diagrama general de un equipo de aire acondicionado y sus circuitos básicos.

9.27 CIRCUITO RAMAL MULTICONDUCTOR

Tal circuito, expuesto en la **sección 5.9** del **Capítulo 5** de este libro, es descrito en esta sección con mayor amplitud, dada su importancia en las instalaciones eléctricas de unidades de vivienda y establecimientos, tanto comerciales como industriales.

El circuito ramal multiconductor está constituido por dos o más conductores no puestos a tierra (conductores activos), entre los cuales se encuentran un voltaje y un conductor neutro, puesto a tierra, con voltajes iguales entre el mismo y los dos conductores activos (fases).

Conforme a las regulaciones eléctricas, los conductores de los circuitos multiconductores se originarán en el mismo tablero o equipo similar de distribución y dichos circuitos deberán suministrar potencia a cargas solo en tensiones de línea a neutro. Se exceptúa este requisito en los siguientes casos: 1) cuando el circuito multiconductor solo suministre corriente a un artefacto o equipo de utilización, y 2) cuando todos los conductores no puestos a tierra, del circuito ramal multiconductor, sean abiertos simultáneamente por el dispositivo de protección contra sobrecorriente del circuito ramal (ver **Fig. 9.38**).

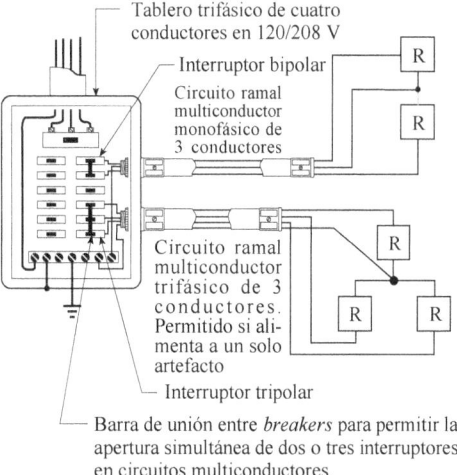

Fig. 9.38 Circuitos ramales multiconductores.

Es interesante indagar sobre la utilidad de los circuitos multiconductores y cómo, a partir de un circuito monofásico, se puede llegar a la derivación de los mismos. Supongamos que se tienen dos circuitos monofásicos, derivados de un sistema en 120V/240V, tal como lo indica la **Fig. 9.39**.

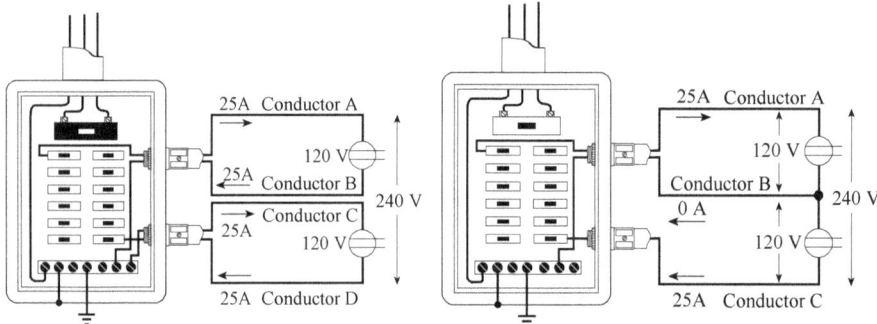

Fig. 9.39 Dos circuitos monofásicos a 120/240 V, que se alimentan desde barras opuestas del tablero.

Fig. 9.40 Circuito multiconductor (*multiwire*). La corriente en el neutro común es nula porque los voltajes en las cargas están desfasados 180°.

Supongamos también que el conductor utilizado es de cobre, calibre 10 AWG, y que la longitud total del circuito es de 36 m; es decir, el conductor A y el B tienen, cada uno, una longitud de 18 m. Por los conductores circula una corriente de 25 A.

Calcularemos la caída de tensión por el método de la resistencia del conductor. Según la **Tabla A9** del **Apéndice A**, la resistencia en corriente alterna de un conductor calibre 10 AWG es 3.9 ohms por kilómetro. Para 36 m, longitud total del circuito, la resistencia del conductor será:

$$R_{Total} = (3.9 \ \Omega/km) \cdot (36 \cdot 10^{-3} \ km) = 0.14 \ \Omega$$

La caída de tensión es: $\Delta V = 0.14 \ \Omega \cdot 25 \ A = 3.5 \ V$

Observemos que las corrientes en los conductores puestos a tierra de los dos circuitos de la **Fig. 9.39** tienen direcciones opuestas porque se alimentan de un sistema monofásico 120/240 V cuyos voltajes están desfasados 180°, tal como fue señalado en la **sección 2.9** del **Capítulo 2** de este libro. Este hecho permite arribar al circuito multiconductor monofásico, que utiliza un solo conductor neutro para alimentar a las dos cargas, tal como se muestra en la **Fig. 9.40**. Por supuesto, la corriente en el neutro es nula y, bajo este concepto, hay un ahorro en la longitud total de los conductores y en la pérdida por efecto joule.

CAPÍTULO 9: CIRCUITOS RAMALES RESIDENCIALES

Piense...
Explique...

9.1 Describa los distintos circuitos ramales descritos en este capítulo, resumiendo sus características y aplicaciones.

9.2 ¿Cuántas lámparas y tomacorrientes se pueden conectar en un circuito ramal de 15 o 20 amperios? ¿Cómo se justificaría el número de estas salidas?

9.3 ¿Cuántos circuitos de pequeños artefactos se pueden instalar en el área de cocina, despensa, sitio de desayuno, sala de comedor y áreas similares? ¿Qué carga se le asigna a cada uno de los circuitos permitidos para funcionar en esta área? Después de asignadas estas cargas, ¿cómo se usan para calcular la demanda de la vivienda?

9.4 Explique lo relativo a la alimentación del equipo de refrigeración de la cocina. ¿Se computa la carga de este artefacto en los cálculos de carga de la vivienda?

9.5 Mencione los pequeños artefactos que no se permite conectar a los circuitos de pequeños artefactos de la cocina. Menciona también las cargas que, como excepciones permitidas, se pueden conectar a estos circuitos.

9.6 Explique por qué sobre un circuito ramal de 20 A se pueden utilizar tomacorrientes con capacidades de 15 A y 20 A y por qué no se debe instalar un tomacorriente con capacidad de 20 A en un circuito ramal de 15 A.

9.7 Los circuitos individuales se destinan a la alimentación de artefactos y equipos especiales de las unidades de vivienda. ¿De dónde se toma la información sobre la carga que representan dichos artefactos cuando se procede a realizar cálculos de carga para dimensionar alimentadores de tableros y acometidas?

9.8 ¿Por qué es importante tener en cuenta la condición de cargas continuas y no continuas cuando se calculan los conductores para cargas individuales?

9.9 Para una cocina eléctrica, cuya carga, calculada según la columna C de la **Tabla 9.7**, es de 8.75 W o mayor, ¿cuál será la capacidad del conductor neutro del circuito ramal que alimenta a la cocina? ¿Cuál es la capacidad mínima permitida por las normas?

9.10 De acuerdo con las normas eléctricas, ¿cuáles son los valores de las capacidades normalizadas de los calentadores de agua eléctricos y domésticos?

9.11 ¿Se deben considerar los calentadores de agua como cargas continuas o discontinuas?

9.12 ¿Cuáles características notables deben tener los medios de desconexión de los calentadores de agua?

9.13 Según la normativa eléctrica, ¿cuáles son las condiciones que se deben cumplir cuando se trate de usar un dispositivo de protección para un circuito ramal que alimenta a un calentador?

9.14 Las secadoras son normalmente conectadas mediante cordón y enchufe. Describa cómo está constituido el cable que conecta la secadora al tomacorriente y cómo se identifican sus conductores.

9.15 La carcasa o envoltura metálica de una secadora se debe poner siempre a tierra con el fin de proteger a las personas contra el peligro de una descarga eléctrica. ¿Cómo se realiza la conexión a tierra de la carcasa y cómo se elige el calibre del conductor puesto a tierra? ¿Se puede utilizar el conductor neutro como conductor de puesta a tierra?

9.16 Describa los medios de desconexión de la alimentación de una secadora.

9.17 ¿Está permitido conectar el lavaplatos a uno de los circuitos de pequeños artefactos de la cocina?

9.18 Enuncie las ventajas que proporciona un compactador de basura. ¿Es necesario conectar a tierra la carcasa de un compactador de basura? Explica.

9.19 ¿Se puede conectar un horno de microondas a uno de los circuitos ramales de pequeños artefactos?

9.20 ¿Cuál debe ser la ampacidad de los conductores que alimentan a los equipos de aire acondicionado y cuáles cargas se deben tener en cuenta al calcular el conductor ramal correspondiente?

9.21 Describa los dispositivos de protección y desconexión del circuito ramal de los acondicionadores de aire.

9.22 ¿Cuáles son las características de un circuito ramal multiconductor, sea monofásico o trifásico?

9.23 ¿Por qué es peligroso abrir el neutro de un circuito multiconductor cuando este está energizado?

Ejercicios

9.1 Un circuito ramal cuya ampacidad es de 30 A se destina solo a alimentar a los artefactos que se conectan al circuito mediante cordón y enchufe. Los conductores del circuito son de cobre con aislamiento THHN, calibre 10 AWG, y se conectarán a terminales de 75°C. Si el circuito ramal está instalado en un ambiente donde la temperatura oscila entre 36°C y 40°C, determine el dispositivo de protección adecuado para asegurar que los conductores del circuito ramal puedan alimentar a los artefactos conectados sin riesgos de dañar el aislamiento por una sobrecarga. ¿Cómo se clasifica el circuito?

9.2 Se desea saber si la combinación de un calentador de agua con capacidad para 30 litros (consumo de 800 W) y un ventilador de mesa de 50 W se puede conectar a un circuito ramal de 15 A.

9.3 Una vivienda tiene una superficie de 275 m^2. Calcule el número de circuitos ramales de 15 A para manejar la carga general de alumbrado.

9.4 Calcule la carga para determinar el circuito alimentador de doce cocinas con capacidad unitaria de 8 kW a 240 V.

9.5 Calcule el calibre del conductor del circuito ramal que alimenta a una cocina de 12 kW a 240 V y determine la capacidad del dispositivo de protección.

9.6 Calcule el calibre del conductor del circuito ramal que alimenta a una cocina de 18 kW a 240 V y determine la capacidad del dispositivo de protección.

9.7 Calcule la carga sobre un circuito ramal que alimenta a una cocina eléctrica de 27 kW a 240 V. Aplique la nota 1.

9.8 Se tienen tres cocinas alimentadas por un circuito ramal común a 240 V. Las capacidades de las cocinas son 12 kW, 16 kW y 27 kW. Calcule el calibre del circuito alimentador y su protección contra sobrecorriente. Aplique la nota 2.

9.9 Calcule el calibre y la protección del circuito a 240 V que alimenta a una cocina de tope de 8 kW y a dos hornos de pared de 9 kW y 12 kW. Aplique la nota 4.

9.10 La capacidad de una secadora eléctrica de una vivienda es de 4700 W a 208 V. Calcule: *a*) el calibre de los conductores activos del circuito ramal; *b*) la capacidad del dispositivo de protección; *c*) el calibre del neutro, y *d*) el calibre del conductor de puesta a tierra.

9.11 En un edificio de apartamentos de ocho pisos, con cuatro apartamentos por piso, cada uno de ellos cuenta con una secadora eléctrica a 240 V que demanda 4500 W. Calcule la carga del conjunto de las secadoras sobre los conductores de la acometida general al edificio.

9.12 La capacidad de un lavaplatos es de 1250 VA a 120 V, como lo indica su placa de características. Calcule: *a*) el calibre de los conductores del circuito ramal; *b*) la capacidad del dispositivo de protección, y *c*) el calibre del conductor de puesta a tierra del lavaplatos.

9.13 En una vivienda unifamiliar se instalarán los siguientes artefactos: un lavaplatos fijo de 1250 VA, un compactador de basura de 1200 VA, un triturador de desperdicios de 1500 VA y un calentador de agua de 1500 VA. Calcule la carga de estos artefactos sobre la acometida de la vivienda.

9.14 Un circuito ramal multiconductor de tres conductores a 120/240 V suministra energía a una aspiradora de 500 W a 120 V y a un equipo de proyección de diapositivas de 750 W a 120 V. Si el neutro se desconecta, calcule los voltajes a través de estos artefactos y evalúa los posibles daños a los mismos.

CAPÍTULO 10

CÁLCULO DE ACOMETIDAS/ALIMENTADORES

10.1 ACOMETIDAS/ALIMENTADORES. DEFINICIONES.

La acometida son los conductores que llevan la energía desde la red de servicio eléctrico hasta el medidor de la vivienda y el alimentador son los conductores que conectan el medidor con el tablero principal. La acometida es responsabilidad de la empresa que presta el servicio y el alimentador es responsabilidad del dueño de la vivienda. *Son también alimentadores aquellos conductores que partiendo del tablero principal alimentan dispositivos de control como subtableros, centros de control de motores, etc.*

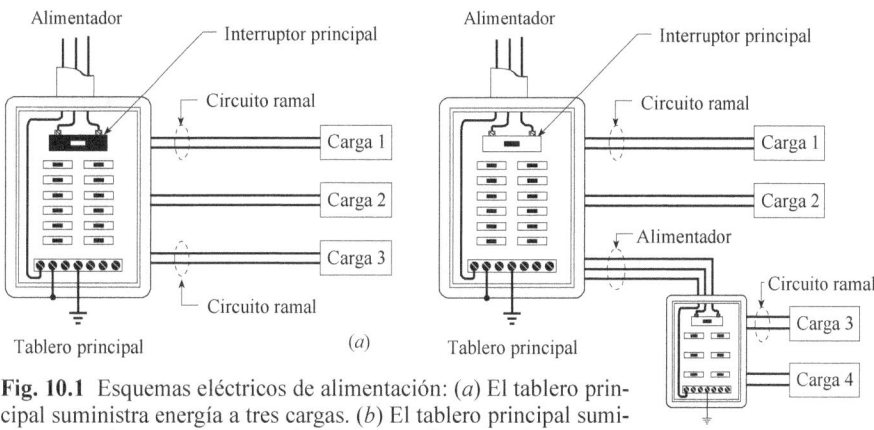

Fig. 10.1 Esquemas eléctricos de alimentación: (*a*) El tablero principal suministra energía a tres cargas. (*b*) El tablero principal suministra energía a cargas y a un subtablero que alimenta a dos cargas.

En la parte (*a*), el alimentador le suministra energía al tablero principal y este alimenta a las cargas 1, 2 y 3 de la edificación. Hay tres circuitos ramales conectados a estas cargas, cada uno de los cuales está protegido por un interruptor en el tablero principal. Por supuesto, puede haber más de tres circuitos derivados del tablero principal. La figura es solo ilustrativa de cómo se realiza la interconexión entre las cargas finales y el tablero principal. En la parte (*b*), el tablero principal alimenta a las cargas 1 y 2 y a un subtablero que, a su vez, suministra energía a las cargas 3 y 4. Los conductores entre el tablero principal y las cargas conectadas directamente al mismo corresponden a circuitos ramales, mientras aquellos que alimentan a los subtableros corresponden a los alimentadores.

El tablero principal contiene un interruptor principal que sirve como medio de protección y de desconexión; los interruptores de los circuitos ramales protegen a los mismos y el alimentador está protegido por el interruptor del alimentador. En el subtablero hay interruptores que protegen a los circuitos ramales conectados (cargas 3 y 4).

Un diagrama unifilar del tablero de la **Fig. 10.1**(*a*) se presenta en la **Fig. 10.2**. El interruptor principal y los interruptores de los circuitos ramales están en un mismo gabinete. Los conductores que salen de los interruptores y alimentan a las cargas 1, 2 y 3 corresponden a los circuitos ramales.

Si la instalación eléctrica se hace según la **Fig. 10.1**(*b*), obtenemos los diagramas unifilares de la **Fig. 10.3**, correspondientes al tablero principal y al subtablero. Los conductores de las cargas C_1 y C_2 son circuitos ramales, mientras que los conductores que entran al subtablero corresponden a un alimentador. En el tablero principal se encuentran las protecciones de los cir-

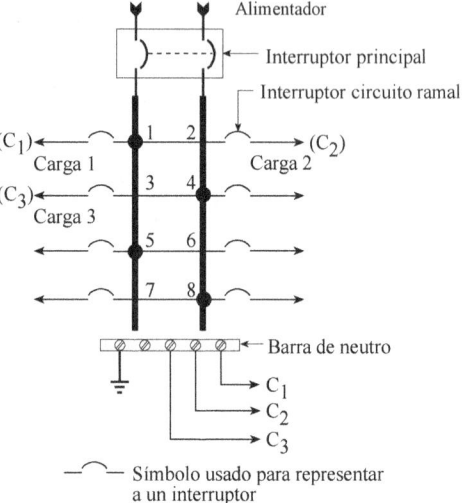

Fig. 10.2 Diagrama unifilar correspondiente a la **Fig. 10.1**(*a*).

cuitos ramales y del alimentador del subtablero. En el diagrama unifilar del subtablero se muestran la alimentación proveniente del tablero principal y los circuitos ramales C_1, C_2, C_3 y C_4. En la caja del subtablero se instalan los interruptores de esos circuitos ramales.

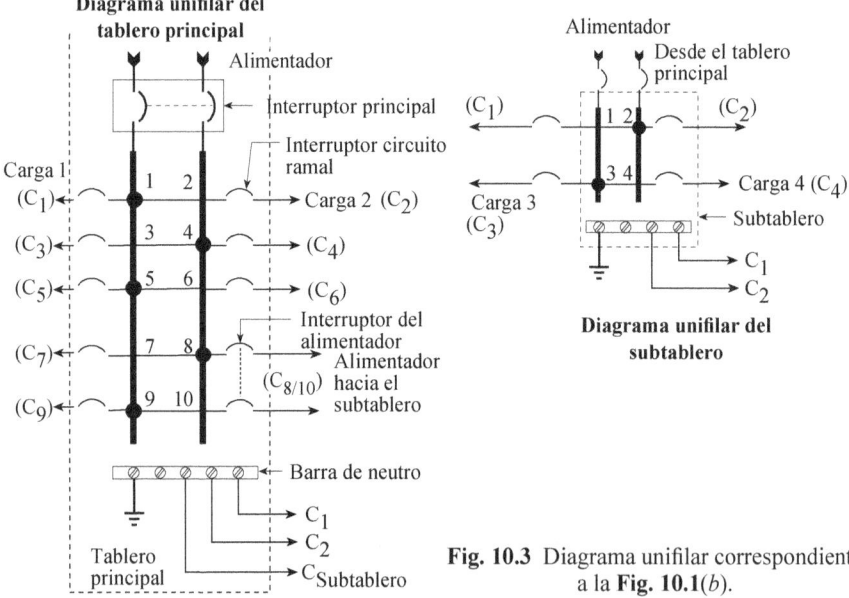

Fig. 10.3 Diagrama unifilar correspondiente a la **Fig. 10.1**(*b*).

Cuando se trata de viviendas multifamiliares (conjuntos de apartamentos, edificios), el centro de medición y protecciones surte energía a los tableros que alimentan a cada una de las viviendas individuales, tal como lo indica la **Fig. 10.4**. El interruptor principal protege a toda la instalación y cada uno de los alimentadores de los tableros está protegido por un interruptor individual.

CAPÍTULO 10: CÁLCULO DE ACOMETIDAS/ALIMENTADORES

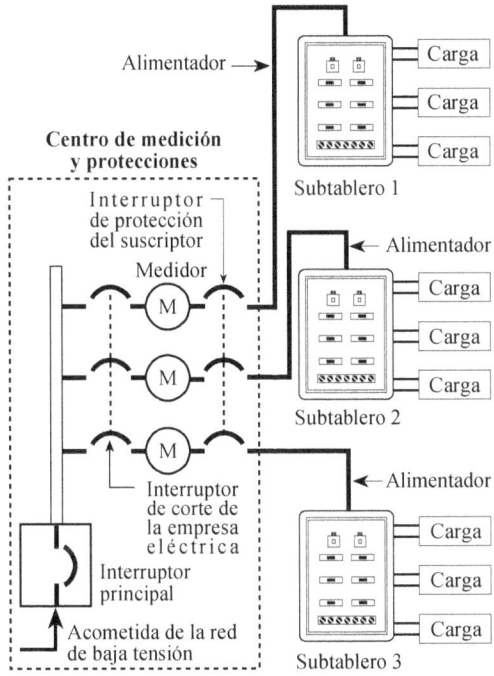

Fig. 10.4 El tablero principal surte energía a todos los subtableros que se encargan de alimentar a cada una de las cargas.

Hay un aspecto, relativo a la conexión a tierra, al que se debe prestar atención. Los tableros a ser usados como tableros principales poseen un bus, o barra de neutro, al cual se deben conectar los neutros de los circuitos ramales. En el tablero principal, adonde llega la acometida, esta barra de neutro se debe conectar al gabinete del tablero. En los subtableros dependientes del tablero principal se prohíbe conectar la regleta del neutro con la envolvente metálica de los mismos.

La determinación del calibre de los alimentadores y de sus protecciones está íntimamente relacionado con el tipo de instalación y con la carga eléctrica que esta represente. Los **Capítulos 7**, **8** y **9** de este libro sientan las bases de los cálculos de alimentadores y acometidas del servicio eléctrico en viviendas unifamiliares y multifamiliares. Se sugieren los siguientes pasos para determinar el calibre apropiado del alimentador y del dispositivo de protección:

1. Capítulo 7. Utilizar lo descrito en este capítulo para ubicar las salidas de tomacorrientes y luminarias en los distintos ambientes de la vivienda. Asimismo, se trató allí el número de circuitos a considerar en cada uno de esos espacios. Así, tenemos:

a) Cocina y comedor: Se deben destinar, por lo menos, dos circuitos de 20 A para pequeños artefactos, a fin de alimentar el área de la cocina, el comedor y sus áreas conexas.

b) Salas de baño: Se requiere un circuito individual de 20 A para tomacorrientes en cada sala de baño. A este circuito no se debe conectar ningún tomacorriente que no esté dentro de la sala de baño.

c) *Lavadero*: Se requiere al menos un circuito ramal de 20 A para alimentar a los tomacorrientes. A este circuito no se le debe conectar ninguna otra salida.

d) *Circuitos individuales*: Se dejarán salidas individuales para artefactos eléctricos de un consumo relativamente grande, entre los cuales figuran acondicionadores de aire, cocinas eléctricas, unidades de calefacción, calentadores de agua y secadoras de ropa.

2. **Capítulo 8**. Se describe la manera de calcular los dispositivos de protección para los circuitos ramales.

3. **Capítulo 9**. Se establece lo siguiente:

a) *Cargas mínimas*: Se usa la **Tabla 9.3** para seleccionar las cargas de iluminación general (VA) por m^2 o ft^2 en distintos ambientes. En particular, para unidades residenciales se establece un mínimo de 33 VA/m^2.

b) *Circuitos ramales de 15 A*: La relación (9.2) permite calcular el número de circuitos de 15 A en una residencia:

$$N_{15} = 0.01833 \cdot \text{Área}$$

c) *Circuitos ramales de 20 A*: La relación (9.4) permite calcular el número de circuitos ramales de 20 A:

$$N_{20} = 0.01375 \cdot \text{Área}$$

d) *Circuitos ramales de 20 A para pequeños artefactos*: De acuerdo con lo señalado por las normas eléctricas, si el área de la cocina es inferior a 145.46 m^2, basta con dos circuitos para pequeños artefactos. En caso contrario, hay que aumentar el número de circuitos.

En el **Capítulo 9** se describen, además, las siguientes cargas a tener en cuenta para el cálculo de los alimentadores. Otras cargas, distintas a las mencionadas, serán consideradas según el consumo indicado en sus placas de características.

a) *Circuitos de pequeños artefactos*: Se computarán 2 • 1500 = 3000 W para los dos circuitos de pequeños artefactos.

b) *Circuito del lavadero*: Se tendrá en cuenta una carga de 1500 W, que se agregará a las cargas de los circuitos de iluminación y a la de los pequeños artefactos.

c) *Circuito de las salas de baños*: Esta carga se considera incluida en los 33 VA/m^2 correspondientes a la carga por iluminación de una vivienda.

d) Cocinas eléctricas: Referirse a las normas y a la **Tabla 9.7** para determinar la carga correspondiente.

e) Calentadores de agua: Serán computados como cargas continuas cuyos valores dependerán del consumo marcado en placa.

f) Secadoras de ropa: La carga será un mínimo de 5000 W o la marcada en la placa del artefacto si esta es mayor. La **Tabla 9.8** especifica los factores de demanda para varias secadoras.

g) Lavaplatos eléctrico: Se tomará una carga igual al 125% de la indicada en la placa.

h) Compactador de basura: Se usará una carga igual a la indicada en la placa o el 125% de la corriente nominal del motor: la que sea mayor.

i) Triturador de desperdicios: Se usará una carga igual a la indicada en la placa o el 125% de la corriente nominal del motor: la que sea mayor.

j) Nevera o congelador: La carga se considera incluida en la iluminación general.

k) Horno de microondas: Se empleará la carga indicada en la placa del artefacto.

l) Acondicionadores de aire: Se usarán los valores de corriente dados en la **Tabla 9.2**, de acuerdo con la potencia del motor expresada en HP, o, si se conoce la potencia del equipo en VA, se puede utilizar este valor.

10.2 CÁLCULO DE ALIMENTADORES/ACOMETIDAS. MÉTODO ESTÁNDAR.

Las normas eléctricas definen cómo se deberá calcular el alimentador/acometida de una instalación eléctrica. Tradicionalmente, se distinguen dos métodos para efectuar este cálculo: el llamado método estándar y el método opcional. Abordaremos en esta sección el método estándar, mencionando en primer lugar las normativas más importantes para el cálculo de los alimentadores. Posteriormente, en la **sección 10.3**, se describirá el método opcional para el cálculo de alimentadores y acometidas.

Cálculo de la carga en circuitos ramales

Normativa 1. Se refiere a las cargas de iluminación para distintos ambientes. En la **Tabla 9.3** de este libro se indica que el factor a utilizar, en caso de viviendas, es 33 VA/m^2.

Normativa 2. Las cargas no previstas en la *normativa 1* serán calculadas según su consumo en amperios, como se describe en el **Capítulo 9** y se resume en la **sección 10.1** anterior.

Lo anterior permite incluir, en los cálculos del alimentador y de la acometida, cualquier artefacto específico no expresamente considerado en las partes mencionadas en esta sección.

Normativa 3. Para la carga de las secadoras eléctricas, hay que referirse a la **sección 9.21**, ya estudiada en este libro: se debe utilizar una carga de 5000 vatios, aun cuando sea menor que este valor, o lo que marque la placa del artefacto: el valor que sea mayor. Para la carga de cocinas eléctricas, nos referiremos a la **sección 9.19** de este libro.

Normativa 4. Cuando una salida alimente a luminarias, la carga se estimará según la capacidad máxima en VA del equipo y las lámparas para las cuales las luminarias estén especificadas.

Normativa 5. En la carga general de iluminación de viviendas unifamiliares y viviendas multifamiliares, mencionada en la **Tabla 9.3**, están incluidas las siguientes cargas:

a) Los tomacorrientes de uso general, de 15 o de 20 A, incluyendo las de salas de baño.

b) Las salidas de tomacorrientes de uso general para ambientes exteriores, sótanos y garajes.

c) Las salidas de iluminación en viviendas.

Normativa 6. La carga total no superará la capacidad del circuito ramal ni tampoco las cargas máximas citadas a continuación:

a) Cargas operadas por motor o combinadas: Si un circuito alimenta solo a cargas operadas por motores, se aplicará el **art. 430** del **CEN**. Cuando un circuito alimente solo a cargas de equipos acondicionadores de aire o de refrigeración, de ambos, se aplicará el **art. 440** del **CEN**. Para circuitos que alimenten a cargas que consistan en equipos operados por motores mayores de 1/8 hp y conectados fijos, en combinación con otras cargas, la carga total calculada corresponderá al 125% de la carga del motor mayor, más la suma de las otras cargas.

b) Cargas de iluminación inductivas: Para circuitos que alimenten a unidades de iluminación que tengan balastos y transformadores, la carga se basará en los amperios que estén marcados en las unidades de iluminación y no en la potencia total de las lámparas.

Cálculo de acometidas/alimentadores

Normativa 1. La carga calculada de un alimentador o de una acometida no debe ser menor que la suma de las cargas de los circuitos ramales alimentados después que se hayan aplicado los factores de demanda correspondientes.

Capítulo 10: Cálculo de Acometidas/Alimentadores

Normativa 2. Los factores de demanda, especificados en la **Tabla 10.1** (**Tabla 9.5** del **Capítulo 9**), se aplicarán a la porción de la carga total calculada para iluminación general.

Tipo de ambiente	Porción de carga de alumbrado al cual se aplica el factor de demanda (VA)	Factor de demanda (%)
Hogares (incluye casas y apartamentos)	Primeros 3000 o menos	100
	Desde 3001 a 120000	35
	Remanente sobre 100000	25
Hospitales	Primeros 50000 o menos	40
	Remanente sobre 50000	20
Hoteles y moteles (incluye casas de apartamentos sin facilidades de cocina para huéspedes)	Primeros 20000 o menos	50
	Desde 20001 hasta 100000	40
	Remanente sobre 100000	30
Almacenes (depósitos)	Primeros 12500 o menos	100
	Remanente sobre 12500	50
Todos los demás	Total voltios-amperios	100

Tabla 10.1 Factores de demanda para cargas de iluminación (**Apéndice D, Tabla D2**).

Normativa 3. Los conductores de una combinación de motores y otras cargas tendrán una ampacidad no inferior al 125% de la corriente a plena carga del motor mayor más la suma de las corrientes a plena carga de los otros motores y de las otras cargas.

Normativa 4. La carga de los equipos fijos de calefacción se calculará al 100% de la carga conectada. En ningún caso la capacidad nominal del alimentador será menor que la del mayor circuito ramal alimentado.

Normativa 5. (*a*) En cada vivienda la carga de los circuitos de pequeños artefactos se calculará con base en 1500 VA por cada circuito. (*b*) Se incluirá una carga no menor de 1500 VA para un circuito ramal dedicado al lavadero.

En ambos casos, esta carga podrá ser incluida en la carga general de iluminación y estará sujeta a los factores de demanda de la **Tabla 10.1**.

Normativa 6. En viviendas unifamiliares o multifamiliares se permite aplicar un factor de demanda del 75% a la carga indicada en la placa de características cuando al circuito estén conectados cuatro o más artefactos fijos que no sean cocinas eléctricas, secadoras de ropa y equipos de calefacción o de aire acondicionado.

Normativa 7. La carga para secadora eléctrica de ropa en una vivienda será de 5000 W o lo que marque la placa característica: el valor que sea mayor. Se permite el uso de los factores de demanda de la **Tabla 9.8** de este libro. Cuando dos o más secadoras sean alimentadas por un alimentador o acometida trifásica de cuatro hilos, la carga total será calculada como dos veces el número máximo conectado entre cualesquiera dos fases.

Normativa 8. La carga de las cocinas eléctricas será calculada según lo tratado en la **sección 9.19** de este libro.

Normativa 9 (*cargas no coincidentes*). Cuando sea muy improbable que dos cargas se utilicen al mismo tiempo, se permite solo el uso de la mayor para los efectos del cálculo de alimentadores y acometida.

El caso típico corresponde a una vivienda que tenga calefacción y aire acondicionado, equipos que no se utilizan simultáneamente.

Normativa 10 (*carga en el neutro del alimentador o de la acometida*). La carga del neutro será la carga máxima computada entre el neutro y cualquiera de los conductores de fase.

Las cargas conectadas entre fase y fase no dan lugar a ninguna corriente sobre el neutro y, por tanto, no se deben tener en cuenta cuando se determina el calibre del neutro de los alimentadores o de la acometida.

Normativa 11 (*reducciones permitidas en el calibre del neutro del alimentador o acometida*). Podrán ser aplicadas reducciones adicionales del 70% en el calibre del neutro, en los casos mencionados a continuación:

1. Un alimentador/acometida que suministre energía a un tablero principal, a equipos de cocinas eléctricas y secadoras de ropa, una vez que hayan sido aplicadas las demandas correspondientes, según las **tablas 9.7** *y* **9.8** *de este libro. Se procederá a aplicar, un 70% de la carga de cada artefacto conectado entre fase y fase.*

2. Cuando el sistema eléctrico sea monofásico de tres hilos o trifásico de cuatro hilos y alimente a cargas lineales en exceso de 200 A, se aplicará el 70% a dicho exceso. Si la carga total es Q, la corriente a computar para el neutro será:

$$I_{neutro} = 200 + (Q - 200) \cdot 0.70$$

Normativa 12 (*reducciones no permitidas en el calibre del neutro del alimentador o acometida*). No se aplicarán reducciones del neutro o del conductor de puesta a tierra en los siguientes casos:

1. Si se trata de un circuito de tres conductores (dos fases + neutro), derivado de un sistema trifásico de cuatro conductores conectado en estrella.

2. Cuando se alimenten cargas no lineales (caso típico de luces fluorescentes) con un sistema trifásico conectado en estrella con cuatro conductores.

Precisemos el contenido de la **normativa 12** en cuanto a la selección del calibre del neutro. Allí se establece que la carga en el neutro será igual al máximo desbalance de corriente que se pueda presentar entre cualquiera de las fases y el neutro. Cuando se

CAPÍTULO 10: CÁLCULO DE ACOMETIDAS/ALIMENTADORES

trata de un circuito monofásico de dos hilos, tal como lo indica la **Fig. 10.5**, el desbalance es igual a la corriente que circula por el conductor de fase.

Para un circuito monofásico de tres hilos 120/240 V, sin una carga conectada entre las dos fases (ver **Fig. 10.6**), el desbalance de carga se toma igual a la corriente mayor de las dos fases. Así, en la **Fig. 10.6**, donde las cargas transportan corrientes de 45 y 30 A, el calibre del neutro se tomará para que pueda resistir la corriente de 45 A que tendrá lugar cuando la fase B esté desconectada, creando la condición más desfavorable de desbalance. Hay que recordar que en condiciones normales de operación las corrientes de fase de un sistema 120/240 V están desfasadas 180° (ver **sección 2.12** de este libro) y la corriente en el neutro es la diferencia entre I_1 e I_2, es decir, 15 A. Solo en el caso de la **Fig. 10.6**, con la fase B desconectada, se produce el mayor desbalance, correspondiente a 45 A.

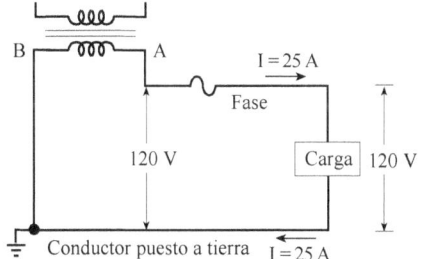
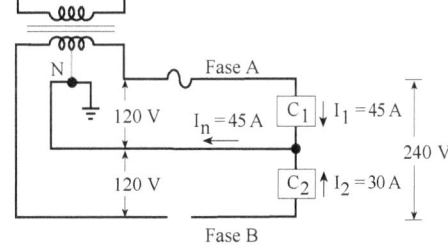

Fig. 10.5 En un circuito monofásico de dos hilos, el máximo desbalance entre la fase y el conductor puesto a tierra es igual a la corriente de fase. En la figura, este valor es de 25 A.

Fig. 10.6 En un circuito monofásico de tres hilos, el máximo desbalance entre fase y neutro corresponde a la mayor corriente de fase. En la figura, este valor es de 45 A.

La carga conectada entre las dos fases de un sistema 120/240 V no contribuye en nada a la corriente en el neutro. Así, la carga de 25 A entre las dos fases de la **Fig. 10.7** se considera balanceada con respecto al neutro y no le aporta corriente alguna. En condiciones normales, la corriente en el neutro es de 15 A y el mayor desbalance sucede cuando la carga de 30 A está desconectada, en cuyo caso esa corriente es de 45 A.

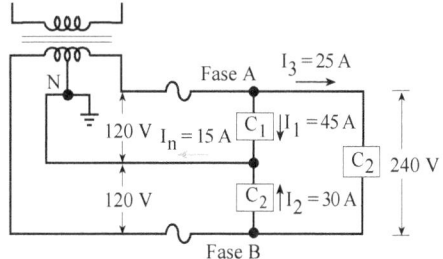

Fig. 10.7 El máximo desbalance entre la fase y el neutro corresponde a la mayor corriente de fase, que tiene lugar cuando se desconecta la carga C_2. Este valor es de 45 A.

Una consideración aparte merece el caso de las cocinas y secadoras eléctricas. Como ya mencionamos, se permite una reducción del 70% para los efectos de seleccionar el calibre del neutro. Veamos por qué, refiriéndonos a la **Fig. 10.8**. Las cocinas y secadoras eléctricas poseen, además de las hornillas calentadoras, cargas de 120 V que comprenden controles, ventiladores, temporizadores y motores, entre otras cosas. La mayor carga, los elementos calefactores, está conectada a las fases a un voltaje de 240 V y no contribuye a la corriente del neutro. Son los elementos adicionales a los elementos calefactores los que producen corriente en el neutro.

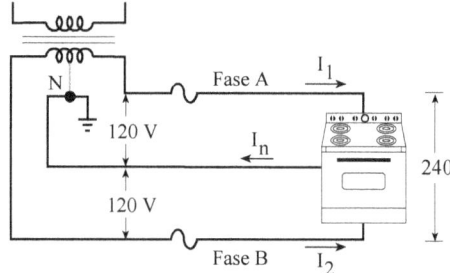

Fig. 10.8 Cuando se trata de una cocina o de una secadora eléctrica, la corriente en el neutro, a los fines de determinar su calibre, se toma como el 70% de la corriente del artefacto, suponiendo que este sea una carga balanceada entre fases.

Para el cálculo del calibre del neutro, se supone que la carga del artefacto está balanceada entre las dos fases; se divide su potencia entre 240 V y el resultado se multiplica por 0.70. Así, para una cocina de 5 kW, se tiene:

$$I = \frac{5000 \text{ W}}{240 \text{ V}} = 21 \text{ A} \quad \Rightarrow \quad I_n = 0.70 \cdot 21 = 15 \text{ A}$$

Consideremos, mediante ejemplos, el caso en que la corriente en el alimentador es superior a 200 A y las cargas son lineales; es decir, no hay elementos, como lámparas fluorescentes o equipos que introduzcan distorsión armónica en las líneas.

Ejemplo 10.1

Un alimentador suministra energía a las siguientes cargas a 120/240 V:

        80 A entre dos fases (240 V)   75 A de la cocina eléctrica
        30 A de la secadora eléctrica   200 A entre fases y neutro

Determine la corriente en el neutro que permita establecer el calibre del mismo.

Solución

La corriente total en el alimentador es, según el enunciado del ejemplo:

        Carga total = 80 + 75 + 30 + 200 = 385 A

La corriente aportada al neutro por las diferentes cargas es:

Carga entre fases (240 V):	0 • 80	= 0
Cocina eléctrica:	0.7 • 75	= 52.5
Secadora eléctrica:	0.7 • 30	= 21
Carga entre fases y neutro:	1 • 200	= 200
Carga total en el neutro (A):		273.5

CAPÍTULO 10: CÁLCULO DE ACOMETIDAS/ALIMENTADORES

Corriente para determinar el calibre:

    Primeros 200 A al 100%:   200
    Remanente (274 − 200 = 74) al 70%:   52
    Carga total del neutro (A):   252

Para el neutro podemos seleccionar un conductor THHN, calibre 250 kcmil, que soporta 255 A a 75°C.

Ejemplo 10.2

Para el sistema trifásico balanceado 120/208 V de la **Fig. 10.9**, determine el valor de la corriente en el neutro que se debe usar para determinar su calibre. Las cargas son resistivas.

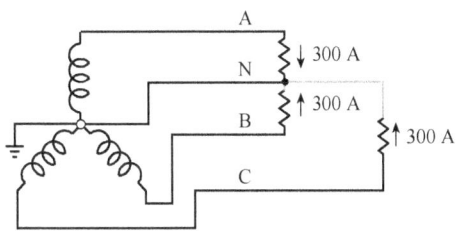

Fig. 10.9 Ejemplo 11.2.

Solución

En condiciones normales, la corriente en el neutro será igual a cero. Sin embargo, para una corriente por fase mayor a 200 A, y previendo la falla de alguna de las fases en el circuito, se permite calcular la corriente en el neutro como:

$$I_n = 200 + (\text{exceso de corriente sobre } 200) \cdot 0.70$$

Tomando los valores del enunciado:

$$I_n = 200 + 100 \cdot 0.70 = 200 + 70 = 270 \text{ A}$$

Cuando se trate de cargas con un contenido rico en armónicos, se pueden presentar varios casos, los cuales ilustramos con los ejemplos que siguen.

Ejemplo 10.3

El alimentador de un sistema monofásico de tres hilos a 120/240 V suministra energía a cargas de lámparas fluorescentes, conectadas entre las fases y el neutro (ver **Fig. 10.10**). Determine la corriente a tener en cuenta para el calibre del neutro en los siguientes casos: *a*) si las cargas son de 80 A cada una; *b*) si una carga es de 120 A y la otra de 60 A; *c*) si las cargas son de 400 y 300 A; *d*) si una de las cargas correspondiera a lámparas incandescentes de 100 A y otra a lámparas fluorescentes de 60 A, ¿cuál sería el calibre del neutro?; *e*) si una de las cargas correspondiera a lámparas incandescentes de 300 A y otra a lámparas fluorescentes de 60 A, ¿cuál sería el calibre del neutro?

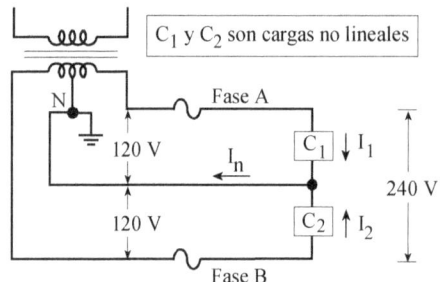

Fig. 10.10 Ejemplo 10.3.

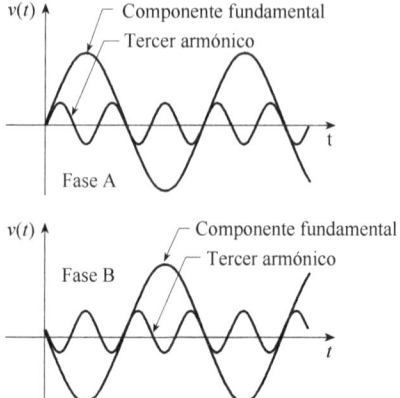

Fig. 10.11 En un sistema monofásico 120/240 V, con cargas no lineales, la componente fundamental y el tercer armónico están desfasados 180°.

Solución

a) Cargas de 80 A. En el neutro se suman las corrientes I_1 e I_2 provenientes de las cargas constituidas por la componente fundamental (60 Hz) y el tercer armónico (180 Hz). Estas corrientes están desfasadas 180° y, bajo condiciones de balance, se cancelan en el neutro (ver **Fig. 10.11**) haciendo que $I_n = 0$. Sin embargo, a pesar de esto, no debe haber reducción en el calibre del neutro por tratarse de cargas no lineales y este debe tener el mismo calibre del conductor de fase. Esta disposición se basa en que el mayor desbalance tiene lugar cuando una de las fases no conduce corriente alguna, en cuyo caso toda la corriente proveniente de la otra fase, que en el ejemplo es de 80 A, circulará por el neutro.

b) Cargas de 120 A y 60 A. El neutro debe seleccionarse para soportar la carga mayor de 120 A aunque, en ausencia de armónicos, la corriente en el neutro sea la diferencia entre las dos cargas.

c) Cargas de 400 y 300 A. A pesar de que la corriente supera los 200 A y podría suponerse que se aplicaría una reducción, la norma no lo permite por tratarse de cargas no lineales. El neutro debe seleccionarse para la corriente mayor de 400 A.

d) Carga lineal de 100 A y no lineal de 60 A. Se debe añadir la carga incandescente a la fluorescente. Es decir, el neutro debe soportar 160 A.

e) Carga lineal de 300 A y no lineal de 60 A. Se procede de la siguiente forma:

Carga lineal: 200 + 0,70 • 100 = 270 A

Carga no lineal (100%): 60 A

Carga del neutro: 330 A

CAPÍTULO 10: CÁLCULO DE ACOMETIDAS/ALIMENTADORES

Una vez revisado lo relativo al cálculo de alimentadores y de la acometida, utilizaremos lo allí establecido para determinar su calibre. Para ello, procederemos con varios ejemplos de viviendas unifamiliares que nos ayudarán a adquirir destreza en los cálculos.

Ejemplo 10.4

Una familia posee una vivienda de 75 m^2 en la cual no se requieren acondicionadores de aire ni calefacción. La cocina es a base de gas natural y se utiliza la energía solar para el secado de la ropa. Si el voltaje de entrada es monofásico 208 V y se utiliza un horno de microondas con potencia 1000 VA, determine: *a*) el número de circuitos de 15 A; *b*) la carga de iluminación; *c*) la carga para pequeños artefactos; *d*) la carga del lavadero; *e*) el calibre del conductor activo y el neutro de la acometida, y *f*) el dispositivo de protección a usar para el tablero principal, dibujando un diagrama unifilar de dicho tablero.

Solución

a) Número de circuitos de 15 A: Usamos la **relación (10.2)** para calcular el número mínimo de circuitos de 15 amperios:

$$N_{15} = 0.01833 \cdot \text{Área} = 0.0183 \cdot 75 = 1.37$$

De acuerdo con el resultado anterior se deben utilizar, al menos, dos circuitos de 15 A.

b) Carga general de iluminación:

$$75 \text{ m}^2 \cdot 33 \text{ VA/m}^2 = 2475 \text{ VA}$$

En la carga de iluminación están incluidos los tomacorrientes de uso general, de los baños y de las áreas exteriores, como porches y garajes.

c) Carga de circuitos de pequeños artefactos: Como se trata de una vivienda pequeña, asumiremos dos circuitos de pequeños artefactos para la cocina según las normas ya estudiadas. A cada uno de esos circuitos se asigna una carga de 1500 VA para un total de 3000 VA.

d) Carga del lavadero: Se asume un circuito de 1500 VA.

e) Procedimiento Estándar de Cálculo:

Carga general de iluminación:	2475 VA
Carga pequeños artefactos:	3000 VA
Carga del lavadero:	1500 VA
Carga total:	6975 VA

Primeros 3000 VA al 100%:	3000 VA
Próximos 3975 VA al 35%:	1392 VA
Carga/factores de demanda:	4392 VA
Carga artefactos fijos (microondas):	1000 VA

Como hay un solo artefacto fijo, no se aplica el factor de reducción del 75%.

CARGA TOTAL SOBRE LA ACOMETIDA/ALIMENTADOR:

$$\text{Carga total} = 4392 + 1000 = 5392 \text{ VA}$$

AMPACIDAD MÍNIMA PARA LOS CONDUCTORES DE LA ACOMETIDA/ALIMENTADOR:

$$\text{Ampacidad} = \frac{5393 \text{ W}}{208 \text{ V}} = 25.92 \text{ A}$$

De acuerdo con la **Tabla 2.11**, conductores THHN, calibre 10 AWG, con una ampacidad de 30 amperios, seleccionados en la columna de 60°C, son apropiados para la fase y el neutro. Se recuerda que para conductores calibres desde 14 AWG hasta 1 AWG, se debe utilizar la columna de 60°C.

f) INTERRUPTOR DE PROTECCIÓN: Se puede usar un interruptor principal estándar de 30 A, según los valores estándar de dispositivos de protección.

g) DIAGRAMA UNIFILAR: Para dibujar el diagrama unifilar hay que tener en cuenta todos los circuitos. Para este ejemplo, tenemos:

Circuito ramal	N° circuitos	Protección
Alumbrado general	2	15 A
Pequeños artefactos	2	20 A
Lavadero	1	20 A
Baño	1	20 A
Microondas	1	15 A

Se debe subrayar que el número de circuitos de alumbrado general, pequeños artefactos, lavadero y baño es un mínimo y que su número definitivo quedará a criterio del diseñador, según el tipo de unidad residencial y la información suministrada por el propietario. El horno de microondas absorbe una corriente dada por:

$$I = \frac{1000 \text{ W}}{120 \text{ V}} = 8.33 \text{ A}$$

En el resultado obtenido se observa que se puede usar un conductor calibre 14 AWG con protección de 15 A, tal como se muestra en la tabla anterior.

La **Fig. 10.12** presenta el diagrama unifilar.

CAPÍTULO 10: CÁLCULO DE ACOMETIDAS/ALIMENTADORES **471**

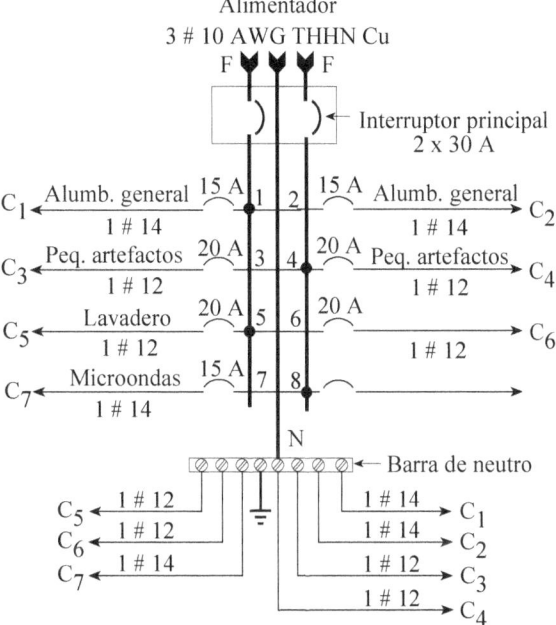

Fig. 10.12 Diagrama unifilar para el **ejemplo 10.4**.

Ejemplo 10.5

En una vivienda de 120 m² se utilizarán los siguientes artefactos:

Cocina eléctrica;	5000 VA, 208 V
Secadora de ropa:	3000 VA, 208 V
Acondicionadores de aire (4):	1060 VA c/u, 208 V
Horno de microondas:	3000 VA, 120 V
Calentador de agua:	1500 VA, 120 V

Si el voltaje de entrada es monofásico 120/208 V, determine: *a*) el número de circuitos de 15 A; *b*) el número de circuitos para pequeños artefactos si el área de la cocina y sus espacios anexos tienen un área de 16.24 m²; *c*) el calibre de los conductores de la acometida/alimentador; *d*) el dispositivo de protección a utilizar, y *e*) el diagrama unifilar.

Solución*

a) La **relación (9.2)** nos permite calcular el número de circuitos de 15 amperios:

$$N_{15} = 0.01833 \cdot \text{Área} = 0.0183 \cdot 120 = 2.2$$

El resultado indica que se deben asignar tres circuitos de 15 A para la iluminación general.

---
* Cuando no se indique el calibre del conductor de puesta a tierra, se usará la **Tabla 10.6**.

b) Según lo estudiamos en la **sección 9.11**, el área que cubre un circuito de 20 amperios para los pequeños artefactos es de 72.73 m^2. Como el área de la cocina es de 16.24 m^2, basta con dos circuitos de pequeños artefactos.

c) PROCEDIMIENTO ESTÁNDAR DE CÁLCULO

Carga general de iluminación (120 V, 15 A):   120 m^2 • 33 VA/m^2 = 3960 VA

Carga de pequeños artefactos (120 V, 20 A):   2 • 1500 = 3000 VA

Carga del lavadero (120 V, 20 A):   1 • 1500 = 1500 VA

Aplicación de los factores de demanda según la **Tabla 10.1**:

Carga de iluminación general:	3960 VA
Carga de pequeños artefactos:	3000 VA
Carga del lavadero:	1500 VA
Carga total	8460 VA
Primeros 3.000 A al 100%:	3000 VA
Próximos 5.460 al 35%:	1911 VA
Carga/Factores de demanda:	4911 VA

CARGAS DE ARTEFACTOS ESPECIALES. Son artefactos especiales la cocina eléctrica, la secadora eléctrica de ropa y los acondicionadores de aire.

Cocina eléctrica (208 V). Usamos la segunda columna de la **Tabla 9.7** porque que se trata de una sola cocina de 5000 VA. Como el factor de demanda es del 80%:

Carga de la cocina: 0.80 • 5000 = 4000 VA

Secadora de ropa (208 V). La carga será el valor más grande entre lo marcado en placa (3000 VA) y 5000 VA. Se toma entonces el valor de 5000 VA:

Carga de la secadora de ropa: 5000 VA

Acondicionadores de aire (208 V). Se utilizan cuatro acondicionadores de aire, con una potencia de 1060 VA cada uno, para una carga total de:

Carga/acondicionadores de aire: 4240 VA

Artefactos conectados fijos (120 V)

Calentador de agua: 1500 VA   Horno de microondas: 3000 VA

Carga total artefactos fijos: 4500 VA

CAPÍTULO 10: CÁLCULO DE ACOMETIDAS/ALIMENTADORES   **473**

Como hay menos de cuatro artefactos fijos, no se aplica a la carga anterior el factor de reducción del 75%.

25% DEL MOTOR MÁS GRANDE. El motor de mayor potencia corresponde al del compresor del acondicionador de aire, con una potencia de 1060 W. De acuerdo con las normas, se debe añadir a los cálculos anteriores el 25% de su potencia:

Motor más grande: 0.25 • 1060 = 265 VA

CARGA TOTAL SOBRE LA ACOMETIDA/ALIMENTADOR

Carga total = 4911 + 4000 + 5000 + 4240 + 4500 + 265 = 22916 VA

CALIBRE DE LOS CONDUCTORES DE FASE. Para este ejemplo, la potencia total es de 22916 VA. Como el voltaje entre fases es de 208 V, la ampacidad mínima es:

$$I = \frac{\text{Potencia(VA)}}{208 \text{ V}} = \frac{22916}{208} \approx 110 \text{ A}$$

De acuerdo con la **Tabla 2.11**, dos conductores de fase THHN, calibre 2 AWG, con una ampacidad de 115 A a 75°C, se pueden utilizar para esta residencia, según la columna 1 de esta tabla.

CALIBRE DEL NEUTRO. Para calcular el calibre del neutro, se presentan a continuación dos métodos alternativos:

Método 1. En la iluminación general y los artefactos fijos, donde las cargas son conectadas a 120 V entre fase y neutro, se asume que las cargas están balanceadas, de manera que la mitad está conectada de una fase al neutro, mientras que la otra mitad se conecta de la otra fase al neutro. Si la carga total es de 9411 VA, se llega a la **Fig. 10.13** con 4705.5 VA entre la fase A y el neutro y 4705.5 VA entre la fase B y el neutro.

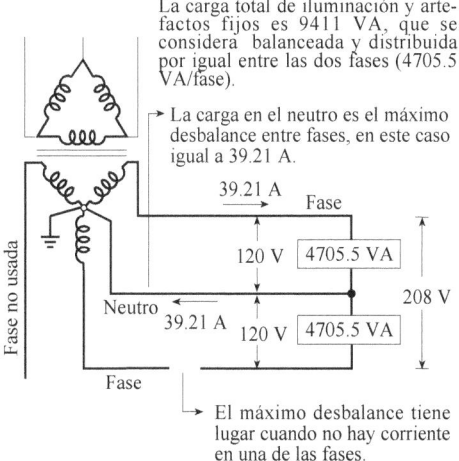

Fig. 10.13 Corriente en el neutro debida a la carga de iluminación general.

El peor desbalance ocurre cuando una de las fases está desconectada o no hay ningún artefacto consumiendo energía entre esa fase y el neutro, tal como se indica en esa figura. La corriente en el neutro se obtiene dividiendo 9411 VA entre 2 • 120 V:

$$I_n \text{(Iluminación + artefactos fijos)} = \frac{9411}{2 \cdot 120} = 39.21 \text{ A}$$

Los acondicionadores de aire no contribuyen a la corriente en el neutro. Cuando se trata de cocinas eléctricas y secadoras de ropa, el aporte a la corriente del neutro se obtiene con base en el 70% del consumo en VA dividido entre 208 V:

$$I_n \text{(Cocina + secadora)} = 0.70 \cdot \frac{VA}{208} = 0.70 \frac{9000}{208} = 30.28 \text{ A}$$

Los consumos de la cocina y de la secadora son 4000 VA y 5000 VA, respectivamente. Multiplicando la suma de los consumos de estos artefactos (9000 VA) por 0.70 y dividiendo entre 208 V, determinamos la corriente en el neutro debida a estos artefactos.

Los acondicionadores de aire, como se dijo anteriormente, al estar conectados entre las dos fases, no contribuyen a la corriente en el neutro. En definitiva, la corriente total en el neutro está dada por:

$$I_N = 39.21 + 30.28 = 69.49 \text{ A}$$

Podemos seleccionar un conductor THHN, calibre 4 AWG, con una ampacidad de 70 A, según la columna 1 de la **Tabla 2.11**.

Método 2. Se divide la carga en el neutro entre 208 V. En este caso se obtiene un valor de corriente que es superior con respecto al calculado por el método 1, lo cual da un margen de seguridad más alto porque se obtienen conductores de mayor calibre:

$$I = \frac{9411 \text{ VA}}{208 \text{ V}} = 45.24 \text{ A}$$

La corriente total en el neutro es:

$$I_N = 45.24 + 30.28 = 75.52 \text{ A}$$

Se selecciona un conductor THHN, calibre 4 AWG, con una ampacidad de 85 A, según la columna 1 de la **Tabla 2.11**.

d) Dispositivo de protección a utilizar. Como la carga calculada en la acometida/alimentador es de 110 A, se selecciona un breaker estándar de 110 A.

e) Diagrama unifilar. Para dibujar el diagrama unifilar, se deben conocer las protecciones y los calibres de los conductores de la instalación eléctrica. Ya se sabe que los tres circuitos de iluminación son de 15 A y los dos de pequeños artefactos son circuitos de 20 A. Además, se requieren circuitos ramales de 20 A para los tomacorrientes del baño y del lavadero. En este último caso, se supone que las cargas están incluidas en los 33 W/m^2 de iluminación general.

CAPÍTULO 10: CÁLCULO DE ACOMETIDAS/ALIMENTADORES

Las corrientes en los otros artefactos son:

Cocina eléctrica:

$$I = \frac{\text{Potencia (VA)}}{208 \text{ V}} = \frac{4000 \text{ VA}}{208 \text{ V}} = 19 \text{ A}$$

El dispositivo de protección no debe ser inferior a 19 A. Un interruptor de 20 A es apropiado como protección. Un conductor calibre THHN, AWG 12, con una ampacidad de 25 A, se puede usar para los conductores activos. Este conductor requiere una protección de 20 A, lo cual concuerda con el interruptor ya seleccionado. Se debe observar que aunque un conductor 14 AWG soporta una corriente de 20 A, la protección requerida, de seleccionarse este conductor, sería de 15 A, lo que provocaría el disparo continuo del interruptor.

La ampacidad del conductor seleccionado (25 A) es mayor que el régimen del circuito ramal (20 A) y mayor que la carga a servir (19 A), tal como lo exigen las normas.

Para el neutro, multiplicamos la carga de los conductores de fase por 0.70. Esto da, para la corriente de neutro, el siguiente valor:

$$I_n = 19 \bullet 0.70 = 13 \text{ A}$$

Lo anterior permite seleccionar un conductor calibre 14 AWG para el neutro. El conductor de puesta a tierra será de calibre 12 AWG (**Tabla 9.6**). En definitiva, para la cocina eléctrica se tiene:

> *Voltaje de funcionamiento: dos fases a 208 V*
> *Calibre de los 2 conductores de fase*: 12 AWG
> *Protección*: interruptor de 20 A
> *Calibre del neutro*: 14 AWG

Secadora de ropa: El valor mínimo de la carga de una secadora eléctrica será 5000 VA. Por tanto, la corriente estará dada por:

$$I = \frac{\text{Potencia (VA)}}{208 \text{ V}} = \frac{5000 \text{ VA}}{208 \text{ V}} = 24 \text{ A}$$

Se selecciona un conductor THHN, calibre 10 AWG y una protección de 30 A, para el circuito de la secadora de ropa. Con una corriente en el neutro de 24 • 0.70 = 16.8 A, se tiene:

> *Voltaje de funcionamiento: dos fases a 208 V*
> *Conductores de fase: dos THHN, AWG 10 (60°C)*
> *Protección: interruptor de 30 A*
> *Calibre del neutro (I_N = 24 • 0.7 = 16.8 A): Se elige un conductor THHN, 14 AWG (60°C).*
> *Conductor de puesta a tierra: 10 AWG* (**Tabla 9.6**)

Acondicionadores de aire con potencia 1060 VA:

$$I = \frac{\text{Potencia (VA)}}{208\ V} = \frac{1060\ VA}{208\ V} = 5\ A$$

Como se trata de una carga continua, el valor anterior se multiplicará por 1.25 para obtener la carga que cada equipo ofrece al circuito ramal:

$$I = 5 \cdot 1.25 = 6.25\ A$$

Según la **sección 9.26** de este libro, para determinar el dispositivo de protección de cada acondicionador de aire, multiplicamos la corriente de carga por 1.75:

$$I_{OCPD}\ (\text{mínimo}) = 5 \cdot 1.75 = 8.75\ A$$

Un conductor THHN (60°C), calibre 14 AWG, con una protección de 15 A, es suficiente para cada equipo de aire acondicionado. Entonces:

Voltaje de funcionamiento: dos fases a 208 V
Conductores de fase: dos THHN, 14 AWG (60°C)
Protección: interruptor de 15 A

Calentador de agua:

$$I = \frac{\text{Potencia (VA)}}{120\ V} = \frac{1500\ VA}{120\ V} \approx 13\ A$$

Como se trata de una carga continua, el valor anterior se multiplica por 1.25 para obtener 16.25 A. Se usará un conductor THHN, calibre 12 AWG, con ampacidad de 25 A y un interruptor de 20 A.

Características del circuito ramal:

Voltaje de funcionamiento: una fase a 120 V
Conductor de fase: THHN, 12 AWG (60°C)
Protección: interruptor de 20 A

Horno de microondas:

$$I = \frac{\text{Potencia (VA)}}{120\ V} = \frac{3000\ VA}{120\ V} = 25\ A$$

Para el valor anterior, seleccionamos un conductor THHN, calibre 10 AWG, con una protección de 30 A. Si hubiéramos seleccionado un conductor calibre 12 AWG, con ampacidad de 25, la protección, de acuerdo con **240.4(D)** del **CEN**, debería ser de 20 A, que provocaría el disparo del interruptor, ya que la carga de 25 A es mayor que la del dispositivo de protección. Tenemos:

Voltaje de funcionamiento: una fase a 120 V
Conductor de fase: THHN, 10 AWG (60°C)
Protección: interruptor de 30 A

CAPÍTULO 10: CÁLCULO DE ACOMETIDAS/ALIMENTADORES

La **Tabla 10.2** muestra un resumen de todos los circuitos con sus cargas. A partir de esa tabla se puede derivar el diagrama unifilar para el tablero principal que se presenta en la **Fig. 10.14**. Los circuitos de reserva que puedan dejarse en el tablero principal corresponden al criterio del diseñador según las cargas futuras a considerar. Un 20% de reserva es un valor aproximado y adecuado para muchas instalaciones.

Circuito	Tipo de carga	Voltaje (V)	Calibre fase	Calibre neutro	Protección	Cargas en VA Fases	Cargas en VA Neutro	Observaciones
1	Ilum. general	120	14	14	1 x 15			
2	Ilum. general	120	14	14	1 x 15	3960	3960	33 VA/m²
3	Ilum. general	120	14	14	1 x 15			
4	Peq. artefactos	120	12	12	1 x 20	1500	1500	
5	Peq. artefactos	120	12	12	1 x 20	1500	1500	
6	Lavadero	120	12	12	1 x 20	1500	1500	
7	Baños	120	12	12	1 x 20	–		Incluidos en 33 VA/m²
					Subtotal 1	8460	8460	

Aplicación de los factores de demanda

Primeros 3000 VA al 100%   3000   3000
(8460 – 3000) VA al 35%   1911   1911

Subtotal 2   4911   4911

Circuito	Tipo de carga	Voltaje (V)	Calibre fase	Calibre neutro	Protección	Cargas en VA Fases	Cargas en VA Neutro	Observaciones
8	Cocina eléctrica	208	12	–	2 x 20	4000	2800	Carga neutro 70%
9	Secadora ropa	208	10	–	2 x 30	5000	3500	Carga neutro 70%
10	Acondic. aire	208	14	–	2 x 15	1080	0	–
11	Acondic. aire	208	14	–	2 x 15	1080	0	–
12	Acondic. aire	208	14	–	2 x 15	1080	0	–
13	Acondic. aire	208	14	–	2 x 15	1080	0	–
14	Calentado agua	120	14	14	1 x 15	1500	1500	Artefacto fijo 120 V
15	Microondas	120	10	10	1 x 30	3000	3000	Artefacto fijo 120 V
					Subtotal 3	17740	15711	

25% del motor más grande   265   0
Subtotal 3   4911   4911

TOTAL   22916   15711

ACOMETIDA: 2 fases, 120/208 V, THHN 1 AWG
NEUTRO: THHN 4 AWG
TIERRA: THHN 6 AWG
PROTECCIÓN: 2 x 110 A

Tabla 10.2 Resumen de cargas para el **ejemplo 10.3**

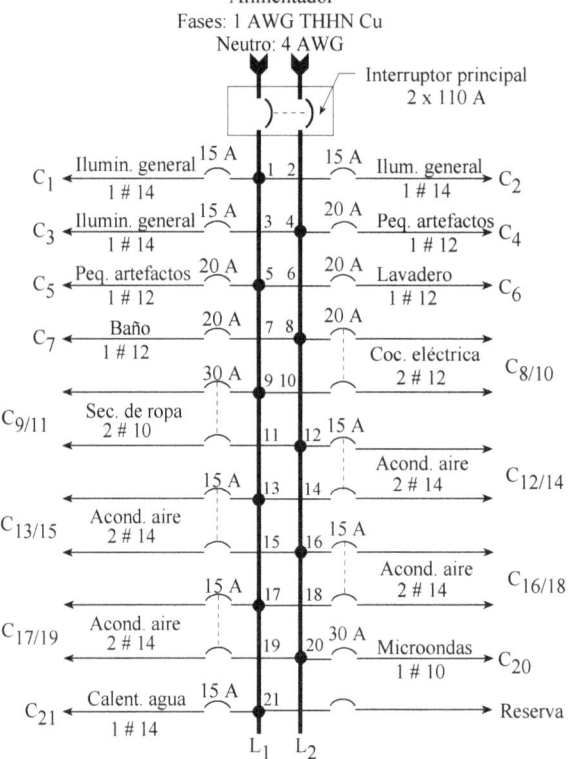

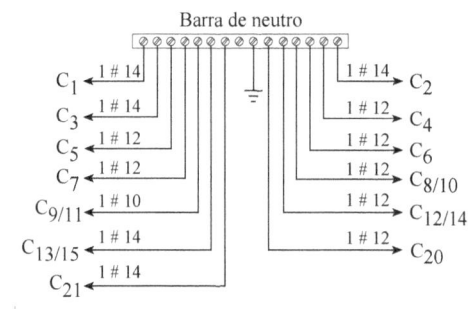

Nota 1: El número de circuitos de reserva se deja al diseñador de la instalación eléctrica, según el tipo de vivienda y sus necesidades futuras. Algunos autores recomiendan dejar un 20% de circuitos de reserva.

Nota 2: El calibre del conductor de puesta a tierra se obtiene a partir de la **Tabla 10.6** de este libro. De acuerdo con la misma, si los *breakers* son de 110 A, el conductor de tierra será calibre 6 AWG (cobre).

Fig. 10.14 Diagrama unifilar para el **ejemplo 10.5**.

CAPÍTULO 10: CÁLCULO DE ACOMETIDAS/ALIMENTADORES **479**

Ejemplo 10.6

Una vivienda de 140 m², alimentada con un sistema monofásico de 120/208 V, cuenta con los siguientes artefactos y equipos eléctricos:

Acondicionador de aire de 5 toneladas:	5100 VA/208 V
Calentador de agua:	1500 VA/120 V
Cocina eléctrica:	8000 VA/208 V
Bomba de agua:	1610 VA/120 V
Triturador de desperdicios:	1000 VA/120 V
Lavaplatos eléctrico:	1200 VA/120 V
Secadora de ropa:	5500 VA, 208 V
Horno de microondas:	3000 VA, 120 V

Determine las características de la instalación eléctrica incluyendo los calibres de los distintos conductores, el tamaño y tipo de la canalización eléctrica y las protecciones. Dibuje el tablero principal.

Solución

NÚMERO DE CIRCUITOS DE 15 A: $N_{15} = 0.01833 \cdot \text{Área} = 0.0183 \cdot 140 = 2.56$

Se requieren tres circuitos de 15 A.   Dos conductores THHN, 14 AWG.
Protección: 1 x 15 A cada circuito.   Tubería: EMT tamaño 1/2 (**Tabla 3.14**).

CARGA DE ILUMINACIÓN GENERAL

$$140 \text{ m}^2 \cdot 33 \text{ VA/m}^2 = 4620 \text{ VA}$$

CIRCUITOS DE PEQUEÑOS ARTEFACTOS.

Tomaremos tres circuitos para pequeños artefactos, a 1500 VA cada uno:

$$3 \cdot 1500 = 4500 \text{ VA}$$

Se requieren tres circuitos de 20 A.   Dos conductores THHN, 12 AWG.
Protección: 1 x 20 A cada circuito.   Tubería: EMT tamaño 1/2 (**Tabla 3.14**).

CIRCUITO DEL LAVADERO

Un circuito de 1500 A: 1 • 1500 = 1500 VA

Se requiere un circuito de 20 A.   Dos conductores THHN, 12 AWG.
Protección: 1 x 20 A.   Tubería: EMT tamaño 1/2 (**Tabla 3.14**).

Aplicación de los factores de demanda

Carga general de iluminación:	4620 VA
Carga pequeños artefactos:	4500 VA
Carga del lavadero:	1500 VA
Carga total:	10620 VA
Primeros 3000 VA al 100%:	3000 VA
Próximos 7620 VA al 35%:	2667 VA
Carga/factores de demanda:	5667 VA

Carga de artefactos fijos a 120 V. Se excluyen la cocina eléctrica, la secadora eléctrica y los acondicionadores de aire.

Calentador de agua:	1500 VA
Horno de microondas:	3000 VA
Bomba de agua:	1610 VA
Triturador de desperdicios	1000 VA
Lavaplatos eléctrico	1200 VA
	8310 VA

Como hay más de cuatro artefactos fijos, se aplica un factor del 75% al valor anterior.

Carga artefactos fijos: 8310 • 0.75:   6233 VA

Dimensionamiento circuitos individuales

Carga del calentador de agua (1500/120 • 1.25) = 16 A)

Dos conductores THHN, 14 AWG.   Protección: 1 x 15 A.
Tubería: EMT tamaño 1/2 (Tabla 3.14).

Horno de microondas

Carga: (3000/120 = 25 A)   Dos conductores THHN, 10 AWG.
Protección: 1 x 30 A.   Tubería: EMT tamaño 1/2.

Bomba de agua

Ampacidad conductor: (1610/120 • 125 = 16 A):
Capacidad interruptor: 13 • 2.5 = 32.5 A
Dos conductores THHN, 14 AWG.   Protección: 1 x 30 A.
Tubería: EMT tamaño 1/2.

Triturador desperdicios

Carga: (1000/120) • 125 = 10.42 A   Dos conductores THHN, 14 AWG.
Protección: 1 x 15 A.   Tubería: EMT tamaño 1/2.

Lavaplatos

Carga: (1200/120) • 1.25 = 12.5 A
Protección: 1 x 15 A.

Dos conductores THHN, 14 AWG.
Tubería: EMT tamaño 1/2.

Secadora de ropa.

El valor mínimo a tomar es de 5000 VA o el indicado en la placa de 5500 VA.

Carga de la secadora de ropa: 5500 VA
Dos conductores de fase THHN, 10 AWG.
Protección: 2 x 30 A.

Corriente = 5500/208 = 26 A.
1 conductor neutro THHN, 14 AWG.
Tubería: EMT tamaño 1/2.

Cocina eléctrica. Como hay una sola cocina eléctrica de 8000 VA, usamos el factor 0.80, señalado en la segunda columna de la **Tabla 9.7**.

Carga cocina eléctrica 8000 • 0.80: 6400 VA
Fases: Dos conductores THHN, 8 AWG.
Protección: 2 x 40 A.

Corriente = 6400/208 = 31 A.
Neutro: Un conductor THHN, 12 AWG.
Tubería: EMT tamaño 1/2.

Acondicionador de aire*

Carga acondicionador de aire: 5100 VA
Dos conductores THHN, 8 AWG.
Tubería: EMT tamaño 1/2.

Corriente = (5100/208) • 1.25 = 31 A.
Protección: 31 • 1.75 = 43 A (2 x 45 A).

Motor más grande

El motor más grande corresponde al del acondicionador de aire de 5100 VA. Se toma el 25% de este valor. 25% del motor más grande: 1275 VA

Carga total de la acometida/alimentador (amperios)

Carga total = 5667 + 6233 + 5500 + 6400 + 5100 + 1275 = 30175 VA

$$I = \frac{30175}{208} = 150 \, A$$

Dispositivo de protección, **sección 240.6(A)**: 150 A

Calibre del conductor de la acometida/alimentador

Según la **Tabla 2.11**, se puede utilizar un conductor THHN, calibre 1/0, con una ampacidad de 150 A a 75°C.

Calibre del alimentador: 1/0 AWG
Dos conductores THHN, 1/0 AWG.
Protección: 2 x 150 A.
Conductor de puesta a tierra: 6 AWG (**Tabla 9.6**).
Tubería: EMT tamaño 1 1/2 (**Tabla 3.14**).

Corriente = 30175/208 = 145 A.
Un conductor neutro THHN, 2 AWG.

---

* Para los acondicionadores de aire, la corriente se multiplica por el 125% a fin de determinar la ampacidad del conductor. Para calcular el *breaker*, se multiplica la corriente por el 175%.

CALIBRE DEL NEUTRO

Iluminación general y artefactos fijos: La carga de iluminación general es de 5667 VA, y la de los artefactos fijos a 120 V es de 6233 VA. Su suma es 11900 VA, carga que se supone balanceada entre las fases y el neutro. La corriente en el neutro está dada por:

$$I_{N1} = \frac{11900 \text{ VA}}{2 \cdot 120 \text{ V}} \approx 50 \text{ A}$$

Cocina y secadora de ropa: El consumo de estos artefactos es de 6400 VA y 5500 VA, respectivamente, lo que da un total de 11900. Multiplicando 11900 VA por 0.70 y dividiendo entre 208 V, determinamos la corriente en el neutro debida a la cocina y la secadora de ropa:

$$I_{N2}(\text{cocina y secadora}) = 0.70 \cdot \frac{11900}{208} = 40 \text{ A}$$

25% del motor más grande: El motor más grande conectado entre fase y neutro (120 V) corresponde a la bomba de agua (1.610 VA). La corriente es:

$$I_{N3}(25\% \text{ motor más grande}) = 0.25 \cdot \frac{1610 \text{ VA}}{120 \text{ V}} = 3.35 \text{ A}$$

La corriente en el neutro está dada por: $I_N = 50 + 40 + 3.3 = 93.3$ A

Podemos seleccionar un conductor THHN, calibre 2 AWG.

> Calibre del neutro: 2 AWG

Se debe observar que el motor más grande a utilizar es el conectado al neutro y no el motor más grande conectado entre las dos fases. En el primer caso, el motor es el de la bomba de agua, mientras que en el segundo se trata del acondicionador de aire.

A fin de dibujar el diagrama unifilar del tablero principal, la **Tabla 10.4** presenta el resumen de las cargas conectadas. La **Fig. 10.15** muestra el diagrama unifilar. El número de espacios de reserva en el tablero dependerá de futuras ampliaciones en la instalación, asunto que se debe tener en cuenta para incrementar el calibre de la acometida en un 25%, al menos.

CAPÍTULO 10: CÁLCULO DE ACOMETIDAS/ALIMENTADORES

Circuito	Tipo de carga	Voltaje (V)	Calibre fase	Calibre neutro	Protección	Cargas en VA		Observaciones
						Fases	Neutro	
1, 2 y 3	Ilum. general	120	14	14	15	4620	4620	
4, 5, 6	Peq. artefactos	120	12	12	20	4500	4500	
7	Lavadero	120	12	12	20	1500	1500	
8	Baño	120	12	12	20	–	–	Incluidos en 33 VA/m^2
					Subtotal 1	10620	10620	

Aplicación de los factores de demanda

Primeros 3000 VA al 100%   3000   3000

(10620 – 3000) VA al 35%   2667   2667

Subtotal 2   5667   5667

Circuito	Tipo de carga	Voltaje (V)	Calibre fase	Calibre neutro	Protección	Cargas en VA		Observaciones
						Fases	Neutro	
9	Calentador de agua	120	14	14	1 x 15	1500	1500	Artefacto fijo 120 V
10	Microondas	120	10	10	1 x 30	3000	3000	Artefacto fijo 120 V
11	Bomba de agua	120	14	14	1 x 15	1610	1610	Artefacto fijo 120 V
12	Tritur. desperdicios	120	14	14	1 x 15	1000	1000	Artefacto fijo 120 V
13	Lavaplatos	120	14	14	1 x 15	1200	1200	Artefacto fijo 120 V
					Artefactos fijos	8310	8310	

Factor de demanda 75%   Subtotal 3   6233   6233

Circuito	Tipo de carga	Voltaje (V)	Calibre fase	Calibre neutro	Protección	Cargas en VA		Observaciones
						Fases	Neutro	
14/16	Secadora de ropa	208	10	14	2 x 30	5500	1500	Reducción 70% neutro
15/17	Cocina eléctrica	208	8	12	2 x 40	6400	3000	Reducción 70% neutro
18/20	Acondicion. aire	208	8	–	2 x 45	5100	1610	Sin carga en neutro
					Subtotal 4	17000	8330	

25% del motor más grande   **1275   403**

TOTAL   30175   20633

ACOMETIDA: 2 fases, 120/208 V, THHN 1/0 AWG
NEUTRO: THHN 2 AWG
CONDUCTOR DE PUESTA A TIERRA: THHN 6 AWG
PROTECCIÓN: 2 x 150 A
DUCTO: Tamaño 1 1/2

Tabla 10.3 Resumen de cargas para el **ejemplo 10.6**.

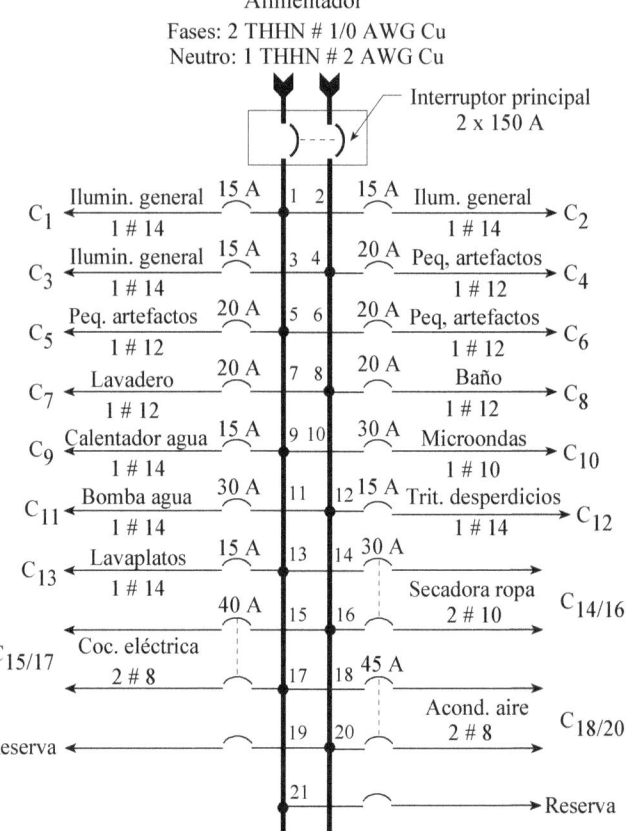

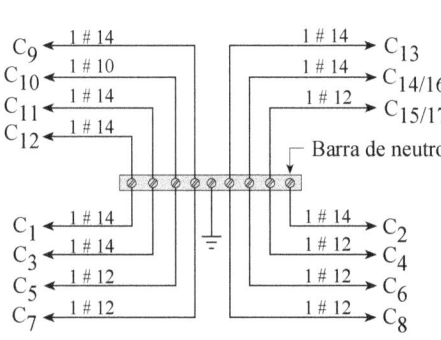

Nota 1: El número de circuitos de reserva se deja al diseñador de la instalación eléctrica, según el tipo de vivienda y sus necesidades futuras. Algunos autores recomiendan apartar un 20% de circuitos. de reserva.

Nota 2: El calibre del conductor de puesta a tierra se obtiene a partir de la **Tabla 9.6** de este libro. De acuerdo con la misma, si los *breakers* son de 150 A, el conductor de tierra será calibre 6 AWG (cobre).

Fig. 10.15 Diagrama unifilar para el **ejemplo 10.6**.

CAPÍTULO 10: CÁLCULO DE ACOMETIDAS/ALIMENTADORES   485

Ejemplo 10.7

Los siguientes artefactos y equipos se encuentran en una vivienda de 230 m^2:

Calentador de agua:	4.5 kVA/240 V
Lavaplatos:	1 kVA/120 V
Triturador de desperdicios:	1 kVA/120 V
Compactador de basura:	1 kVA/120 V
Secadora de ropa:	5 kVA/240 V
Cocina eléctrica:	8 kVA/240 V
Horno de pared:	6 kVA/240 V
Bomba de agua:	1.5 kVA/120 V
Bomba de piscina:	1.2 kVA/120 V
Acondicionador de aire (5 ton):	5.1 kVA/240 V
Calentador de ambiente (3 de 4 kW):	12 kVA/240 V
Horno microondas:	1.7 kVA/120 V

La residencia requiere tres circuitos para pequeños artefactos y un circuito para el lavadero. La alimentación es monofásica a 120/240 V. Efectúe el cálculo de la acometida y los detalles relativos a la protección y canalización.

Solución

NÚMERO DE CIRCUITOS DE 15 A: $N_{15} = 0.01833 \cdot \text{Área} = 0.0183 \cdot 230 = 4.20$

Se requieren cinco circuitos de 15 A.   Dos conductores THHN, 14 AWG.
Protección: 1 x 15 A cada circuito.   Tubería: EMT tamaño 1/2 (Tabla 3.14).

CARGA DE ILUMINACIÓN GENERAL: 230 m^2 • 33 VA/m^2 = 7590 VA

CIRCUITOS DE PEQUEÑOS ARTEFACTOS. Tomaremos tres circuitos de 20 A para pequeños artefactos, a 1500 VA cada uno: 3 • 1500 = 4500 VA

Se requieren tres circuitos de 20 A.   Dos conductores THHN, 12 AWG.
Protección: 1 x 20 A cada circuito.   Tubería: EMT tamaño 1/2.

CIRCUITO DEL LAVADERO. Un circuito de 1500 A: 1 • 1500 = 1500 VA

Se requiere un circuito de 20 A.   Dos conductores THHN, 12 AWG.
Protección: 1 x 20 A.   Tubería: EMT tamaño 1/2.

APLICACIÓN DE LOS FACTORES DE DEMANDA

Carga general de iluminación:	7590 VA
Carga pequeños artefactos:	4500 VA
Carga del lavadero:	1500 VA
Carga total:	13590 VA

Primeros 3000 VA al 100%: 3000 VA
Próximos 10590 VA al 35%: 3707 VA
_____
Carga/factores de demanda: 6707 VA

CARGA DE ARTEFACTOS FIJOS A 120 V. Excluye la cocina eléctrica, la secadora de ropa, los calentadores ambientales y el acondicionador de aire.

Calentador de agua: 4500 VA
Lavaplatos: 1000 VA
Triturador de desperdicios: 1000 VA
Compactador de basura: 1000 VA
Bomba de agua: 1500 VA
Bomba de piscina: 1200 VA
Horno de microondas: 1700 VA
_____
11900 VA

Como hay más de cuatro artefactos fijos, se aplica un factor del 75% al valor anterior:

Carga artefactos fijos • 0.75: 8925 VA

DIMENSIONAMIENTO DE CIRCUITOS INDIVIDUALES.

Calentador de agua (4500/240) • 1.25= 23.43 A:

Dos conductores THHN, 10 AWG.   Protección: 1 x 30 A.
Tubería: EMT tamaño 1/2.

Lavaplatos (1000/120) • 1.25 = 10.42 A:

Dos conductores THHN, 14 AWG.   Protección: 1 x 15 A.
Tubería: EMT tamaño 1/2.

Triturador de desperdicios (1000/120) • 1.25 = 10.42 A:

Dos conductores THHN, 14 AWG.   Protección: 1 x 15 A.
Tubería: EMT tamaño 1/2.

Compactador de basura (1.000/120) • 1,.5 = 10.42 A:

Dos conductores THHN, 14 AWG.   Protección: 1 x 15 A.
Tubería: EMT tamaño 1/2.

Bomba de agua (1.500/120) • 1.25 = 15.63 A:

Dos conductores THHN, 12 AWG.   Protección: 15.63 • 2.50 = 39.1 (1 x 40 A).
Tubería: EMT tamaño 1/2.

CAPÍTULO 10: CÁLCULO DE ACOMETIDAS/ALIMENTADORES

Bomba de piscina $(1200/120) \cdot 1.25 = 12.5$ A:

   Dos conductores THHN, 14 AWG.   Protección: $12.5 \cdot 2.50 = 31.25$ (1 x 30 A).
   Tubería: EMT tamaño 1/2.

HORNO DE MICROONDAS ($1700/120 = 14.17$ A):

   Dos conductores THHN, 14 AWG.   Protección: 1 x 15 A.
   Tubería: EMT tamaño 1/2.

SECADORA DE ROPA

El valor mínimo a tomar es de 5000 VA, que coincide con el consumo de la secadora de ropa de este ejemplo. De acuerdo con ello, tenemos:

Carga de la secadora de ropa: 5000 VA

        Corriente = $5000/240 = 20.83$ A.   Dos fases THHN, 10 AWG.
        Un neutro THHN, 14 AWG (15 A).   Protección: 2 x 30 A.
        Tubería: EMT tamaño 1/2 (**Tabla 3.14**).

COCINA Y HORNO ELÉCTRICO

Como se trata de un horno y una cocina, se aplica la **nota 4** de la **Tabla D6** del **apéndice D**: se utiliza una carga de 14 KVA al cual se aplica la relación (9.6). El factor de aplicación en % es $(P_{Cocina} - 12) \cdot 0.05 = (14 - 12) \cdot 0.05 = 0.1$. La carga a tomar en cuenta es $8 \cdot (1 + 0.1) = 8.8$ KVA:

$$\text{Carga de horno + cocina} = 8.8 \text{ KVA}$$

Instalación eléctrica:

Dos alternativas son posibles. La primera es que se considere un solo circuito para ambos artefactos, mientras que la segunda contempla circuitos separados. Si se opta por la primera opción, se tiene:

$$I_{Fase} = \frac{8800 \text{ VA}}{240 \text{ V}} = 36.67 \text{ A}$$

La corriente en el neutro es: $I_N = 0.70 \cdot 36.67 = 25.67$ A

   Fases: Dos conductores THHN, AWG 8. Neutro: Un conductor THHN, 10 AWG.
   Protección: 2 x 40 A.   Tubería: EMT tamaño 3/4 (**Tabla 3.14**).

ACONDICIONADOR DE AIRE

        Carga acondicionador de aire: 5100 VA
        Corriente = $(5100/208) \cdot 1.25 = 30.64$ A.
        Dos conductores THHN, 8 AWG + Tierra.

Protección: 30.64 • 1.75 = 53.63 A (2 x 50 A).
Tubería: EMT tamaño 3/4 (**Tabla 3.14**).

CALENTADORES DE AMBIENTE

Carga calentadores ambiente: 12000 VA. Cada calentador de ambiente consume 4 kW y la corriente que consumen individualmente es:

Corriente = 4000/240 = 16.67 A.   Dos fases THHN, 12 AWG.
Protección: 2 x 20 A.   Tubería: EMT tamaño 1/2 o 3/4 (**Tabla 3.14**).

Como el acondicionador de aire y los calentadores de ambiente son cargas que no son coincidentes, se selecciona una de las dos. En este caso, se elige la carga de los calentadores de ambiente de 12000 VA (mayor que 5100 VA).

MOTOR MÁS GRANDE

El motor del acondicionador de aire de 5100 VA se omite por haber sido descartado. Se usa el 25% del motor de la bomba de agua, que es de 1500 VA:

25% del motor más grande: 375 VA

CARGA TOTAL DEL ACOMETIDA/ALIMENTADOR

Carga total = 6707 + 8925 + 5000 + 8800 + 12000 + 375 = 41807 VA

$$I = \frac{41807 \text{ VA}}{240 \text{ V}} = 174.20 \text{ A}$$

DISPOSITIVO DE PROTECCIÓN OCPD: 175 A

CALIBRE DEL CONDUCTOR DE LA ACOMETIDA/ALIMENTADOR

Según la **Tabla 2.11**, se podría utilizar un conductor THHN, calibre 3/0, con una ampacidad de 200 A a 75°C. Sin embargo, la norma permite el uso de un conductor de calibre menor cuando se trata de un alimentador o acometida para sistemas 120/240 V monofásicos de tres conductores que alimentan a residencias unifamiliares, bifamiliares o multifamiliares. La **Tabla 10.4**, basada en la **Tabla 310.15(B)(6)** del **CEN**, se utiliza para este tipo de residencias. Asimismo, el neutro puede ser de un calibre menor al de los conductores de fase.

Según la **Tabla 10.4**, el alimentador será THHN, calibre 2/0 AWG .

Calibre de la acometida: 2/0 AWG   Corriente = 42107/240 = 175.44 A.
Dos fases THHN, 2/0 AWG.   Un neutro THHN, 3 AWG (ver punto 15).
Protección: 2 x 175 A.
Conductor de puesta a tierra (**Tabla 13.1**): 6 AWG.
Tubería: EMT tamaño 1 1/2 (**Tabla 3.14**).

CAPÍTULO 10: CÁLCULO DE ACOMETIDAS/ALIMENTADORES **489**

	Calibre AWG o kcmil	
Acometida o alimentador	Cobre	Aluminio
100	4	2
110	3	1
125	2	1/0
150	1	2/0
175	1/0	3/0
200	2/0	4/0
225	3/0	250
250	4/0	300
300	250	350
350	350	500

Tabla 10.4 Tipos y calibres de conductores para sistemas monofásicos de tres hilos 120/240 V. Conductores RHH, RHW, RHW-2, THHN, THHW, THW-2, THWN, THWN-2, XHHW, XHHW2, SE, USE, USE-2.

CALIBRE DEL NEUTRO

Para calcular el calibre del neutro, se separan las cargas según las siguientes indicaciones:

1. Como en el ejemplo anterior, se supone que la carga total de iluminación general se reparte por igual entre cada fase y el neutro. Esto significa que la corriente mayor de desbalance en el neutro se obtiene dividiendo esta carga entre 240 V.

2. Las cargas de artefactos fijos se suponen equilibradas entre las fases y el neutro, y, por tanto, su suma se divide entre 240. Si hay más de cuatro artefactos fijos, el resultado se multiplica por 0.75.

3. Los artefactos conectados a 240 V, con excepción de las cocinas y la secadora, no dan lugar a corriente en el neutro.

4. La carga de las cocinas y la secadora se multiplicará por 0.70.

5. Se suma el 25% del motor mayor, conectado a un voltaje de 120 V.

6. Se suma el total de la carga en VA y el resultado se divide entre 240 para obtener la corriente en el neutro.

Para el ejemplo que estamos resolviendo se tienen las siguientes cargas:

Iluminación:	6707 VA
Artefactos fijos (75%):	8925 VA
Secadora eléctrica (5000 • 70%):	3500 VA
Cocina eléctrica (9100 • 70%):	6370 VA
Acondicionador de aire:	0 VA
Calentadores de ambiente:	0 VA
Motor más grande (25%):	375 VA
Carga total:	25877 VA

La corriente en el neutro es:

$$I_N = \frac{25877 \text{ VA}}{240 \text{ V}} = 107.82 \text{ A}$$

De la **Tabla 10.4**, se deduce que el neutro puede ser del tipo THHN, calibre 3 AWG.

El conductor de puesta a tierra para un calibre del alimentador 1/0 AWG será de un calibre 6 AWG, según la **Tabla 9.6**.

Es importante mencionar que la norma exige que las cargas conectadas entre las fases y el neutro estén balanceadas. De hecho, la división de cargas para sistemas a 120/240 V asume este balance para el cálculo de la carga del neutro, aun cuando esta carga esté conectada entre las fases y el neutro.

Es ilustrativo observar cómo se distribuyen las cargas en el sistema eléctrico de esta residencia. Para ello nos referiremos a la **Fig. 10.16**. Se ha tratado de balancear las cargas conectadas al neutro. Si se separan las cargas conectadas entre fase y neutro de las cargas conectadas entre dos fases, podemos pasar a la **Fig. 10.17**.

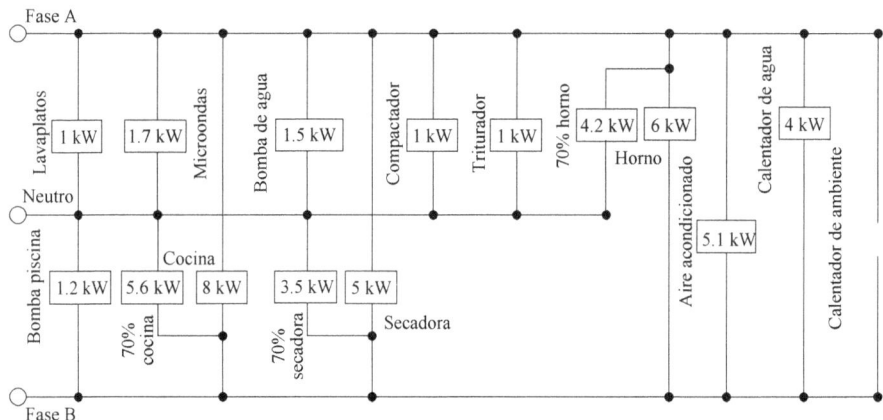

Fig. 10.16 Distribución de cargas para el **Ejemplo 10.7**. Las cargas entre fase y neutro están distribuidas para lograr el equilibrio entre las fases. En el caso de la cocina, la secadora y el horno, solo un 70% de la carga se conecta entre las fases y el neutro.

CAPÍTULO 10: CÁLCULO DE ACOMETIDAS/ALIMENTADORES | 491

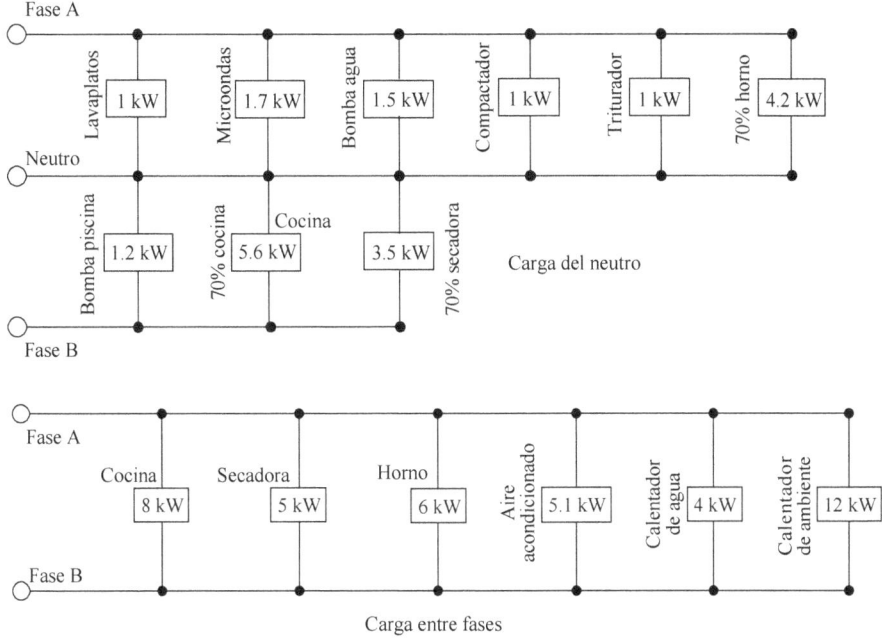

Fig. 10.17 Distribución de cargas para el **Ejemplo 10.7**. Cargas del neutro y entre las fases.

9.3   MÉTODO OPCIONAL PARA VIVIENDAS UNIFAMILIARES

El método opcional para alimentadores y acometidas proporciona otra alternativa de cálculo y se aplica a una sola vivienda o a un apartamento en un complejo multifamiliar, alimentado por un conjunto único de conductores de tres hilos a 120/240 o 120/208, con una ampacidad igual o mayor que 100 amperios. Este método se basa en la la gran diversidad de uso de las cargas cuando la capacidad de una instalación adquiere valores considerables.

El método opcional es una alternativa al método estándar para el cálculo de alimentadores y acometidas y, según las normas, contempla los siguientes pasos:

1. Para cargas generales se toma el 100% de los primeros 10 kVA, más el 40% del remanente de las siguientes cargas:

    a) 33 VA/m^2 o 3 VA/ft^2 para iluminación, que incluye tomacorrientes de uso general.

    b) 1500 VA para cada circuito de 20 amperios de dos hilos, destinado a pequeños artefactos y lavadero.

    c) El valor nominal de placa en VA de todos los artefactos fijos conectados permanentemente: cocinas, hornos de pared, equipos de aire acondicionado, secadoras de ropa y calentadores de agua, etc.

d) El valor nominal en amperios o en kVA de todos los motores y demás cargas con bajo factor de potencia.

2. Para cargas de aire acondicionado y calefacción se incluirá la carga mayor de las siguientes selecciones:

a) 100% del valor nominal de placa del acondicionador de aire.

b) 100% del valor nominal de placa de los calentadores cuando usan bombas de agua caliente sin calentamiento eléctrico adicional.

c) 100% del valor nominal de placa de la calefacción eléctrica de almacenamiento si se espera que sea continua y a corriente máxima. El proceso de calentamiento por almacenamiento consiste en calentar el agua en horas nocturnas y utilizarla luego durante el día, aprovechando así el calor almacenado.

d) 100% del valor nominal de placa del compresor con bomba de agua caliente y 65% de la calefacción eléctrica central adicional. Si el compresor de bomba de agua no funciona simultáneamente con la calefacción eléctrica adicional, no hay necesidad de añadirla para obtener el valor total de la carga para la calefacción espacial.

e) 65% del valor nominal de placa de la calefacción eléctrica espacial si hay menos de cuatro unidades controladas por separado. Se utiliza el término calefacción espacial para designar unidades independientes destinadas a distintos ambientes.

f) 40% del valor nominal de placa de la calefacción espacial si hay más de cuatro unidades controladas por separado.

Por consiguiente, el punto 2 anterior nos permite descartar la carga por calefacción o por aire acondicionado, pues se trata de cargas no coincidentes, ya que es improbable que las mismas operen simultáneamente.

Asimismo, el 100% de la carga del aire acondicionado es comparado con el 40% de los calefactores de ambiente cuando estos equipos son más de cuatro. Cuando hay menos de cuatro calefactores de ambiente, controlados de manera independiente, el 100% de la carga de aire acondicionado se compara con el 65% de la carga de los calefactores. En ambos casos se selecciona la carga mayor resultante del cálculo.

Dado que la mínima ampacidad que se exige para un alimentador residencial es de 100 amperios, el método opcional se podrá aplicar de antemano sin conocer la carga que resultará del cálculo.

CAPÍTULO 10: CÁLCULO DE ACOMETIDAS/ALIMENTADORES   **493**

Conviene destacar que, aun cuando se utilice el método opcional, el cálculo del calibre del neutro se debe hacer mediante el método estándar, pues las normas no consideran otra opción de cálculo para el mismo.

Ejemplo 10.8

Determine el calibre de los conductores de fase de la acometida para una vivienda unifamiliar de 180 m^2, alimentada a 120/208 V (sistema monofásico), que tiene en su interior las siguientes cargas:

3 calentadores de agua : 4500 VA, 120 V   Lavaplatos: 1000 VA, 120 V
Triturador desperdicios: 1200 VA, 120 V   Bomba de agua: 1500 VA, 120 V
Microondas: 1000 VA, 120 V   Secadora: 5000 VA, 208 V
Horno eléctrico: 2400 VA, 208 V   Tope de cocina: 6000 VA, 208 V
5 acondicionadores de aire: 6800 VA, 208 V
Calefacción (1 unidad): 8000 VA, 208 V

Solución

CARGA DE ILUMINACIÓN GENERAL:

$$180 \text{ m}^2 \cdot 33 \text{ VA/m}^2 = 5490 \text{ VA}$$

CIRCUITOS DE PEQUEÑOS ARTEFACTOS

Tomaremos tres circuitos de 20 A para pequeños artefactos, a 1500 VA cada uno:

$$3 \cdot 1500 = 4500 \text{ VA}$$

CIRCUITO DEL LAVADERO

$$\text{Un circuito de 1500 A: } 1 \cdot 1500 = 1500 \text{ VA}$$

CARGAS DE ARTEFACTOS CONECTADOS FIJOS, INCLUYENDO SECADORAS DE ROPA, CALENTADORES DE AGUA, COCINAS, HORNOS Y MOTORES. SE EXCEPTÚAN ACONDICIONADORES DE AIRE Y CALENTADORES DE AMBIENTE

Calentadores de agua:	4500 VA
Lavaplatos:	1000 VA
Triturador desperdicios:	1200 VA
Bomba de agua:	1500 VA
Microondas:	1000 VA
Secadora:	5000 VA
Horno eléctrico:	2400 VA
Tope de cocina:	6000 VA
	22600 VA
Subtotal 1:	34090 VA

USO DE LOS FACTORES DEL MÉTODO OPCIONAL

    Primeros 10000 VA al 100%:   10000 VA
    Restante (24090) al 40%:   9636 VA

          Subtotal 2:   19636 VA

CARGA MAYOR ENTRE ACONDICIONADORES DE AIRE Y CALEFACCIÓN

    Acondicionadores de aire: 6800 VA
    Calefacción: $8000 \cdot 0.65 = 5200$ VA

Se selecciona como carga la del acondicionador de aire, puesto que 6800 > 5200.

    Total (subtotal 2 + 6800):   26436 VA

CÁLCULO DE LA CORRIENTE DE FASE

$$I = \frac{26436 \text{ VA}}{208 \text{ V}} = 127 \text{ A}$$

De la **Tabla 2.11**, se selecciona un conductor calibre 1 AWG, con una ampacidad de 130 A a 75°C. De haberse hecho el cálculo anterior empleando el método estándar, la corriente de fase tendría un valor cercano a 160 A y el calibre de la acometida hubiera sido 2/0 según la **Tabla 2.11**. Como se indicó, la corriente y el calibre del neutro se obtienen aplicando el método estándar de cálculo.

Ejemplo 10.9

Una casa de dos plantas se alimenta a 120/208 V (monofásico) mediante un tablero principal en la planta baja de 95 m^2 y un subtablero en la planta alta de 85 m^2. Los siguientes artefactos y equipos constituyen las cargas de la residencia:

Planta alta:

          Calentador de agua: 3000 VA, 120 V
          Acondicionador de aire   2120 VA, 208 V
          Acondicionador de aire: 1500 VA, 208 V

Planta baja:

          Calentador de agua: 3000 VA, 120 V
          Lavaplatos: 1500 VA, 120 V
          Triturador desperdicios: 1500 VA, 120 V
          Bomba de agua: 1120 VA, 120 V
          Microondas: 1200 VA, 120 V
          Secadora: 5500 VA, 208 V
          Cocina + horno: 11000 VA, 208 V
          Acondicionador de aire: 2300 VA, 208 V

Determine el calibre de las fases y del neutro.

CAPÍTULO 10: CÁLCULO DE ACOMETIDAS/ALIMENTADORES

Solución

Subtablero

ILUMINACIÓN GENERAL: 85 m² • 33 VA/m² = 2805 VA

Como no hay pequeños artefactos ni lavadero en la planta alta, no es necesario aplicar los factores de demanda, que contemplan un mínimo de 3000 VA. Se tomará la carga anterior para ser añadida a los cargas siguientes.

ARTEFACTOS FIJOS (calentador de agua): 3000 VA

ACONDICIONADORES DE AIRE: 2120 + 1500 = 3620 VA

CÁLCULO DE LA CARGA TOTAL

Carga general de iluminación:	2805 VA
Carga artefactos fijos:	3000 VA
Carga acondicionadores de aire:	3620 VA
Carga total:	9425 VA

CORRIENTE Y CALIBRE DE LAS FASES

$$I = \frac{9425 \text{ VA}}{208 \text{ V}} = 45.31 \text{ A}$$

Dos conductores THHN, calibre 6 AWG, seleccionados en la primera columna de la **Tabla 2.11**, sirven como alimentador del tablero. La protección se hará con un interruptor bipolar de 2 x 45 A.

CORRIENTE Y CALIBRE DEL NEUTRO

Los acondicionadores de aire no contribuyen a la corriente en el neutro. Si se supone que la carga entre fase y neutro está balanceada, como ya se mencionó anteriormente, su contribución a la corriente del mismo está dada por:

Carga = 2805 + 3000 = 5805 VA

La corriente debida a esta carga se obtiene dividiendo 5805 entre 2 • 120:

$$I_N = \frac{5805 \text{ VA}}{240 \text{ V}} = 24.19 \text{ A}$$

Un conductor THHN, calibre 12 AWG, es suficiente para el neutro.

En el cálculo anterior se utilizó el método estándar para determinar el calibre del alimentador al subtablero.

Tablero principal

Usaremos el método opcional para el cálculo correspondiente al alimentador principal de la residencia.

CARGA DE ILUMINACIÓN GENERAL

$$180 \text{ m}^2 \cdot 33 \text{ VA/m}^2 = 5940 \text{ VA}$$

CIRCUITOS DE PEQUEÑOS ARTEFACTOS

Tomaremos dos circuitos de 20 A para pequeños artefactos, a 1500 VA cada uno:

$$2 \cdot 1500 = 3000 \text{ VA}$$

CIRCUITO DEL LAVADERO

Un circuito de 1500 A: $\quad 1 \cdot 1500 = 1500 \text{ VA}$

CARGAS DE ARTEFACTOS CONECTADOS FIJOS, INCLUYENDO SECADORA DE ROPA, CALENTADORES DE AGUA, COCINA, HORNO Y MOTORES. SE EXCEPTÚAN ACONDICIONADORES DE AIRE Y CALENTADORES DE AMBIENTE

Calentadores de agua:	6000 VA
Lavaplatos:	1500 VA
Triturador de desperdicios:	1500 VA
Bomba de agua:	1120 VA
Microondas:	1200 VA
Secadora:	5500 VA
Cocina + horno:	11000 VA
	27820 VA

Subtotal 1: $\quad 5940 + 3000 + 1500 + 27820 = 38260$ VA

USO DE LOS FACTORES DEL MÉTODO OPCIONAL

Primeros 10000 VA al 100%:	10000 VA
Restante (28260) al 40%:	11304 VA
Subtotal 2:	21304 VA

CARGA DE LOS ACONDICIONADORES DE AIRE

Acondicionadores de aire:	5920 VA
Total (subtotal 2 + 5920):	27224 VA

CÁLCULO DE LA CORRIENTE DE FASE

$$I = \frac{27224 \text{ VA}}{208 \text{ V}} = 131 \text{ A}$$

De la **Tabla 2.10**, se escoge un conductor THHN, 1/0 AWG, con una ampacidad de 150 A a 75°C.

Calibre de la acometida: 1/0 AWG

CAPÍTULO 10: CÁLCULO DE ACOMETIDAS/ALIMENTADORES

CORRIENTE Y CALIBRE DEL NEUTRO

Iluminación general y artefactos fijos a 120 V: Se supone que estas cargas están balanceadas entre las dos fases y el neutro. La aplicación de los factores de demanda a la carga de la iluminación general (5940 VA) da 5604 VA. Las cargas del lavadero, de los calentadores de agua, del lavaplatos, del triturador de desperdicios, de la bomba de agua y del microondas suman 11320 VA, cantidad a la cual se aplica un factor del 75% (más de cuatro artefactos), para un total de 8490 VA. La corriente debida a estas cargas es:

$$I_{n1} = \frac{(5604 + 8490) \text{ VA}}{2 \cdot 120 \text{ V}} = 58.73 \text{ A}$$

Cocina y secadora de ropa: El consumo de la cocina más el horno es de 11000 VA. Usamos el factor del 65% de la segunda columna de la **Tabla 10.7** para una carga de 7150 VA. La secadora consume 5500 VA. El total es de 12650 VA. Multiplicando 12650 VA por 0.70 y dividiendo entre 208 V, determinamos la corriente en el neutro debida a la cocina y la secadora de ropa:

$$I_{n2}(\text{cocina y secadora}) = 0.70 \cdot \frac{12650 \text{ VA}}{208 \text{ V}} = 42.57 \text{ A}$$

25% del motor más grande: El motor más grande conectado entre fase y neutro (120 V) corresponde al triturador de desperdicios (1500 VA). La corriente es:

$$I(25\%) = 0.25 \cdot \frac{1500 \text{ VA}}{120 \text{ V}} = 3.13 \text{ A}$$

La corriente en el neutro está dada por:

$$I_N = 58.73 + 42.57 + 3.13 = 104.43 \text{ A}$$

Podemos seleccionar, de la **Tabla 2.11**, un conductor THHN, calibre 2 AWG:

Calibre del neutro: 2 AWG

10.4 CÁLCULO DE ACOMETIDAS EN RESIDENCIAS MULTIFAMILIARES

Una residencia multifamiliar corresponde a un edificio que tenga un número de viviendas igual o mayor que tres. Los apartamentos en régimen de condominio son ejemplos de residencias multifamiliares.

Todo lo tratado en las secciones anteriores de este capítulo se aplica a los apartamentos individuales que conforman las viviendas multifamiliares. En particular, el cálculo de los alimentadores de cada apartamento es similar al de las **secciones 10.2** y **10.3**. Hay, sin embargo, ciertas características de los edificios que particularizan el cálculo de la acometida. Entre ellas tenemos:

a) Instalación eléctrica de servicios: luces y tomacorrientes externos a los apartamentos.

b) Ascensores.

c) Hidroneumático.

d) Bomba contra incendio.

e) Subestación de transformadores.

f) Módulos para medidores del servicio eléctrico, interruptores y barras (centro de medición y protección).

g) *Tablero de servicios prioritarios.*

La configuración básica del sistema de alimentación eléctrica de un edificio de tres niveles (planta baja, primero y segundo pisos), con cuatro apartamentos por piso, se muestra en el esquema de la **Fig. 10.18**.

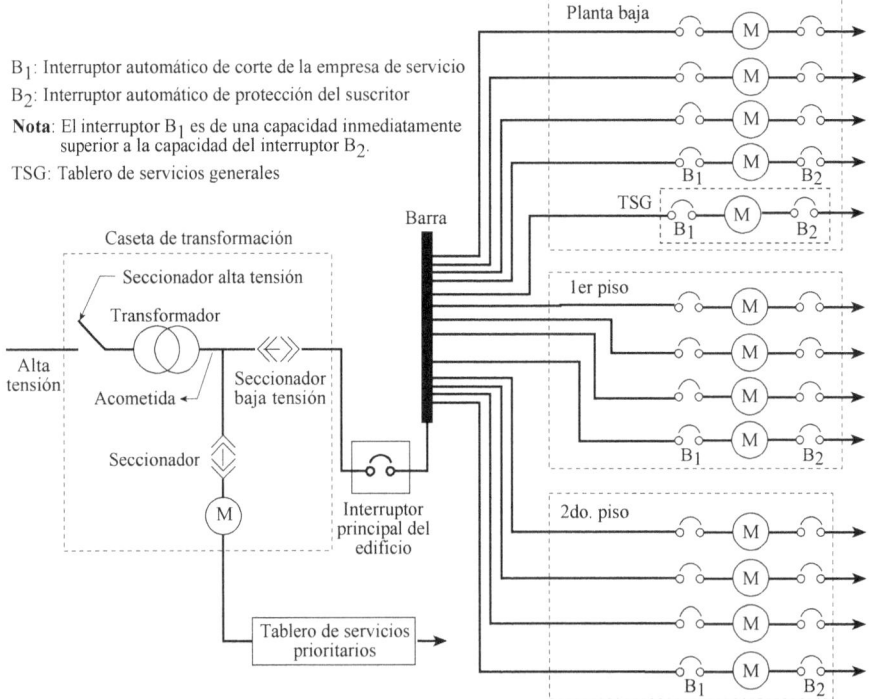

Fig. 10.18 Diagrama unifilar vertical del sistema eléctrico de un edificio de tres niveles con cuatro apartamentos por piso.

Se supone que los apartamentos son similares y que el tablero de servicios generales (TSG) surte energía a las siguientes cargas:

- Iluminación externa: pasillos, escaleras, etc.

- Tomacorrientes exteriores.

- Equipos de bombeo de aguas blancas y servidas.

CAPÍTULO 10: CÁLCULO DE ACOMETIDAS/ALIMENTADORES **499**

- Ventiladores de extracción de estacionamientos cubiertos o subterráneos.

Los servicios prioritarios son cubiertos por un tablero aparte (TSP) y comprenden:

- Alumbrado en vías de escape.
- Bomba de agua contra incendio.
- Alimentación del tablero de detección y alarma de incendio.
- Ventilación forzada en las escaleras y fosa del ascensor.
- Un ascensor preferencial.

El interruptor principal del edificio y los interruptores de corte y protección de los distintos tableros de cada apartamento se encuentran normalmente en el mismo gabinete. Los interruptores de la empresa de electricidad se utilizan para interrumpir el servicio eléctrico en el caso de incumplimiento por parte del contratante. La **Fig. 10.19** corresponde al diagrama vertical de la instalación eléctrica del edificio tomado como ejemplo.

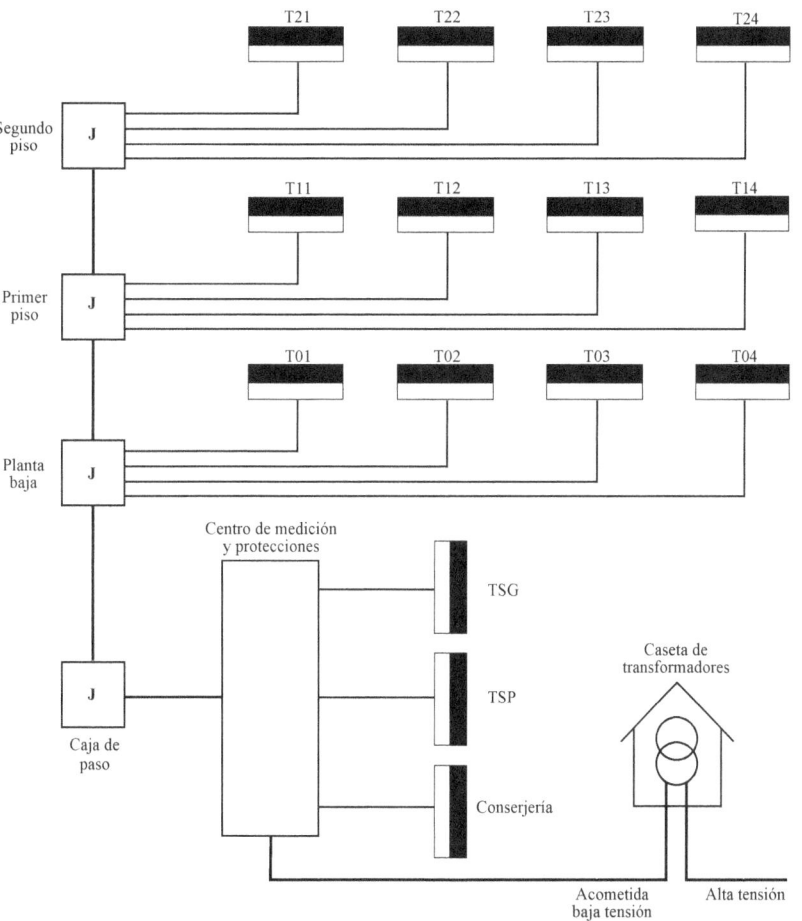

Fig. 10.19 Diagrama unifilar vertical del sistema de alimentación eléctrica de un edificio de tres niveles con cuatro apartamentos por piso.

La normativa siguiente se aplica al uso del método opcional en las residencias multifamiliares. A continuación se describe lo aplicable en este caso.

Normativa 1. Cargas de un alimentador o de una acometida.

Se permitirá calcular la carga de un alimentador, o de una acometida que suministra energía a tres o más viviendas de un conjunto multifamiliar, mediante el uso de la **Tabla 10.5**, *si se cumplen todas las siguientes condiciones:*

(1) *Ninguna unidad de vivienda es alimentada por más de un alimentador.*
(2) *Cada unidad de vivienda tiene un equipo de cocina.*
(3) *Cada unidad de vivienda posee calefacción, aire acondicionado o ambos. El neutro del alimentador cuya carga se calcule mediante este método opcional, podrá ser reducido en un 70% para secadoras y cocinas eléctricas.*

Normativa 2. Cargas de servicio del edificio (alumbrado externo, ascensores, etc.).

Las cargas de servicio del edificio se calcularán y se sumarán a las cargas de las viviendas, estas últimas determinadas de acuerdo con la **Tabla 10.5**.

Normativa 3. Cargas conectadas.

Las cargas calculadas a las cuales se les pueden aplicar los factores de demanda de la **Tabla 10.5** *son las siguientes*:

(1) *33 VA/m² o 3 VA/ft² para iluminación y tomacorrientes de uso general.*

(2) *1500 VA por cada circuito de 20 A de dos hilos de pequeños artefactos y del lavadero.*

(3) *Los valores de placa de los artefactos fijos, permanentemente conectados a un circuito específico, cocinas, hornos de pared, cocinas para empotrar secadoras de ropa, calentadores de agua y calentadores de ambiente.*

Número de unidades de vivienda	Factor de demanda (%)
3 – 5	45
6 – 7	44
8 – 10	43
11	42
12 – 13	41
14 – 15	40
16 - 17	39
18 – 20	38
21	37
22 – 23	36
24 – 25	35
26 – 27	34
28 – 30	33
31	32
32 – 33	31
34 – 36	30
37 – 38	29
39 – 42	28
43 – 45	27
46 – 50	26
51 – 55	25
56 – 61	24
De 62 en adelante	23

Tabla 10.5 Cálculo opcional: Factores de demanda para tres o más unidades de viviendas multifamiliares.

(4) *La corriente en amperios de la placa o la potencia nominal en kVA de todos los motores y todas las cargas con bajo factor de potencia.*

(5) *La mayor de las cargas entre el aire acondicionado o la calefacción central.*

CAPÍTULO 10: CÁLCULO DE ACOMETIDAS/ALIMENTADORES

Es importante tener en cuenta que la **Tabla 10.5** se utiliza con el método opcional de cálculo. Si se aplica el método estándar, se procede como se estudió en la **sección 10.2**.

Ejemplo 10.10

Una residencia multifamiliar consta de dos edificios separados, cada uno de los cuales tiene 16 apartamentos (8 en planta alta y 8 en planta baja: ver **Fig. 10.20**). Cada apartamento tiene una superficie de 100 m² y posee los siguientes artefactos y equipos:

Calentador de agua	4500 VA, 120 V
Lavaplatos	1000 VA, 120 V
Triturador desperdicios	1200 VA, 120 V
Microondas	1000 VA, 120 V
Secadora	5000 VA, 208 V
Cocina eléctrica	6000 VA, 208 V
Acondicionadores de aire (3)	3780 VA, 208 V

La acometida principal es trifásica de cuatro hilos a 120/208 V, al igual que la de los dos módulos de 16 apartamentos. La alimentación de cada subtablero es monofásica de tres hilos a 120/208 V. Determine, por el método estándar: *a*) el número mínimo de circuitos ramales para cada apartamento; *b*) el alimentador requerido para los subtableros; *c*) el calibre de los conductores de la acometida a cada módulo, y *d*) la acometida principal.

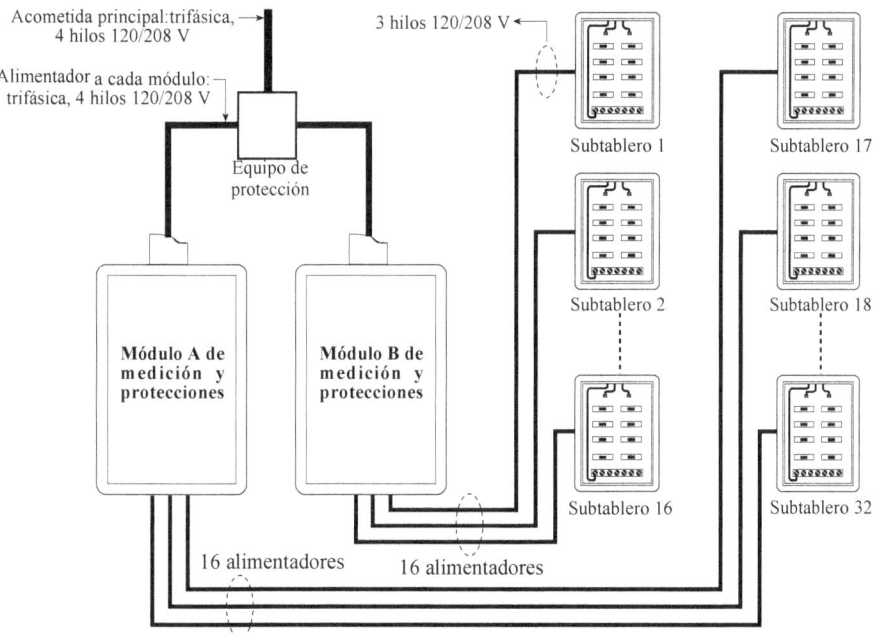

Fig. 10.20 Esquema de cableado para el ejemplo 10.10.

Solución

a) NÚMERO DE CIRCUITOS DE 15 A PARA CADA APARTAMENTO.

$$N_{15} = 0.0183 \cdot \text{Área} = 0.0183 \cdot 100 = 1.83$$

Se requieren, como mínimo, dos circuitos de 15 amperios para cada apartamento.

b) ALIMENTADOR DE SUBTABLEROS

1. *Carga de iluminación general*

$$100 \text{ m}^2 \cdot 33 \text{ VA/m}^2 = 3300 \text{ VA}$$

2. *Circuitos de pequeños artefactos.* Tomaremos dos circuitos de 20 A para pequeños artefactos, a 1500 VA cada uno:

$$2 \cdot 1500 = 3000 \text{ VA}$$

3. *Circuito del lavadero.* Un circuito de 1500 A:

$$1 \cdot 1500 = 1500 \text{ VA}$$

4. *Aplicación de los factores de demanda.*

Carga general de iluminación:	3300 VA
Carga pequeños artefactos:	3000 VA
Carga del lavadero:	1500 VA
Carga total:	7800 VA
Primeros 3000 VA al 100%:	3000 VA
Próximos 4800 VA al 35%:	1680 VA
Carga con factores de demanda:	4680 VA

5. *Carga de artefactos fijos* (sin cocinas eléctricas, secadoras de ropa y acondicionadores de aire).

Calentador de agua:	4500 VA
Lavaplatos:	1000 VA
Triturador de desperdicios:	1200 VA
Horno de microondas:	1000 VA
	7700 VA

Como hay cuatro artefactos fijos, se puede aplicar un factor del 75% al valor anterior:

Carga artefactos fijos • 0.75: 5775 VA

6. *Secadora de ropa.* El valor mínimo a tomar es de 5000 VA, que coincide con el consumo de la secadora de ropa de este ejemplo. De acuerdo con esto, tenemos:

Carga de la secadora de ropa: 5000 VA

7. *Cocina eléctrica.* Tiene un consumo de 6 kW, por lo que usamos la columna B de la **Tabla 9.7**. Por tratarse de un solo artefacto de cocina, el factor de multiplicación es 80%, como lo indica la segunda columna de dicha tabla:

CAPÍTULO 10: CÁLCULO DE ACOMETIDAS/ALIMENTADORES

Carga cocina • 0.80 = 6000 • 0.80: 4800 VA

8. *Acondicionador de aire*

Carga acondicionador de aire: 3780 VA

9. *Motor más grande.* El motor de cada acondicionador de aire consume 1260 VA (3780/3). El 25% del motor más grande es:

25% del motor más grande: 315 VA

10. *Carga total del alimentador* (amperios).

Carga total = 4680 + 5775 + 5000 + 4800 + 3780 + 315 = 24350 VA

11. *Dispositivo de protección*, **sección 240.6(A)**. OCPD: 125 A

12. *Calibre del conductor del alimentador.*

$$I_{Fase} = \frac{24350 \text{ VA}}{208 \text{ V}} = 117 \text{ A}$$

Según la **Tabla 2.11** del **Capítulo 2**, se usará un conductor THHN, calibre 1 AWG, con capacidad para 125 A*.

Calibre del conductor de fase: 1 AWG

13. CALIBRE DEL NEUTRO

Iluminación general y artefactos fijos a 120 V

Se supone que la carga está balanceada entre las dos fases y el neutro. Para la iluminación general, la carga es de 4680 VA, mientras que para los artefactos fijos, conectados a 120 V, es de 5775 VA. Estas cargas suman 10455 VA. La corriente en el neutro, debida a la iluminación general y a los artefactos fijos, es:

$$I_N = \frac{10455 \text{ VA}}{2 \cdot 120 \text{ V}} = 43.56 \text{ A}$$

Cocina y secadora de ropa

El consumo de estos artefactos es de 4800 VA y 5000 VA, respectivamente, lo que da un total de 9800 VA. Multiplicando 9800 VA por 0.70 y dividiendo entre 208 V, determinamos la corriente en el neutro debida a la cocina y a la secadora de ropa:

$$I(\text{Cocina y secadora}) = 0.70 \cdot \frac{9800 \text{ VA}}{208 \text{ V}} = 32.98 \text{ A}$$

25% del motor más grande

El motor más grande, conectado entre fase y neutro (120 V), corresponde al del triturador de desperdicios (1200 VA):

$$I(25\%) = 0.25 \cdot \frac{1200 \text{ VA}}{120 \text{ V}} = 2.5 \text{ A}$$

---

* La caída de tensión puede ser calculada por el lector asumiendo una distancia específica desde los tableros hasta los apartamentos. Esto define el calibre final del conductor.

La corriente total en el neutro está dada por:

$$I_N = 43.56 + 32.98 + 2.5 = 79 \text{ A}$$

De la **Tabla 2.11**, podemos seleccionar un conductor THHN, calibre 2 AWG:

Calibre del Neutro: 2 AWG

c) **Acometida a los módulos de medición y protección para 16 apartamentos**

1. CARGA DE ILUMINACIÓN GENERAL

$$100 \text{ m}^2 \cdot 33 \text{ VA/m}^2 \cdot 16 = 52800 \text{ VA}$$

2. CIRCUITOS DE PEQUEÑOS ARTEFACTOS

$$2 \cdot 1500 \cdot 16 = 48000 \text{ VA}$$

3. CIRCUITO DEL LAVADERO

Un circuito de 1500 VA: $16 \cdot 1500 = 24000$ VA

4. APLICACIÓN DE LOS FACTORES DE DEMANDA

Carga de iluminación:	52800 VA
Carga pequeños artefactos:	48000 VA
Carga del lavadero:	24000 VA
Carga total:	124800 VA
Primeros 3.000 VA al 100%:	3000 VA
Próximos 117.000 VA al 35%:	40950 VA
Remanente 4.800 al 25%:	1200 VA
Carga/factores de demanda:	45150 VA

5. CARGA DE ARTEFACTOS FIJOS (sin cocinas eléctricas, secadoras de ropa y acondicionadores de aire).

Calentador de agua:	4500 VA
Lavaplatos:	1000 VA
Triturador de desperdicios:	1200 VA
Horno de microondas:	1000 VA
Carga artefactos fijos:	7700 VA

Como hay cuatro artefactos fijos, se puede aplicar un factor del 75% al valor de la carga correspondiente a 16 apartamentos:

$$7700 \cdot 0.75 \cdot 16 = 92400 \text{ VA}$$

6. SECADORAS DE ROPA

5.000 VA/apartamento, para un total de 80.000 VA. Como se trata de 16 secadoras, se aplica la **Tabla 9.8**. El porcentaje a utilizar es:

CAPÍTULO 10: CÁLCULO DE ACOMETIDAS/ALIMENTADORES

$$\% = 47 - (N° \text{ secadoras} - 11) = 42\%$$

Luego:

$$\text{Carga} = 80000 \cdot 0.42 = 33600 \text{ VA}$$

7. COCINA ELÉCTRICA

La cocina tiene un consumo de 6 kW, por lo que se usa la segunda columna de la **Tabla 9.7**. Como son 16 cocinas, el factor de multiplicación es 28%:

$$6000 \cdot 16 \cdot 0.28 = 26880 \text{ VA}$$

8. ACONDICIONADOR DE AIRE (3780/apartamento)

$$3780 \cdot 16 = 60480 \text{ VA}$$

9. MOTOR MÁS GRANDE

El motor de cada acondicionador de aire consume 1260 VA (3780/3). El 25% del motor más grande para 16 apartamentos:

$$25\% \cdot 1260 = 315 \text{ VA}$$

10. CORRIENTE Y CALIBRE DE LAS FASES

Carga/factores de demanda:	45150 VA
Artefactos fijos:	92400 VA
Secadoras de ropa:	33600 VA
Cocina eléctrica:	26880 VA
Aire acondicionado:	60480 VA
Motor más grande:	315 VA
Carga total:	258825 VA

La corriente se obtiene teniendo en cuenta que se trata de un sistema trifásico a 120/208 V:

$$I_{Fase} = \frac{258825 \text{ VA}}{\sqrt{3} \cdot 208 \text{ V}} = 717 \text{ A}$$

Con dos conductores por fase, cada una deberá soportar 358 A. De la **Tabla 2.11**, en la tercera columna, un conductor THHN, calibre 700 kcmil, con ampacidad de 380 A, es apropiado. Esto tiene en cuenta el factor de corrección para ocho conductores*: seis para las fases y dos para el neutro.

11. CORRIENTE Y CALIBRE DEL NEUTRO

Carga/factores de demanda:	45150 VA
Artefactos fijos (92400 • 0.75):	69300 VA
Secadoras (33600 • 0.70):	23520 VA
Cocina eléctrica (26880 • 0.70):	18816 VA
Motor más grande (1200 • 0.25):	300 VA
Carga total:	157086 VA

La corriente en el neutro es:

$$I_{Neutro} = \frac{157086 \text{ VA}}{\sqrt{3} \cdot 208 \text{ V}} = 436 \text{ A}$$

De acuerdo con la **sección 10.2**, cuando la corriente en el neutro es superior a 200 A para un sistema trifásico de cuatro hilos, la carga a tomar se puede estimar, a partir de una carga total Q, de la manera siguiente:

$$I_{Neutro} = 200 + (Q - 200) \cdot 0.70$$

Por tanto: $I_{Neutro} = 200 + (436 - 200) \cdot 0.70 = 365 \text{ A}$

Si se toman dos conductores para el neutro, cada uno soportará 183 A. Dos conductores THHN, calibre AWG 250 kcmil, se usarán para el neutro*.

d) **Acometida principal** (32 apartamentos)

1. CARGA DE ILUMINACIÓN GENERAL

$$100 \text{ m}^2 \cdot 33 \text{ VA/m}^2 \cdot 32 = 105600 \text{ VA}$$

2. CIRCUITOS DE PEQUEÑOS ARTEFACTOS

$$2 \cdot 1500 \cdot 32 = 96000 \text{ VA}$$

3. CIRCUITO DEL LAVADERO

Un circuito de 1500 A: $32 \cdot 1500 = 48000$ VA

4. APLICACIÓN DE LOS FACTORES DE DEMANDA

Carga de iluminación:	105600 VA
Carga pequeños artefactos:	96000 VA
Carga del lavadero:	48000 VA
Carga total:	249600 VA
Primeros 3000 • 100%:	3000 VA
Próximos 117000 VA • 35%:	40950 VA
Remanente (249000 – 120000) • 25%:	32250 VA
Carga/factores de demanda:	76200 VA

5. CARGA DE ARTEFACTOS FIJOS (sin cocinas eléctricas, secadoras de ropa y acondicionadores de aire).

Calentador de agua	4500 VA
Lavaplatos	1000 VA
Triturador de desperdicios	1200 VA
Horno de microondas	1000 VA
Carga artefactos fijos:	7700 VA
Artefactos fijos 32 Aptos.:	246400 VA

CAPÍTULO 10: CÁLCULO DE ACOMETIDAS/ALIMENTADORES   **507**

Como hay más de cuatro artefactos fijos, se puede aplicar un factor del 75% al valor de la carga correspondiente a 32 apartamentos:

$$246400 \cdot 0.75 = 184800 \text{ VA}$$

6. SECADORAS DE ROPA

5000 VA/apartamento, para un total de 160000 VA. Como se trata de 32 secadoras, se aplica la **Tabla 9.8**. El porcentaje a utilizar es:

% = 35 – [0.5 • (N° secadoras – 23)]   % = 35 – [0.5 • (32 – 23)] = 30.5 = 30.5%

$$\text{Carga} = 160000 \cdot 0.305 = 48800 \text{ VA}$$

7. COCINA ELÉCTRICA

La cocina tiene un consumo de 6 kW, por lo que usamos la columna B de la **Tabla 9.7**. Por tratarse de 32 artefactos de cocina, el factor de multiplicación es del 22%, como lo indica la columna B de dicha tabla:

$$\text{Carga} = 6000 \cdot 32 \cdot 0.22 = 42440 \text{ VA}$$

8. ACONDICIONADOR DE AIRE (3780/apartamento).

$$\text{Carga} = 3780 \cdot 32 = 120960 \text{ VA}$$

9. MOTOR MÁS GRANDE

El motor de cada acondicionador de aire consume 1260 VA (3780/3). El 25% del motor más grande para 32 apartamentos:

$$25\% \cdot 1260 = 315 \text{ VA}$$

10. CORRIENTE Y CALIBRE DE LAS FASES

Carga/factores de demanda:	76200 VA
Artefactos fijos:	184800 VA
Secadoras de ropa:	48800 VA
Cocina eléctrica:	42440 VA
Aire acondicionado:	120960 VA
Motor más grande:	315 VA
Carga total:	473515 VA

La corriente de fase es:

$$I_{Fase} = \frac{473515 \text{ VA}}{\sqrt{3} \cdot 208 \text{ V}} = 1314 \text{ A}$$

Si se toman cuatro conductores por fase*, cada una deberá soportar 329 A. De la **Tabla 2.11**, en la tercera columna, un conductor THHN, calibre 600 kcmil, con una ampacidad de 335 A, es apropiado.

---

* Un tubo de PVC estándar 40 de tamaño 5 puede alojar a los doce conductores de fase y a los cuatro del neutro.

11. CORRIENTE Y CALIBRE DEL NEUTRO

Carga/factores de demanda:	76200 VA
artefactos fijos:	184800 VA
Secadoras (48800 • 0.70):	34160 VA
Cocinas (42440 • 0.70):	29708 VA
Motor más grande (1200 • 0.25):	300 VA
Carga total:	325168 VA

La corriente en el neutro es:

$$I_{Neutro} = \frac{325158 \text{ VA}}{\sqrt{3} \cdot 208 \text{ V}} = 903 \text{ A}$$

Como la corriente es superior a 200 A, tenemos:

$$I_N = 200 + (903 - 200) \cdot 0.70 = 692 \text{ A}$$

Si tomamos cuatro conductores para el neutro*, cada uno debería soportar 173 A. Cuatro conductores THHN, calibre 4/0 AWG, serían suficientes para manejar la corriente en el neutro.

Los cálculos anteriores no tienen en cuenta los servicios generales ni prioritarios de los dos módulos de las dos residencias multifamiliares. El valor definitivo del calibre de los conductores de la acometida dependerá de estos servicios.

Ejemplo 10.11

Un conjunto residencial de doce apartamentos se alimenta por medio de una línea trifásica de cuatro conductores a 120/208 V. Si cada uno de los apartamentos tiene una superficie de 110 m^2 y posee los siguientes artefactos y equipos:

Microondas:	1350 VA/120 V
Calentadores de agua:	4000 VA/208 V
Secadoras de ropa:	5000 VA/208 V
Acondicionadores de aire (3 equipos):	3780 VA/208 V

utilice el método estándar para determinar el calibre de los conductores de la acometida y la protección.

Solución

En la siguiente página se presenta un esquema de las cargas a tomar en cuenta.

---

* Un tubo de PVC estándar 40 de tamaño 5 puede alojar a los doce conductores de fase y a los cuatro del neutro.

CAPÍTULO 10: CÁLCULO DE ACOMETIDAS/ALIMENTADORES

	Fases (VA)		Neutro(VA)
Iluminación general: 110 • 33 • 12	43560		43560
Pequeños artefactos: 1500 • 2 • 12	36000		36000
Lavadero: 1500 • 12	18000		18000
Subtotal 1	97560		97560
Factores de demanda:			
3000 al 100%:	3000		3000
94560 al 35%:	33096		33096
Subtotal 2	36096	①	36096

Artefactos fijos:

Calentadores de agua: 4000 • 12	48000		0.000
Microondas: 1350 • 12	16200		16200
	64200		16200
Factor de demanda (75%)	48150	②	12150

Secadoras de ropa: 5000 • 12 = 60000 VA

Factor de demanda: % = 47 − (N° de secadoras − 11) = 47 − (12 − 11) = 46%
Carga en fases: 60000 • 0.46 = 27600 VA
Carga en neutro: 60000 • 0.46 • 0.70 = 19320 VA

	27600	③	19320
Acondic. de aire: 3780 • 12 = 45360 VA	45360	④	0
Motor más grande: 1260 • 0.25	315	⑤	0
Carga total (suma de los cálculos 1 al 5):	157521		67566

Corriente de fase:

$$I_{Fase} = \frac{157521 \text{ VA}}{\sqrt{3} \cdot 208 \text{ V}} = 437 \text{ A}$$

Se pueden usar dos conductores por fase, para un total de seis conductores activos*. Cada uno de ellos soportará, aproximadamente, 219 A. De la **Tabla 2.11**, se seleccionan dos conductores 300 kcmil. La protección será de 450 A.

Corriente de neutro:

$$I_{Neutro} = \frac{67566 \text{ VA}}{\sqrt{3} \cdot 208 \text{ V}} = 188 \text{ A}$$

Un conductor 3/0 AWG satisface la capacidad de corriente del neutro.

---

* En total serán siete conductores portadores de corriente: seis para las fases y uno para el neutro. Un tubo de PVC tamaño comercial 3, estándar 40, será suficiente para alojar a los siete conductores.

Ejemplo 10.12

Un edificio residencial va a ser alimentado mediante una línea trifásica a 120/208 V. El edificio posee cinco niveles (planta baja y cuatro pisos) y cuatro apartamentos de 97 m^2 por nivel, para un total de 20 apartamentos. El diagrama vertical de alimentación es el de la **Fig. 10.21**, donde se muestran, además, las distancias medias aproximadas desde la caseta de transformación hasta los distintos niveles de la instalación. Entre la caseta de transformación y el centro de medición y protección hay 20 m; entre este último y la estructura del edificio hay 12 m; entre un nivel y otro hay 3 m, y el promedio de la distancia, desde el ducto que lleva los alimentadores a los distintos niveles y al tablero de cada apartamento, es 10 m. Cada uno de los apartamentos posee las siguientes cargas:

Microondas:	1350 VA/120 V
Secadoras de ropa:	5000 VA/208 V
Lavaplatos:	1200 VA/120 V
Cocina con horno:	10000 VA/208 V
Triturador de desperdicios:	1500 VA/120 V
Aire acondicionado (3):	3780 VA/208 V
Calentadores de agua:	4000 VA/208 V

El edificio tiene una demanda de servicios generales (TSG) de 40000 VA, y otra de servicios prioritarios (TSP) de 25000 VA. Determine: *a*) los conductores de alimentación para cada subtablero y de los tableros TSG y TSP; *b*) los conductores de la acometida principal. En ambos casos, indica la ductería apropiada y las protecciones, y determina la caída de tensión en los conductores. El apartamento del conserje, ubicado en la planta baja, es de 70 m^2 y posee un microondas de 1350 VA/120 V y un calentador de agua de 1500 VA. Las distancias entre la caseta de transformación y los tableros de servicios generales y de servicios prioritarios son cortas y no causan caídas apreciables de voltaje.

Solución

a) **Alimentador para cada apartamento** (carga en VA):

		Fase	Neutro
Iluminación general: 97 m^2 • 33 W/m^2		3201	3201
Pequeños artefactos: 1500 W • 2		3000	3000
Lavadero: 1500 W		1500	1500
	Subtotal	7701	7701
Factores de demanda:			
3000 al 100%:		3000	3000
7701 – 3000 al 35%:		1645	1645
	Subtotal	4645	4645	①

CAPÍTULO 10: CÁLCULO DE ACOMETIDAS/ALIMENTADORES

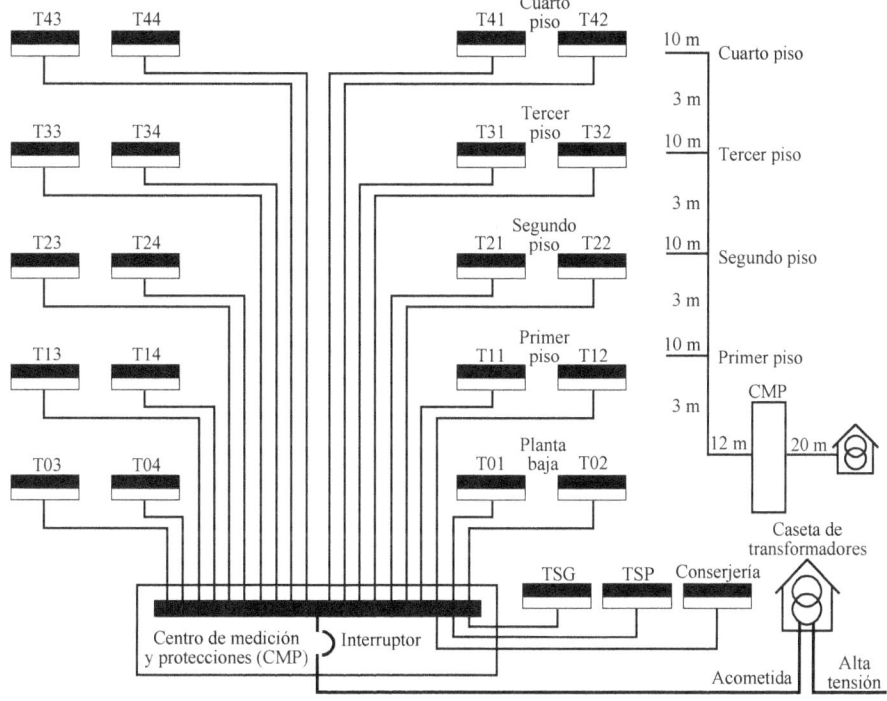

Fig. 10.21 Diagrama vertical del sistema de alimentación eléctrica de un edificio de cinco niveles, con cuatro apartamentos por nivel.

Artefactos fijos:

	Fase	Neutro	
Microondas	1350	1350	
Lavaplatos	1200	1200	
Triturador de desperdicios	1500	1500	
Calentador de agua	4000	0.000	
	8050	4050	
Factor de demanda (75%)	6038	3038	②

Secadora de ropa: 5000 VA
Fase: 5000 VA
Neutro = 0.70 • 5000 = 3500 VA

	5000	3500	③

Cocina con horno: 10000 VA
Columna 4 **Tabla 9.7**
Fase: 8000 VA
Neutro 70% = 0.70 • 5000 = 3500 VA

	8000	5600	④
Aire acondicionado: 3780 VA	3780	0000	⑤
Motor más grande: 1260 • 0.25	315	375	⑥

Carga total (suma de los cálculos 1 al 6):   27778 (fase)   17158 (neutro)

El alimentador a cada tablero de apartamento está formado por tres conductores (dos fases + neutro) a 120/208 V. La corriente de fase está dada por:

$$I_{Fase} = \frac{27778 \text{ VA}}{208 \text{ V}} = 134 \text{ A}$$

Dos conductores THHN, calibre 1/0 AWG, con capacidad para 150 A, son apropiados para el alimentador de cada apartamento. La protección consistirá en un interruptor de 150 A para cada fase.

Para el neutro, podemos proceder de las siguientes maneras:

1. Dividimos la carga total entre 208 V:

$$I_{Neutro} = \frac{17158 \text{ VA}}{208 \text{ V}} = 82 \text{ A}$$

2. Suponemos que la carga de 120 V está balanceada con respecto al neutro, calculamos la corriente I_{N1}, debida a estas cargas (1 + 2 + 6), y, luego, calculamos la corriente I_{N2}, debida a la carga de 208 V, generada por la cocina y la secadora. La suma de ambas nos da la corriente en el neutro:

$$I_{N1} = \frac{8058 \text{ VA}}{240 \text{ V}} = 34 \text{ A} \qquad I_{N2} = \frac{9100 \text{ VA}}{240 \text{ V}} = 44 \text{ A}$$

La suma de las dos corrientes anteriores es 78 A, cercana al valor anteriormente calculado. El primer método, generalmente, arroja un valor mayor que el segundo y permite más holgura en la selección del neutro. Un conductor THHN, calibre 4 AWG, es adecuado para el neutro.

Como tenemos tres conductores en una canalización que va desde el centro de medición y protección hasta cada uno de los subtableros, se puede utilizar un ducto metálico EMT 1 1/2, que puede alojar a tres conductores THHN, calibre 1/0.

La caída de voltaje (%) en los alimentadores se calcula mediante la relación (**2.10**):

$$V(\%) = \frac{2KLI}{V_{Nominal}} \cdot 100$$

donde K = ρ/A es una constante propia del conductor dada en Ω/km, según la **Tabla 2.16**. L es la longitud del conductor en km, I la corriente y $V_{Nominal}$ el voltaje de fase.

Para el conductor 1/0 de este ejemplo, K es igual a 0.399, I = 134 A y $V_{Nominal}$ = 208 V. Sustituyendo estos valores en la relación anterior:

$$\Delta V(\%) = 51.4 \cdot L$$

Puesto que la longitud de cada alimentador depende del nivel donde se encuentra el tablero, las medidas, en cada caso, son las siguientes:

CAPÍTULO 10: CÁLCULO DE ACOMETIDAS/ALIMENTADORES

Subtablero planta baja: 0.012 km   Subtablero primer piso: 0.015 km
Subtablero segundo piso: 0.018 km   Subtablero tercer piso: 0.021 km
Subtablero cuarto piso: 0.024 km

Las caídas de voltaje son:

Alimentador planta baja: $51.4 \cdot 0.012 = 0.62\ \%$
Alimentador primer piso: $51.4 \cdot 0.015 = 0.77\ \%$
Alimentador segundo piso: $51.4 \cdot 0.018 = 0.93\ \%$
Alimentador tercer piso: $51.4 \cdot 0.021 = 1.08\ \%$
Alimentador cuarto piso: $51.4 \cdot 0.024 = 1.23\ \%$

De los cálculos anteriores se deduce que las caídas de voltaje están dentro de lo contemplado por las normas.

APARTAMENTO DEL CONSERJE

Iluminación general (70 · 33):	2310
Pequeños artefactos:	3000
Lavadero:	1500
Subtotal:	6810
Factores de demanda:	
3000 al 100%:	3000
6810 − 3000 al 35%:	1334
Subtotal:	4334

Artefactos fijos:

Microondas:	1350
Calentador:	1500
Subtotal:	2850
Total:	7184

La carga es la misma, tanto para las fases como para el neutro, y la corriente está dada por:

$$I_{Fase} = I_{Neutro} = \frac{7184\ \text{VA}}{208\ \text{V}} = 35\ \text{A}$$

Tres conductores THHN, calibre AWG 8, se seleccionan para el alimentador del apartamento del conserje. Interruptores de 40 A se usarán como protección, y un ducto metálico EMT tamaño 3/4 basta para alojar a los tres conductores.

Tablero de servicios generales. La carga es de 40000 VA y supondremos que la alimentación es trifásica a 120/208 V. Mediante este tablero se suministra energía a los ascensores, el sistema hidroneumático, la iluminación y los tomacorrientes de las áreas exteriores. La corriente es:

$$I = \frac{40000 \text{ VA}}{\sqrt{3} \cdot 208 \text{ V}} = 111 \text{ A}$$

Según la **norma 220.61(C)(1)** del **CEN**, el calibre del neutro será igual al de la fases. La **Tabla 2.11** permite seleccionar un conductor THHN, calibre 2 AWG. Para establecer la protección, se debe especificar la corriente del motor más grande y sumarle la corriente de cada uno de los otros motores. El ducto será de tubería EMT, tamaño 1 1/4.

TABLERO DE SERVICIOS PRIORITARIOS

La carga es de 25000 VA. La alimentación es trifásica a 120/208 V. El tablero alimenta a la bomba contra incendio, la ventilación forzada y al tablero de detección y alarma de incendio. La corriente es:

$$I = \frac{25000 \text{ VA}}{\sqrt{3} \cdot 208 \text{ V}} = 69.47 \text{ A}$$

Se utilizarán conductores THHN, calibre 6 AWG, tanto para la fase como para el neutro. Este conductor soporta una corriente de 75 A. El ducto será de tubería EMT, tamaño 1. La protección se basará en las características específicas de los motores que dependen de este tablero.

b) **Acometida principal**

	Fase	Neutro
Iluminación general: (97 • 20 + 70) • 33	66330	66330
Pequeños artefactos: 1500 • 2 • 21	63000	63000
Lavadero: 1500 • 21	31500	31500
Subtotal	160830	160830

Factores de demanda:

	Fase	Neutro	
3000 al 100%:	3000	3000	
120000 − 3000 al 35%:	40950	40950	
160830 − 120000 al 25%:	10208	10208	
Subtotal	54158	54158	①

ARTEFACTOS FIJOS:

	Fase	Neutro
Calentadores de agua: 4000 • 20 + 1500	81500	1500
Microondas: 1350 • 21	28350	28350
Subtotal	109850	29850

| Factor de demanda (75%) | 82388 | 22388 | ② |

CAPÍTULO 10: CÁLCULO DE ACOMETIDAS/ALIMENTADORES **515**

Secadoras de ropa: 5000 • 20 = 100000 VA

Factor de demanda: % = 47 – (N° de secadoras – 11) =
= 47 – (20 – 11) = 38%
Carga en fases: 100000 • 0.38 = 38.000 VA
Carga en neutro: 100000 • 0.38 • 0.70 = 26600 VA

Carga de secadoras: | 38000 | 26600 | ③

Cocina con horno: 10000 VA (Columna 4, **Tabla 9.7**). Neutro: 70%

Carga de la cocina: | 35000 | 24500 | ④

Aire acondicionado: 3780 • 20 VA | 75600 | 0 | ⑤

Motor más grande: 1260 • 0.25 | 315 | 375 |

Suma de los cálculos (1 al 6): | 285461 | 128021 | ⑥

Tableros TSG y TSP: 40000   40000
25000   25000

Subtotal | 65000 | 65000 |

Carga total | 350461 | 193021 |

Las corrientes en los conductores de fase son:

$$I_{Fase} = \frac{350461 \text{ VA}}{\sqrt{3} \cdot 208 \text{ V}} = 973 \text{ A}$$

Se toman cuatro conductores por fase, para un total de doce conductores. Cada uno de ellos soportará 243 A. El calibre será 350 kcmil (255 A). La protección será trifásica de 1000 A/fase. Para el neutro, la corriente es:

$$I_{Neutro} = \frac{193021 \text{ VA}}{\sqrt{3} \cdot 208 \text{ V}} = 536 \text{ A}$$

Aplicando la norma **220.61** del **CEN**:

$$I_{Neutro} = 200 + (536 - 200) \cdot 0.70 = 435 \text{ A}$$

Seleccionamos cuatro conductores para el neutro, cada uno de los cuales soportará 109 A. El calibre será 1/0 AWG. En total tendremos dieciséis conductores para las fases y el neutro*.

---

* Los dieciséis conductores se alojarán en un tubo de PVC, tamaño comercial 3 1/2, estándar 40.

Ejemplo 10.13

Emplee el método opcional de cálculo para determinar la acometida a un edificio de 12 apartamentos de 140 m², que constan de los siguientes artefactos y equipos:

Microondas:	1100 VA
Refrigerador:	270 VA
Lavadora:	1000 VA
Calentador de agua:	3800 VA
Secadora de ropa:	4200 VA
Aire acondicionado (4 de 1260 VA):	5040 VA
Cocina eléctrica + horno:	14000 VA

Calcule los calibres de la acometida y del neutro, las protecciones y el tipo de canalización si el sistema eléctrico es: *a*) monofásico a 120/240 V; *b*) trifásico a 120/208 V.

Solución

a) Puesto que se trata de una residencia multifamiliar, donde cada apartamento es alimentado por un solo alimentador y posee cocina eléctrica y acondicionadores de aire, y por cuanto el método a emplear es el opcional, nos guiaremos por la **sección 220.84** del CEN. Para las fases, se tiene:

Iluminación general (140 • 33):		4620 VA
Pequeños artefactos (2 • 1500):		3000 VA
Lavadero (1500):		1500 VA
	Subtotal	9120 VA
	Cargas 12 apartamentos	109440 VA
	Uso de la **Tabla 10.5** (41%)	44870 VA ①
	Aire acondicionado (12 • 5040):	60480 VA
	Uso de la **Tabla 10.5** (41%)	24797 VA ②

ARTEFACTOS FIJOS: El refrigerador y la lavadora están incluidos en los circuitos de pequeños artefactos y del lavadero, respectivamente.

Microondas:		1100 VA
Calentador de agua:		3800 VA
Secadora de ropa:		4200 VA
Cocina con horno:		14000 VA
	Subtotal	23100 VA

Capítulo 10: Cálculo de Acometidas/Alimentadores

Carga de 12 apartamentos	277200 VA
Uso de **Tabla 11.5** (41%):	113652 VA ③
Carga total (1 + 2 + 3):	183319 VA

Corriente en las fases (120/240 V):

$$I_{Fase} = \frac{183319 \text{ VA}}{240 \text{ V}} = 764 \text{ A}$$

Se pueden utilizar dos conductores por fase THHN, calibre 700 kcmil (**Tabla 2.11**). La protección consistirá en un interruptor automático (*breaker*) bipolar de 800 A. El ducto será de PVC estándar 40, tamaño 5, que podrá alojar a los cuatro conductores de las fases y a los dos del neutro.

Calibre del neutro:

Iluminación general (140 • 33):		4620 VA
Pequeños artefactos (2 • 1500):		3000 VA
Lavadero (1500)		1500 VA
	Subtotal	9120 VA
Cargas 12 apartamentos		109440 VA
Factores de demanda:		
3000 al 100%:		3000 VA
109440 – 3000 al 35%:		37254 VA
		40254 VA ①

ARTEFACTOS FIJOS:

Calentadores (3800 • 12):	45600 VA
Microondas (1100 • 12):	13200 VA
Total artefactos fijos	58800 VA
Factor de demanda (75%):	44100 VA ②

Secadora de ropa: (5000 • 12)*: 60000 VA

Factor de demanda (N = 12): % = 47 – (N° secadoras – 11) = 46%

Carga secadoras: 60000 • 0.46 = 27600

Carga neutro (27600 • 0.70): 19320 VA ③

---
* Valor mayor entre 4200 y 5000 VA.

Cocina eléctrica (14000 VA). Se va a la columna C, nota 1, de la **Tabla D6** del **Apéndice C**. Usar relaciones (9.6) y (9.7) de este libro:

$$F_{Aplicación} = 0.05 \cdot (P_{Cocina} - 12) \, (\%)$$

Del enunciado del ejemplo $P_{Cocina} = 14$ kW. Por tanto:

$$F_{Aplicación} = 0.05 \cdot (14 - 12) = 0.10 \qquad P_{Utilización} = (1 + F_{Aplicación}) \cdot P_{Máx}$$

Con $P_{Máx} = 27$, de la columna C de la **Tabla 220.55** del **CEN** se obtiene:

$$P_{Utilización} = (1 + 0.10) \cdot 27000 \text{ VA} \qquad \boxed{29700 \text{ VA}} \qquad ④$$

Carga total $(1 + 2 + 3 + 4)$: $\boxed{133374 \text{ VA}}$

Corriente en el neutro (120/240 V):

$$I_{Neutro} = \frac{133374}{240 \text{ V}} = 556 \text{ A}$$

Se utilizarán dos conductores para el neutro (277 A cada uno), calibre 350 kcmil.

b) Si el voltaje de alimentación fuera trifásico 120/208 V, las corrientes en las fases y el neutro serían:

$$I_{Fase} = \frac{183319 \text{ VA}}{\sqrt{3} \cdot 208 \text{ V}} = 509 \text{ A} \qquad I_{Neutro} = \frac{133374 \text{ VA}}{\sqrt{3} \cdot 208 \text{ V}} = 370 \text{ A}$$

Para las fases utilizaremos seis conductores THHN, 400 kcmil, con una capacidad de corriente de 335 A. Para el neutro se usarán dos conductores THHN, 250 kcmil, con capacidad de corriente de 255 A por conductor. Recuerda que, como hay más de tres conductores en el ducto, se debe utilizar el factor de corrección por agrupamiento.

Piense... Explique...

10.1 ¿Qué son los alimentadores eléctricos? ¿Qué es una acometida?

10.2 ¿Se puede conectar el bus de tierra a la caja metálica de los subtableros dependientes del tablero principal?

10.3 ¿Cuál es la carga mínima para iluminación y tomacorrientes generales en el caso de unidades residenciales?

10.4 ¿Cómo se tienen en cuenta las cargas correspondientes a salas de baño, lavadoras y refrigeradoras de una vivienda?

10.5 Describa el método estándar para el cálculo de instalaciones eléctricas residenciales. ¿Se aplica este método a viviendas unifamiliares y multifamiliares?

10.6 Describa el método opcional para el cálculo de instalaciones eléctricas residenciales. ¿Se aplica este método a viviendas unifamiliares y multifamiliares?

10.7 ¿Qué % del consumo de calefacción se usa para el cálculo de los alimentadores y de la acometida?

10.8 ¿Qué % del consumo de los acondicionadores de aire se usa para el cálculo de los alimentadores y de la acometida?

10.9 ¿Qué factor de demanda se debe aplicar cuando a los tableros se conectan cuatro o más artefactos eléctricos?

10.10 ¿Qué potencia en VA se debe usar para las secadoras de ropa a fin de calcular el calibre de los alimentadores?

10.11 ¿Qué potencia en VA se debe usar para las cocinas eléctricas a fin de calcular el calibre de los alimentadores?

10.12 ¿Bajo cuáles condiciones se puede reducir la carga en el neutro al calcular los alimentadores y la acometida de una instalación eléctrica?

10.13 ¿Bajo cuáles condiciones no se puede reducir la carga en el neutro a los efectos de calcular los alimentadores y la acometida de una instalación eléctrica?

10.14 ¿Cómo se compara la corriente en el neutro con la de la fase en un sistema monofásico de dos hilos?

10.15 ¿Por qué no se tienen en cuenta las cargas entre fase y fase a objeto de determinar el calibre en el neutro?

10.16 ¿A qué se llaman cargas no coincidentes en una instalación eléctrica? Menciona un ejemplo típico de estas cargas.

10.17 ¿Cuál es el aporte a la corriente en el neutro de las cocinas eléctricas y de las secadoras de ropa, en relación con el cálculo de la corriente en el neutro?

10.18 ¿Cuál es el máximo desbalance que se puede tener en un circuito monofásico a tres hilos de 120/240 V?

10.19 ¿Cuál es el máximo desbalance que se puede tener en un circuito monofásico de tres hilos de 120/208 V?

10.20 Con respecto a la corriente en el neutro, describa la situación que tiene lugar cuando las cargas en el sistema eléctrico están formadas, principalmente, por lámparas fluorescentes.

10.21 ¿Cómo se define una residencia multifamiliar según las normas eléctricas?

10.22 Dibuje el diagrama unifilar de un edificio de ocho apartamentos, cada uno de los cuales es alimentado mediante tres hilos a 120/208 V. La acometida es trifásica a cuatro hilos 120/208 V.

10.23 ¿Cuáles servicios son atendidos a partir del tablero de servicios generales?

10.24 ¿Cuáles servicios son atendidos a partir del tablero de servicios prioritarios?

10.25 ¿Cuáles condiciones deben tener los apartamentos de un edificio para que se puedan aplicar los factores de demanda de la **Tabla 10.5**?

10.26 ¿Se deben considerar los acondicionadores de aire y las secadoras como artefactos conectados fijos para el cálculo de la corriente de alimentadores?

10.1 ¿Cuál es la carga de iluminación general para una residencia de 220 m^2?

CAPÍTULO 10: CÁLCULO DE ACOMETIDAS/ALIMENTADORES

Ejercicios

10.2 ¿Cuál es la carga para iluminación general, pequeños artefactos y circuito del lavadero en una vivienda de 300 m^2?

10.3 ¿Cuánto contribuyen un lavaplatos (1200 VA) y un calentador de agua de 3000 VA a la carga de un alimentador?

10.4 ¿Cuánto contribuyen un lavaplatos (1200 VA), un triturador de desperdicios (1000 VA), un microondas (1500 VA) y un calentador de agua de 4000 VA a la carga de un alimentador?

10.5 ¿Cuánto contribuyen un acondicionador de aire (5000 VA), un calentador ambiental de 3000 VA y una lavadora de 1200 VA a la carga de un alimentador?

10.6 ¿Cuánto contribuye a la carga de un alimentador, tanto a las fases como al neutro, una secadora de 3000 VA?

10.7 ¿Cuánto contribuyen a la carga de un alimentador, tanto a las fases como al neutro: *a*) una cocina con horno eléctrico (6000 VA en total), y *b*) una cocina eléctrica de 11000 VA?

10.8 ¿Cuánto contribuyen un calentador de agua (3000 VA) y un lavaplatos de 1200 VA a la carga de un alimentador?

10.9 La carga de una vivienda es de 45 kW. ¿Cuál es el calibre del alimentador si la tensión es: *a*) 120/208 V; *b*) 120/240 V?

10.10 Una acometida suministra energía a las siguientes cargas de un sistema 120/208 V: *a*) 110 A para cargas entre dos fases a 208 V; *b*) 80 A de la cocina y el horno; *c*) 40 A de la secadora, y *d*) 175 A entre fases y neutro. ¿Cuál será el calibre del neutro?

10.11 La acometida de un edificio comercial de tres hilos a 120/208 V tiene las siguientes cargas: *a*) 225 A entre las dos fases; *b*) 180 A de cargas lineales entre fase y neutro, y *c*) 150 A de cargas no lineales entre fase y neutro. ¿Cuál será el calibre del neutro?

10.12 ¿Para qué corriente se debe seleccionar el neutro en la **Fig. 10.22** ? ¿Cuál será el calibre del neutro en cada caso?

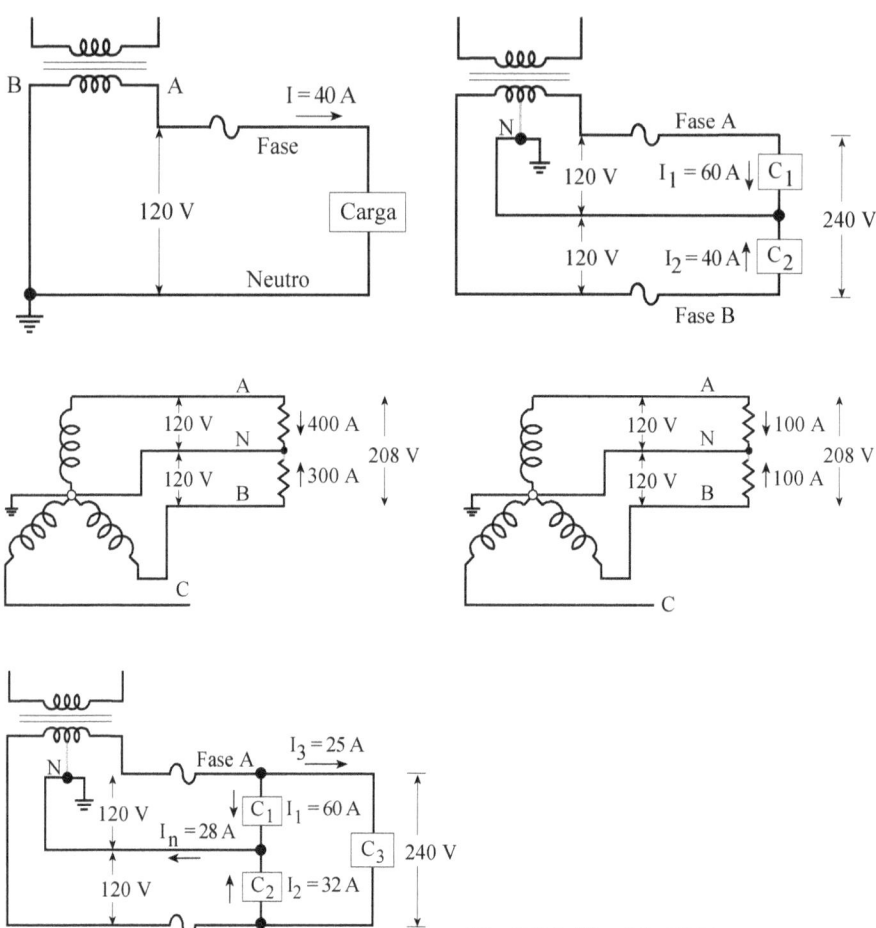

Fig. 10.22 Ejercicio **10.12**.

10.13 Una vivienda cuya alimentación eléctrica es de dos hilos, monofásica a 120 V, tiene 70 m². Se cocina con gas natural y se utiliza un horno de microondas de 1200 VA. El cuarto principal posee un acondicionador de aire de 1200 VA. En el lavadero hay un calentador de agua de 2500 VA y una lavadora de 1000 VA. Determine: *a*) el número de circuitos de 15 A; *b*) la carga de iluminación y tomacorrientes generales; *c*) la carga del lavadero; *d*) el número de circuitos de pequeños artefactos de la cocina si la misma cuenta con un refrigerador de 230 VA; *e*) el calibre del conductor activo y del neutro; *f*) el dispositivo de protección requerido para cada circuito ramal y para el alimentador, y *g*) el diagrama circuital de la instalación eléctrica.

CAPÍTULO 10: CÁLCULO DE ACOMETIDAS/ALIMENTADORES   523

10.14 Una residencia de 135 m² posee en su interior los siguientes artefactos: cocina eléctrica (6500 VA), secadora de ropa (4000 VA), tres acondicionadores de aire de 1360 VA cada uno, calentador de agua de 1500 VA, horno de microondas de 1300 VA, nevera de 200 VA y lavadora de 1400 VA. El voltaje de entrada es monofásico 120/208 V. *a*) ¿Cuántos circuitos de 15 A se requieren? *b*) ¿Cuáles son los calibres de las fases y del neutro? *c*) Especifique el dispositivo de protección de la acometida. *d*) Dibuje el diagrama unifilar.

10.15 Una vivienda de 180 m², alimentada a tres hilos 120/208 V, tiene en su interior los siguientes artefactos y equipos:

Acondicionadores de aire 3 toneladas	3600 VA, 208 V
Calentador de agua	1800 VA, 120 V
Cocina eléctrica/horno	9000 VA, 208 V
Bomba de agua	1800 VA, 120 V
Triturador desperdicios	1200 VA, 120 V
Lavaplatos eléctrico	1200 VA, 120 V
Secadora de ropa	6000 VA, 208 V
Microondas	1500 VA, 120 V

Utilice el método estándar para determinar las características de la instalación eléctrica, incluyendo el calibre de los conductores, el tipo de canalización para los ramales y la acometida, y la protección del tablero principal. Dibuje el diagrama unifilar del tablero principal.

10.16 Repita el problema anterior si el sistema eléctrico es a 120/240 V.

10.17 Repita el problema 10.19 mediante el uso del método opcional: *a*) si el sistema eléctrico es de 120/208 V, y *b*) si el sistema es a 120/240 V.

10.18 Los siguientes artefactos y equipos se localizan en una vivienda de 250 m²:

Calentador de agua (3):	3600 VA, 120 V
Lavaplatos eléctrico:	1200 VA, 120 V
Triturador desperdicios:	1200 VA, 120 V
Compactador de basura:	900 VA, 120 V
Microondas:	1200 VA, 120 V
Bomba de agua:	1600 VA, 120 V
Bomba de piscina:	1000 VA, 120 V
Acondicionadores de aire 5 toneladas:	4800 VA, 208 V
Cocina eléctrica/horno:	11000 VA, 208 V
Secadora de ropa:	3500 VA, 208 V

Si la alimentación es de 120/240 V, efectúe el cálculo de la acometida y determine los detalles relativos a la protección y la canalización. Emplee el método estándar de cálculo.

10.19 Repita el problema anterior, usando el método opcional de cálculo y una alimentación de 120/208 V.

10.20 Una residencia de dos plantas se alimenta a 120/208 V mediante un tablero principal en la planta baja (120 m^2) y un subtablero en la planta alta (100 m^2). La carga eléctrica se distribuye así:

Planta alta:

1 Calentador de agua	3000 VA, 120 V
3 Acondicionadores de aire	3900 VA, 208 V

Planta baja:

1 Calentador de agua:	3000 VA, 120 V
Lavaplatos:	1200 VA, 120 V
Triturador desperdicios:	1500 VA, 120 V
Bomba de agua:	1.200 VA, 120 V
Microondas:	1200 VA, 120 V
Secadora:	5500 VA, 208 V
Cocina + horno:	11000 VA, 208 V
1 Acondicionador de aire:	2300 VA, 208 V

Emplee los métodos estándar y opcional para el cálculo de la acometida eléctrica. Calcule, además, el alimentador del tablero de la planta alta.

10.21 Una residencia multifamiliar tiene 18 apartamentos de 110 m^2, cada uno de los cuales posee en su interior los siguientes artefactos:

Lavaplatos:	1100 VA, 120 V
Triturador desperdicios:	1500 VA, 120 V
Microondas:	1500 VA, 120 V
Calentador de agua:	4500 VA, 208 V
Acondicionadores de aire:	3600 VA, 208 V
Secadora de ropa:	5000 VA, 208 V
Cocina eléctrica:	9000 VA, 208 V

La alimentación para cada tablero es monofásica de tres hilos a 120/208 V, mientras que la acometida principal proviene de un sistema trifásico de cuatro hilos a 120/208 V. Calcule (métodos estándar y opcional) el alimentador para cada tablero y la acometida de la residencia. Asimismo, determine las protecciones del tablero principal y de los subtableros de los apartamentos.

10.22 Calcule la acometida y la alimentación para los subtableros y las protecciones para un edificio de cuatro niveles, con cinco apartamentos por nivel y una superficie de 100 m^2, si cada apartamento está dotado de los siguientes artefactos eléctricos:

Lavaplatos:	1000 VA, 120 V
Microondas:	1500 VA, 120 V
Calentador de agua:	3000 VA, 208 V
Acondicionadores de aire:	3600 VA, 208 V
Secadora de ropa:	5000 VA, 208 V
Cocina eléctrica:	9000 VA, 208 V
Calentador ambiental:	4000 VA, 208 V

La alimentación para cada tablero es monofásica de tres hilos a 120/208 V, mientras que la acometida principal proviene de un sistema trifásico de cuatro hilos a 120/208 V.

10.23 Una residencia multifamiliar tiene 40 apartamentos, divididos en dos edificios de 20 apartamentos cada uno cuya energía proviene de dos centros de medición y control alimentados por una acometida principal trifásica de 120/208 V, de la cual se derivan acometidas de 120/208 para cada uno de esos centros. La alimentación para cada apartamento es monofásica de tres hilos a 120/208 V. Cada apartamento, de 90 m², posee un alimentador individual, está equipado con una cocina eléctrica de 10 kW y posee los siguientes artefactos:

Lavaplatos:	1000 VA, 120 V
Microondas:	1500 VA, 120 V
Calentador de agua:	1500 VA, 120 V
Acondicionador de aire:	3600 VA, 208 V
Secadora de ropa:	5000 VA, 208 V

Para cada apartamento, determine: *a*) la carga; *b*) el número mínimo de circuitos, y *c*) el calibre mínimo de cada alimentador (fase y neutro). Determine, además, la acometida a cada grupo de 20 apartamentos y la acometida principal al conjunto residencial.

CAPÍTULO 11

CONSIDERACIONES SOBRE LA ACOMETIDA

11.1 LA ACOMETIDA. GENERALIDADES.

La acometida es la parte del sistema eléctrico que incluye todos los materiales y equipos utilizados para transferir la energía eléctrica desde las líneas de distribución de baja tensión hasta su punto de utilización. Los materiales son, entre otros, los conductores, los ductos y los accesorios de fijación y de puesta a tierra. Entre los equipos podemos citar el de acometida que incluye un medio de desconexión (*breaker* o fusible).

Aun cuando los servicios de acometida varían ampliamente, dependiendo del tipo de edificación, de los valores de voltaje y de corriente y del tipo de equipo seleccionado, se pueden mencionar y describir elementos comunes a los mismos. Las acometidas pueden ser aéreas o subterráneas. Las primeras se caracterizan porque los conductores de alimentación se tienden por encima del nivel del piso, mientras que las acometidas subterráneas se instalan en trincheras o ductos, por debajo del nivel del piso. La **Fig. 11.1** muestra los elementos que constituyen una acometida aérea. Las líneas de baja tensión se derivan de un transformador monofásico, o trifásico, que se encuentra en el poste cercano a la edificación a alimentar o a cierta distancia a lo largo del recorrido de las líneas. En la **Fig. 11.1**, las líneas de baja tensión pasan cerca de la edificación y se utilizan conectores para hacer derivar a los conductores, correspondientes a las fases A y B y al neutro N, hasta el punto de acometida, que es el sitio donde termina la alimentación a cargo de la empresa de servicio eléctrico y comienza el cableado de la instalación por parte del usuario. La responsabilidad de la empresa eléctrica termina en ese punto, en cuanto al suministro de la energía. La alimentación para este caso es monofásica, con voltaje de 120 V entre fase y neutro y de 208 V entre las dos fases. Se debe observar que de las tres fases del sistema de distribución, solo se toman dos para la acometida. Otras situaciones podrían implicar una acometida trifásica 120Y/208 V, dependiendo del valor de la carga a alimentar. En el dibujo mostrado, la acometida llega a la edificación por debajo del techo, y los conductores de la acometida se fijan a la pared de la propiedad mediante una percha con aisladores que los sujeta a la misma. Esta configuración es frecuente cuando las edificaciones tienen techos bajos. Cuando la acometida llega a la edificación por encima del techo y el bajante sirve de soporte a los conductores, la situación es la presentada en la **Fig. 11.2**. En este caso hay que tomar las previsiones para que el agua no se filtre a través de la estructura del techo. El rizo de goteo tiene como función hacer que las gotas de lluvia que puedan formarse sobre los conductores de la acometida se deslicen hacia abajo, por gravedad, y caigan sobre el techo.

A partir del punto de acometida se encuentran los conductores de entrada de la acometida, que se dirigen hacia el medidor, atravesando el cabezote de acometida y el bajan-

CAPÍTULO 11: CONSIDERACIONES SOBRE LA ACOMETIDA   527

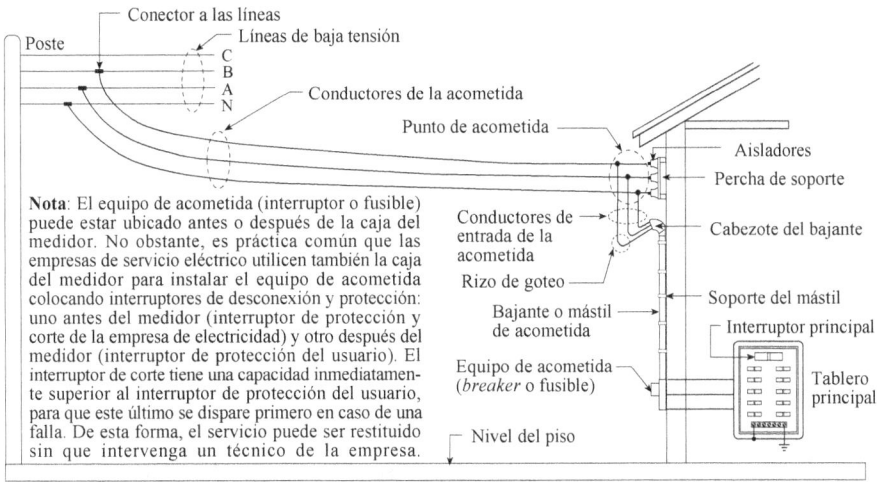

Fig. 11.1 Elementos que conforman una acometida aérea. Los conductores de la misma entran por debajo del techo.

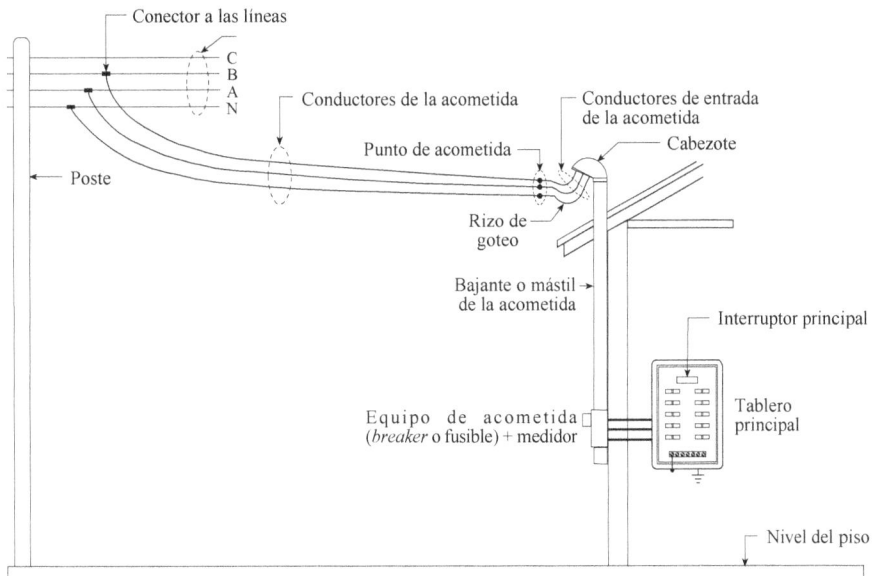

Fig. 11.2 Elementos que conforman una acometida aérea. Los conductores de acometida entran por encima del techo.

te de acometida. El cabezote de acometida sostiene a los conductores que ingresan a las instalaciones y protege al sistema eléctrico contra la entrada de agua en los ductos. El bajante sirve como ducto y se mantiene en su lugar mediante soportes de fijación. Del bajante, los conductores llegan a una caja que contiene el equipo de acometida (interruptores o fusibles) y el medidor o contador de energía. De allí los conductores pasan al tablero principal, donde está un interruptor principal usado como medio de desconexión y que sirve para proteger a las instalaciones internas. El medio de desconexión de la acometida (interruptor o fusible) es independiente del tablero principal y se encuentra antes del mismo. Es decir, el medio de desconexión no forma parte del tablero principal, como lo indican las **figuras 11.1** y **11.2**.

En edificios multifamiliares, los conductores de acometida llegan a un interruptor general, alojado en un módulo anexo al centro de medición y protección que está dentro de las edificaciones.

En la acometida subterránea, como su nombre lo indica, los conductores se tienden por debajo del nivel del suelo en la mayor parte de su recorrido, desde el punto de la acometida hasta el equipo de entrada de la misma. Dos alternativas se pueden considerar, tal como se muestra en la **Fig. 11.3**. En la parte (a), la alimentación se toma en baja tensión de la línea de distribución de la empresa eléctrica. El transformador, ubicado en las cercanías del sitio de utilización de la energía, posee un secundario en Y, con tres conductores de fase y uno de neutro, con voltajes de 120 V entre fase y neutro y 208 V entre fases. A partir del punto de acometida, los conductores de entrada se introducen en el cabezal y en el ducto y, luego, se dirigen, a través del ducto subterráneo, hasta la caja del equipo de acometida y el medidor y, de allí, al tablero principal de la residencia. Cuando el sistema es de 120/240 V, los elementos de la acometida subterránea son los mismos de la **Fig. 11.3**(a).

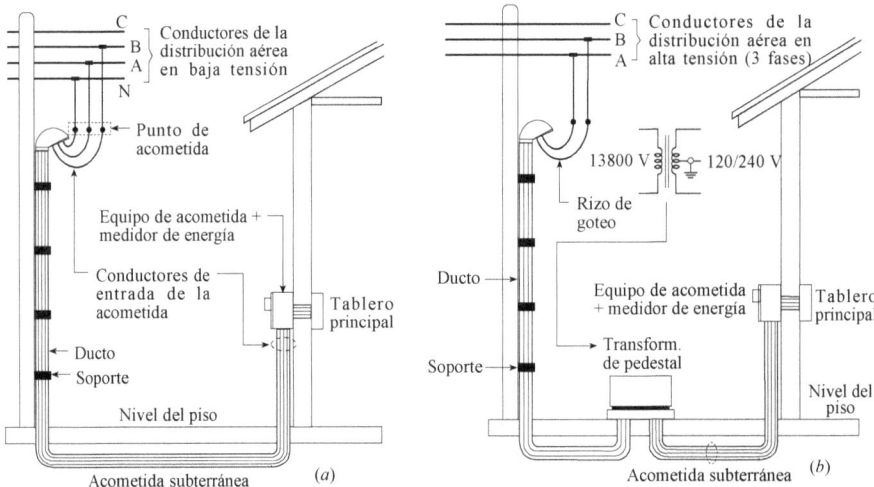

Fig. 11.3 Acometida subterránea: a) En baja tensión. b) En alta tensión.

Cuando se utiliza un transformador del tipo de pedestal, **Fig. 11.3**(b), se conectan los conductores de alta tensión a los conductores que llevan la energía hasta el transformador a través del cabezal y el ducto que baja. La ilustración corresponde a un transformador monofásico, con tensiones de 13800 V en el primario y de 120/240 V en el secundario; pero se podría usar un transformador trifásico según el tipo de carga a alimentar. El transformador se puede ubicar en una zona conveniente alrededor de la carga. El resto de la configuración es similar a la del caso anterior.

Por lo regular, el transformador y los conductores de alto voltaje son instalados por la empresa eléctrica que asume la responsabilidad de los mismos. Es conveniente, de

CAPÍTULO 11: CONSIDERACIONES SOBRE LA ACOMETIDA **529**

cualquier modo, hacer los arreglos para definir qué debe proveer el usuario del servicio eléctrico y hasta dónde llega el compromiso que asume la empresa de energía. La acometida, en el caso de la **Fig. 11.3**(*b*), comienza en el secundario del transformador y termina en la caja que contiene al equipo de acometida y al medidor. Aun cuando en la sección anterior se han mencionado los elementos principales de las acometidas aéreas y subterráneas, es conveniente mencionar las definiciones relacionadas con la toma de energía a partir de las líneas de distribución de las empresas eléctricas.

11.2 ELEMENTOS DE LA ACOMETIDA. DEFINICIONES.

Aun cuando en la sección anterior se han mencionado los elementos principales de las acometidas aéreas y subterráneas, es conveniente mencionar las definiciones relacionadas con la toma de energía a partir de las líneas de distribución de las empresas eléctricas.

a) CONDUCTORES DE LA ACOMETIDA: *Este es un término general que comprende a todos los conductores utilizados para conectar el suministro eléctrico, a partir de una línea de distribución o un transformador, con el equipo de acometida, que corresponde al medio de desconexión el cual se encuentra en la caja que aloja al medidor de energía eléctrica.*

b) CABLES DE ACOMETIDA: *Se refiere a los conductores de la acometida en forma de cable.* Aquí se debe enfatizar que un cable de acometida está formado por más de un conductor aislado, cubierto con un mismo tipo de envolvente.

c) ACOMETIDA: *Los conductores y equipos para dar energía al sistema eléctrico de una instalación a partir de un sistema de suministro.* En gran parte de los sistemas residenciales e industriales, la red de distribución, a alta o baja tensión, de las empresas eléctricas, constituye el punto de partida de las acometidas.

d) PUNTO DE ACOMETIDA: *El punto donde se conectan los conductores de la edificación a alimentar y los conductores de la empresa de servicio eléctrico.* El punto de acometida establece un límite entre la responsabilidad de la empresa de servicio eléctrico y el suscriptor. En el caso de una acometida aérea, el punto de acometida se encuentra cerca de la instalación servida, tal como se indica en las **figuras 11.1** y **11.2**.

e) CONDUCTORES DE LA ACOMETIDA AÉREA: *Los conductores aéreos de la acometida, que van desde el último poste u otro soporte aéreo (incluyendo las derivaciones, si las hubiere) hasta los conductores de entrada de la acometida, en el punto de acometida, en inmuebles u otras estructuras a servir.* Los conductores de la acometida aérea (ver **figuras 11.1** y **11.2**) que se unen en el punto de la acometida a los conductores de entrada de la misma, pueden llegar a un soporte (**Fig. 11.1**), tanto como empalmarse directamente a los conductores de entrada, antes de entrar al cabezal de acometida.

f) CONDUCTORES DE ENTRADA DE LA ACOMETIDA AÉREA: *Los conductores de la acometida entre los terminales del equipo de la acometida y un punto, en general ubicado fuera del inmueble, alejado de las paredes, donde se unen por medio de empalmes o derivaciones a la acometida aérea.* Los conductores de entrada de la acometida se unen a los conductores de la acometida aérea en el punto de acometida, tal como se indica en las **figuras 11.1** y **11.2**.

g) EQUIPO DE ACOMETIDA: *El equipo necesario, como el que integran interruptores automáticos* (breakers), *suiches y fusibles y sus accesorios, conectados al extremo de los conductores de la acometida que terminan en un inmueble, o en otra estructura o área específica, y que constituyen el control principal y el medio de desconexión del suministro eléctrico.* El equipo de acometida no incluye al medidor de energía y comprende el medio de desconexión, generalmente alojado en la misma caja donde se encuentra el medidor de energía eléctrica. Este término se aplica tanto a las acometidas aéreas como a las subterráneas.

h) ACOMETIDA SUBTERRÁNEA: *Los conductores subterráneos de acometida entre la red de la calle, incluyendo cualquier tramo vertical en un poste u otra estructura, o entre un transformador y el primer punto de conexión con los conductores de entrada de la acometida en una caja terminal, medidor u otra caja apropiada en el interior o exterior de la pared del inmueble. Cuando no haya caja terminal, medidor u otra caja apropiada, se considera que el punto de conexión será el punto de entrada de los conductores de la acometida en el inmueble.* Como se deduce de esta definición, en una instalación subterránea la alimentación está bajo tierra en la mayor parte del trayecto, aunque incluye cualquier tramo vertical de tubería que se utilice para llevar los conductores hasta el nivel del piso. La conexión a la red se puede hacer a partir de la red aérea de distribución, conectando los conductores al secundario de un transformador de pedestal o empalmándolos a una red de distribución subterránea. La tendencia moderna es a utilizar transformadores de pedestal y tomar la alimentación a partir del secundario o de las cajas de distribución a baja tensión ubicadas de modo conveniente según el tipo de desarrollo de que se trate.

La **Fig. 11.3** es ilustrativa del concepto anterior. En la parte (*a*) de dicha figura se toma la alimentación de los conductores de distribución de baja tensión, se baja a través de un ducto vertical y se llega al medidor, a la caja de desconexión y al tablero principal. Cuando se utiliza un transformador de pedestal, **Fig. 11.3**(*b*), la acometida subterránea, a baja tensión, comienza normalmente en el secundario del transformador o en una caja de conexión cercana al mismo. En el caso de que se realice un empalme con la red de distribución de baja tensión, y no directamente con el secundario del transformador, la acometida subterránea comienza en el punto de empalme.

i) CONDUCTORES DE ENTRADA DE LA ACOMETIDA SUBTERRÁNEA: *Los conductores de acometida entre los terminales del equipo de acometida y el punto de conexión con la acometida subterránea.* En la **Fig. 11.3**(*b*), los conductores de entrada de la acometida se encuentran en el lado secundario del transformador.

11.3 NÚMERO DE ACOMETIDAS

De acuerdo con las normas, una edificación o cualquier otra estructura será alimentada por una sola acometida. Es decir, con las excepciones que se describirán a continuación, se proveerá solo una acometida aérea o subterránea para un inmueble o cualquier otro tipo de instalación. Es necesario indicar que una sola acometida puede alimentar a más de una vivienda o a todos los apartamentos de un edificio residencial, sea cual fuere el número de los mismos. La **Fig. 11.4** muestra una acometida que alimenta a dos viviendas.

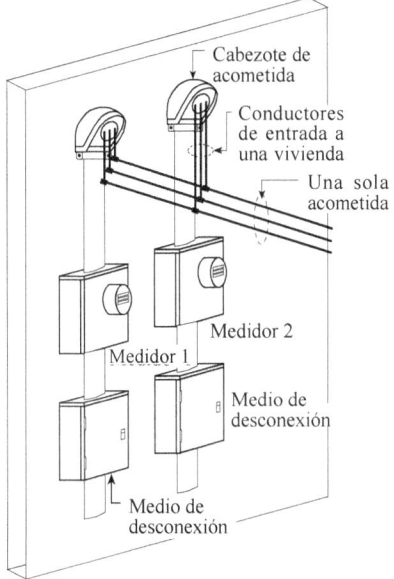

Fig. 11.4 Aun cuando se alimentan dos inmuebles distintos, la acometida es una sola.

Por supuesto, cuando se trata de viviendas o estructuras aisladas, la acometida consiste solo en un conjunto de conductores o en un solo cable, salvo las excepciones permitidas por las normas y que a continuación detallamos:

(A) *Condiciones especiales*. Se permitirán acometidas adicionales en los siguientes casos:

(1) *Bombas contra incendio*: En caso de incendio, las bombas deben seguir funcionando a fin de poder combatirlo*.

(2) **Sistemas de emergencia**: En el caso de la pérdida de energía en la acometida normal, se debe asegurar que algunos sistemas, como el alumbrado de emergencia en caso de un apagón, entre en funcionamiento*.

(3) *Sistemas de respaldo eléctrico exigidos por la ley*: Tal es el caso de los quirófanos en hospitales y clínicas.

(4) *Sistemas de respaldo eléctrico opcionales*: Para cubrir fallas en instalaciones industriales.

(5) *Sistemas de generación en paralelo*: Se requieren cuando hay necesidad de incrementar la energía de entrada en instalaciones industriales.

(6) *Sistemas diseñados para conexión a múltiples fuentes de suministro para mejorar su confiabilidad.*

---

* En estos sistemas las acometidas pueden derivarse de una misma línea o de líneas independientes.

(B) **Alojamientos especiales**. Mediante permiso de la empresa eléctrica, se permitirán acometidas adicionales en los siguientes casos:

(1) *Edificios de ocupación múltiple*: Cuando no haya espacio suficiente para que todos los ocupantes de un edificio tengan acceso a los equipos de acometida.

(2) *Edificios muy grandes*: Un edificio o estructura de grandes dimensiones que requiera el uso de más de una acometida. Este es el caso de un complejo de apartamentos o de edificios de gran altura, o de edificios que cubren una gran superficie y tienen cargas significativas situadas a gran distancia del punto donde se toma la energía. De esta manera se evitarían considerables caídas de tensión en las líneas de alimentación.

(C) **Requisitos de capacidad**. Se permitirá el uso de acometidas adicionales en los siguientes casos:

(1) Cuando los requerimientos de capacidad excedan los 2.000 A a una tensión nominal menor o igual a 600 V.

(2) Cuando los requerimientos de carga monofásica excedan los valores de la capacidad que pueda proveer la empresa eléctrica para una sola acometida.

(D) **Características diferentes**. Se permitirá el uso de más de una acometida para tensiones, frecuencias y fases diferentes; asimismo, cuando se apliquen tarifas diferentes para dos o más acometidas. Por ejemplo, en un mismo edificio se podría tener tensiones de 120/208 V para iluminación y tomacorrientes generales, pero también se podría utilizar un sistema de 277/480 V para cargas mayores.

(E) **Identificación**. Cuando un edificio o estructura es alimentado por más de una acometida o por cualquier combinación de circuitos ramales, alimentadores y acometidas, se debe instalar una placa permanente, ubicada en cada medio de desconexión, que denote todas las demás acometidas, alimentadores y circuitos ramales que alimentan al edificio o estructura y al área servida por cada uno de ellos (ver **Fig. 11.5**).

Hay que destacar que los conductores subterráneos, de calibre igual o superior al 1/0 AWG, se pueden considerar como una sola acometida cuando se agrupen en varios conjuntos de conductores, siempre que esos conjuntos se conecten en paralelo en el extremo del suministro de energía y se separen en el extremo correspondiente a la carga. Se requiere, además, que cada uno de los conjuntos de conductores termine en un número situado entre dos y seis medios de desconexión, sean suiches o interruptores termomagnéticos automáticos. La **Fig. 11.6** explica este caso.

11.4 ACOMETIDAS EXTERNAS A UN EDIFICIO

Las normas establecen que los conductores de acometida que suministran energía eléctrica a un edificio u otra estructura, no pasarán a través del interior de otro edificio u otra estructura. *Esta condición se cumple cuando un conductor es externo al inmueble o edificio*. Un conductor puede ser externo aun cuando ingrese al interior de una edificación, tal como se deduce de la siguiente reglamentación:

CAPÍTULO 11: CONSIDERACIONES SOBRE LA ACOMETIDA

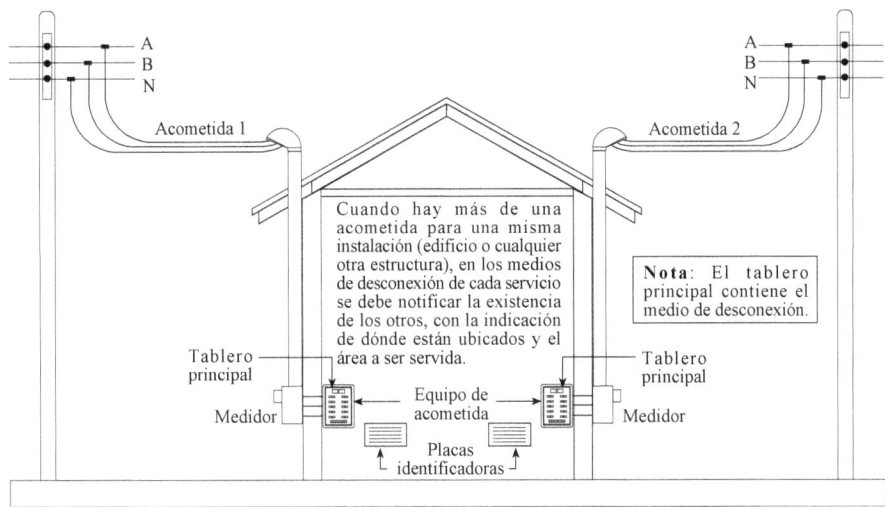

Fig. 11.5 Cuando haya más de una acometida en un edificio o estructura, se debe poner una placa de identificación en cada medio de desconexión de las acometidas, indicando dónde se encuentran las otras acometidas y el área servida por las mismas.

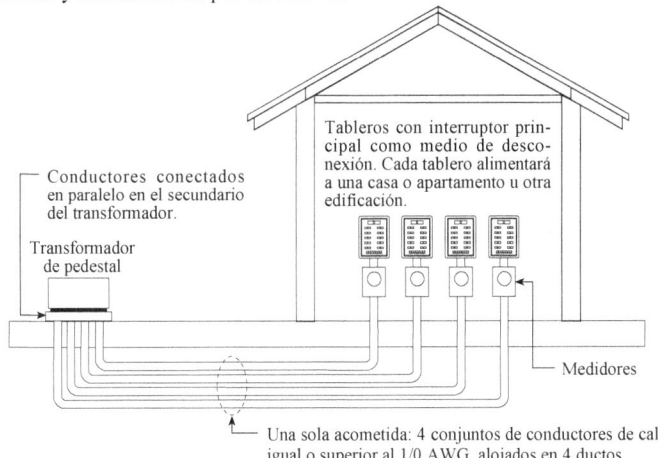

Fig. 11.6 Los conductores subterráneos de calibre igual o superior al 1/0 AWG serán considerados como una sola acometida, cuando se agrupen en varios conjuntos de conductores, si los mismos se conectan en paralelo en el extremo del suministro de energía y se separan en el extremo de carga. Los conjuntos de conductores terminarán en un número situado entre dos y seis interruptores principales o medios de desconexión, representados por suiches o interruptores automáticos.

(1) Cuando estén instalados por debajo de un edificio u otra estructura y cubiertos por concreto de un espesor no inferior a 50 mm (2 pulg.).

(2) Cuando estén instalados dentro de un edificio u otra estructura en una canalización que esté encerrada en concreto o ladrillo con un espesor mínimo de 50 mm (2 pulg.).

(3) Cuando estén instalados en un ducto y recubiertos por una capa de tierra, no inferior a 450 mm, debajo de un edificio u otra estructura.

Las consideraciones anteriores se refieren a la falta de protección en baja tensión que tienen los conductores de entrada de la acometida. Esto significa que, en caso de una falla entre el punto de acometida y el medio de desconexión, los conductores servirían como "protección" al fundirse por exceso de calor. De manifestarse esta última situación, se espera que las tres reglas descritas en los puntos anteriores salvaguarden al inmueble de un posible incendio*.

Observa que las tres partes señaladas, en las que los conductores están recubiertos por cemento, ladrillo o tierra, determinan que los mismos sean considerados "externos" a la edificación aun cuando realmente recorren su interior. Esto se ilustra en la **Fig. 11.7**.

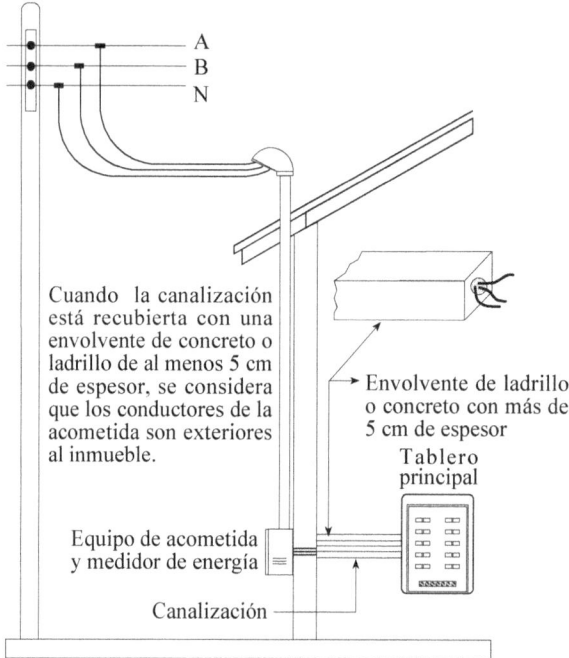

Fig. 11.7 Los conductores de acometida en la canalización se consideran externos al inmueble por estar protegidos por una envolvente de concreto o ladrillo de al menos 5 cm de espesor.

Dentro de la canalización que aloja los conductores de acometida, o en los cables de acometida, no se instalarán otros conductores, con excepción de los de puesta a tierra, de los puentes de unión equipotencial o de los que se utilicen para control de cargas que tengan protección contra sobrecorriente. De acuerdo con esto, es una violación a las normas si dentro de una canalización se instalan conductores de acometida con los alimentadores a los tableros o con los de los circuitos ramales.

Se debe mencionar también que es obligatorio sellar los ductos de las acometidas subterráneas, en el punto de entrada a las edificaciones, para evitar que la humedad ingrese a la canalización. Las canalizaciones de reserva o vacías también se deben sellar. En todo caso, se utilizará un compuesto adecuado para el sellado.

---

* Las líneas de distribución de baja tensión, de las cuales se derivan las acometidas, están protegidas por fusibles de baja tensión de los transformadores de distribución.

CAPÍTULO 11: CONSIDERACIONES SOBRE LA ACOMETIDA 535

11.5 SEPARACIÓN DE LA ACOMETIDA AÉREA DE LAS EDIFICACIONES

Hay que tener en cuenta la separación que tendrán los conductores de acometida en relación con puertas y ventanas que se abren y con aberturas en una edificación:

(*a*) *Separaciones*: Los conductores de acometida tendrán una separación no inferior a 90 cm (3 pies) de ventanas diseñadas para abrirse y de puertas, porches, balcones, escaleras, escalones y salidas de escape para incendios o estructuras similares. Esto evita daños mecánicos a los conductores y el contacto accidental con los mismos. Tal norma exceptúa a los conductores que pasan por encima de la parte superior de ventanas, los cuales pueden estar a una distancia menor de 90 cm del borde superior de las mismas (ver **Fig. 11.8**).

(*b*) *Separación vertical*: El tramo final de los conductores de acometida mantendrá una separación vertical no inferior a 3 m (10 pies) por encima de cualquier plataforma de su proyección o superficies. Esta separación vertical se mantendrá a una distancia de 90 cm (3 pies), medidos horizontalmente desde la plataforma, sus superficies y sus proyecciones (ver **Fig. 11.9**).

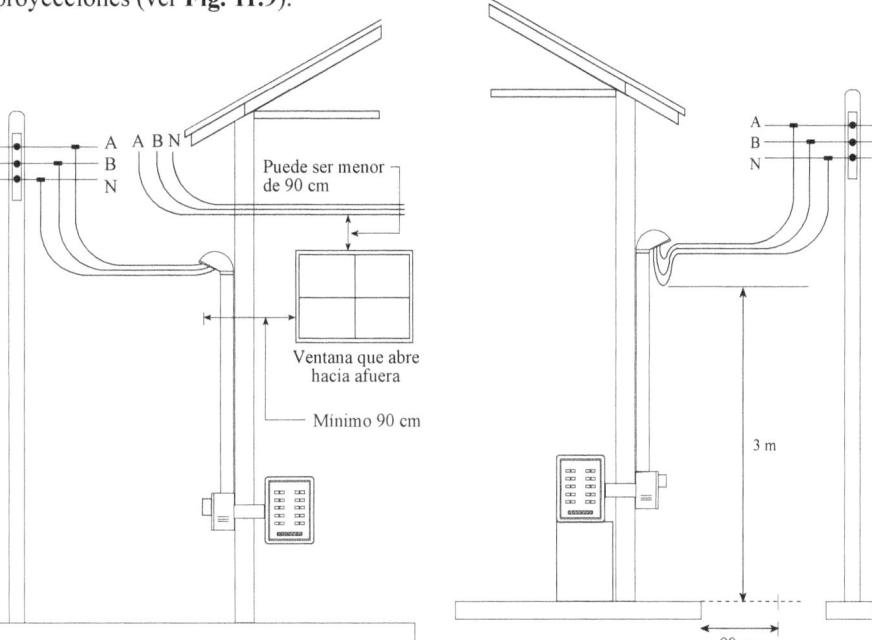

Fig. 11.8 Distancias mínimas de la acometida con respecto a ventanas y puertas que se abren, porches, balcones y escaleras en una edificación.

Fig. 11.9 Separación vertical del tramo final de la acometida en relación con cualquier plataforma o superficie inferior.

(*c*) *Aberturas en edificios*: Los conductores de la acometida aérea no se instalarán por debajo de aberturas a través de las cuales se puedan transportar materiales. Los conductores aéreos no deben obstruir el acceso a esas aberturas en edificaciones. La **Fig. 11.10** ilustra esta norma.

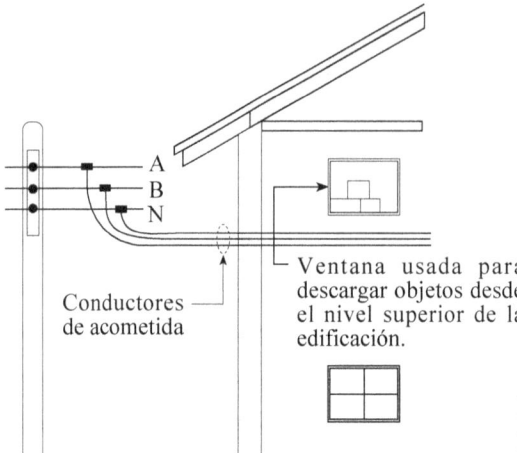

Fig. 11.10 La acometida no debe pasar por debajo de aberturas usadas para descargar materiales.

Es importante mencionar que está prohibido el uso de árboles como soporte de los conductores de una acometida aérea. Esta práctica da lugar a serios peligros en hogares y otras edificaciones.

11.6 LOS CONDUCTORES DE LA ACOMETIDA AÉREA

A continuación estudiamos las características que deben tener los conductores usados en las acometidas aéreas y otras condiciones que deben satisfacer para garantizar la seguridad de las personas.

Aislamiento o recubrimiento. Cuando se trate de conductores individuales (fases y neutro) de la acometida, los mismos serán *aislados* o *recubiertos* para disminuir la posibilidad de cortocircuitos. Se exceptúa el neutro de un cable multiconductor, que podrá estar desnudo. Es importante la diferencia entre conductores recubiertos y conductores aislados:

> *Conductor recubierto*: Es aquel conductor que está envuelto en un material de composición y espesor no aceptados por las normas como aislamiento eléctrico.
>
> *Conductor aislado*: Es aquel conductor que está envuelto en un material de composición y espesor aceptados por las normas como aislamiento eléctrico.

Calibre y capacidad de corriente: Los conductores tendrán suficiente ampacidad para alimentar a la carga calculada, según la normativa ya estudiada, y poseerán una resistencia mecánica adecuada. Su calibre no será inferior al 8 AWG de cobre o al 6 AWG de aluminio. Cuando se trate de un circuito ramal que alimente cargas a pequeñas polifásicas, como calentadores de agua controlados u otras similares, se permite el uso de conductores de calibre igual o superior al calibre 12 AWG.

La reglamentación sobre puesta a tierra y conexión equipotencial establece que el calibre del conductor de puesta a tierra de la acometida no será menor que el mostrado en la **Tabla 11.1** (**Apéndice D**, **Tabla D8**), en conductores utilizados para el electrodo de puesta a tierra.

Calibre del mayor conductor activo de la acometida (AWG/kcmil)	Calibre del conductor del electrodo de puesta a tierra
2 o menor	8
1 o 1/0	6
2/0 o 3/0	4
Mayor de 3/0 hasta 350	2
Mayor de 350 hasta 600	1/0
Mayor de 600 hasta 1100	2/0
Mayor de 1100	3/0

Tabla 11.1 Calibre del conductor de cobre del electrodo de puesta a tierra para sistemas de corriente alterna.

Separaciones: Los conductores de la acometida aérea no serán fácilmente accesibles, y para tensiones inferiores a 600 V cumplirán con los siguientes requisitos:

a) *Separaciones por encima del techo*: Los conductores tendrán una separación mínima de 2.5 m (8 pies) por encima de la superficie del techo. Esta separación se mantendrá a una distancia no inferior a 90 cm (3 pies) desde el borde del techo en todas las direcciones (ver **Fig. 11.11**).

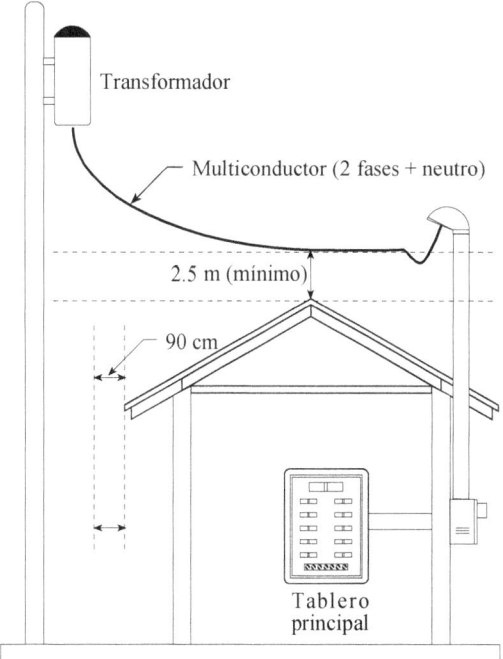

Fig. 11.11 La separación mínima entre los conductores de la acometida aérea y el techo será de 2.5 m.

Las siguientes excepciones se aplican a la regla anterior:

1. Cuando una área debajo de la acometida sea usada como tráfico de peatones o tráfico vehicular tendrá una separación vertical, de acuerdo con las especificaciones que se estudiarán más adelante en el punto (*b*).

2. Cuando el voltaje no exceda los 300 V entre conductores y la pendiente del techo sea igual o exceda los 100 cm en 300 mm (18,43°), se puede reducir la separación entre los conductores y el techo hasta 90 cm. Hay una razón para esta excepción: cuando el techo tiene esta pendiente, es difícil que una persona camine sobre el mismo.

3. Si el voltaje entre conductores no excede los 300 V, la distancia de separación con respecto al alero del techo se puede reducir de 2.5 m (8 pies) a 45 cm (1.5 pies), si no más de 1.8 m (6 pies) del conductor pasa por un alero de una longitud máxima de 1.2 m (4 pies) y los conductores terminan en un soporte aprobado o en una canalización de entrada (ver **Fig. 11.12**).

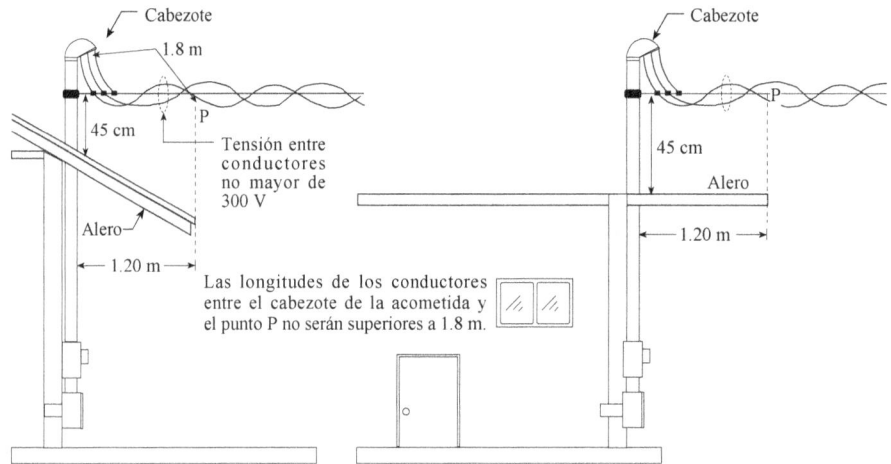

Fig. 11.12 Separaciones, por encima del techo, de los conductores de una cometida aérea.

(*b*) *Separación vertical del suelo*. Cuando la tensión nominal no sea superior a 600 V, los conductores de la acometida aérea tendrán las separaciones mínimas, en relación con el suelo, indicadas en la **Fig. 11.13**. Allí se especifican también las tensiones para las cuales aplican esas distancias. La **Tabla 11.2**, relacionada con la **Fig. 11.13**, resume las distancias mínimas con respecto al pavimento, teniendo en cuenta el voltaje entre fase y tierra que los conductores de acometida deben tener.

Tensión respecto a tierra (V)	Altura h_1 (m)	Altura h_2 (m)	Altura h_3 (m)
0 – 150	3	3.7	5.5
151 – 300	3.7	3.7	5.5
301 – 600	4.5	4.5	5.5

Tabla 11.2 Altura sobre el suelo de la acometida aérea según la tensión entre fase y tierra y el tipo de pavimento.

CAPÍTULO 11: CONSIDERACIONES SOBRE LA ACOMETIDA

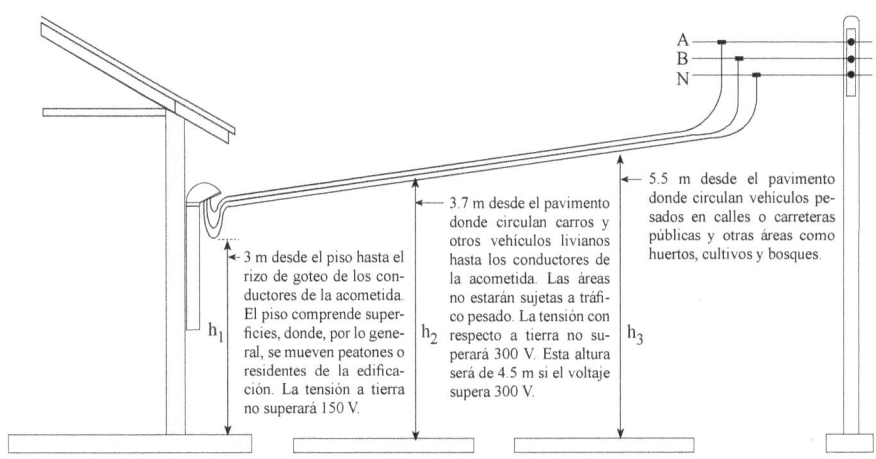

Fig. 11.13 Separaciones, por encima del suelo, de los conductores de una acometida aérea.

11.7 ELEMENTOS DE SOPORTE DE LA ACOMETIDA AÉREA

Los conductores de la acometida aérea están soportados por un conjunto de elementos mecánicos que garantizan la integridad de la instalación y la seguridad de los usuarios del servicio eléctrico. Varios aspectos de este tema serán estudiados a continuación.

Punto de fijación de los conductores. El punto de fijación de los conductores de una acometida aérea en una edificación que alimenta no será inferior a 3 m sobre la acera de la calle, tal como se mencionó anteriormente y se muestra de manera más detallada en la **Fig. 11.14**. Se considera que 3 m es una altura adecuada para evitar que cualquier residente de la edificación, o que un peatón que deambule alrededor de la misma, pueda entrar en contacto con los conductores. En esa figura se observa que la distancia desde el tubo de entrada hasta la ventana es de 90 cm, como se había establecido anteriormente. En algunos casos es necesario elevar el punto de fijación de los conductores de la acometida con el fin de cumplir con lo estipulado en esta norma.

Medios de fijación. Los cables multiconductores, usados para acometidas aéreas, se fijarán a edificaciones y otras estructuras mediante accesorios aprobados para utilizarse con tales fines. Los aisladores deberán ser de tipos no combustibles ni absorbentes y se fijarán sólidamente a la edificación o estructura.

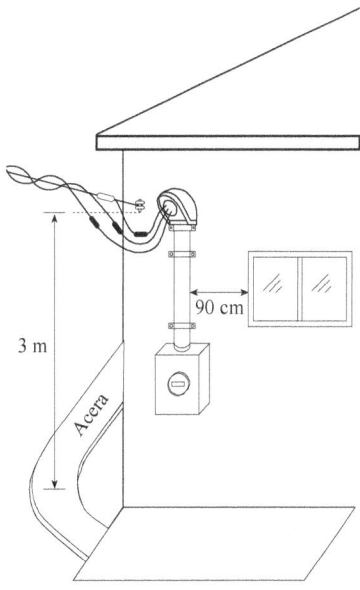

Fig. 11.14 La separación mínima entre la acera terminada y los conductores de entrada de la acometida será de 3 m.

Mástiles de acometidas usados como soporte. Cuando los conductores de la acometida aérea tengan como soporte mástiles de acometida, estos tendrán una resistencia mecánica adecuada y estarán soportados por tirantes y abrazaderas o por alambres de retención que soporten el esfuerzo impuesto por la acometida aérea. Cuando se utilicen tubos u otro tipo de canalización, como mástiles de acometidas, todos sus accesorios estarán aprobados para este uso. En el mercado hay una gran variedad de accesorios que incluye abrazaderas, sellos impermeables, flejes metálicos y conectores a compresión, entre otros. Solo se permitirá que se sujeten al mástil de acometida los conductores aéreos que lo conforman. Esto significa que los conductores o cables de radio, TV por señal abierta, televisión por cable (CATV), cables telefónicos y otros similares no se deben apoyar en los mástiles de acometida.

Soportes sobre inmuebles. Los conductores de acometida aérea que pasen por encima de techos tendrán como soporte estructuras firmes y seguras. Cuando sea práctico, dichos soportes serán independientes de la edificación.

11.8 CONDUCTORES DE LA ACOMETIDA SUBTERRÁNEA

Como hemos visto, una acometida subterránea se tiende por debajo del nivel del piso y proviene, en general, de tres fuentes:

a) Del secundario de un transformador de pedestal, ubicado cerca de la instalación o estructura a alimentar.

b) De un transformador aéreo, colocado en un poste, al cual se llega, por lo regular, mediante un tubo de acero rígido galvanizado que aloja a los conductores.

c) De líneas de distribución de baja tensión, aéreas o subterráneas.

Los conductores de las acometidas subterráneas reunirán ciertas características, apropiadas para su uso. La acometida subterránea está formada por los conductores, incluyendo los de entrada de acometida, y los accesorios, que van desde el secundario de un transformador o líneas de distribución en baja tensión, hasta su punto de utilización, normalmente un tablero principal (ver **Fig. 11.15**). A continuación estudiamos los aspectos más importantes relativos a la acometida, comprendidos desde la fuente de energía en baja tensión hasta el medidor o caja terminal.

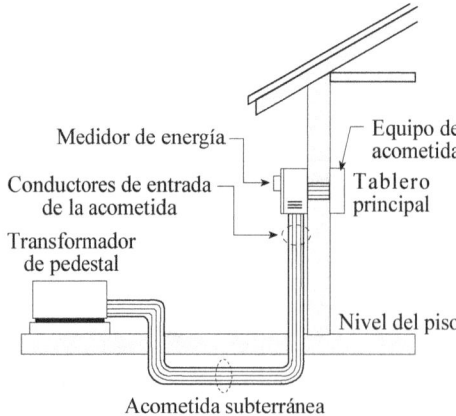

Fig. 11.15 Los conductores de la acometida subterránea comienzan en el secundario del transformador. Los conductores de entrada de la acometida están entre el medidor y el tablero principal.

Aislamiento. Los conductores de la acometida subterránea tendrán una cubierta aislante según la tensión aplicada. Se permite que los conductores neutros, puestos a tierra, no tengan aislamiento en los siguientes casos:

a) Un conductor de cobre desnudo en el interior de una canalización.

b) Un conductor de cobre desnudo directamente enterrado, cuando se le considere adecuado a las condiciones del suelo, en forma tal que no se produzcan reacciones químicas que ataquen al cobre.

c) Un conductor de cobre desnudo directamente enterrado, sin tener en cuenta las condiciones del suelo, cuando forme parte de un cable aprobado para uso subterráneo. Un cable del tipo USE se puede usar para estos efectos.

Calibre y capacidad de corriente

a) Aspectos generales. Los conductores de acometida subterránea tendrán suficiente ampacidad para soportar la corriente según lo establecido por las normas eléctricas sobre el cálculo de alimentadores y acometidas (**Capítulo 10** de este libro). Tendrán, además, una resistencia mecánica adecuada.

b) Tamaño mínimo. El calibre de los conductores subterráneos no será inferior a 8 AWG, si son de cobre, y a 6 AWG, si son de aluminio. Se exceptúan cargas pequeñas, para las cuales el calibre del conductor no será inferior a 12 AWG (cobre) o a 10 AWG (aluminio).

c) Neutro puesto a tierra. El calibre del neutro puesto a tierra no será menor que el dado en la **Tabla 11.1** de este capítulo.

Protección contra daños. Los conductores de la acometida subterránea serán protegidos contra daños mediante los recubrimientos indicados en la **Tabla 11.3**, instalados según la **sección 11.4**, ya estudiada, o protegidos por un método de instalación en las canalizaciones, mediante los tubos apropiados, según lo tratado en el **Capítulo 3**.

La **Tabla 11.3** especifica las profundidades mínimas de los conductores enterrados directamente. Es importante mencionar que los conductores de acometidas subterráneas, que no estén empotrados en concreto o enterrados a 450 mm o más por debajo del nivel del suelo, tendrán su ubicación identificada por medio de cintas o placas de aviso de peligro que se colocarán en la zanja a no menos de 300 mm por encima de la instalación subterránea.

> *La acometida es un elemento fundamental en una instalación eléctrica residencial. Su cálculo, efectuado bajo las normas eléctricas de cada país, y disposición espacial, bien sea aérea o subterránea, determinará la confiabilidad del sistema eléctrico.*

Ubicación del cableado o del circuito	Columna 1 Conductores o cables enterrados directamente (mm)	Columna 2 Tubo metálico rígido o intermedio (mm)	Columna 3 Canalizaciones no metálicas aprobadas para ser enterradas directamente (mm)	Columna 4 Circuitos ramales residenciales a 120 V o menos con protección GFCI y protección de 20 A (mm)	Columna 5 Circuitos para control de irrigación e iluminación de jardines. Limitados a no más de 30 V e instalados con cables UF o con otro tipo de cable o canalización (mm)
Todas las ubicaciones no ubicadas abajo	600	150	450	300	150
En zanja debajo de una capa de concreto de 5 cm de espesor	450	150	300	150	150
Debajo de un edificio	0	0	0	0	
Bajo una losa de concreto de 10.2 cm de espesor mínimo, sin tráfico de vehículos y losa extendida a no menos de 15.2 cm de la instalación subterránea	450	100	100	150	150
Bajo calles, autopistas, carreteras, calzadas, y estacionamientos exteriores, usados solo para propósitos residenciales	600	600	600	600	600
Calzadas de asentamientos unifamiliares y bifamiliares y de estacionamientos	450	450	450	300	450
En o debajo de pistas de aterrizaje, incluyendo las áreas donde está prohibido el tráfico de peatones	450	450	450	450	450

Nota 1: Se define el recubrimiento como la distancia entre el punto superior de la superficie de cualquier conductor o tubería enterrada y el punto superior de la superficie terminada.

Nota 2: Cuando se trate de tuberías a ser embutidas en concreto, serán envueltas en un espesor igual o superior a 50 mm.

Nota 3: Se permitirán profundidades menores cuando los cables y conductores suban para los empalmes.

Nota 4: Cuando uno de los métodos de cableado de las columnas 1 y 3 sea usado para los circuitos indicados en las columnas 4 y 5 se permitirán recubrimientos de espesores menores.

Nota 5 Cuando haya rocas sólidas que impidan el cumplimiento de las profundidades citadas en esta tabla, el cableado se hará en canalizaciones metálicas y no metálicas, autorizadas para enterrarse directamente. La canalización se cubrirá con un mínimo de 5 cm de concreto que llegará hasta las rocas.

Tabla 11.3 Recubrimiento mínimo de canalizaciones subterráneas para tensiones entre 0 y 600 V. Las distancias están en mm.

En la **Fig. 11.16** se dan ejemplos de las profundidades citadas en la **Tabla 11.3** para distintas formas de canalización. Asimismo, en la **Fig 11.17** se presentan las zanjas (bancadas) que Cadafe, la empresa de electricidad de Venezuela, utiliza de manera estándar en sus normas. Como se puede observar, las bancadas cumplen con lo establecido en la **Tabla 11.3** en cuanto a profundidad de los tubos de PVC. 12.9

CAPÍTULO 11: CONSIDERACIONES SOBRE LA ACOMETIDA

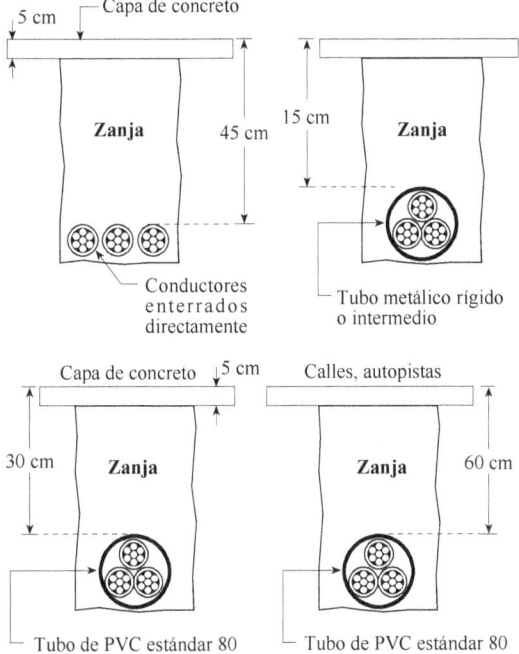

Fig. 11.16 Profundidad de algunos tipos de conductores con respecto a la superficie terminada.

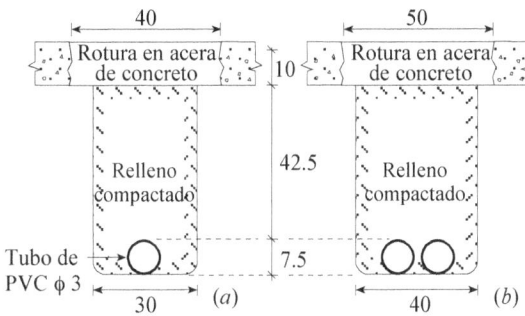

Fig. 11.17 Profundidad de algunos tipos de conductores según las normas de la empresa venezolana CADAFE: *a*) Bancada de un tubo de PVC tamaño 3, en baja tensión, enterrado directamente en terreno normal. *b*) Bancada de dos tubos de PVC tamaño 3, en baja tensión, enterrado directamente en terreno normal.

11.9 CONDUCTORES DE ENTRADA DE LA ACOMETIDA

A continuación repasamos el concepto de conductores de entrada de la acometida.

CONDUCTORES DE ENTRADA DE LA ACOMETIDA AÉREA: Los conductores de la acometida entre los terminales del equipo de la acometida y un punto, en general ubicado fuera del inmueble, alejado de las paredes, donde se unen por medio de empalmes o derivaciones a las líneas de baja tensión (ver **Fig. 11.1**).

Los conductores de entrada de la acometida aérea comienzan en el punto de acometida y terminan en el equipo de acometida (medio de desconexión).

CONDUCTORES DE LA ENTRADA DE LA ACOMETIDA SUBTERRÁNEA: *Los conductores de acometida entre los terminales del equipo de acometida y el punto de conexión con la acometida subterránea.* La acometida subterránea termina en el dispositivo de protección del equipo de acometida, bien sea en una caja independiente, al lado del medidor, o en la caja del medidor.

NÚMERO DE CONJUNTOS DE CONDUCTORES DE ACOMETIDA. *Cada acometida, aérea o subterránea, alimentará solamente a un conjunto de conductores de entrada de acometida.* Se establecen varias excepciones, entre las cuales citamos las siguientes:

1) *En una edificación, se permitirá que un conjunto de conductores de entrada de acometida se derive, mediante un empalme a una acometida principal, hacia viviendas individuales o conjunto de viviendas.* Es decir, en un edificio multifamiliar o de oficinas, se permite empalmar un conjunto de conductores de entrada de acometida a la acometida principal. Asimismo, cuando se trate de servicios como sistemas contra incendio o de emergencia, se puede tener más de un conjunto de conductores de entrada de acometida a partir de la acometida principal.

2) *Cuando se alimenten, a partir de una acometida aérea o subterránea, de dos a seis medios de desconexión, en cajas separadas y agrupadas en un mismo sitio, se permitirá que un solo conjunto de conductores de entrada de acometida alimente a cada uno o varios de los diferentes medios de desconexión* (ver **Fig. 11.18**).

3) *Una vivienda unifamiliar, que posea una estructura separada, puede tener un conjunto de conductores de entrada de acometida que alimente a cada una de ellas, a partir de una única acometida aérea o subterránea* (ver **Fig. 11.19**).

AISLAMIENTO DE LOS CONDUCTORES DE ENTRADA DE LA ACOMETIDA. *Con excepción del neutro, que puede ser un conductor desnudo, el resto de los conductores de entrada de la acometida tiene que estar aislado.* Entonces el neutro puede ser:

(1) Un conductor de cobre desnudo en el interior de una canalización o cuando forme parte de un cable de acometida.

(2) Un conductor de cobre desnudo directamente enterrado, cuando se considere que el conductor se adapta a las condiciones del suelo.

(3) Un conductor de cobre desnudo directamente enterrado, sin tener en cuenta las condiciones del suelo, cuando forme parte de un cable aprobado para uso subterráneo. Se podría usar, por ejemplo, un cable del tipo USE.

4) Un conductor de cobre desnudo usado en canaletas.

CAPÍTULO 11: CONSIDERACIONES SOBRE LA ACOMETIDA

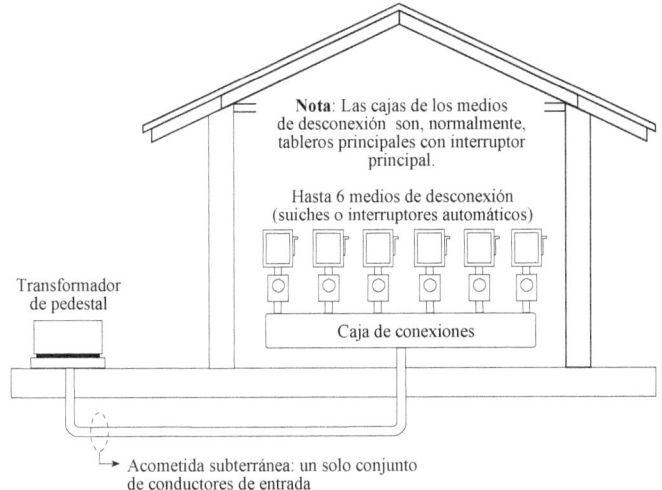

Fig. 11.18 Una acometida alimenta a seis medios de desconexión.

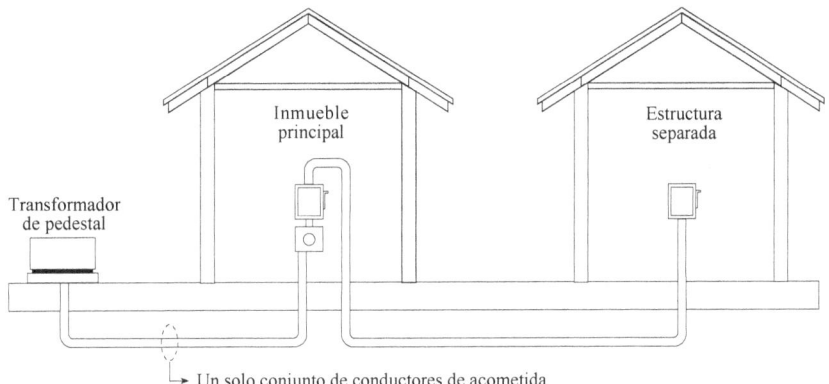

Fig. 11.19 Acometida a una vivienda que posee una estructura separada.

CALIBRE MÍNIMO Y CAPACIDAD DE CORRIENTE. La determinación del calibre de los conductores de la acometida se ciñe estrictamente a lo estudiado en el **Capítulo 11** sobre el cálculo de alimentadores y acometidas. Cada conjunto de conductores de entrada de acometida se trata como si fuera un alimentador. Asimismo, se tendrá en cuenta que la ampacidad de los conductores, antes de la aplicación de factores de ajuste, no será inferior a la carga no continua, más el 125% de la carga continua. La mínima ampacidad para los conductores de fase no será menor que la del medio de desconexión de la acometida. Igualmente, el conductor neutro tendrá un calibre no inferior al indicado por la **Tabla 12.1** de este capítulo, pero no se requerirá que sea de mayor calibre que el calibre más grande del conductor de fase de la acometida.

MÉTODOS DE CABLEADO PARA TENSIONES IGUALES O INFERIORES A 600 V. Hay una variedad considerable de medios apropiados para llevar los conductores de entrada de la acometida hasta los equipos de acometida de la edificación. Entre los más frecuentemente usados, tenemos los que siguen:

1) Instalación a la vista con aisladores.
2) Tubos metálicos rígidos (RMC).
3) Tubos metálicos intermedios (IMC).
4) Tubería eléctrica metálica (EMT).
5) Tubos no metálicos (ENT).
6) Cables de entrada de acometida.
7) Canalizaciones de barras.
8) Tubos metálicos rígidos.
9) Cables tipo MC.
10) Tubo metálico flexible de no más de 1.80 m de longitud, con puente de unión para puesta a tierra y hermético a los líquidos.

EMPALMES DE CONDUCTORES. *Se permitirá el empalme de conductores según las reglas establecidas por las normas eléctricas*. Veamos someramente qué establecen esas normas.

Normativa 1. Los conductores serán empalmados o unidos con accesorios de empalme adecuados para su uso. Se podrá usar soldadura de bronce, de arco o blanda con una aleación fusible. Los terminales deben unirse firmemente antes de soldarse. Todos los empalmes se cubrirán con un material aislante equivalente a la cubierta de los conductores.

Normativa 2. Se permitirá que los cables o conductores enterrados directamente se empalmen sin utilizar cajas de conexión, siguiendo la normativa 1.

Normativa 3. No se permitirán empalmes ni conexiones de conductores en el interior de las canalizaciones. Los conductores deberán ser continuos entre tomacorrientes, cajas y dispositivos.

Normativa 4. Protección contra daños de la acometida subterránea. Los conductores de la acometida subterránea serán protegidos contra daños de acuerdo con lo expresado en la **Tabla 11.3** de la **sección 11.8**.

Normativa 5. Protección contra daños de los cables y conductores de la acometida aérea. Los conductores y cables de entrada de la acometida aérea, por encima del nivel del suelo, se protegerán, en caso de estar expuestos a daño físico, mediante:

1) Tubos metálicos rígidos (RMC).
2) Tubos metálicos intermedios (IMC).
3) Tubería no metálica rígida, estándar 80 (PVC).
4) Tubería eléctrica metálica (EMT).

Normativa 6. Medios de soporte. Los cables de entrada de la acometida se sujetarán a la superficie de las edificaciones mediante abrazaderas a una distancia no mayor de 30 cm de cada cabezote de entrada y a intervalos no superiores a 75 cm.

Normativa 7. Drenajes para canalizaciones. Las canalizaciones expuestas a la intemperie, y que contengan los conductores de entrada de la acometida, serán herméticas a la lluvia y poseerán drenaje para dejar salir el agua proveniente de la lluvia o de condensación. Con el fin de hacer efectivo esto último, se puede dejar un orificio en el fondo del tablero principal o de otra caja donde terminen los conductores de entrada de la acometida.

Normativa 8. Cabezote de acometida. Las canalizaciones de las acometidas serán equipadas con un cabezote hermético a la lluvia donde se encuentren los conductores de la acometida aérea con los de entrada. Los cabezotes se ubicarán por encima del punto de fijación de los conductores de la acometida aérea. Los rizos de goteo deben quedar por debajo del cabezote. En los cabezotes de acometida, los conductores de distintos voltajes entrarán por agujeros diferentes. Los conductores se deben colocar de modo que el agua no penetre a la tubería o al equipo de acometida (ver **Fig. 11.20**).

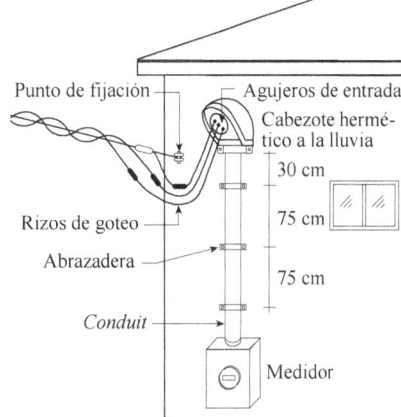

Fig. 11.20 Ubicación del cabezote de acometida.

11.10 MEDIOS DE DESCONEXIÓN DEL EQUIPO DE ACOMETIDA

Las normas eléctricas definen un medio de desconexión como *un dispositivo o grupo de dispositivos u otros medios, que permiten desconectar los conductores de un circuito de su fuente de suministro*. El medio de desconexión puede ser un interruptor automático. un fusible o una cuchilla que corte la energía de los conductores de entrada de una edificación. El medio de desconexión de la acometida será instalado de modo que se encuentre en una ubicación accesible, ya sea en el exterior de una edificación o en su interior, cerca del sitio más cercano al punto de entrada de los conductores de acometida. Nunca será ubicado en las salas de baño.

Número máximo de medios de desconexión. Básicamente, cada acometida debería servir a un solo conjunto de conductores de entrada de acometida. Sin embargo, un conjunto de entrada de conductores de acometida (aéreos o subterráneos) puede alimentar de dos a seis medios de desconexión, ubicados en un mismo sitio, sin la presencia de un interruptor general*. Los medios de desconexión pueden estar en un tablero o agrupados en envolventes individuales. La **Fig. 11.21** muestra las tres formas básicas de desconectar una acometida a partir de una sola acometida general.

Si una edificación tiene más de una acometida, cada una de ellas podrá servir a un máximo de seis medios de desconexión (suiches o interruptores), tal como se ilustra en la **Fig. 11.22** para una estructura multifamiliar*.

Capacidad nominal de los medios de desconexión. Los medios de desconexión de la acometida tendrán una capacidad no menor que la carga a servir, calculada de acuerdo con lo tratado en el **Capítulo 10** de este libro. En ningún caso, la capacidad nominal de corriente será inferior a la detallada a continuación.

---

* Es necesario aclarar que cuando el número de medios de desconexión sea igual o inferior a seis, no es necesario usar un interruptor común al final de la acometida. Cada vivienda tendrá su propio medio de desconexión.

Nota: Un edificio multifamiliar tiene, normalmente, más de seis medios de desconexión, generalmente alojados en el tablero de medición y protecciones. No obstante, estos edificios son alimentados por una sola acometida. En estos casos, las normas exigen que la acometida sea provista con un solo interruptor automático o un suiche ubicado en el centro de medición y distribución dentro del edificio y que permita la desconexión de la energía eléctrico mediante un solo movimiento.

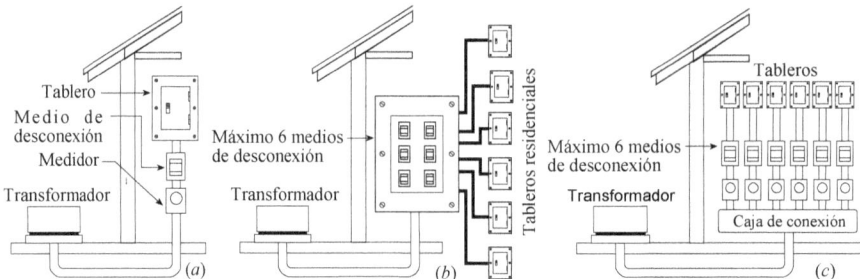

Fig. 11.21 (*a*) Una acometida con un solo medio de desconexión. (*b*) Una acometida y un máximo de seis medios de desconexión, agrupados en una caja. (*c*) Una acometida y un máximo de seis medios de desconexión individuales.

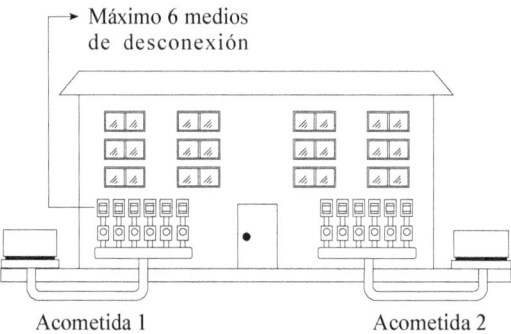

Fig. 11.22 Si una edificación es alimentada por dos acometidas, el número máximo de medios de desconexión para cada una de ellas es seis.

A) *Instalación de un solo circuito:* Para instalaciones que alimenten solo a cargas limitadas, de un circuito ramal sencillo, la capacidad nominal del medio de desconexión no será inferior a 15 amperios.

B) *Instalaciones de dos circuitos*: Para instalaciones que alimenten a no más de dos circuitos ramales de dos hilos, el medio de desconexión de la acometida tendrá una capacidad no inferior a 30 amperios.

C) *Vivienda unifamiliar*: Para una vivienda unifamiliar el medio de desconexión, para un circuito de tres hilos, tendrá una capacidad no inferior a 100 amperios. Se observa que se debe usar un medio de desconexión de 100 A, aun cuando el cálculo de la carga esté por debajo de ese valor. Esta condición no se aplica a apartamentos y residencias que se encuentren en viviendas bifamiliares o multifamiliares.

(D) *Los demás casos*: Para todas las demás instalaciones, el medio de desconexión tendrá una capacidad no inferior a 60 amperios.

11.11 PROTECCIÓN CONTRA SOBRECORRIENTE DEL EQUIPO DE ACOMETIDA

PROTECCIÓN DE LOS CONDUCTORES DE FASE. Cada conductor de fase será protegido por un dispositivo contra sobrecorriente en serie con el mismo y tendrá una capacidad o ajuste no mayor que la ampacidad del conductor. Entre las excepciones a la regla anterior se encuentran las siguientes:

1) En el caso de las corrientes de arranque de motores, las normas eléctricas permiten seleccionar un dispositivo contra sobrecorriente con capacidad superior a la ampacidad del conductor. Esto garantiza el buen desempeño del motor, ya que, de otro modo, el dispositivo de protección se dispararía al arrancar, impidiendo su normal funcionamiento.

2) Cuando la ampacidad de un conductor no se corresponda con el valor estándar del dispositivo de protección, se puede seleccionar el dispositivo con el próximo valor de corriente, por encima del calculado, siempre y cuando la corriente no exceda los 800 A. Esta excepción ya ha sido descrita anteriormente, en los **capítulos 9** y **10**.

3) La suma de las capacidades de corriente de dos a seis medios de desconexión de la acometida puede exceder la ampacidad de los conductores de acometida, siempre y cuando la carga calculada no exceda la ampacidad de los mismos.

Por ejemplo, si se tienen cuatro medios de desconexión de capacidad 100 A, su suma es igual a 400 A. Esta última cantidad puede exceder la ampacidad del conductor de acometida, pero la carga calculada no puede ser mayor que esa ampacidad.

PROTECCIÓN DEL NEUTRO. No se intercalará ningún dispositivo de protección en el neutro de la acometida, excepto un interruptor automático que abra simultáneamente todos los conductores del circuito.

UBICACIÓN DE LA PROTECCIÓN. El dispositivo de protección contra sobrecorriente de la acometida será una parte integral del medio de desconexión o será colocado adyacente al mismo.

Recuerde que la protección de las instalaciones eléctricas es sumamente importante para salvaguardar la vida de los usuarios y los bienes que utilizan la energía eléctrica. Un sistema eléctrico mal diseñado puede dar origen a eventos catastróficos

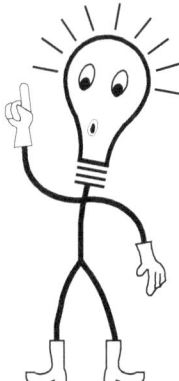

11.12 TABLEROS ELÉCTRICOS. GENERALIDADES.

Un tablero eléctrico es un centro de distribución de la energía eléctrica y de protección del grupo de circuitos ramales conectados al mismo. Está diseñado para ser instalado en un gabinete que se coloca sobre la superficie de una pared o empotrado en la misma. El tablero solo debe ser accesible por su parte frontal.

Como se indica en la **Fig. 11.23**, un tablero eléctrico tiene como componentes más importantes las barras conductoras (o buses conductores) los elementos donde se asientan las protecciones (interruptores) y la barra o bus del neutro. Dependiendo del diseño de la instalación eléctrica, el tablero puede contener un interruptor principal, en cuyo caso su esquema luce como el de la **Fig. 11.24**.

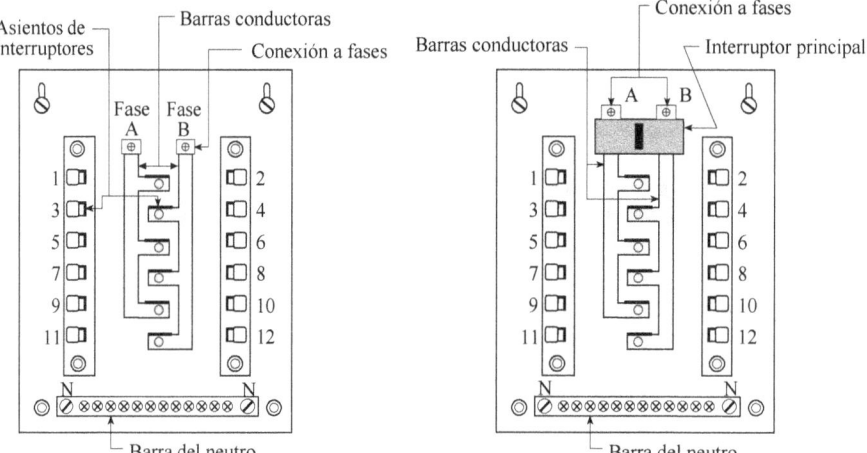

Fig. 11.23 Esquema básico de un tablero residencial sin interruptor principal.

Fig. 11.24 Esquema básico de un tablero residencial

En los dos casos presentados, los tableros corresponden a sistemas monofásicos de tres conductores: dos fases más el neutro. Los conductores de fase que entran al tablero se conectan a los terminales A y B, los cuales, a su vez, están conectados a las barras de fase. De allí, los interruptores reparten la energía a los circuitos ramales. Los circuitos ramales 1 y 2 se asientan en las posiciones 1 y 2 del tablero, que están conectadas a la misma fase. De igual manera, los circuitos ramales 3 y 4, protegidos por los interruptores correspondientes, se asientan en las posiciones 3 y 4. El resto de los circuitos ramales sigue una organización similar, tal como se expresa en la **Fig. 11.25**.

El diagrama unifilar del tablero, que sigue la distribución ya indicada, se muestra en la **Fig. 11.26**. En dicho diagrama se ha incluido el interruptor principal. Como se puede observar, el tablero puede alimentar a 12 circuitos ramales.

El neutro de entrada se conecta a los terminales N de la barra del neutro. Para el tablero de la **Fig. 11.23**, hay doce espacios y doce tornillos en el bus del neutro, correspondientes a igual número de circuitos ramales.

El interruptor principal, si está en el tablero, se ubica normalmente en la parte superior

CAPÍTULO 11: CONSIDERACIONES SOBRE LA ACOMETIDA

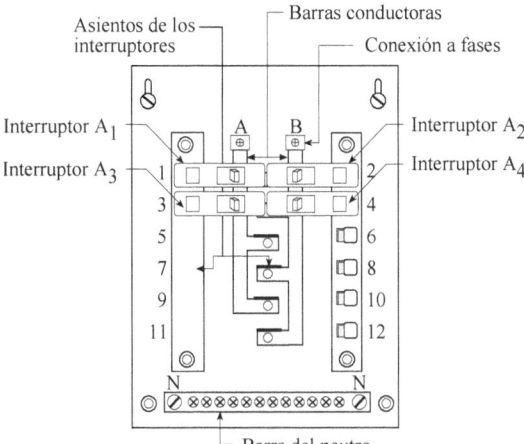

Los Interruptores A_1 y A_2 se conectan a la fase A. Los interruptores A_3 y A_4 se conectan a la fase B. El patrón se repite para el resto de los interruptores del tablero principal.

Fig. 11.25 Ubicación de los interruptores en el tablero de la **Fig. 11.24**.

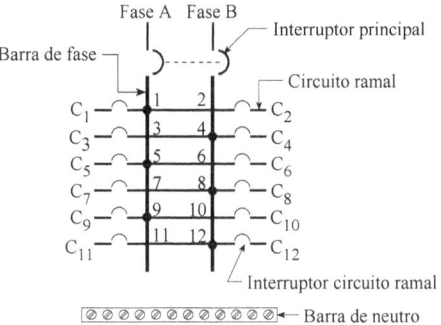

Fig. 11.26 Diagrama unifilar para el tablero de la Fig. **11.25**.

del mismo. Toda la energía que se transfiere a la instalación eléctrica se hace a través de este interruptor. Aunque, fundamentalmente, el interruptor principal sirve como un medio de protección de la corriente a la instalación (cortocircuitos y sobrecargas), también se utiliza como medio de desconexión, operación muy útil en caso de una emergencia o de una reparación general del sistema eléctrico. Es conveniente que los interruptores principales se conecten directamente a las barras de fase del tablero, ya que de esta manera se evitan conexiones a las barras mediante conductores, los cuales podrían disminuir la confiabilidad del tablero. La conexión directa a las barras confiere un alto grado de integridad al tablero, evitando conductores sueltos que podrían producir calentamiento.

El interruptor principal entrega la energía a las barras de fase, consistentes en barras de cobre o de aluminio que descansan en el chasis del tablero mediante aisladores. Las barras se extienden verticalmente a lo largo del tablero y, frente a cada asiento para dos interruptores, se prolongan horizontalmente a cierta distancia, finalizando en una pestaña donde se insertan los dispositivos de protección. Cada barra de fase está a un mismo voltaje nominal respecto al neutro, pero todas se comportan como fuentes independientes de voltaje. Según el sistema eléctrico del cual se trate, encontraremos voltajes diferentes entre fases y entre fase y neutro. En las instalaciones residenciales, los voltajes nominales más comunes son 120/208 y 120/240 V. Los tableros trifásicos se usan en instalaciones que consumen grandes cantidades de energía y su diseño sigue los patrones ya especificados para instalaciones eléctricas monofásicas.

La barra del neutro, de cobre o de aluminio, y colocada en la parte baja o en los laterales del tablero, es un punto de retorno para la corriente del neutro de cada circuito ramal. Asimismo, constituye una referencia para la puesta a tierra de la instalación. Esto será tratado en el **Capítulo 13**.

Los tableros se alojan dentro de gabinetes metálicos que les sirven de sostén y, a la vez, protegen al usuario de la instalación. Los gabinetes pueden montarse superficialmente, empotrarse en la pared o colocarse sobre una base o pedestal.

11.13 ESPECIFICACIONES ELÉCTRICAS DE LOS TABLEROS

Los tableros se especifican con base en su capacidad de corriente, su tensión en voltios, su frecuencia y la capacidad para soportar corrientes de cortocircuito.

Clasificación de tableros: La norma vigente hasta el año 2005 clasificaba a los tableros eléctricos en *tableros de alumbrado y artefactos y tableros de distribución y fuerza*. Los primeros son aquellos que contienen más del 10% de sus interruptores automáticos, protegiendo a circuitos ramales de iluminación y artefactos. Los tableros de distribución y fuerza tienen el 10% o menos de sus interruptores automáticos protegiendo a circuitos ramales de iluminación y artefactos. A partir del año 2008, la norma no distingue los tableros de alumbrado y artefactos de los tableros de distribución y fuerza, eliminando dicha clasificación. Asimismo, hasta 2005 se limitaba la cantidad de interruptores automáticos a un máximo de 42 interruptores, mientras que actualmente no hay limitación en cuanto al número de *breakers*. Es decir, se pueden colocar más de 42 dispositivos de protección. Esto obliga a los fabricantes de tableros a establecer nuevos estándares en su construcción.

Capacidad de corriente: *La corriente nominal de un tablero no debe exceder la capacidad de corriente de sus barras conductoras o la capacidad de disparo de su interruptor automático principal. Si el tablero no tiene interruptor principal, se clasificará de acuerdo con la capacidad nominal de sus barras de fase*. Por otro lado, el diseñador de instalaciones eléctricas debe tener en cuenta que todo tablero de distribución deberá tener una capacidad nominal de corriente no menor que la capacidad mínima del alimentador, calculada según lo estudiado en relación con alimentadores y acometidas.

Voltaje: Los fabricantes de tableros deben marcarlos con la tensión máxima de trabajo. Para tableros residenciales, el voltaje nominal no debe superar los 600 V.

Frecuencia: El tablero debe identificar la frecuencia de la corriente alterna de alimentación, bien sea 60 Hz o 50 Hz.

Corriente de cortocircuito: La capacidad nominal de corriente de cortocircuito de un tablero no debe ser mayor que la que tenga cualquiera de sus componentes. Esta capacidad se expresa en amperios rms. Valores típicos de este parámetro son 5000, 10000 y 20000 A.

Otros detalles que se mencionan comúnmente en la placa del tablero son: *a*) el número de fases y de hilos (ejemplo: 2 fases cuatro hilos); *b*) el tipo de caja que lo encierra; *c*) los pasacables a ser utilizados para el deslizamiento de los cables en el tablero (ejemplo: 1/0 – 14 AWG, Cu); *d*) la fecha de fabricación; *e*) el número de circuitos ramales; *f*) la distribución de los distintos circuitos en la salida del tablero, y *g*) el fabricante y la designación del tablero. La Fig. **11.27** es un ejemplo de cómo un fabricante especifica un tablero eléctrico.

Fig. 11.27 Especificaciones de un tablero residencial.

A continuación nos referiremos a algunas normativas que tratan sobre los tableros.

Normativa 1. Ubicación de los tableros residenciales. Los paneles de distribución que tengan alguna parte energizada expuesta se colocarán en lugares permanentemente secos y solo serán accesibles y supervisados por personal competente. Asimismo, serán ubicados en sitios donde la probabilidad de daño por equipos y procesos sea mínima.

Normativa 2. Puesta a tierra. Los instrumentos, relés, medidores e instrumentos de los transformadores que estén dentro de los paneles de distribución serán puestos a tierra.

Normativa 3. Tableros en lugares mojados o húmedos. Las cajas y gabinetes de montaje superficial que se usen en lugares mojados o húmedos estarán equipados o colocados de modo que no se permita que el agua o la humedad penetre y se acumule dentro de la caja o gabinete. Las envolventes instaladas en lugares mojados serán a prueba de la intemperie.

Puesta a tierra de los tableros. Los gabinetes y bastidores metálicos estarán en contacto físico entre sí y puestos a tierra. Cuando los conductores lleguen al tablero en tubos no metálicos o por medio de cables, o si existen conductores de puesta a tierra independientes, se instalará dentro de la caja una regleta terminal que se conectará equipotencialmente al gabinete del tablero, si es metálico. En caso contrario, se conectará al conductor de tierra de puesta a tierra que viene con los conductores que alimentan al tablero (ver **Fig. 11.28**).

Los conductores de puesta a tierra no se deben conectar a la regleta de conexión del neutro, y el neutro de la instalación no se debe conectar a la regleta de conexión a tierra. Cuando el tablero sea de acometida y esté marcado de esa manera en su gabinete, no se puede usar en otro servicio que no sea el de la acometida.

Terminales del conductor puesto a tierra. Cada conductor neutro, puesto a tierra, se conectará, dentro del tablero, en un terminal individual que no se usará para otro conductor. Esta práctica común es violatoria de la norma (ver **Fig. 11.29**).

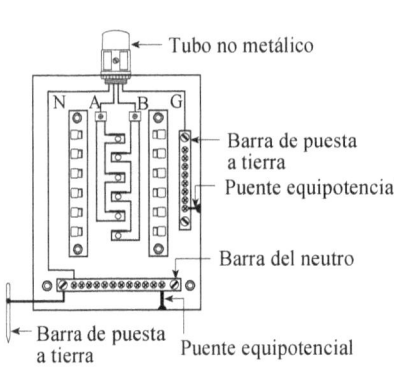

Fig. 11.28 Puesta a tierra de tablero cuando los conductores llegan en tubo no metálico.

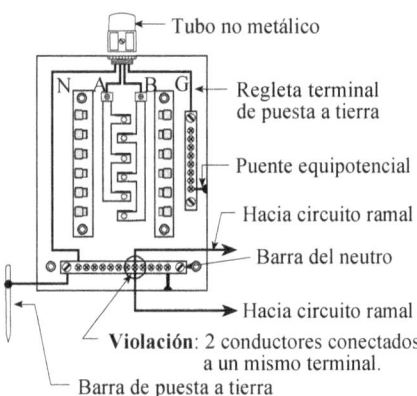

Fig. 11.29 Dos neutros no se pueden conectar al mismo terminal.

11.1 Exprese cómo se define la acometida de un sistema eléctrico.

11.2 Especifique los elementos de una acometida aérea haciendo uso de la figura que la describe.

11.3 Especifique los elementos de una acometida subterránea haciendo uso de la figura que la describe.

11.4 ¿Cuál es la función del rizo de goteo en la acometida aérea?

11.5 ¿Cuál es la función del cabezote en la acometida aérea?

11.6 ¿Cómo se comparan (ventajas y desventajas) las acometidas aérea y subterránea?

11.7 Defina los siguientes términos según lo establecen las normas eléctricas: *a*) acometida; *b*) cables de acometida; *c*) conductores de la acometida; *d*) punto de acometida; *e*) conductores de la acometida aérea; *f*) conductores de entrada de la acometida aérea; *g*) equipo de acometida; *h*) acometida subterránea, e *i*) conductores de entrada de la acometida subterránea.

11.8 Explique lo concerniente al número de acometidas que se pueden instalar en una edificación, describiendo las excepciones permitidas por las normas.

11.9 ¿Se permite instalar más de una acometida en complejos multifamiliares y edificios muy grandes? Explique.

11.10 Si una edificación tiene una carga de 900 A, ¿se permite el uso de más de una acometida?; ¿en cuáles condiciones?; ¿y si la carga es de 2600 A?

11.11 La norma admite más de una acometida cuando las estructuras a alimentar tienen características distintas. ¿Cuáles son esas características?

11.12 ¿Cuáles requisitos de identificación se deben utilizar cuando una misma edificación es alimentada por dos acometidas?

11.13 De acuerdo con la normativa eléctrica, los conductores de acometida deben ubicarse externamente con respecto a una edificación. ¿Es un conductor externo solo aquel que no pasa al interior de la edificación? Explique qué es un conductor externo según lo estudiado.

11.14 ¿Está permitido colocar conductores distintos a los de la acometida en el interior de un ducto?

11.15 ¿Qué distancia deben mantener los conductores de una acometida aérea con respecto a ventanas y puertas que se abren? ¿Puede la acometida pasar a 60 cm de la parte superior de una ventana o de un balcón?

11.16 ¿Cuál debe ser la separación vertical de los conductores de una acometida aérea con respecto al piso terminado?

11.17 ¿Qué restricción existe en relación con la colocación de un cable de acometida por debajo de aberturas desde donde se descarguen materiales?

11.18 ¿En cuáles condiciones se permite el uso de árboles como medio de sujeción de los conductores de una acometida?

11.19 ¿Todos los conductores de una acometida aérea deben estar aislados?

11.20 ¿Se permite un conductor calibre 12 AWG como acometida?; ¿calibre 14 AWG?; ¿calibre 6 AWG?

11.21 ¿Cuál será el calibre del neutro puesto a tierra si los conductores de fase de una acometida tienen calibre 4?; ¿y cuál será ese mismo calibre si los conductores son calibre 250 kcmil?

11.22 ¿Cuál debe ser la separación de los conductores de una acometida aérea con respecto al techo de una vivienda?

11.23 ¿Cuál podrá ser la separación de los conductores de una acometida aérea con respecto al techo de una vivienda si este tiene una pendiente de 20° y la tensión de uso es de 208 V?

11.24 ¿Cuál debe ser la separación de los conductores de una acometida aérea con respecto al alero del techo de una vivienda?

11.25 ¿Cuál debe ser la separación de los conductores de una acometida aérea, por encima del suelo, según el tipo de tráfico de personas y vehículos?

11.26 ¿Está permitido sujetar al mástil de la acometida los conductores de la televisión por cable?; ¿y los de teléfonos?

11.27 ¿Cuál es la fuente de energía de los conductores de una acometida aérea? ¿Cuál es la fuente de energía de los conductores de una acometida subterránea?

11.28 ¿Deben estar aislados todos los conductores de una acometida subterránea? ¿Bajo cuáles condiciones se permiten conductores desnudos en una acometida subterránea?

11.29 ¿Cuál es el calibre mínimo para los conductores no puestos a tierra de la acometida subterránea?

11.30 ¿Cuál es el calibre mínimo del neutro puesto a tierra de la acometida subterránea?

11.31 Normalmente, ¿cuántos conjuntos de conductores de entrada de acometida debe alimentar cada servicio eléctrico?

11.32 Cita los casos en que los conductores de entrada de acometida pueden alimentar a más de un inmueble.

11.33 ¿Se permiten empalmes en el interior de una canalización eléctrica?

11.34 ¿Cuáles tipos de canalización se pueden utilizar para alojar la acometida?

11.35 ¿Cuántos medios de desconexión puede alimentar una acometida?

11.36 Indica las protecciones que deben tener los conductores de una acometida.

11.37 Responda las siguientes afirmaciones como falsas o verdaderas: *a*) un tablero solo debe ser accesible por su parte trasera; *b*) un tablero metálico no se puede empotrar en la pared, y *c*) un tablero siempre tendrá un interruptor principal.

11.38 Dibuja un diagrama unifilar para un tablero de 18 circuitos ramales.

11.39 Según lo estudiado, cada barra de fase se comporta como una fuente independiente de voltaje. ¿Qué significa esto en término de los sistemas monofásicos de 120/208 V y 120/240 V?

11.40 ¿Cuál es la función de los gabinetes de los tableros? ¿Pueden los tableros ser construidos de material plástico?

11.41 ¿Cuál es el número máximo de interruptores automáticos que puede tener un tablero residencial?

11.42 ¿Cómo se compara la capacidad nominal de un tablero con la capacidad del alimentador?

12.43 ¿Cuál es el voltaje máximo entre los conductores que llegan a un tablero?

12.44 ¿Cómo se compara la corriente de cortocircuito de un tablero con la corriente de cortocircuito de sus componentes?

CAPÍTULO 12

PUESTA A TIERRA Y CONEXIÓN EQUIPOTENCIAL

12.1 ASPECTOS GENERALES. DEFINICIONES.

En el **Capítulo 5** se mencionó el efecto de la corriente eléctrica sobre el cuerpo humano: una corriente tan pequeña como 10 mA es capaz de producir efectos letales. La intensidad de un choque eléctrico depende de las condiciones de contacto con elementos energizados y de la corriente que circula a través del organismo, tal como se estudió previamente. Las normas eléctricas de cada país tienen como propósito fundamental, primero, salvaguardar la vida de las personas y, luego, preservar bienes y propiedades. Para lograr estos objetivos es necesario ceñirse a lo establecido y llevar a cabo un adecuado mantenimiento de las instalaciones eléctricas. En este sentido, uno de los aspectos más importantes es el que se refiere a la puesta a tierra (*grounding*) y a la conexión equipotencial (*bonding*) de los sistemas eléctricos, en que ambas técnicas actúan conjuntamente para garantizar la seguridad de personas y bienes.

Con el fin de lograr la protección adecuada, los dispositivos automáticos contra sobrecorriente (OCPD) y fusibles deben actuar para desconectar los circuitos ramales afectados por sobrecarga, cortocircuitos o fallas a tierra. Algunos conceptos que señalamos a continuación, y que se derivan en parte de las normas eléctricas, son fundamentales para la comprensión de este tema.

Tierra (*Ground*): Corresponde a una porción de la superficie terrestre dentro de la cual se introduce un componente, por lo general un electrodo, de la instalación eléctrica. Desde el punto de vista de su composición, la tierra presenta una amplia variedad de suelos cuyas resistencias eléctricas dependen de los elementos que la integran. El valor de resistencia de la tierra es una función de su contenido de electrolitos, los cuales, a su vez, dependen del contenido de minerales, de las sales disueltas y de la humedad presente. Los suelos con alto contenido orgánico son buenos conductores por tener un alto grado de humedad, lo cual permite la retención de electrolitos. Los suelos arenosos, con poca capacidad para retener la humedad, tienen un bajo nivel de electrolitos y, por tanto, una resistencia mayor. Las rocas sólidas, prácticamente, no tienen capacidad de absorción de humedad y poseen una resistencia alta.

La resistividad del suelo varía de unos 2400 Ω-cm para suelos orgánicos a 100000 Ω-cm para arena o rocas sólidas. Este amplio rango indica la gran variabilidad de la resistencia del suelo y, en consecuencia, el amplio espectro en la capacidad que tiene la tierra para conducir la corriente eléctrica.

La conexión eléctrica a la tierra tiene el propósito fundamental de desviar hacia la misma los altos voltajes provenientes de rayos y otras sobretensiones que surgen en las líneas de distribución de alto y bajo voltajes. No es el propósito de la conexión a tierra transportar la corriente proveniente del neutro o de una falla.

Sistema eléctrico: Aunque la expresión sistema eléctrico se utiliza muchas veces para designar a toda la instalación eléctrica, en el marco de este capítulo se entenderá como sistema eléctrico la fuente de voltaje presente en la acometida. Otra connotación de esta expresión tiene que ver con la presencia de un sistema de alimentación separado del de la acometida, que normalmente está ubicado en el sitio de la edificación o estructura. Como ejemplos, podemos citar los bancos de baterías, los generadores de emergencia y los sistemas de generación fotovoltaica.

Equipo: Este término incluye, básicamente, cualquier elemento que se utilice en una instalación eléctrica: dispositivos, materiales, ductos, accesorios de fijación, luminarias, tomacorrientes, interruptores, tableros, artefactos, paneles de control y distribución, maquinarias, entre otros.

Conductor puesto a tierra: Un conductor del sistema eléctrico, o del circuito, puesto a tierra intencionalmente. En la mayoría de los casos, este conductor se corresponde con el neutro de la instalación, que es puesto a tierra a la entrada del servicio eléctrico. Se habla entonces del conductor neutro puesto a tierra. El conductor se conecta a un electrodo de puesta a tierra mediante un conductor de puesta a tierra. La **Fig. 12.1** ilustra cuatro casos de conductores puestos a tierra. Aun cuando es más común encontrar sistemas de tres y cuatro hilos con el neutro puesto a tierra, **Fig. 12.1**(*a*) y (*b*), una de las fases puede ser puesta a tierra, como lo indica la **Fig. 12.1**(*d*).

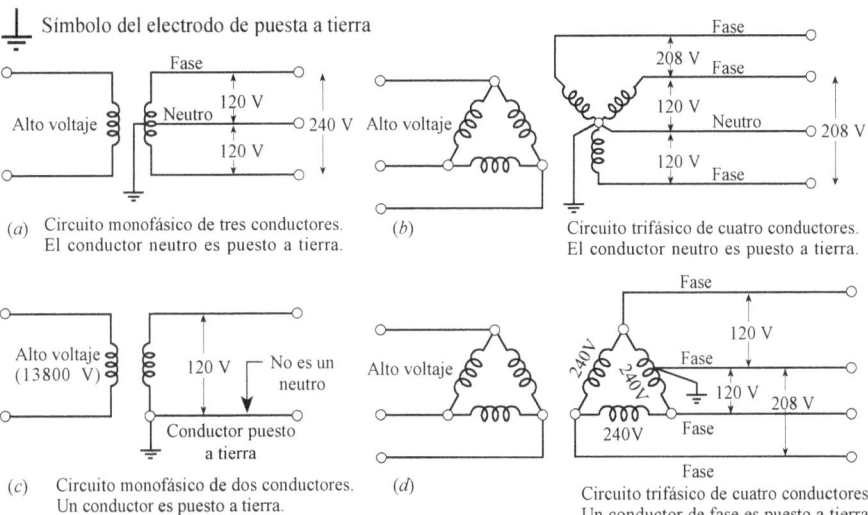

Fig. 12.1 Puesta a tierra del sistema eléctrico en los puntos de la acometida: (*a*) Neutro puesto a tierra en sistema monofásico de tres hilos (120/240 V). (*b*) Neutro puesto a tierra en sistema trifásico de cuatro hilos (120/208 V). (*c*) Conductor puesto a tierra en sistema monofásico de dos hilos (120 V). (*d*) Fase puesta a tierra en sistema trifásico de cuatro hilos (120/240 V). *Observe el símbolo usado para representar el electrodo de puesta a tierra.*

La puesta a tierra de uno de los conductores del sistema eléctrico limita la tensión que pueda surgir en el mismo como consecuencia de rayos u otros voltajes mayores a los que se establecieron en el diseño original del circuito. Asimismo, mediante la técnica de puesta a tierra se limita el voltaje máximo con respecto a tierra bajo condiciones normales de operación. La puesta a tierra no se debe confundir con la conexión equipotencial, que implica la unión de las partes metálicas, normalmente no conductoras, del circuito.

PUESTO A TIERRA: Conectado a tierra, o a algún cuerpo conductor que extienda la conexión a tierra, mediante los elementos conductivos necesarios. Este concepto se aplica tanto al sistema (acometida) como al equipo eléctrico (tablero, interruptor), tal como se ilustra en la **Fig. 12.2**. Ambos son conectados a tierra mediante uno o más electrodos que garantizan un buen contacto.

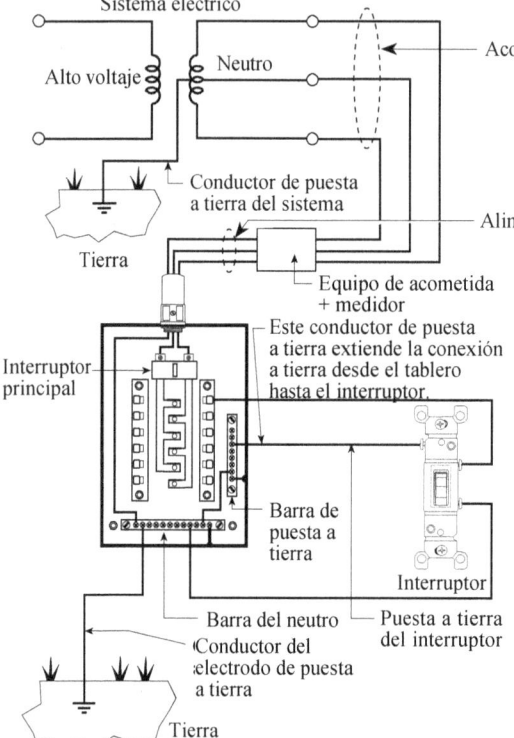

Fig. 12.2 Tanto el sistema de acometida como el equipo, el tablero y el interruptor son elementos de la instalación eléctrica puestos a tierra. El conductor de puesta a tierra actúa como cuerpo conductor que extiende la conexión a tierra, pues conecta el interruptor, que puede estar ubicado lejos del tablero, a tierra.

La segunda parte de la definición se refiere a cualquier elemento conductivo, como un conductor desnudo o aislado, que se extienda desde el punto desde donde se hace la conexión a tierra en los electrodos hasta algún otro punto donde cualquier equipo (tomacorriente, interruptor, etc.) se conecte al elemento conductivo. Es decir, cualquier equipo, en forma independiente a su ubicación en la instalación, estará puesto a tierra si un conductor garantiza su conexión a tierra. A menudo la estructura metálica de las edificaciones, puesta a tierra, extiende también la conexión a tierra. De la misma forma, los tubos de agua, cuando se usan como electrodos, extienden la conexión de puesta a tierra.

PUESTO A TIERRA SÓLIDAMENTE: Conectado a tierra sin intercalar un dispositivo que introduzca una resistencia o una impedancia. La definición anterior sugiere la posibilidad de que haya una resistencia o una impedancia entre el electrodo de puesta a tierra y el

CAPÍTULO 12: PUESTA A TIERRA Y CONEXIÓN EQUIPOTENCIAL

sistema eléctrico. Cuando no hay ninguna de ellas, se dice que el sistema o el equipo está puesto a tierra sólidamente. De lo contrario, se dice que el sistema o el equipo no está puesto a tierra sólidamente. La **Fig. 12.3** ilustra esas dos posibilidades.

El uso de un resistor o de un inductor en el camino hacia el electrodo de tierra tiene como finalidad limitar la corriente de falla. Sin embargo, en estas condiciones no se puede hablar de un sistema o equipo sólidamente puesto a tierra.

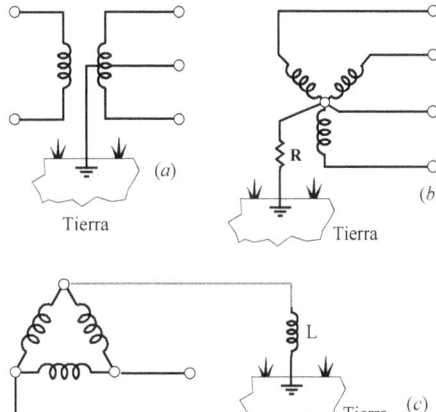

Fig. 12.3 (*a*) Sistema sólidamente puesto a tierra. (*b*) y (*c*) Sistemas no sólidamente puestos a tierra.

ELECTRODO DE PUESTA A TIERRA: Un objeto conductivo a través del cual se establece una conexión eléctrica directa a tierra. Ejemplos típicos de electrodos de puesta a tierra son las varillas metálicas que se introducen en la tierra o las tuberías metálicas de las edificaciones. En algunos casos se utilizan dos o más electrodos de puesta a tierra: uno de ellos para el sistema, y el otro para el equipo. Hay que enfatizar, sin embargo, en que la tierra no puede ser considerada como un medio idóneo para el flujo de una corriente de falla. Aunque en este caso es posible que pueda circular una corriente de tierra, la misma, por lo general, es de pequeña magnitud debido a la alta impedancia del camino que ofrece la tierra entre los dos electrodos.

CONDUCTOR DEL ELECTRODO DE PUESTA A TIERRA: Es el conductor usado para conectar la barra del neutro al electrodo de puesta a tierra del sistema o a un punto del electrodo de puesta a tierra. La frase «o a un punto del electrodo de puesta a tierra del sistema» permite que el conductor de puesta a tierra sea conectado al bus o barra de puesta a tierra, o, directamente, al electrodo de puesta a tierra.

En la **Fig. 12.4**, donde tanto la varilla metálica como el tubo de agua se utilizan como electrodos de puesta a tierra, el conductor de puesta a tierra conecta la barra del neutro a ambos elementos.

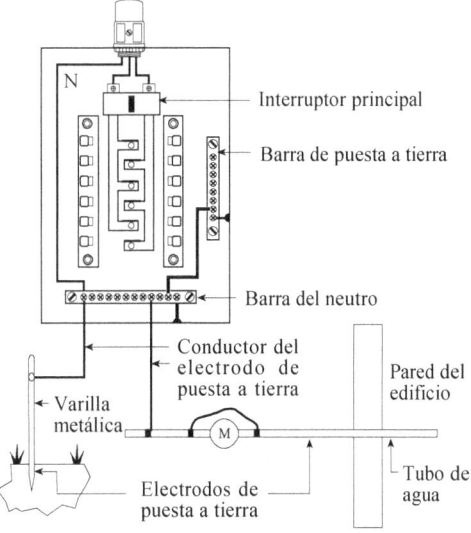

Fig. 12.4 El conductor de puesta a tierra del electrodo conecta el equipo o el sistema al electrodo de puesta a tierra.

CONDUCTOR DE PUESTA A TIERRA: Es un conductor usado para conectar un equipo o el circuito puesto a tierra de un sistema de cableado eléctrico a uno o varios electrodos de puesta a tierra, según la estructura eléctrica diseñada para la edificación. Este es un concepto que abarca otros conductores de puesta a tierra y de conexión equipotencial (equivalente al término inglés *bonding*), el conductor de puesta a tierra de los equipos, los puentes equipotenciales y los conductores de los electrodos de puesta a tierra. En general, son usados para conectar el equipo o el conductor de puesta a tierra del sistema al electrodo de puesta a tierra.

CONDUCTOR DE PUESTA A TIERRA DE LOS EQUIPOS: Una trayectoria conductiva que, comúnmente, se utiliza para conectar:

a) Las partes metálicas, entre sí, de los equipos que, normalmente, no transportan corriente.

b) Las partes metálicas al conductor del sistema puesto a tierra (neutro).

c) Las partes metálicas al conductor del electrodo de puesta a tierra.

Se observa que en la definición se menciona una trayectoria conductiva y no solo un conductor, por lo que el término incluye los conductores desnudos o cubiertos por un aislamiento, las canalizaciones metálicas (RMC, IMC, EMT), las envolventes metálicas de los equipos y las cubiertas metálicas de cables.

El conductor de puesta a tierra de los equipos no transporta corriente bajo condiciones normales de operación: solo lo hace cuando se produce una falla en el circuito o en el cableado interno de artefactos eléctricos y motores. Se conecta a las partes metálicas de los equipos, como la cubierta de lavadoras, neveras y motores, entre otras. Asimismo, está conectado a las cajas de salida, donde se instalan tomacorrientes e interruptores. Este conductor, o forma parte de un cable o se instala en el mismo ducto, junto a los conductores portadores de corriente. Cuando se usa una canalización metálica o un cable con armadura metálica, normalmente no es necesario un conductor adicional de puesta a tierra, porque el mismo ducto o la armadura servirían como conductores de puesta a tierra para los equipos. El conductor de puesta a tierra debe ser de color verde o verde con rayas amarillas, o, también, puede ser un conductor desnudo.

Cuando se produce una falla del aislamiento de los conductores de fase y alguno de ellos entra en contacto con la cubierta metálica de los equipos, el conductor de puesta a tierra asegura un flujo sustancial de corriente, el cual abre el dispositivo de corriente que protege al circuito ramal afectado. Esto evita que las cubiertas metálicas alcancen una tensión que podría dar origen a peligros de electrocución o de fuego en las instalaciones.

La **Fig. 12.5** es un esquema de cómo el conductor de puesta a tierra de los equipos protege al circuito de una falla a tierra en un sistema monofásico de tres hilos 120Y/208. Al producirse la falla, la corriente obvia el camino normal, ABCN, a través del conductor de fase, la carga y el neutro, y va hacia el punto D siguiendo la trayectoria ABDEN. Observa que los puntos D y E son los puntos de unión entre el conductor de puesta a tierra y las envolturas metálicas.

CAPÍTULO 12: PUESTA A TIERRA Y CONEXIÓN EQUIPOTENCIAL

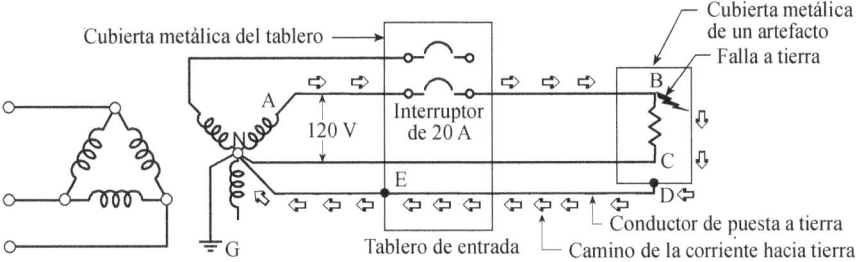

Fig. 12.5 Esquema sobre cómo funciona la protección a tierra de un circuito ramal de 120 V. Cuando se produce la falla, la corriente generada es tan grande que se produce el disparo del interruptor. El conductor de puesta a tierra de los equipos se conecta a sus cubiertas metálicas en los puntos D y E. Al ponerse la envolvente metálica de los equipos al mismo potencial de tierra, se impide que en ella se generen tensiones peligrosas y, así, se evitan choques eléctricos a personas y riesgos de incendio. G corresponde al electrodo de puesta a tierra.

Si asumimos una resistencia de 0.25 Ω, la corriente en el circuito será:

$$I = \frac{120}{0.25} = 480 \text{ A}$$

valor que es suficiente para disparar el interruptor de 20 A que protege al circuito ramal.

CONEXIÓN EQUIPOTENCIAL (*bonding*): Es la unión permanente de partes metálicas para formar un camino conductivo que asegure la continuidad eléctrica si surgiere una falla en el circuito. El término incluye todos los elementos que se usan para asegurar que las partes metálicas, unidas mediante esta conexión, representen una impedancia muy baja a la corriente que, de manera eventual, podría generar una falla. Asimismo, la definición implica que entre las distintas partes que constituyen la unión no hay diferencia de potencial. Por tanto, si se toma la tierra como punto de referencia de potencial cero y se unen las envolventes metálicas del sistema eléctrico a tierra mediante el conductor y el electrodo de puesta a tierra, todas ellas estarán, también, a un potencial cero.

Con el fin de lograr una buena conexión equipotencial, todos los componentes metálicos de la instalación serán unidos mediante los elementos adecuados. Estos incluyen ductos, conductores de puesta a tierra, envolventes, cajas y gabinetes de tableros, tomacorrientes, interruptores, luminarias, accesorios (tuercas, pasacables, herrajes) y puentes de conexión equipotencial.

PUENTE DE CONEXIÓN EQUIPOTENCIAL: Un conductor confiable, que asegura la conductividad eléctrica entre las partes metálicas de la instalación. Este podría ser un conductor desnudo o aislado, o un dispositivo mecánico que asegure la conexión equipotencial. Este conductor puede ser de cobre o aluminio, y su calibre será tal que soporte la corriente de falla sin que se derrita.

PUENTE PRINCIPAL DE CONEXIÓN O UNIÓN EQUIPOTENCIAL: La conexión entre el conductor puesto a tierra del sistema eléctrico (en general el neutro) y la barra de puesta a tierra del tablero principal. Un tornillo, una barra o un conductor desnudo se podrían utilizar como puente principal. El puente principal de conexión equipotencial está ubicado dentro del tablero principal, o en el equipo de la acometida, y su acción es sumamente importante en la seguridad del sistema, ya que facilita el camino para el retorno de la corriente de falla hacia la fuente de energía.

PUENTE DE CONEXIÓN EQUIPOTENCIAL DEL EQUIPO: Es una conexión entre dos porciones del sistema de puesta a tierra para asegurar un camino de baja impedancia en el caso de una falla. Se necesita un puente de conexión equipotencial del equipo para lograr una conexión confiable y de baja impedancia entre los distintos accesorios de conexión o entre las cajas de los equipos y las canalizaciones metálicas. En la **Fig. 12.6** se muestra cómo se incorpora la unión equipotencial en un tablero donde llega la acometida de un sistema eléctrico. El ducto metálico se conecta a la barra de puesta a tierra mediante un puente de conexión equipotencial del equipo. Este puente une dos partes separadas del sistema equipotencial: el ducto metálico y la caja del tablero. Un puente de conexión equipotencial une la barra de puesta a tierra con la caja del tablero, y el puente principal de conexión equipotencial une la barra del neutro con la barra de puesta a tierra. Vale la pena mencionar que, en realidad, todos son puentes de conexión equipotencial. Solo que el puente principal de conexión equipotencial se encuentra donde está el medio de desconexión de la acometida. Las normas permiten utilizar también el tablero principal de una vivienda como equipo de acometida.

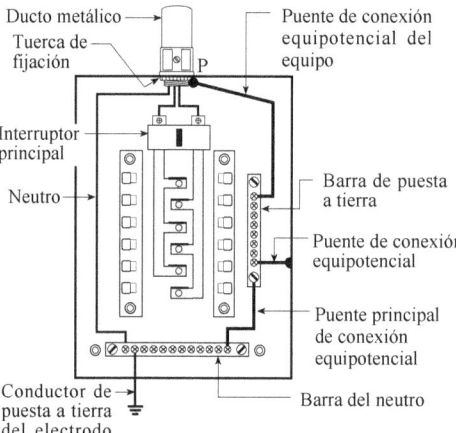

Fig. 12.6 Puente de conexión equipotencial: Asegura la conexión entre la barra de puesta a tierra y la envoltura metálica del tablero. Puente de conexión equipotencial del equipo: Se extiende desde el punto P hasta la barra de tierra, conectando dos porciones del sistema equipotencial (la tuerca de fijación del ducto metálico y la barra de tierra). Puente principal de conexión equipotencial: Va desde la barra del neutro hasta la envoltura metálica del tablero.

La **Fig. 12.7** indica cómo se hace en el caso de tomacorrientes e interruptores de la instalación eléctrica. Otros dispositivos, artefactos y equipos siguen la misma técnica de conexión equipotencial. En los casos (*a*), (*b*) y (*c*) se utiliza un conductor procedente de la barra de puesta a tierra del tablero para establecer la conexión equipotencial. En el caso (*d*) la conexión equipotencial se realiza mediante la interconexión de las partes metálicas del tomacorriente y la caja. Cuando la caja que aloja al dispositivo y

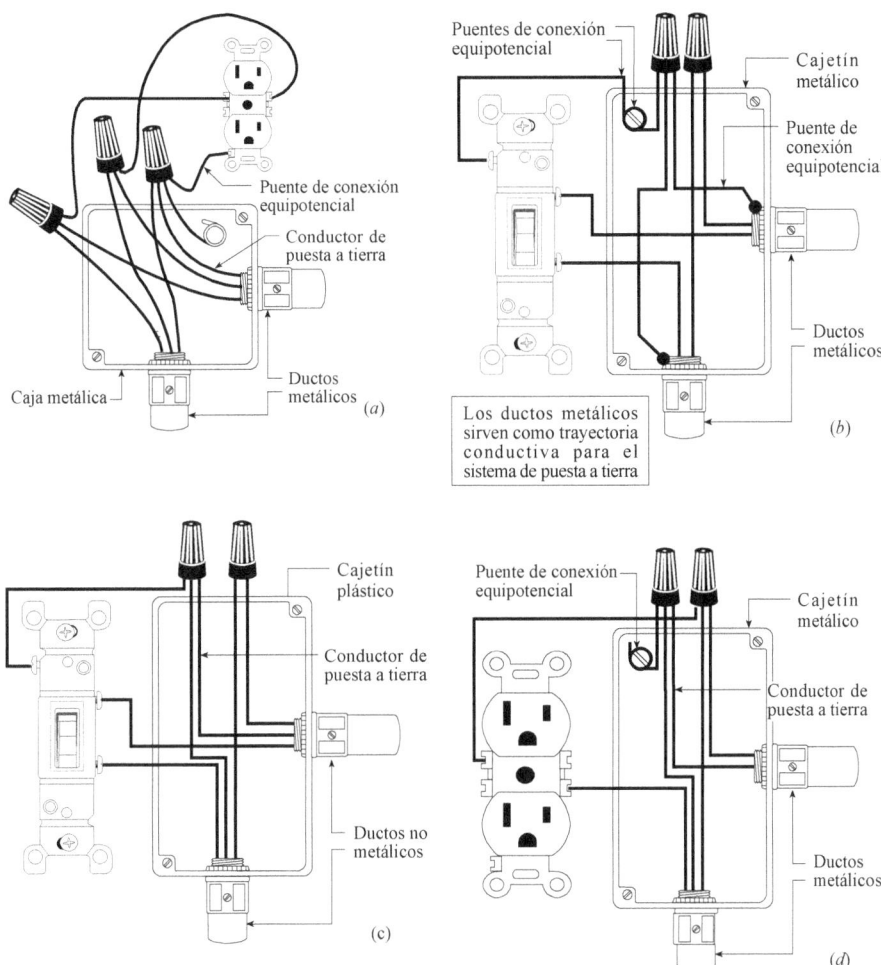

Fig. 12.7 (*a*) Se utiliza un conductor de puesta a tierra que está conectado a la barra de puesta a tierra del tablero principal. Los cajetines y ductos son metálicos. El terminal de puesta a tierra del tomacorriente se conecta al conductor de puesta a tierra del cajetín mediante el puente de unión equipotencial. (*b*): No hay conductor de puesta a tierra proveniente del tablero principal y la conexión equipotencial se logra mediante la unión de todas las partes metálicas: ductos, tuercas de fijación, puente de conexión equipotencial y punto de puesta a tierra del interruptor. (*c*): La caja no es metálica y los ductos tampoco, y, por tanto, es obligatoria la presencia del conductor de puesta a tierra, que se conecta al terminal de puesta a tierra del interruptor. (*d*): Si el tomacorriente se coloca superficialmente, sobresaliendo en la pared, se permite que no se conecte el terminal de puesta a tierra del tomacorriente con el puente de conexión equipotencial. Al instalar el tomacorriente en el cajetín, sus orejas metálicas hacen contacto con la estructura metálica de la caja, garantizando así una buena conexión equipotencial.

los ductos no son metálicos, se usa el conductor proveniente de la barra de puesta a tierra. Cuando la tubería y las cajas son metálicas, se conectan entre sí para conseguir la conexión equipotencial. En este caso, no necesariamente hay que utilizar un conductor de puesta a tierra proveniente del tablero principal.

En la **Fig. 12.8** se muestra un diagrama en el que se utilizan los elementos metálicos de la instalación para crear una conexión equipotencial.

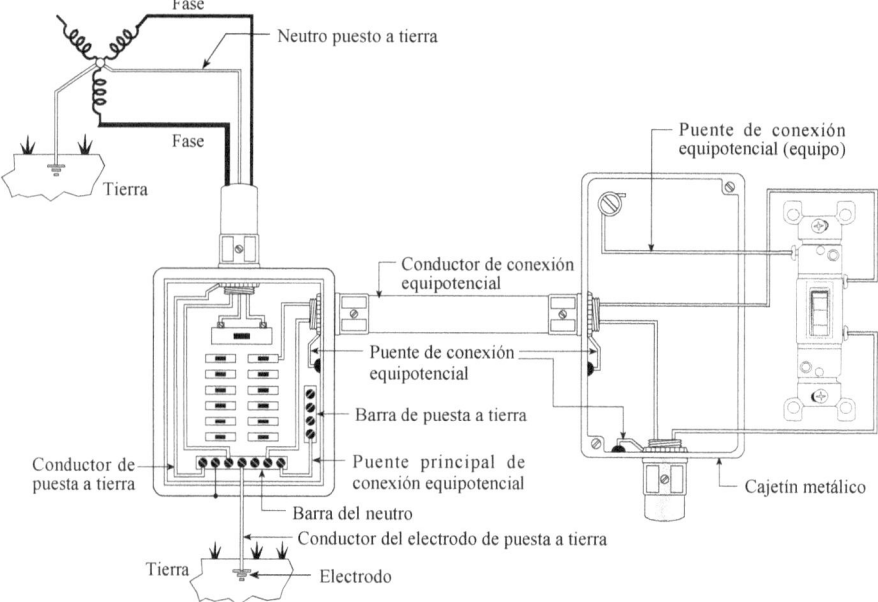

Fig. 12.8 Puesta a tierra y conexión equipotencial. La instalación no utiliza un conductor de puesta a tierra desde el tablero hasta el interruptor. Las partes metálicas y el puente de conexión equipotencial funcionan como un buen conductor en el caso de presentarse una falla a tierra.

FALLA A TIERRA: Una conexión eléctricamente conductora, generalmente no intencional, entre un conductor no puesto a tierra (podría ser cualquiera de las fases) y los conductores y partes metálicas que, normalmente, no transportan corriente. Incluye, además, los contactos con envolventes, ductos y equipos metálicos o con la tierra propiamente dicha.

RECORRIDO EFECTIVO DE LA CORRIENTE DE FALLA A TIERRA: Un recorrido eléctrico, intencionalmente construido, permanente, de baja impedancia, cuyo fin es transportar la corriente que se genera en una falla a tierra, desde su punto de origen hasta la fuente de energía, y facilitar la operación de los dispositivos de protección contra sobrecorriente o detectores de falla a tierra en sistemas de alta impedancia puestos a tierra. Este recorrido se garantiza mediante la puesta a tierra y la conexión equipotencial de todo el sistema eléctrico, lo cual incluye la unión de ductos, envolventes, cajas y puentes de conexión equipotencial, entre otros elementos.

La trayectoria de baja impedancia tiene que ver no solo con la casi nula resistencia ofrecida por la conexión firme de partes metálicas, sino que está relacionada con la reactancia que ofrecen los conductores a la corriente alterna (se recuerda que la impedancia es la suma vectorial de la resistencia y la reactancia). Se puede crear un camino de alta o baja impedancia, según la geometría que se establezca, cuando se colocan dos o más conductores en una canalización. Para disminuir el efecto reactivo es muy

CAPÍTULO 12: PUESTA A TIERRA Y CONEXIÓN EQUIPOTENCIAL

importante instalar los conductores muy cercanos entre sí. De esta manera, los campos magnéticos, que originan efecto reactivo, se compensan y la reactancia disminuye notablemente. Por ello es primordial agrupar los conductores en los ductos y otras canalizaciones para crear una trayectoria conductiva de baja impedancia.

Como la definición establece que se trata de un camino intencionalmente construido, el diseño eléctrico debe incluir la planificación del mismo. Es decir, la presencia de una trayectoria por la cual circule la corriente de falla no se debe asumir por el solo hecho de conectar partes metálicas, sino que se debe programar para garantizar que la corriente fluya de manera efectiva al tener lugar una falla en el circuito. Para ello, se debe prestar atención a la instalación apropiada y firme de ductos, tuercas de fijación, acoplamientos, conductores de puesta a tierra y puentes de conexión equipotencial, teniendo presente siempre que el conjunto de estos elementos constituye un conductor más, esencial en la seguridad de la instalación eléctrica.

La **Fig. 12.9** indica un recorrido intencionalmente creado para la corriente de falla, representada por las flechitas negras. La falla a tierra se produce en el subtablero, y la corriente fluye desde ese punto hasta el punto de neutro del transformador. Por supuesto, la corriente de falla, al seguir un camino de baja impedancia, tiene grandes proporciones y ello hará funcionar el dispositivo de protección contra sobrecorriente.

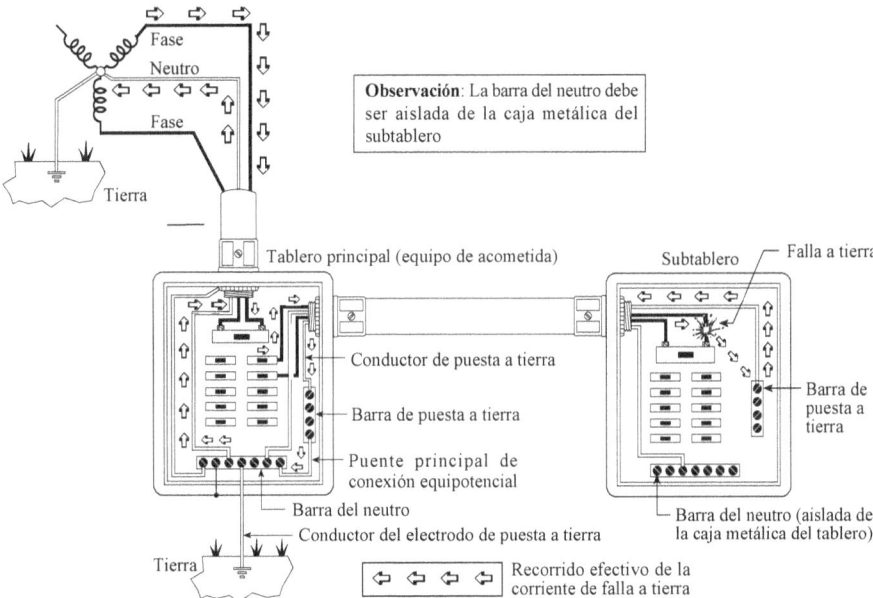

Fig. 12.9 Camino efectivo de la corriente de falla a tierra. La corriente de falla sigue el recorrido indicado por las flechitas negras, desde el punto de la falla hasta la fuente de alimentación en la acometida.

RECORRIDO DE LA CORRIENTE DE FALLA A TIERRA: Un recorrido, eléctricamente conductivo, desde un punto de falla a tierra hasta la fuente eléctrica de alimentación, a través de conductores que en general no transportan corriente de equipos, de sus envolventes o de la tierra. Los caminos de falla a tierra pueden incluir conductores de puesta a tierra o de conexión equipotencial, ductos metálicos, envolventes metálicas de cables, equipos eléctricos y otros materiales conductivos, como tubos metálicos para gas y agua, miembros estructurales de acero, acero reforzado o pantallas de cables de comunicación.

12.2 REQUERIMIENTOS GENERALES PARA LA PUESTA A TIERRA Y PARA LA CONEXIÓN EQUIPOTENCIAL

Las normas explican cuáles serán los requerimientos de puesta a tierra, y de conexión equipotencial del sistema eléctrico y de los equipos, para tener una instalación segura. Las mismas normas hacen una distinción entre sistemas puestos a tierra y sistemas no puestos a tierra. En el caso residencial se utilizan los sistemas puestos a tierra. Recordemos que la palabra «sistema» se refiere a la fuente de alimentación presente en la acometida, conformada, en la mayoría de los casos, por transformadores de alta o baja tensión (ver **Fig. 12.1**).

PUESTA A TIERRA DE LOS SISTEMAS ELÉCTRICOS: Los sistemas eléctricos deberán conectarse a tierra para limitar las tensiones generadas por los rayos, por sobretensiones o por contactos no intencionales con líneas de alta tensión. Además, la puesta a tierra debe estabilizar la tensión durante la operación normal de la instalación. Cuando hay una buena conexión a tierra, esta actúa como un gran receptor de cargas eléctricas y disipador de energía, en el caso de una tormenta eléctrica con rayos, evitando los daños a equipos eléctricos en el interior de la instalación. La **Fig. 12.1** indica los sistemas eléctricos más utilizados y cómo se realiza la conexión a tierra.

PUESTA A TIERRA, CONEXIÓN EQUIPOTENCIAL DEL EQUIPO ELÉCTRICO Y RECORRIDO EFECTIVO DE LA CORRIENTE DE FALLA A TIERRA: Las envolventes conductivas del equipamiento o de los conductores eléctricos, que normalmente no transportan corriente, serán conectadas a tierra para limitar su tensión con respecto a la misma. Asimismo, los ductos metálicos y envolturas del equipo eléctrico serán conectados equipotencialmente al punto de neutro conectado a tierra en la fuente de suministro de energía. De esta manera, se obtiene un recorrido efectivo para la corriente de falla a tierra. ¿Cuáles son los elementos conductivos a que se refiere la norma? Se trata de equipos como ductos metálicos, cables con cubiertas metálicas, tableros y cajas de paso y de empalmes, entre otros. En el momento de producirse una falla a tierra, estos elementos sirven como trayectoria de retorno de la corriente hacia la fuente de energía, provocando el disparo del interruptor. La **Fig. 12.10** ilustra la puesta a tierra del sistema y del equipo de acometida de una instalación eléctrica, así como la trayectoria de la corriente, en caso de producirse una falla.

CONEXIÓN EQUIPOTENCIAL DE MATERIALES ELÉCTRICAMENTE CONDUCTIVOS: Los materiales eléctricamente conductivos, que estén sujetos a energizarse accidentalmente, serán conectados entre sí y a la fuente de suministro eléctrico, de modo que se establezca un camino efectivo para la corriente de falla a tierra. Estos materiales son, entre otros, tubos de agua, de sistemas de riego y de gas, envolventes metálicas de cajas de paso, de empalme, de interruptores y tomacorrientes, y elementos expuestos de la estructura de acero de las edificaciones.

CAPÍTULO 12: PUESTA A TIERRA Y CONEXIÓN EQUIPOTENCIAL

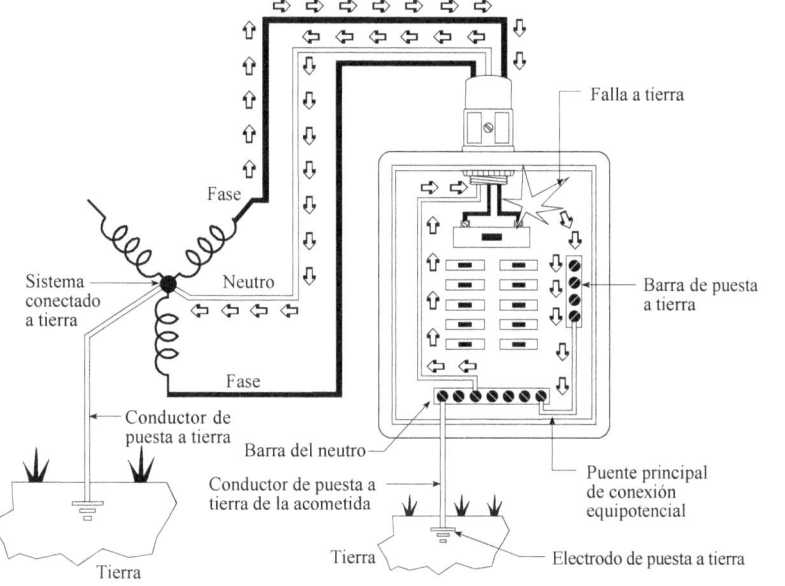

Fig. 12.10 Puesta a tierra del transformador (sistema eléctrico) y del equipo de acometida.

La puesta a tierra es una de las normas más significativa entre las que establecen los códigos eléctricos para evitar muertes por los efectos del mal uso de la electricidad. Dado que muchas veces es obviada en el diseño de las instalaciones eléctricas, es importante crear conciencia sobre la puesta a tierra de los sistemas de alimentación eléctrica en nuestros hogares.

12.3 CORRIENTES INDESEABLES

En condiciones normales de operación, la corriente, en una fase del sistema eléctrico, llega hasta la carga y se devuelve a la fuente de suministro a través del neutro. Cuando esta corriente no se devuelve a la fuente a través del neutro, se considera que es una corriente indeseable. Esta corriente, a veces es inevitable, como se ilustra en la **Fig. 12.11**, y, en otras ocasiones, puede dar lugar a un peligro en la instalación.

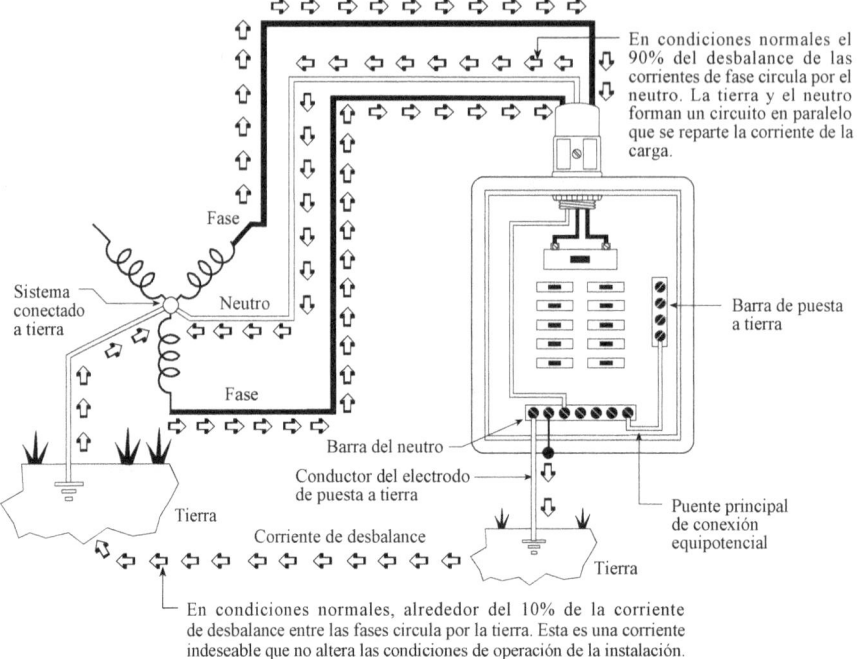

Fig. 12.11 Una corriente no deseada, que circula por el suelo, está presente siempre cuando hay un desbalance de las corrientes de fase, y tanto el tablero principal como el punto del neutro del transformador están puestos a tierra. Se considera una condición normal, que no interfiere con la operación de la instalación eléctrica, puesto que la corriente no deseada es solo una fracción de la corriente en el neutro.

Tal como se observa en la **Fig. 2.11**, para un sistema 120/208 V, tanto el transformador que suministra energía como el tablero principal se conectan a tierra mediante un electrodo. Es decir, hay un camino de retorno, a través de la tierra, desde el tablero hasta el transformador. Si las corrientes en las dos fases están balanceadas, la corriente que fluye en el neutro es nula y tampoco circula corriente por la tierra. Sin embargo, si hubiera un desbalance en las corrientes de fase, se crean dos caminos de retorno desde el tablero hasta el transformador: a través del neutro y a través del suelo. Como se ha mencionado, el suelo es un mal conductor. La corriente que se devuelve por el mismo depende de sus condiciones, pero podría estimarse en solo un 10% de la corriente total. Esto significa que para una corriente de 40 A solo fluirían por la tierra 4 amperios, mientras que por el neutro circularían 36 amperios. En este caso, la corriente indeseable no da origen a problemas en el circuito y, de ocurrir una falla, la mayor parte de la corriente fluirá a través de la fase afectada y el neutro, provocando el disparo del interruptor.

Otra situación se presenta cuando la corriente indeseable surge al conectar inapropiadamente el neutro en subtableros de la instalación eléctrica. Si, por ejemplo, se tiene un tablero principal con el neutro conectado a la barra de puesta a tierra y a la envolvente metálica (unión equipotencial) y un subtablero en el interior de la edificación, donde se hace la misma conexión, se crean dos caminos paralelos por donde circula la corriente de retorno: el neutro y las partes metálicas del circuito, tal como lo indica la **Fig. 12.12**. Al conectar la barra del neutro a la barra de puesta a tierra en el subtablero, la corriente de retorno regresa a la fuente de suministro, siguiendo los caminos señalados por las flechitas negras y rojas. La corriente indeseada, representada por las rojas, circula por las partes metálicas de la instalación eléctrica, alterando de esta manera el retorno de la corriente, la cual, en condiciones normales, debe llegar solo por el neutro a la fuente de alimentación.

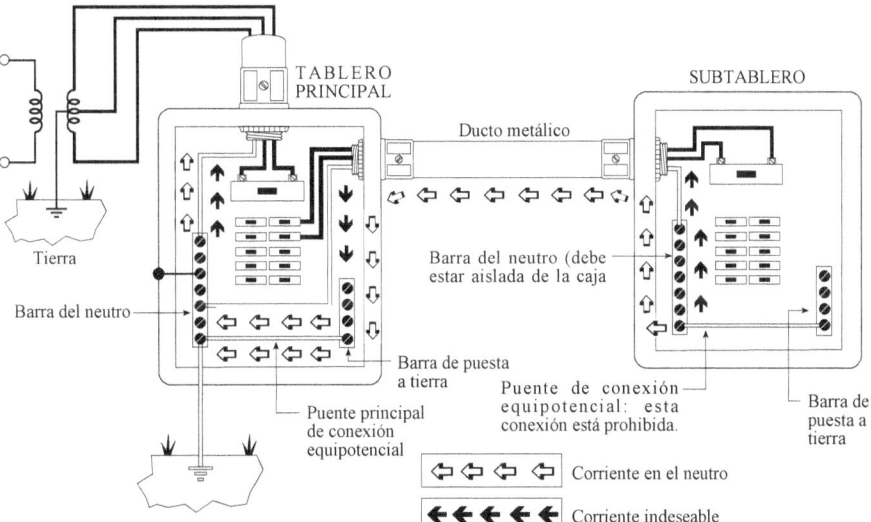

Fig. 12.12 Corriente indeseable originada por la conexión equipotencial del neutro a la barra de puesta a tierra en el subtablero. La corriente indeseable circula en las partes metálicas de la instalación, mientras que el neutro transporta solo parte de la corriente que retorna a la fuente de alimentación.

La corriente indeseable puede producir riesgos de electrocución cuando las partes metálicas adquieren un voltaje peligroso con respecto a tierra y alguna persona entra en contacto con las mismas. Asimismo, se podrían originar altas temperaturas en las partes metálicas como producto de la circulación de corriente, que, en caso extremo, ocasionaría incendios. Además, la presencia de corrientes indeseables daría lugar a una operación inadecuada de los dispositivos de protección de falla a tierra (GFCI), ya que podrían detectar la diferencia de corriente entre la fase y el neutro, disparándose.

Las corrientes indeseables pueden presentarse, también, cuando un conductor de puesta a tierra se lleva, junto con los conductores alimentadores, a una instalación o edificio separado y se conecta allí el conductor de puesta a tierra al neutro en el medio de desconexión.

Similarmente, a veces se hace una conexión equipotencial en el secundario de un transformador de alimentación y, a la vez, al tablero principal de la edificación. Esto genera un camino para la creación de corrientes indeseables en la instalación eléctrica y una operación anormal de la instalación.

12.4 ACCESORIOS PARA LA PUESTA A TIERRA

Los conductores de puesta a tierra y los puentes de conexión equipotencial se deben conectar mediante soldadura exotérmica, conectores de presión, accesorios y abrazaderas, reconocidos para este uso. Los tornillos de rosca para láminas metálicas no se deben utilizar. La soldadura exotérmica se utilizará según el tipo de alambre que se va a soldar y el material al cual se hará la conexión. Su forma variará si se trata de un electrodo de puesta a tierra, de acero reforzado o de acero estructural usado en columnas. En todo caso, se seguirán las indicaciones señaladas por el fabricante de los accesorios de puesta a tierra.

Algunos conectores a presión se diseñan para aceptar calibres de conductores en un cierto rango y es aconsejable el uso de herramientas apropiadas para comprimir los conectores. No se permite la conexión de dispositivos o accesorios solamente mediante soldadura y las superficies a ser unidas estarán libres de capas no conductivas como pintura, barniz o laca. Las envolturas metálicas de tableros, centros de control y distribución, cajas de empalmes y de paso están normalmente cubiertas por estas capas aislantes que es necesario remover a fin de garantizar un buen contacto eléctrico cuando los ductos metálicos se acoplan a las mismas.

12.5 PUESTA A TIERRA DE SISTEMAS Y CIRCUITOS

La puesta a tierra de un sistema eléctrico se basa en la conexión intencional de uno de los terminales de la fuente de suministro, con el fin de proteger al sistema de las altas tensiones inducidas por rayos y por fallas en las líneas de alta tensión. Permite, además, estabilizar la tensión entre fase y tierra en condiciones normales de operación.

Las regulaciones eléctricas especifican los sistemas de corriente alterna que han de ser puestos a tierra, estableciendo distinciones cuando la tensión es menor de 50 voltios, cuando está entre 50 y 1000 voltios y cuando supera 1000 voltios.

Los sistemas de corriente alterna, cuya tensión no supere 50 voltios, no serán puestos a tierra a menos que cumplan con las siguientes condiciones:

1. Cuando estén alimentados por transformadores y el sistema de suministro en el primario del mismo sea mayor de 150 V.

2. Cuando estén alimentados por transformadores y el sistema de suministro en el primario no está puesto a tierra.

3. Cuando se instalen mediante conductores aéreos, fuera de los inmuebles.

La **Fig. 12.13** resume las tres condiciones anteriores. Normalmente, los circuitos que funcionan a tensiones menores de 50 V no se ponen a tierra. Un caso típico es el de los timbres eléctricos residenciales, que funcionan a una tensión de 24 V. Cuando se trate de un sistema de corriente alterna con voltajes entre 50 y 1000 V, que alimente el sistema y el cableado de una edificación, se requiere que sea puesto a tierra bajo cualquiera de las siguientes condiciones:

CAPÍTULO 12: PUESTA A TIERRA Y CONEXIÓN EQUIPOTENCIAL **573**

1. Cuando el sistema pueda ser puesto a tierra, de manera que la tensión máxima, con respecto a tierra de los conductores activos, no sea mayor de 150 V. Entre los sistemas que llenan este requisito (ver **Fig. 12.14**), y que se deben poner a tierra, se mencionan estos:

- Monofásicos de dos hilos a 120 V.
- Monofásicos de tres hilos a 120/240 V.
- Monofásicos de tres hilos a 120Y/208 V.
- Trifásicos de cuatro hilos a 120Y/208 V.

2. Cuando el sistema es trifásico de cuatro hilos a voltajes de 120/208 V o 277/480 V y se conecta de modo que el neutro se use como un conductor del circuito (ver **Fig. 12.15**). En general, el primario del transformador está conectado en delta y se habla de un sistema Δ - Y.

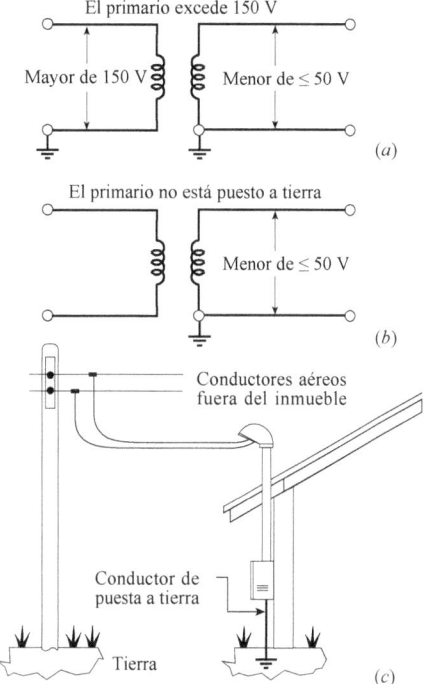

Fig. 12.13 Condiciones bajo las cuales un sistema de corriente alterna, menor que 50 V, tiene que ser puesto a tierra.

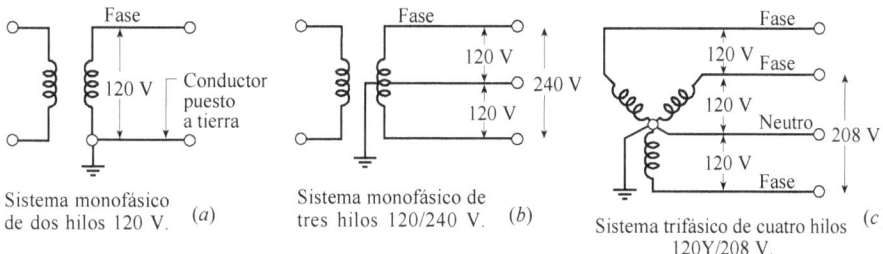

Fig. 12.14 Sistemas entre 50 y 1000 V que se deben poner a tierra.

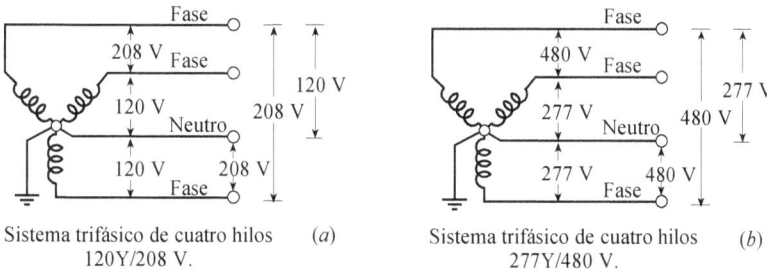

Fig. 12.15 Sistemas en Y entre 50 y 1000 V que se deben poner a tierra.

3. Cuando el sistema es trifásico de cuatro hilos, conectado en delta, en el cual se usa el punto medio de una de las fases (ver **Fig. 12.16**). Se observa que este sistema permite tener tres valores distintos de voltajes: 120 V entre las fases A y B y el neutro, 240 V entre dos fases cualesquiera y 208 V entre la fase C y el neutro.

Mención aparte merece la puesta a tierra de los llamados *sistemas derivados separados* cuya definición es la siguiente:

Un sistema derivado separado es aquel cuyo suministro de energía eléctrica proviene de una fuente distinta a la de la acometida. Por lo general, estos sistemas no tienen conexión directa entre sí, incluyendo la conexión del neutro. Tales sistemas son, entre otros, los generadores de emergencia, las fuentes fotovoltaicas y los generadores eólicos.

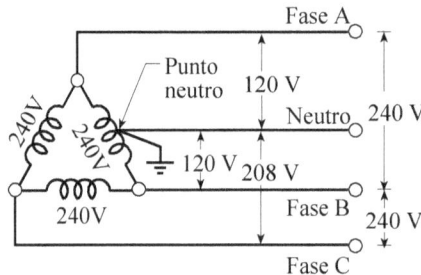

Fig. 12.16 Un sistema conectado en delta se debe poner a tierra en el punto neutro.

En las instalaciones alimentadas por la energía normal proveniente de la compañía de suministro eléctrico y la de un generador alternativo se utiliza un interruptor de transferencia cuya función es transferir la energía a la carga proveniente de uno solo de los sistemas alternativos. En el caso de un generador de emergencia, si falla la energía del suministro normal, el interruptor de transferencia desconecta ese servicio y conecta la carga al generador de emergencia.

Un sistema derivado separado se reconoce según la conexión del conductor puesto a tierra (el neutro, en la mayoría de los casos). Si en el proceso de transferir la alimentación de un sistema al otro se desconecta el neutro, se trata de un sistema derivado separado y se debe poner a tierra si cumple con lo descrito anteriormente. Por el contrario, si el neutro es puesto a tierra sólidamente y no es desconectado cuando se produce la transferencia, el sistema no es un sistema derivado separado. La **Fig. 12.17** muestra un sistema derivado separado, constituido por un generador que se debe poner a tierra. La energía es suministrada al subtablero por dos fuentes diferentes: desde el tablero principal, al cual llega la acometida, y desde el generador, a través del tablero auxiliar. El interruptor de transferencia opera en caso de falla del sistema normal de la acometida, proporcionando la energía eléctrica proveniente del generador. En la figura se aprecia que en el tablero principal el neutro es puesto a tierra y unido a la caja metálica mediante el puente principal de conexión equipotencial. En el interruptor de transferencia, el subtablero y el tablero principal, el neutro está aislado de la envoltura metálica. Toda la instalación eléctrica está conectada equipotencialmente.

CAPÍTULO 12: PUESTA A TIERRA Y CONEXIÓN EQUIPOTENCIAL   575

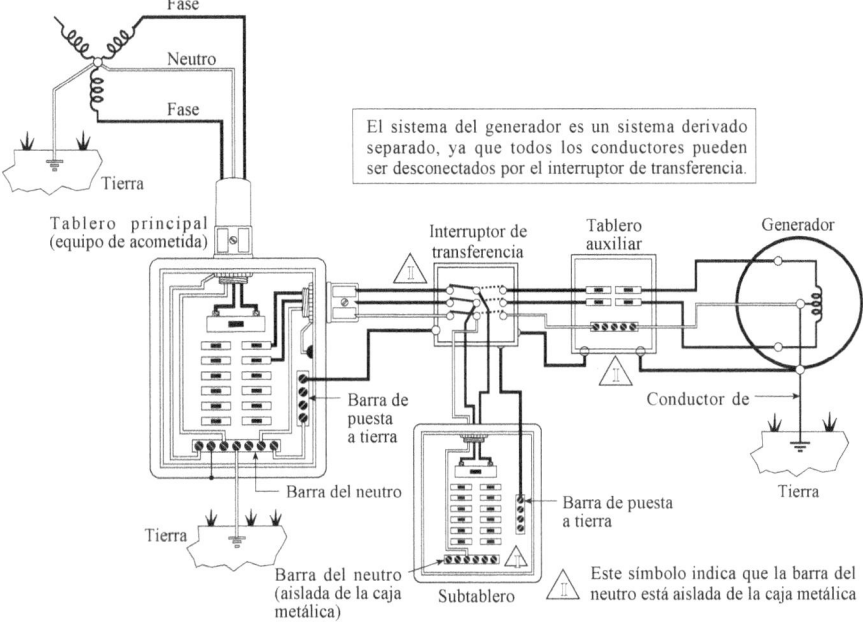

Fig. 12.17 Los sistemas derivados separados se deben poner a tierra.

Hay, también, algunos circuitos que no pueden ser puestos a tierra por los riesgos que se podrían generar. Entre ellos, podemos citar:

1. Circuitos que alimentan grúas eléctricas, las cuales operan sobre lugares donde estén presentes fibras combustibles que puedan encenderse por chispas producto de fallas a tierra.

2. Circuitos en salas de cuidado médico como las de anestesia, de cuidados intensivos y de operación.

3. Circuitos donde se encuentren celdas electrolíticas.

4. Circuitos de alumbrado secundario, los cuales corresponden a luminarias que funcionan a una tensión de 30 V y son alimentadas a partir de circuitos ramales mediante el uso de un transformador de aislamiento.

12.6 PUESTA A TIERRA DE LA ACOMETIDA DE SISTEMAS DE CORRIENTE ALTERNA

Como hemos visto, las partes metálicas del equipo del equipo de acometida se deben poner a tierra a fin de resguardar a las personas y propiedades de los efectos nocivos de los altos voltajes inducidos por rayos y otros disturbios eléctricos generados por fallas en las líneas de alta tensión.

El neutro de la acometida de una instalación se pondrá a tierra, mediante un conductor de puesta a tierra, al electrodo de puesta a tierra, que puede tener distintas formas:

una varilla metálica, un tubo metálico subterráneo de agua, la estructura metálica de un edificio, un anillo de puesta a tierra, entre otras. La **Fig. 12.18** muestra esta conexión.

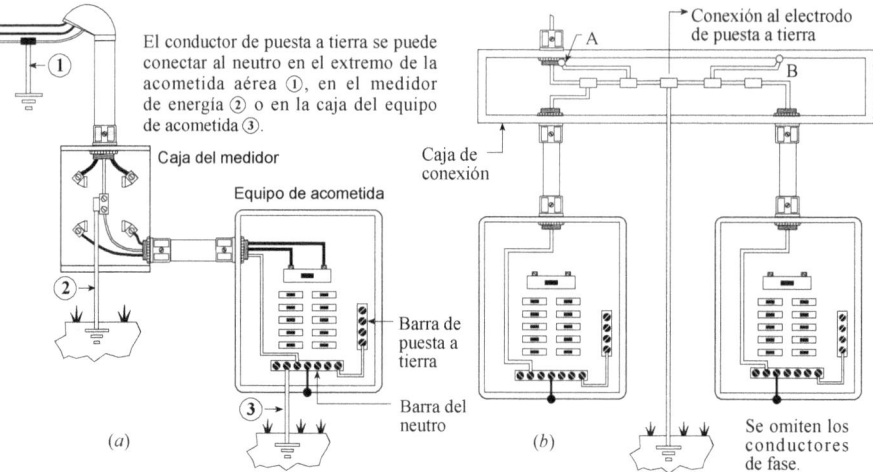

Fig. 12.18 Puesta a tierra del neutro de la acometida.

La conexión del conductor de puesta a tierra se debe hacer a un punto accesible en el extremo de la carga de la acometida aérea o subterránea, e incluirá la barra o el terminal, al que se conecta el neutro. El término punto accesible se define como "equipo al cual se puede acercar una persona, no está protegido por puertas con cerraduras y tiene una altura asequible". Entre esos puntos accesibles se encuentran los que a continuación se mencionan:

1. Los cabezotes de la acometida. Fig. **12.18**(*a*).

2. En la caja del medidor de consumo. Cuando esta caja esté cerrada con un candado no sería un lugar accesible. **Fig. 12.18**(*a*).

3. Dentro de la caja del equipo de la acometida. **Fig. 12.18**(*a*).

4. En las cajas de conexión utilizadas para suministrar energía a dos y hasta seis medios de desconexión, y alimentadas por una misma acometida. Esto evitaría tener que colocar conexiones a tierra separadas para cada medio de desconexión [ver **Fig. 12.18**(*b*)].

Cuando el transformador que suministra energía a una edificación se encuentra en el exterior de la misma, se requiere una conexión de puesta a tierra adicional a la que se hace desde el equipo de acometida. Esta otra conexión se ubicará cerca del transformador o en otro lugar cercano a la edificación (ver **Fig. 12.19**).

Cuando una edificación es alimentada por dos líneas eléctricas (acometidas) provenientes de una misma o de diferentes fuentes de energía, se permite conectar el con-

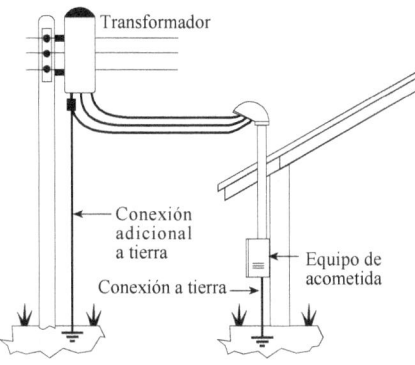

Fig. 12.19 Cuando el transformador que suministra energía a una edificación está en el exterior de la misma, es necesario tener una conexión adicional de puesta a tierra.

ductor neutro de ellas, ya se trate de una envoltura común o de distintas envolturas. La **Fig. 12.20** indica esta conexión para dos envolturas diferentes.

Se permite la conexión del conductor del electrodo de puesta a tierra a la barra de puesta a tierra del equipo, en el gabinete donde está el medio de desconexión, en lugar de la barra del neutro. En otras palabras, el conductor del electrodo de puesta a tierra puede conectarse a cualquiera de estas dos barras, tal como lo señala la **Fig. 12.21**.

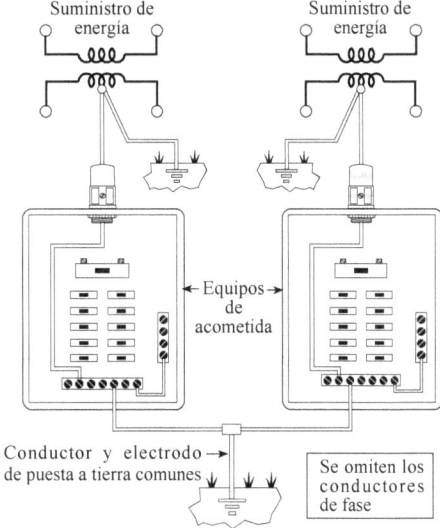

Fig. 12.20 Si se tiene un servicio dual de alimentación, las normas permiten el uso de un conductor y un electrodo de puesta a tierra, comunes para ambas acometidas.

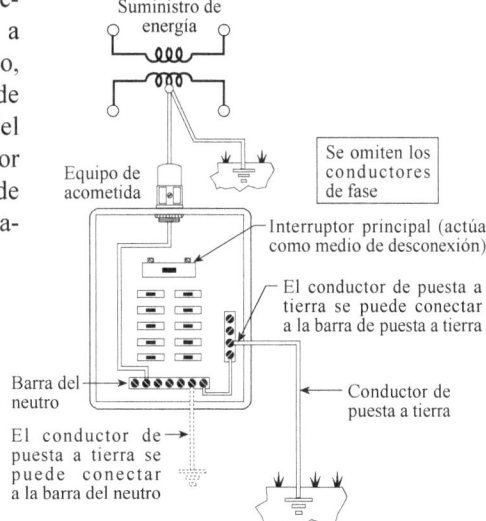

Fig. 12.21 El conductor de puesta a tierra se puede conectar tanto a la barra del neutro como a la de puesta a tierra.

12.7 PUESTA A TIERRA EN EL LADO DE LA CARGA

Se considera una violación que en un subtablero se conecte la barra del neutro a la barra de puesta a tierra del equipo mediante un puente equipotencial, salvo si se trata del medio de desconexión, que puede estar en un gabinete individual o en el tablero principal. Solo en el tablero principal, si allí se encuentra el interruptor principal, o en la caja donde se aloja el interruptor principal, de no estar incluido este en el tablero principal, se permite conectar equipotencialmente la barra del neutro a la de puesta a tierra y a la envolvente de la caja. Esto descarta la conexión a tierra de la barra del neutro en los subtableros de la instalación, tal como se indica en la **Fig. 12.22**. Es decir, el neutro del subtablero se debe aislar de la barra de tierra. De hacerse la conexión a tierra del neutro en el subtablero, la corriente de regreso a la fuente de suministro no solo circularía por el neutro, sino que habría otro camino paralelo (corriente indeseable) que incluiría los elementos metálicos del circuito, como ductos, cajas y accesorios de conexión. Si se hace esta conexión incorrecta, y si por alguna circunstancia el neutro se abre en cualquier punto del circuito y, a la vez, se origina

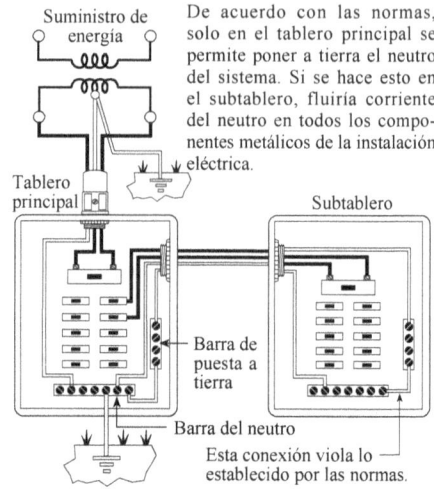

Fig. 12.22 El neutro que va al subtablero no se permite que sea puesto a tierra.

un camino de alta impedancia para el retorno de la corriente (por ejemplo, una tuerca de conexión aislada o no bien apretada), se crea un voltaje altamente peligroso en las envolturas metálicas del equipo en la instalación, tal como se ilustra en la **Fig. 12.23**. Con la carga conectada (plancha), la corriente sigue el recorrido A-B-C-D-E-F-G-H y de allí hasta la fuente de suministro. En cambio, la corriente en el camino indeseable (formado por las partes metálicas) sigue el recorrido A-B-C-I-E-F-J-K-H, y luego, hasta la fuente de suministro. De producirse un corte en el neutro en el punto P, la corriente circulará, anormalmente, por el camino indeseable. Si ahora suponemos que la conexión del accesorio metálico en el punto F no es buena o este se aisla de la envoltura del tablero principal, se cortará la corriente en todos los caminos de regreso a la fuente. Sin embargo, las partes metálicas quedan a un potencial de 120 V con respecto a tierra que podría ser fatal si una persona se pone en contacto con ellas.

12.8 EL PUENTE EQUIPOTENCIAL PRINCIPAL

En un sistema puesto a tierra, se debe usar un puente equipotencial, sin empalmes a derivaciones (*unspliced*), para unir, en el interior de cada medio de desconexión de las acometidas, tanto el conductor de puesta a tierra de los equipos como la envoltura del medio de desconexión de la acometida al conductor puesto a tierra (neutro, en la mayoría de los casos).

El puente equipotencial principal une, entonces, el conductor puesto a tierra del sistema (neutro) con la envoltura del gabinete mediante la barra de puesta a tierra. Los conductores de puesta a tierra, que incluyen los ductos metálicos, las cubiertas metálicas de los cables y los conductores propiamente dichos, se conectan a la envoltura metálica de los gabinetes. Este puente desempeña un papel primordial para completar el circuito cuando se produce una falla a tierra, como se presenta en la **Fig. 12.9**.

CAPÍTULO 12: PUESTA A TIERRA Y CONEXIÓN EQUIPOTENCIAL

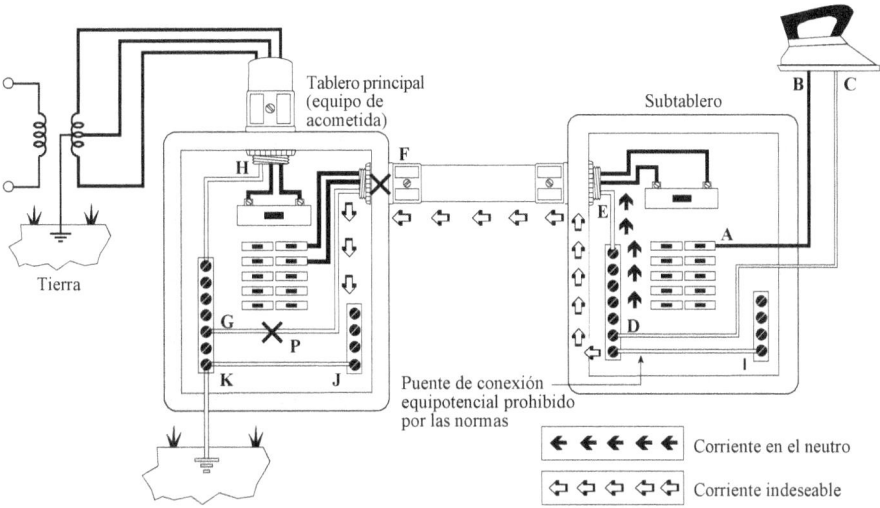

Fig. 12.23 La puesta a tierra del neutro en el subtablero origina riesgos de electrocución (ver texto).

Hay una excepción respecto a la presencia de varias acometidas en un solo módulo, como es el caso de un panel de distribución donde se encuentran varios medios de desconexión, tal como se ve en la **Fig. 12.24**. En este caso se permite un solo puente de conexión equipotencial para todos los medios de desconexión.

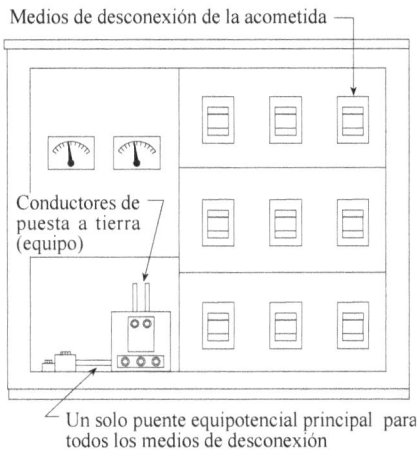

Fig. 12.24 El **CEN** permite un solo puente de conexión equipotencial cuando se trata de varios medios de desconexión en un único gabinete.

Los puentes de unión equipotencial están en el equipo de la acometida (puente principal), tanto como en los sistemas derivados separados (puente del sistema). Ambos realizan las mismas funciones: unir el neutro a la envoltura metálica y servir como camino de retorno a la corriente de falla. La **Fig. 12.25** indica cómo se conectan estos puentes.

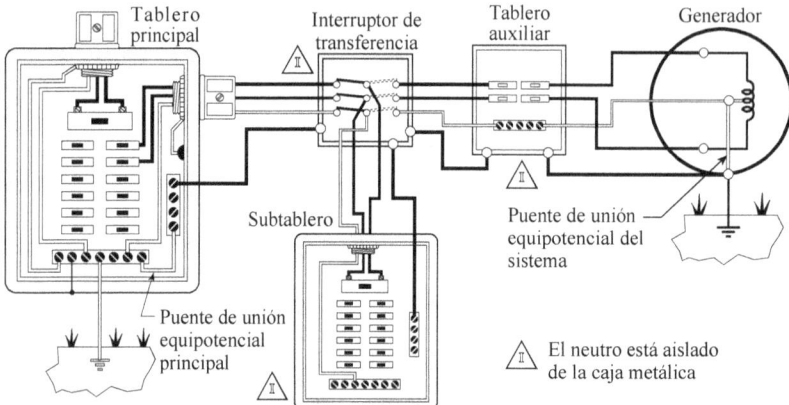

Fig. 12.25 El puente de unión equipotencial principal se encuentra en el tablero principal, mientras que el puente de unión equipotencial del sistema se encuentra en el sistema derivado separado.

Los puentes de unión equipotencial serán de cobre u otro material resistente a la corrosión y consistirán de un hilo desnudo, una barra, un tornillo o cualquier otro accesorio conductor apropiado. Estos puentes, por lo general, son suministrados por el fabricante de los tableros a usar como equipos de acometida. Cuando se trata de equipos grandes, como los tableros de distribución, el puente podrá estar formado por más de un conductor.

Algunos tableros principales sirven como equipo de acometida y vienen de fábrica con el neutro unido a la envoltura. Este tipo de tablero no se deben usar como subtableros, ya que darían lugar a corrientes indeseables y a riesgos de electrocución e incendio. Cuando el puente principal de unión equipotencial es simplemente un tornillo, este se debe identificar con color verde a fin de que sea visible cuando se instale. El tamaño del tornillo variará de acuerdo con el régimen de corriente del tablero, debiéndose seleccionar el más apropiado.

El calibre de los puentes de unión equipotencial no será menor al especificado en la **Tabla 12.1** (**Apéndice D**, **Tabla D8**) para conductores de cobre. Cuando la acometida sea superior al calibre 1100 kcmil para el cobre, el área del puente de unión equipotencial no será menor al 12.5 % del área del conductor de fase más grande. Tomemos como ejemplo una acometida donde los conductores de fase son de cobre y de calibre 500 kcmil. Según la **Tabla 12.1**, el calibre del puente será 1/0. Si se trata de cuatro conductores por fase, calibre 250 kcmil, tendríamos 350 • 4 = 1400 kcmil. El área correspondiente más cercana es 1011 mm^2, correspondiente a la de un conductor 1500 kcmil. Se toma el 12.5% de 1011, lo cual da 126 mm^2. El conductor mayor más próximo a esta área es el 250 kcmil.

Cuando una acometida aérea o subterránea alimente hasta seis cajas de medios de desconexión o tableros principales con medios de desconexión en su interior, el calibre del puente de unión equipotencial de cada envolvente se calculará con base en el conductor de fase de mayor calibre que alimente a cada una de las envolventes. La **Fig. 12.26** ilustra esta disposición de la norma.

CAPÍTULO 12: PUESTA A TIERRA Y CONEXIÓN EQUIPOTENCIAL   **581**

Calibre del mayor conductor activo de la acometida (AWG/kcmil)	Calibre del conductor del puente de unión equipotencial
2 o menor	8
1 o 1/0	6
2/0 o 3/0	4
Mayor de 3/0 hasta 350	2
Mayor de 350 hasta 600	1/0
Mayor de 600 hasta 1100	2/0
Mayor de 1100	3/0

Tabla 12.1 Calibre del puente de unión equipotencial para conductores de cobre.

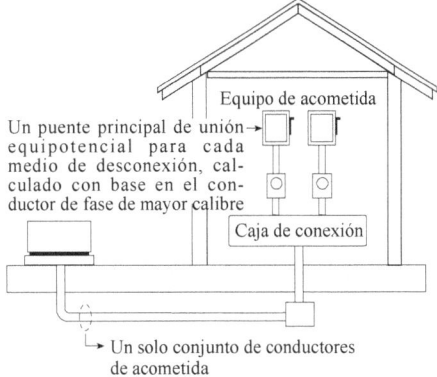

Fig. 12.26 El puente principal de unión equipotencial de cada medio de desconexión se calcula según el conductor de mayor calibre que llega a cada uno de ellos.

Si un sistema derivado separadamente alimenta a más de una envolvente, se puede utilizar un puente de unión equipotencial en cada una de ellas. El calibre se calculará de acuerdo con el mayor calibre del conductor de fase de cada envolvente. Se permite el uso de un solo puente de unión equipotencial, en cuyo caso el calibre se determina según lo descrito en esta sección y basándose en el calibre equivalente del mayor conductor de fase, el cual se consigue sumando las áreas del conjunto de conductores que alimentan a cada envolvente. El resultado se multiplica por 12.5% para obtener el calibre del puente equipotencial, basado en el área transversal de conductores desnudos.

12.9 CONDUCTOR PUESTO A TIERRA (NEUTRO)

Cuando un sistema de corriente alterna opere a menos de 1000 V y esté puesto a tierra, se requiere que el conductor puesto a tierra (neutro) sea llevado a cada medio de desconexión de la acometida y se conecte equipotencialmente a las barras o terminales puestos a tierra de cada envolvente. Para ello se utilizará un puente principal de unión equipotencial. Cuando se trate de un gabinete que tiene varios medios de desconexión, como en el caso de un panel de distribución, se permite llevar un solo neutro a un terminal común puesto a tierra, el cual se conectará equipotencialmente a la envoltura del gabinete. La **Fig. 12.27** explica lo anterior para uno y dos tableros, donde el interruptor principal actúa como medio de desconexión.

12.10 PUESTA A TIERRA DE SISTEMAS DERIVADOS SEPARADAMENTE

Un sistema derivado separadamente es una fuente de suministro que se origina en un generador de emergencia, un sistema de energía alternativo (solar, eólica, etc.) o el secundario de un transformador, en el cual no hay conexión entre el secundario y el primario. Cuando se trata de un generador, el uso de un interruptor de transferencia permite que se alimente la carga, sea a partir de la acometida de la fuente de una empresa eléctrica o del sistema derivado separadamente. Un sistema derivado separadamente se debe conectar a tierra y, al igual que en instalaciones sin fuente alterna, no permite la puesta a tierra del lado de la carga de la instalación eléctrica.

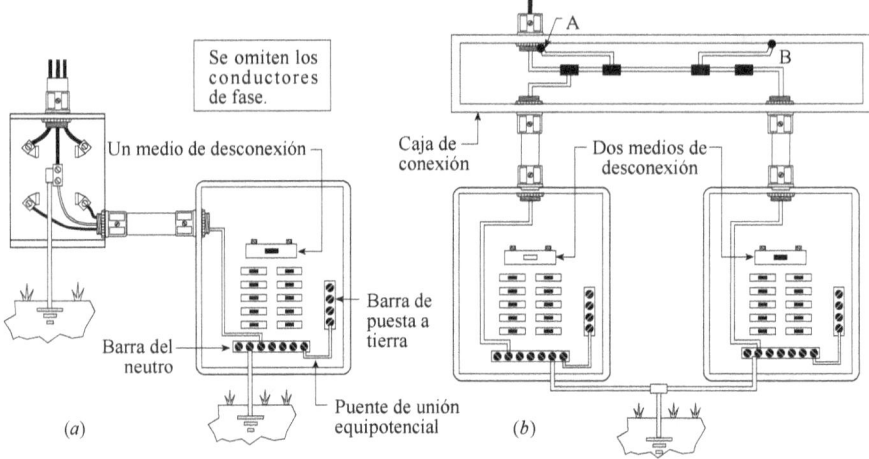

Fig. 12.27 Conductor puesto a tierra en la acometida (neutro): *a*) un medio de desconexión; *b*) dos medios de desconexión.

Un puente equipotencial sin empalmes, que se dimensionará según los conductores de fase del sistema derivado, se utilizará para conectar a tierra el neutro del sistema. Esta conexión se puede hacer en la misma fuente del sistema derivado (**Fig. 12.28**), ya sea un transformador o un generador que no tengan dispositivo de protección, o desde un solo punto de la fuente del sistema derivado hasta el primer medio de desconexión o dispositivos de protección. El calibre del puente equipotencial se determinará mediante la **Tabla 12.1** para conductores de cobre, aplicando el procedimiento que se mencionó en la **sección 12.8**, como se explica en el **Ejemplo 12.1**.

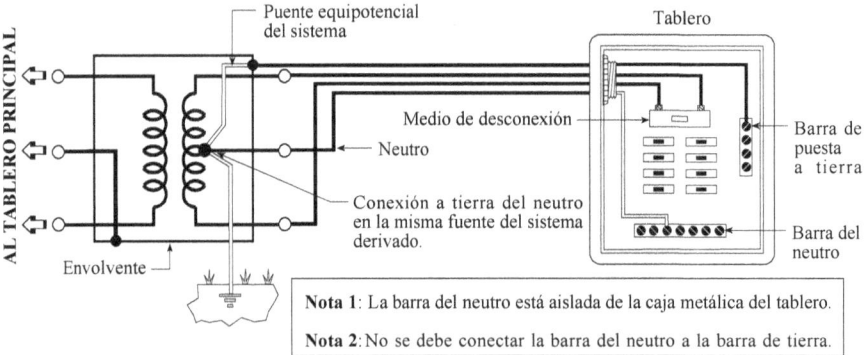

Fig. 12.28 En un sistema derivado separadamente, se debe conectar el neutro a tierra. En la figura, el neutro se conecta a tierra en la fuente de suministro (transformador) de la energía eléctrica.

Ejemplo 12.1
Se tiene un sistema monofásico de tres hilos (2 fases + neutro) con una tensión 120Y/208 V, alimentado a partir de un transformador de 75 kVA. Determina el calibre del puente de conexión equipotencial.

Solución

La corriente a plena carga del sistema es:

$$I = \frac{75000 \text{ VA}}{2 \cdot 120 \text{ VA}} = 313 \text{ A}$$

De la **Tabla 2.11**, se selecciona un conductor 400 kcmil que soporta 335 A. La **Tabla 12.1** muestra que el conductor mínimo para el puente equipotencial será calibre 1/0.

Las disposiciones de la norma permiten hacer la conexión a tierra y equipotencial, sea en el mismo transformador o generador, o al primer medio de desconexión alimentado por cualquiera de estos dos sistemas derivados. En la **Fig. 12.29** se presenta un sistema derivado separadamente y alimentado por un generador. El puente equipotencial del sistema se conecta en el primer medio de desconexión y va desde la barra del neutro hasta el conductor de puesta a tierra del electrodo de puesta a tierra.

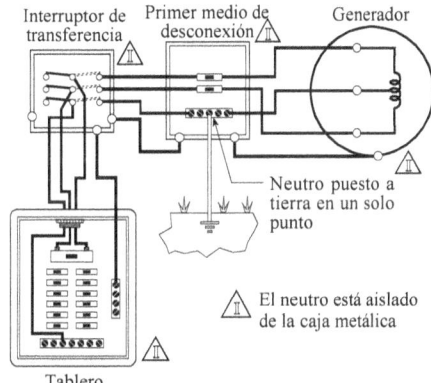

Fig. 12.29 En un sistema derivado separadamente, se debe conectar el neutro a tierra. En la figura, el neutro se conecta a tierra en el primer medio de desconexión.

12.11 SISTEMA DE PUESTA A TIERRA

En general, una instalación eléctrica comprende todos los circuitos, dispositivos y equipos para transmisión, protección, distribución y uso de la electricidad. Las normas de seguridad en una instalación eléctrica exigen el establecimiento de un buen sistema de puesta a tierra y de equilibrio equipotencial, que garantice la protección contra sobretensiones externas (rayos, contacto con las líneas de alta tensión) y que, en caso de tener lugar una falla a tierra, produzca la activación de los dispositivos contra sobrecorriente.

Un sistema de puesta a tierra unifica el concepto de protección. El neutro es puesto a tierra en el primer medio de desconexión de la acometida y, a la vez, se conecta a la caja del tablero principal y al conductor de puesta a tierra que se une al electrodo de puesta a tierra. Las tuberías metálicas de agua y de gas de la edificación se conectan entre sí y las partes metálicas de la instalación, normalmente no conductoras de corriente, se unen equipotencialmente para eliminar cualquier diferencia de potencial entre las mismas. De esta manera se evita que, bajo una condición de falla a tierra, una persona resulte con serias lesiones al tocar un objeto metálico que, circunstancialmente, resulte energizado. La integridad del sistema de puesta a tierra es fundamental para garantizar la vida de los usuarios de la instalación, tal como se puede apreciar en la **Fig. 12.30**. En la parte (*a*), el tubo de agua y la columna de acero no están unidos equipotencialmente. Si ocurre una falla como la mostrada, el tubo de agua quedará energizado a una tensión de 120 voltios. Si una persona lo toca, la corriente circulará según el camino indicado por las flechas. Supongamos que las resistencias de la persona y de la tierra sean de 10 kΩ y 10 Ω, respectivamente. La persona será afectada por una corriente dada por:

$$I = \frac{120\,V}{(10+0.010)k\Omega} \approx 12\,mA$$

Con el valor obtenido, el interruptor de 20 A no se disparará y, al recorrer el cuerpo de la persona, puede resultar fatal.

La situación es completamente distinta en la parte (*b*). Al ser conectados equipotencialmente el tubo de agua y la columna de acero, se establece un camino de muy baja impedancia a través de la unión equipotencial. Esto provoca el disparo del interruptor y evita que la persona sufra daño alguno.

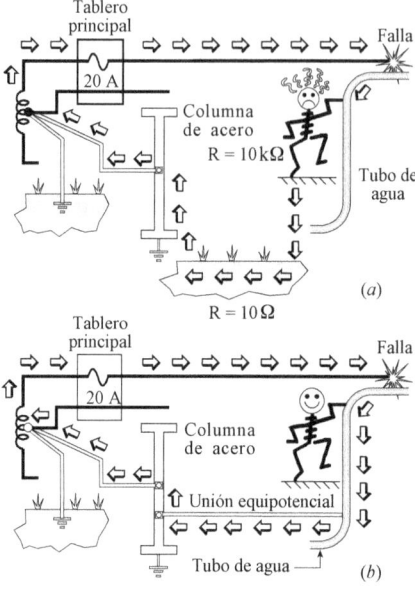

Fig. 12.30 Un sistema de puesta a tierra garantiza la seguridad eléctrica al crear superficies equipotenciales en partes metálicas que normalmente no transportan corriente.

Si una edificación posee más de un electrodo de puesta a tierra, todos ellos se unirán con un puente equipotencial a fin de establecer un sistema de puesta a tierra. En resumen, un sistema de puesta a tierra envuelve tanto la presencia de electrodos de puesta a tierra como la unión equipotencial de todas las partes metálicas presentes en la instalación.

12.12 ELECTRODOS DE PUESTA A TIERRA

Para poner el sistema eléctrico a tierra, se utilizan varios tipos de electrodos:

1. Tuberías de agua metálicas y subterráneas.
2. Estructuras metálicas de edificios.
3. Electrodos empotrados en concreto.
4. Anillos de cobre
5. Electrodos de barra.
6. Electrodos de placa.

Las normas no permiten el uso de tubería de gas ni de elementos de aluminio como electrodos. Los electrodos permitidos se deben interconectar equipotencialmente.

CAPÍTULO 12: PUESTA A TIERRA Y CONEXIÓN EQUIPOTENCIAL

Tuberías de agua metálicas y subterráneas: Se permite utilizar una tubería subterránea de agua como electrodo de puesta a tierra si dicha tubería está en contacto directo con el suelo, por lo menos en una longitud de 3 m, y es eléctricamente continua hasta el punto de conexión del electrodo de tierra. Cuando la tubería de agua se interne en la edificación, no se permite usar ningún punto ubicado a más de 1.52 m desde el punto donde la tubería penetra al edificio, como parte del sistema de puesta a tierra (ver **Fig. 12.31**). Las normas exigen que el electrodo de puesta a tierra sea continuo. Si, por alguna circunstancia, el medidor de agua se extrae de la tubería, se crearía una discontinuidad y, por ello, se debe conectar en forma permanente un puente de unión equipotencial entre los terminales del medidor para evitar que, al quitar el medidor, queden menos de 3 m de tubería como electrodo de puesta a tierra (ver **Fig. 12.32**).

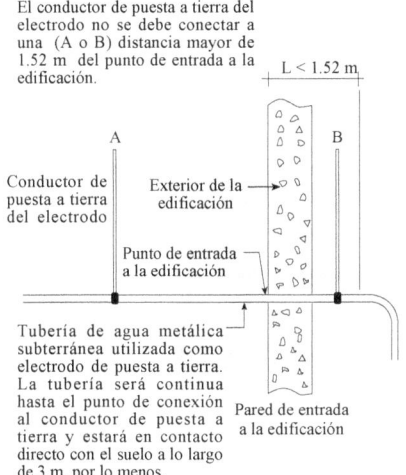

Fig. 12.31 Requisitos de una tubería de agua subterránea a ser usada como electrodo de puesta a tierra.

Fig. 12.32 Un puente equipotencial en los extremos del medidor de consumo de agua evita que se produzca una discontinuidad en el electrodo de puesta a tierra.

Vale la pena mencionar que la norma no especifica ni el diámetro de la tubería de agua ni el tipo de metal que se debe usar en su elaboración para que sea aceptado como electrodo de puesta a tierra. Asimismo, se tendrá en cuenta que una tubería subterránea de agua, usada como electrodo, debe complementarse con un electrodo adicional.

Estructura metálica de edificaciones: Se usarán como electrodos de puesta a tierra siempre y cuando cumplan con cualquiera de las siguientes condiciones (ver **Fig. 12.33**):

1. Un miembro individual estructural está en contacto con la tierra en una longitud igual o superior a 3 m.

2. La estructura metálica está conectada a un electrodo de puesta a tierra empotrado en concreto o a un anillo de puesta a tierra.

3. La estructura metálica está conectada equipotencialmente a uno o más electrodos de puesta a tierra.

Electrodo encapsulado en concreto: Es uno de los métodos más efectivos para realizar una conexión a tierra por ofrecer una resistencia muy baja. El electrodo estará cubierto

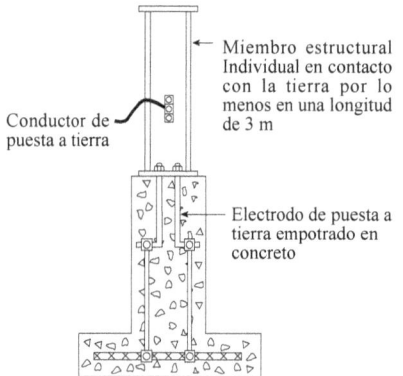
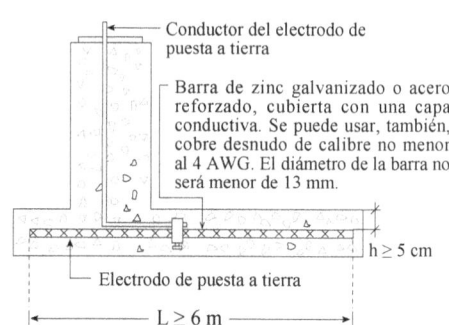

Fig. 12.33 Miembro individual de una estructura metálica usado como electrodo de puesta a tierra.

Fig. 12.34 Electrodo de puesta a tierra empotrado en concreto.

de por lo menos 5 cm de concreto y se ubicará dentro y cerca de una fundación o pilote de concreto, en contacto directo con el terreno. Su posición podrá ser horizontal o vertical, y consistirá en una o más barras desnudas de zinc galvanizado, o de acero reforzado, recubierto por una capa conductiva de un diámetro no inferior a 13 mm y de al menos 6 m de longitud. Se puede utilizar también un conductor desnudo de cobre, de un calibre no inferior al 4 AWG. La **Fig. 12.34** muestra este tipo de electrodo.

Anillo de cobre: Consistirá en un conductor de cobre desnudo, de calibre mayor o igual a 2 AWG, en contacto directo con el suelo y de longitud no menor a 6 m, que se colocará alrededor de la edificación o de la estructura. El anillo se enterrará a una profundidad igual o mayor a 75 cm. El anillo no tiene que circunscribir completamente al inmueble.

Tubos y barras: Las barras y tubos a utilizarse como electrodos tendrán una longitud no menor de 2.5 m y estarán constituidos por los siguientes materiales:

1. Los electrodos de ductos metálicos o de tubos no serán de un diámetro comercial menor de 3/4" y, en caso de que sean de hierro o acero, tendrán la superficie externa galvanizada o, si no, cubiertas con una capa anticorrosiva.

2. Los electrodos de acero inoxidable, o de hierro con una capa de zinc, tendrán un diámetro de al menos 16 mm. Una parte de la barra se debe situar debajo del nivel de humedad del suelo.

La **Fig. 12.35** indica los electrodos de puesta a tierra correspondientes a tubos y barras. Cuando en el proceso de introducir la barra en el suelo se encuentre un suelo rocoso, se permite que la misma sea colocada de la manera indicada en la **Fig. 12.36**.

Electrodos de placa: Se requiere que la superficie del electrodo que va a estar en contacto con el suelo sea, al menos, de 0.186 m^2 (2 pies^2). Las placas de hierro o de acero tendrán un espesor mínimo de 6.4 mm. Aquellos electrodos de materiales no ferrosos tendrán un espesor mínimo de 1,5 mm. A los efectos de estimar la superficie en con-

CAPÍTULO 12: PUESTA A TIERRA Y CONEXIÓN EQUIPOTENCIAL

tacto con el suelo, se asume que ambas caras de la placa serán consideradas. La profundidad de las placas no debe bajar de 76.2 mm con respecto al nivel del terreno (ver **Fig. 12.37**).

Según las normas, la resistencia máxima de las barras, tubos y placas de puesta a tierra será de 25 Ω. Esta resistencia se medirá con medidor de resistencia de tierra y, en caso de no obtenerse este valor, se añadirán electrodos en paralelo hasta conseguirlo. 25 W o menos se considera un valor aceptable para que el sistema de puesta a tierra funcione adecuadamente.

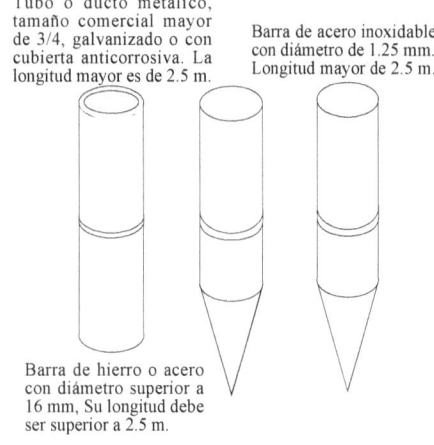

Fig. 12.35 Características de tubos y barras usados como electrodos de puesta a tierra.

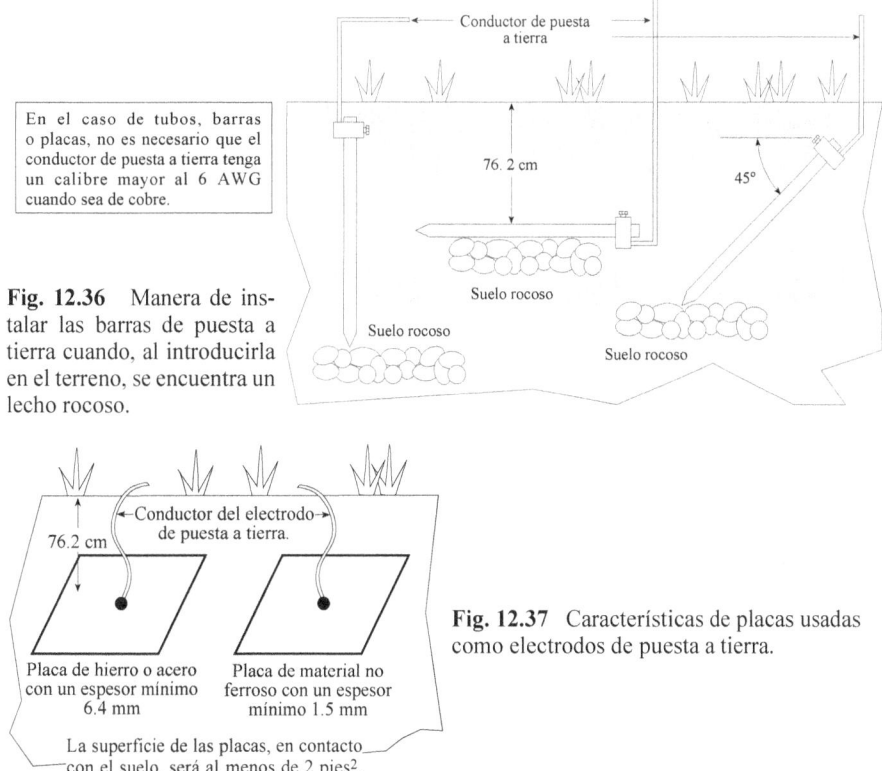

Fig. 12.36 Manera de instalar las barras de puesta a tierra cuando, al introducirla en el terreno, se encuentra un lecho rocoso.

Fig. 12.37 Características de placas usadas como electrodos de puesta a tierra.

12.13 PUENTES DE CONEXIÓN EQUIPOTENCIAL

La conexión equipotencial asegura la continuidad eléctrica y la capacidad para soportar una corriente de falla. Esta técnica facilita el camino para el flujo de la corriente de falla. A continuación resumimos los aspectos más resaltantes de la conexión equipotencial.

Unión equipotencial en la acometida: Las partes metálicas de los equipos, por donde normalmente no circula corriente, estarán eléctricamente interconectadas mediante puentes de unión equipotencial. Estas partes incluyen:

1. Las canalizaciones de acometida o cubiertas metálicas de los cables.

2. Los gabinetes del equipo de acometida que contengan conductores: entre otros, la caja del medidor y del tablero principal o del medio de desconexión.

3. Cualquier accesorio metálico utilizado para interconectar las canalizaciones a los gabinetes o cajas metálicas.

El énfasis sobre la unión equipotencial en la acometida se basa en la inexistencia de protección entre el secundario del transformador y el primer medio de desconexión. El primario del transformador de alimentación sí se encuentra protegido y, de producirse una falla, la corriente en el secundario tiene que ser de suficiente magnitud para que se dispare la protección. Entonces se requiere que el camino que encuentre la corriente de falla sea de muy baja resistencia (ver **Fig. 12.38**).

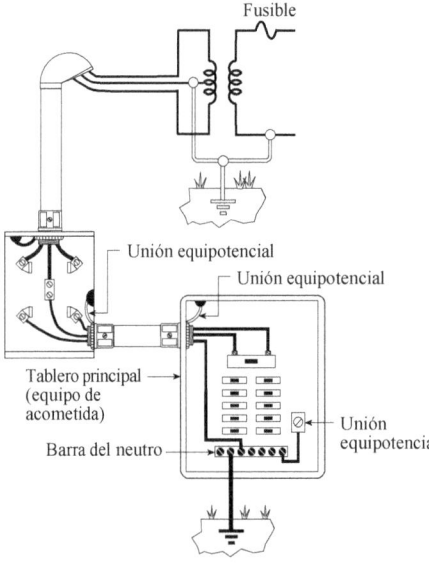

Fig. 12.38 Unión equipotencial en la acometida.

Unión equipotencial de otros componentes: Para garantizar la continuidad eléctrica y la capacidad de conducción cuando se presente una falla, las canalizaciones metálicas, las bandejas de cables, las cubiertas metálicas de cables, los gabinetes y cubiertas de equipos, los accesorios y otras partes metálicas, que normalmente no transporten corriente y que sirvan como conductores de puesta a tierra, se interconectarán de manera efectiva, independientemente de si poseen o no conductores de puesta a tierra suplementarios. De roscas, puntas y superficies metálicas de contacto se retirarán pinturas, esmaltes o revestimientos que no sean conductivos.

Materiales y calibres de los puentes de unión equipotencial de los equipos: Los puentes de unión equipotencial de los equipos serán de cobre o de otro material resistente a la corrosión y pueden consistir en un cable, barra, tornillo o conductor.

El puente de unión equipotencial de los equipos, en el lado de la alimentación de la acometida, tendrá un calibre no menor a lo indicado por la **Tabla 12.1** para los conductores de los electrodos de puesta a tierra. Cuando este calibre supere el calibre 1100 kcmil de cobre, el puente de unión tendrá un área no menor que el 12.5% del área del conductor de mayor calibre.

CAPÍTULO 12: PUESTA A TIERRA Y CONEXIÓN EQUIPOTENCIAL

El puente de unión equipotencial, en los tableros que alojan a los dispositivos contra sobrecorriente de los circuitos de carga, tendrá un calibre no menor al indicado en la **Tabla 12.2**. (**Tabla D9**, **Apéndice D**). La aplicación de las **tablas 12.1** y **12.2** genera cierta confusión cuando se trata de seleccionar la una o la otra para determinar el calibre del puente equipotencial. A fin de evitar esto, se debe prestar atención al propósito de las mismas. La **Tabla 12.1** se utiliza para determinar el calibre de los conductores de puesta a tierra con base en la no existencia de ningún dispositivo contra sobrecorriente delante de los conductores de carga, mientras que la **Tabla 12.2** se usa para determinar el calibre de los conductores de puesta a tierra utilizados para poner a tierra canalizaciones y equipos y basados en la existencia de un dispositivo de protección antes de los conductores de carga. Si un tablero residencial posee el interruptor principal dentro de su caja, se utilizará la **Tabla 12.2** para calcular el calibre del puente equipotencial del equipo.

En las **figuras 12.39** y **12.40** se muestran los dos casos antes mencionados.

Régimen o ajuste máximo de *breakers* colocados en el lado de la alimentación (A)	Calibre (AWG o kcmil) (conductores de cobre)
15	14
20	12
30	10
40	10
60	10
100	8
200	6
300	4
400	3
500	2
600	1
800	1/0
1000	2/0
1200	3/0
1600	4/0
2000	250
2500	350
3000	400
4000	500

Tabla 12.2 Calibre mínimo de los conductores de cobre de puesta a tierra en equipos y canalizaciones.

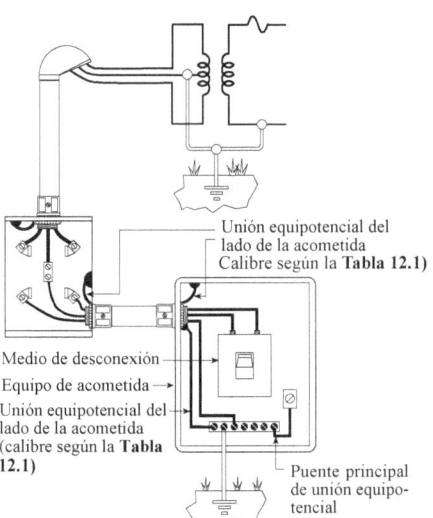

Fig. 12.39 El calibre del puente de unión equipotencial en la acometida se debe determinar según la **Tabla 12.1**. Observa que antes de la envolvente que aloja a los conductores no hay ningún medio de desconexión.

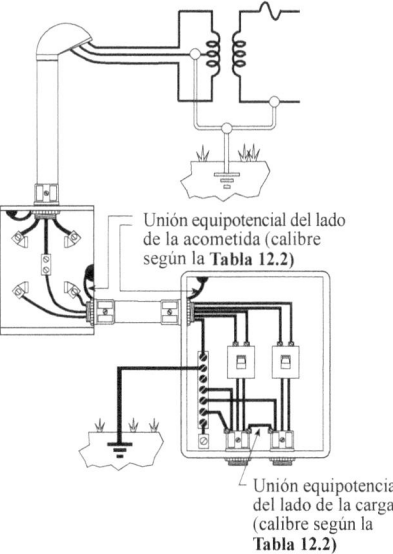

Fig. 12.40 El calibre del puente de unión equipotencial en el lado de la carga de la acometida se debe determinar según la **Tabla 12.2**.

12.14 CONDUCTORES DE PUESTA A TIERRA DE LOS EQUIPOS

Las partes metálicas de los equipos fijos (que bajo condiciones normales no transportan corriente y que se podrían energizar) se deben conectar a un conductor de puesta a tierra. Entre esos equipos fijos se cuentan marcos y estructuras de los paneles de distribución, carcasas de motores, envolventes de tableros, medios de desconexión de motores, canalizaciones eléctricas y estructuras metálicas, interruptores, tomacorrientes y luminarias, bombas de agua y ascensores.

En los equipos conectados mediante cordón y enchufe se conectarán a tierra las partes metálicas que normalmente no transportan corriente y que, eventualmente, podrían quedar energizadas. Típicamente, estos equipos, encontrados en hogares y establecimientos comerciales, podrían ser:

a) Refrigeradores, congeladores y acondicionadores de aire.

b) Lavadoras y secadoras de ropa, lavaplatos, trituradores de desperdicios, computadoras, impresoras, equipos de procesamiento de datos, acuarios, lámparas portátiles.

c) Herramientas a motores operadas manualmente, herramientas industriales livianas operadas por motores, podadoras de arbustos o de grama y limpiadores operados por agua a presión.

Con el fin de garantizar un camino efectivo para las corrientes de falla, se requiere utilizar uno, más de uno, o una combinación de los siguientes elementos de la instalación eléctrica:

1) Un conductor de cobre, aluminio o aluminio recubierto de cobre, desnudo o aislado, instalado dentro de la canalización con los conductores del circuito.

2) Tubería metálica rígida (RMC).

3) Tubería metálica intermedia (IMC).

4) Tubería metálica eléctrica (EMT).

5) Tubería metálica flexible (FMT).

6) Cable con armadura metálica (AC). Este cable posee, además de los conductores de fase, una lámina metálica, unida a la armadura en espiral, que asegura una conexión efectiva para la corriente de falla.

Los conductores de puesta a tierra de los equipos podrán ser desnudos o aislados. En este último caso serán de color verde, o verde con rayas amarillas, a lo largo del conductor.

El calibre de los conductores de puesta a tierra de los equipos está determinado por la **Tabla 12.2** y no se requiere que sean de un calibre mayor al de los conductores de fase, según esa misma tabla. Por ejemplo, si en el interruptor principal es de 150 A, la **Tabla 12.2** nos indica que el conductor de puesta a tierra será de calibre 6 AWG.

CAPÍTULO 12: PUESTA A TIERRA Y CONEXIÓN EQUIPOTENCIAL 591

Si las fases tienen dos o más conductores en paralelo, el conductor de puesta a tierra de los equipos, cuando sea usado, se tenderá en paralelo en cada canalización, tal como lo indica la **Fig. 12.41**.

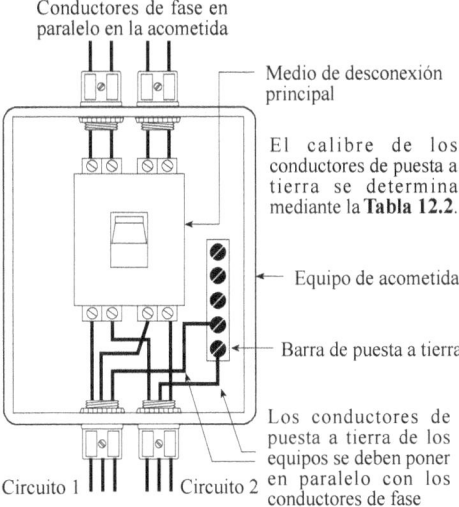

Fig. 12.41 Cuando las fases están en paralelo, los conductores de puesta a tierra de los equipos se colocan en paralelo con los conductores de dichas fases

12.15 MÉTODOS PARA LA UNIÓN EQUIPOTENCIAL DE EQUIPOS

Como ya lo hemos visto, en la barra del neutro del tablero de acometida (o del medio de desconexión de la acometida) se deben conectar tanto el neutro de la instalación como el conductor del electrodo de puesta a tierra. Además, ambos elementos serán unidos (*bonded*) a la envolvente metálica que aloja el equipo de acometida. De esta manera, se asegura una fusión conductiva que garantiza el camino de retorno de una posible corriente de falla. La barra del neutro se asegura a la envolvente mediante un tornillo que penetra en la caja metálica o mediante un conductor que une la barra del neutro con la barra de tierra cuando el mismo está presente en el tablero. La **Fig. 12.42** resume estas conexiones.

El *sistema de fusión conductiva* (*bonding*) se diseña para que los elementos de protección de la instalación eléctrica

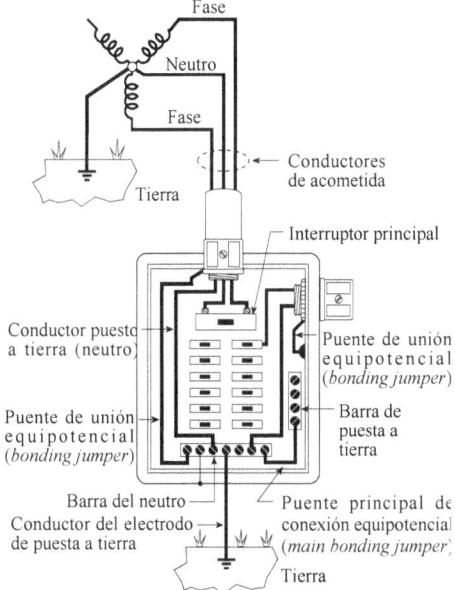

Fig. 12.42 Fusión conductiva del conductor neutro, el bus del neutro, el bus de tierra, el conductor de puesta a tierra del electrodo y la caja del tablero de acometida.

se disparen en el momento de ocurrir una falla. El fin primordial es proteger a las personas de lesiones producidas por el contacto con partes energizadas. Para proveer un camino de baja impedancia a la corriente de falla, es esencial que todos las partes metálicas pertenezcan a esta fusión conductiva.

Los tomacorrientes son piezas de la instalación eléctrica que, con frecuencia, están en contacto con el usuario de la misma. En el **Capítulo 5** exploramos su estructura, la cual incluye, en buena cantidad de casos, un terminal que se debe integrar equipotencialmente a la fusión conductiva. En otras ocasiones, sobre todo en instalaciones viejas o carentes de un buen diseño eléctrico, se encuentran tomacorrientes con solo dos terminales, fase y neutro, y se obvia el terminal de puesta a tierra.

Con la finalidad de incorporar los tomacorrientes al sistema de fusión conductiva, su terminal de puesta a tierra se conectará al conductor de puesta a tierra que llega a la caja de salida junto con los conductores de fase y neutro. Hay reglas especiales cuando hay que reemplazar un tomacorriente en su caja de salida:

1. Cuando el reemplazo es en una caja de salida que tenga un conductor de puesta a tierra, se debe usar un tomacorriente con terminal de tierra.

2. Si se trata de un ambiente donde se requiere protección con un GFCI, este debe sustituir al tomacorriente normal.

3. Si se reemplaza un tomacorriente que no posee terminal de puesta a tierra, se dispondrá de tres opciones diferentes. Se permite:

   a) La instalación del mismo tipo de tomacorriente sin terminal de puesta a tierra.

   b) El reemplazo por un GFCI aun cuando no haya conductor de puesta a tierra en la caja de salida.

   c) El reemplazo por un GFCI si este, a su vez, es alimentado por un circuito protegido por otro GFCI.

Si se desea llevar un conductor de puesta a tierra a un tomacorriente, es importante señalar que se puede hacer a partir de varias fuentes:

a) Cualquier punto accesible del sistema de puesta a tierra.

b) Cualquier punto accesible del conductor del electrodo de puesta a tierra.

c) La barra de puesta a tierra dentro de la caja donde se origina el circuito ramal que alimenta al tomacorriente.

d) El neutro que se encuentra en la caja que envuelve al equipo de la acometida.

El conductor de puesta a tierra se debe colocar en el mismo ducto, canalización o cable donde van los demás conductores del circuito.

A continuación resumimos aspectos notables sobre la unión equipotencial (*bonding*) de los artefactos y dispositivos eléctricos de una instalación.

Carcasas (*envolventes metálicas*) *de cocinas eléctricas y secadoras de ropa*: Las envolventes metálicas de las cocinas y secadoras eléctricas, de los hornos y de las cajas de empalmes que se utilizan para la conexión de estos artefactos, se deben conectar a un conductor de puesta a tierra. Esto implica que los alimentadores de tales equipos, ordinariamente conectados a una línea de 220 o de 240 V, deben incluir dos conductores de fase, uno neutro y uno de puesta a tierra, tal como lo expresa la **Fig. 12.43**.

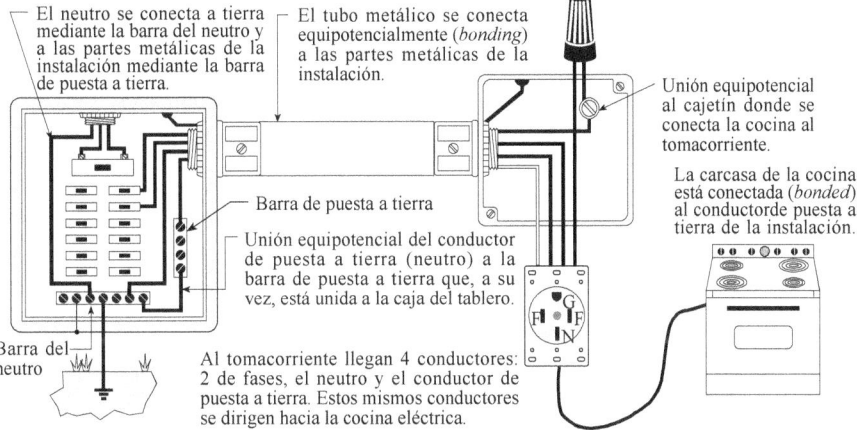

Fig. 12.43 Las envolventes metálicas de las cocinas y secadoras eléctricas, y de los hornos y las cajas de empalmes que se utilizan para la conexión de estos artefactos, se deben conectar equipotencialmente a tierra mediante un conductor de puesta a tierra.

Conexión del terminal de tierra de un tomacorriente a su caja: Se requiere un puente de unión equipotencial para conectar el terminal de puesta a tierra de un tomacorriente a su caja metálica puesta a tierra. El calibre del puente equipotencial se determinará mediante la **Tabla 12.2**, basada en el régimen de corriente de los dispositivos de sobrecorriente del circuito ramal. Ver la **Fig. 12.7**(*b*) de este capítulo.

Existen varios casos en los que se permite obviar el puente equipotencial:

a) *Caja de montaje superficial*: Cuando la caja de salida del tomacorriente es de montaje superficial, se considera que el contacto directo de metal a metal, entre el soporte del tomacorriente y la caja, asegura una buena conexión equipotencial en el dispositivo. Esta regulación excluye a los tomacorrientes montados en cajas embutidas en paredes (ver **Fig. 12.44**).

b) *Tomacorrientes con soporte equipotencial*: No se requiere un puente equipotencial cuando el tomacorriente posee un soporte aprobado para la unión equipotencial con la caja de salida. En este caso par-

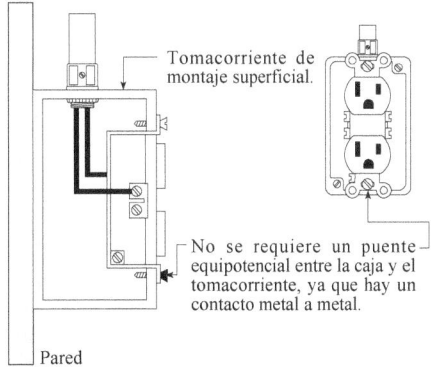

Fig. 12.44 No se requiere un puente equipotencial cuando el tomacorriente es de montaje superficial y hay contacto entre el mismo y la caja.

ticular, la unión equipotencial se logra cuando los tornillos de soporte hacen contacto con la caja.

c) Tomacorrientes de piso: No se requiere un puente equipotencial si los tomacorrientes de piso garantizan un buen contacto entre la caja y el tomacorriente. Hoy en día muchos fabricantes incorporan tal conveniencia o, en caso contrario, suministran el puente de unión equipotencial apropiado.

d) Tomacorrientes aislados: Para reducir el ruido eléctrico, se permite instalar tomacorrientes en los cuales el terminal de tierra está aislado de la caja de montaje. Este terminal de tierra se conectará a un conductor aislado de puesta a tierra, el cual será tendido en la misma canalización que las fases y el neutro del circuito.

e) Continuidad de la puesta a tierra: Cuando los conductores de los circuitos estén empalmados dentro de una caja, los conductores de puesta a tierra se deben unir de manera que la desconexión de uno de ellos no signifique la desconexión del sistema de puesta a tierra.

f) Cajas metálicas: La conexión entre la caja metálica y los conductores de puesta a tierra se hará mediante un tornillo de puesta a tierra que no se utilizará para otro fin.

g) Cajas no metálicas: Por su naturaleza, las cajas no metálicas no se pueden poner a tierra. Por tanto, cuando se utilicen en un circuito, se dispondrá de un conductor de puesta a tierra para la conexión equipotencial de los dispositivos que alojarán a las cajas.

12.16 A MANERA DE RESUMEN

La puesta a tierra (*grounding*) y la unión equipotencial (*bonding*) son dos de los tópicos más estudiados en las instalaciones eléctricas. El hecho de que su estudio y puesta en práctica tengan que ver con la seguridad de las personas, hacen de este tema uno de los más relevantes. La puesta a tierra (*grounding*) es una conexión directa al suelo o al terreno donde se encuentra la instalación, mientras que la unión equipotencial (*bonding*) es la conexión entre sí de todas las partes metálicas de la instalación. La puesta a tierra se logra mediante un electrodo de puesta a tierra y su fin primordial es proteger al sistema eléctrico de las altas tensiones generadas por rayos y del contacto con líneas de alta tensión. La unión equipotencial se logra interconectando los constituyentes metálicos del circuito (tuberías, accesorios, cajas) para que, en caso de producirse una falla (el contacto de una de las fases con una superficie metálica), la corriente generada encuentre un camino de baja impedancia y provoque el disparo de los dispositivos de protección del circuito.

¿Qué tiene que ver la puesta a tierra con la unión equipotencial? Absolutamente nada. Sus propósitos son completamente distintos. La confusión entre los dos términos surge de la permanente mención de los mismos en la norma eléctrica, utilizándolos en forma indistinta para casos diferentes. Es decir, a veces se utiliza la expresión «puesta a tierra» (*grounding*) cuando se refiere a «unión equipotencial» (*bonding*), y viceversa. Por ello, se debe precisar lo que ambas expresiones implican y, de esta manera, conocer el exacto significado y los propósitos de estos términos cuando se aplican a una instalación eléctrica.

CAPÍTULO 12: PUESTA A TIERRA Y CONEXIÓN EQUIPOTENCIAL

Piense...
Explique...

12.1 ¿Cuál es la definición de tierra en relación con las instalaciones eléctricas? ¿Cómo se determina su capacidad de conducción según la conformación física de sus componentes?

12.2 ¿Cuál es el propósito de la conexión a tierra en un sistema eléctrico?

12.3 En el marco de este capítulo, ¿cómo se define el término sistema eléctrico?

12.4 ¿Cómo se define el término equipo con respecto a una instalación eléctrica?

12.5 ¿Qué es un conductor puesto a tierra? ¿Se puede poner a tierra la fase de un sistema eléctrico? Mencione los tipos más comunes de sistemas con un conductor puesto a tierra.

12.6 ¿Cuál es el propósito fundamental de la puesta a tierra del neutro en una instalación?

12.7 ¿Qué se entiende por extender la conexión de puesta a tierra en una instalación eléctrica? ¿Cómo se extiende la conexión de puesta a tierra y cuáles elementos se utilizan para hacerlo?

12.8 ¿Cuándo se dice que un equipo o sistema está conectado sólidamente a tierra? Dé ejemplos de sistemas no puestos a tierra sólidamente.

12.9 ¿Qué es un electrodo de puesta a tierra? ¿Puede la tierra ser considerada como un medio idóneo para el flujo de la corriente de falla? Explique.

12.10 ¿Cuál es la función del conductor de puesta a tierra del electrodo? ¿Dónde se conecta este conductor?

12.11 ¿Cómo se define el conductor de puesta a tierra de los equipos y a cuáles tipos de conductores se refiere la definición?

12.12 ¿En cuáles casos no hay necesidad de utilizar un conductor de puesta a tierra de los equipos tendido junto con los conductores que transportan corriente?

12.13 Defina el término conexión equipotencial (*bonding*) y su importancia en la seguridad de una instalación.

12.14 ¿Qué es un puente de unión equipotencial (*bonding jumper*) y para qué se utiliza?

12.15 ¿Qué es un puente principal de unión equipotencial (*main bonding jumper*), dónde está ubicado y para qué se utiliza? ¿Qué formas puede adoptar?

12.16 ¿Qué es un puente de conexión equipotencial (*equipment bonding jumper*), dónde está ubicado y para qué se utiliza? ¿Cuáles formas puede adoptar?

12.17 ¿Cómo se realiza la conexión equipotencial cuando los ductos y cajetines de la instalación son de material plástico?

12.18 ¿A qué se conoce como recorrido efectivo de la corriente de falla? ¿Cómo se implementa? ¿Cuál es su propósito?

12.19 ¿Por qué es importante alojar a todos los conductores en un mismo ducto?

12.20 ¿Qué es una corriente indeseable? ¿Es posible evitarla en una instalación que posea más de un electrodo de puesta a tierra? Explica. ¿En qué proporción están relacionadas las corrientes de tierra y la del neutro cuando, en condiciones normales de operación, hay una corriente indeseada a través de la tierra?

12.21 Explique por qué se prohíbe la conexión de las barras del neutro y de tierra en un subtablero.

12.22 ¿Cómo una corriente indeseable puede producir una alteración en el funcionamiento normal de un GFCI?

12.23 ¿Cuáles características deben tener los accesorios utilizados para la puesta a tierra en las instalaciones eléctricas?

12.24 ¿Los sistemas que trabajan a menos de 50 V se deben poner a tierra? Explique.

12.25 ¿Cuáles sistemas con tensiones entre 50 y 1.000 V se deben poner a tierra?

12.26 ¿Qué es un circuito derivado separado y cómo se le reconoce?

12.27 Mencione algunos circuitos que no está permitido conectar a tierra.

12.28 ¿Cómo se define un punto accesible en una instalación eléctrica?

Capítulo 12: Puesta a Tierra y Conexión Equipotencial

12.29 ¿En cuáles puntos accesibles se puede hacer la conexión de puesta a tierra en la acometida de una instalación eléctrica?

12.30 ¿Se puede conectar el conductor del electrodo de puesta a tierra a la barra de puesta a tierra de un tablero principal?

12.31 Indique el peligro que tiene lugar si se interconectan las barras de tierra y del neutro en un subtablero.

12.32 ¿Cuáles características debe tener el puente de unión equipotencial? ¿Cómo se determina su calibre?

12.33 ¿Por qué se tiende el neutro al lado de los conductores de fase?

12.34 ¿Cómo se determina el calibre del neutro en una instalación eléctrica?

12.35 ¿Qué es un sistema de puesta a tierra?

12.36 ¿Qué sucede cuando uno de los componentes del sistema de puesta a tierra se desconecta del circuito?

12.37 Mencione los tipos de electrodos de puesta a tierra más comunes y describa cada uno de ellos.

12.38 ¿Cuál es el diámetro de la tubería de agua que se debe usar como electrodo de puesta a tierra?

12.39 Describa el uso de la estructura metálica de un edificio como electrodo de puesta a tierra.

12.40 ¿Cuáles características debe tener un electrodo de puesta a tierra encapsulado en concreto?

12.41 ¿Qué es un anillo de tierra? Describa cómo se instala.

12.42 Describa las características de los tubos y barras usados como electrodos de puesta a tierra. Explique cómo se instalan las barras de puesta a tierra.

12.43 Describa las características de las placas usadas como electrodos de puesta a tierra.

12.44 ¿Cuáles partes de una instalación están incluidas en la unión equipotencial de una instalación eléctrica?

12.45 ¿Cuáles materiales y calibres se utilizan en los puentes de unión equipotencial?

12.46 Diga en cuáles casos se utilizan las **tablas 12.1** y **12.2** para seleccionar el calibre del puente equipotencial.

12.47 Mencione algunos equipos del hogar cuyas carcasas es necesario integrar a la conexión equipotencial.

12.48 ¿Cuáles tipos de conductores se permite usar como conductores de unión equipotencial?

12.49 ¿Cuáles normas se deben cumplir cuando se reemplaza un tomacorriente?

12.50 ¿En cuáles puntos de origen se permite hacer una conexión para el conductor de puesta a tierra?

12.51 Describa cómo se incorporan los tomacorrientes y los interruptores al sistema de conexión equipotencial de una instalación.

12.52 ¿En cuáles casos se permite obviar el puente equipotencial en los tomacorrientes?

CAPÍTULO 13

EL PROYECTO ELÉCTRICO RESIDENCIAL

13.1 CONSIDERACIONES GENERALES

La concreción de una instalación eléctrica obedece a un proyecto en el que se especifican las características que la misma debe tener para garantizar la seguridad de las personas y de los bienes a cuyo servicio está.

Tal como se ha mencionado en los **capítulos 1** y **8**, la planificación y el proyecto de una instalación eléctrica obedecen a una amplia consulta que incluye al propietario de la vivienda, al arquitecto de la obra y al ingeniero electricista que desarrollará el proyecto eléctrico. Los hábitos y requerimientos de quienes ocuparán la vivienda, así como los artefactos eléctricos que van a utilizar, son factores que se deben tener en cuenta. Un programa de reuniones con todos los actores involucrados en el diseño y operación de la futura instalación es de suma importancia para que las partes interesadas se pongan de acuerdo sobre el diseño final.

Nuevamente se debe mencionar que el **Código Eléctrico Nacional**, cuyo objetivo fundamental es velar por la seguridad de las personas que interactúan con la electricidad, no establece diferencias entre viviendas de interés social, viviendas rurales, viviendas para la clase media o viviendas para la clase alta. Es decir, aparte de suministrar un servicio adecuado, la seguridad del ser humano, al margen de su estrato social, es la esencia de una buena instalación. La diferencia en el diseño eléctrico estará en el uso más o menos extensivo de aquellos equipos y artefactos que están presentes en hogares de distintos niveles de ingresos. Un proyecto eléctrico seguro y adecuado tiene, al menos, las siguientes características:

1. El uso de materiales de calidad en conductores, canalizaciones, cajas, tomacorrientes, interruptores, luminarias y protecciones.

2. Cantidad suficiente de tomacorrientes, luminarias e interruptores en aquellos sitios que faciliten el uso de la instalación.

3. Tableros con capacidad para responder a ampliaciones futuras.

4. Protecciones eléctricas apropiadas según las cargas de los circuitos ramales.

5. Acometida capaz de soportar la carga de diseño presente y futura.

6. Puesta a tierra (*grounding*) y unión equipotencial (*bonding*) de las cubiertas metálicas en los equipos de la instalación.

7. Uso de interruptores de falla a tierra (GFCI) e interruptores de falla de arco (AFCI) en aquellos lugares donde se requieran.

Para optimizar la instalación eléctrica en una residencia, es recomendable que el diseño del proyecto tenga en cuenta lo siguiente:

1. Seguridad del suministro de energía eléctrica cerca de la edificación. Se consultará con la empresa de electricidad sobre la capacidad del servicio en el sitio de la instalación, el punto donde se tomará la energía, la ubicación de transformadores, medidores y tableros y el tipo de acometida a usar.

2. Establecer conversaciones con el dueño de la residencia, si se trata de un desarrollo individual, o con el grupo de familias, si se trata de proyectos colectivos, a fin de precisar los equipos y artefactos a utilizar.

3. Precisar dónde se colocarán los tomacorrientes, lámparas e interruptores y las salidas de la instalación. Es necesario distinguir entre los tomacorrientes de uso general y los que alimentará a pequeños artefactos de la cocina y equipos individuales.

4. Ubicar los sitios de colocación del tablero principal y de los subtableros, si los hubiere.

5. Calcular el número de circuitos de la carga general de iluminación, que incluye alumbrado y tomacorrientes.

6. Dibujar en un plano el cableado de los circuitos de alumbrado y tomacorrientes, y establecer cómo estos se conectan a los tableros y subtableros.

7. Calcular el calibre de los conductores de circuitos ramales, artefactos individuales, motores y alimentadores, así como el tamaño de los ductos.

8. Determinar la protección de la acometida y de los alimentadores y circuitos ramales.

9. Verificar que la caída de tensión no supere lo establecido por las normas.

10. Calcular la acometida y seleccionar su tipo: aérea o subterránea.

11. Diseñar los sistemas de comunicación.

12. Determinar el calibre de los conductores de puesta a tierra.

13.2 PARTES DE UN PROYECTO

Aunque los proyectos eléctricos varían según el tipo de instalación de que se trate, establecemos a continuación un esquema general que puede servir de base para la presentación del proyecto de una instalación eléctrica:

a) Memoria descriptiva: Describe, en forma resumida, el alcance del proyecto, las normas que se utilizarán y las cargas eléctricas más notables. Este resumen se presenta al comienzo y su contenido dependerá de los planos y cálculos eléctricos descritos en las partes (*b*) y (c) que siguen.

b) Planos eléctricos: Allí se ubicarán los tomacorrientes, las luminarias, los interruptores, el cableado de los circuitos ramales, los tableros y sus alimentadores, la acometida, el sistema de comunicación y la puesta a tierra de la instalación. Se especificarán el número, tipo y calibre de los conductores y el tamaño y tipo de los ductos. Los planos eléctricos se deben dibujar sobre planos arquitectónicos de planta y fachadas. Normalmente, los que son residenciales se dibujan sobre planos arquitectónicos a una escala 1:50. En los planos es común incluir los diagramas unifilares y verticales; además, se hace una descripción de los símbolos utilizados. En el borde inferior derecho se incluye un rótulo con:

- El título del proyecto.
- La ubicación de la obra.
- El propietario.
- El tipo de plano (luminarias, tomacorrientes, sistema de comunicaciones).
- El nombre del arquitecto.
- El nombre ingeniero civil.
- El ingeniero electricista.
- El ingeniero de instalaciones sanitarias.
- El dibujante del plano.
- La fecha de realización del plano.
- La escala del dibujo.

c) Cálculos eléctricos: Incluyen los circuitos ramales y alimentadores, la acometida y el conductor de puesta a tierra. Comprenden:

- El número de circuitos de iluminación y tomacorrientes de uso general.
- El calibre y tipo de la acometida, los conductores de circuitos ramales, alimentadores y conductores de puesta a tierra.
- El tamaño y tipo de ductos de la acometida, de los circuitos ramales y de los alimentadores.
- Las protecciones.

d) Memoria de especificaciones de la instalación.

e) Memoria de especificaciones de materiales y equipos.

f) Cómputos métricos: Mediante formatos normalizados, como se indica en la **Tabla 13.1**, se especifica, para los distintos elementos de la instalación, su cantidad y sus precios aproximados. Estos últimos reflejan los costos al día de cada partida y se modifican según la cotización en el mercado de los componentes de la instalación. En la **Tabla 13.1**, el costo unitario y el costo total se dejan en blanco. La unidad se corresponde con la forma de expresar lo descrito en la segunda columna. Así, punto se refiere a cada punto de salida de tomacorriente o luminaria y se toma como una unidad

PARTIDA	DESCRIPCIÓN	UNIDAD	CANTIDAD	PRECIO UNITARIO	TOTAL
01	Colocación de un tomacorriente doble en pared	Punto	80	x	$80x$
02	Colocación de salida para luminaria en techo	Punto	37	x	$37x$
03	Puesta a tierra de la instalación	Punto	1	x	x
04	Instalación de tablero eléctrico tipo T-L1 de ocho circuitos	Punto	1	x	x

Tabla 13.1 Ejemplo de cómo calcular el costo de mano de obra de una obra eléctrica.

de medida. El costo del punto incluye lo siguiente: 1) mano de obra; 2) instalación de cajetines; 3) instalación de ductos; 4) cableado de conductores, y 5) pruebas eléctricas que verifiquen el buen funcionamiento de la instalación eléctrica.

13.3 PLANOS ELÉCTRICOS*

Para ilustrar cómo se realiza el diseño de una instalación eléctrica en una vivienda, tomaremos como ejemplo una residencia unifamiliar de dos plantas, alimentada mediante un sistema monofásico de tres hilos a 120/208 V, cuyos planos se anexan en el **Apéndice E**. En el plano arquitectónico se ilustra la posible ubicación de muebles y equipos domésticos que permitirán guiar el diseño. Con base en lo estudiado en el **Capítulo 6**, recordemos algunas sugerencias relacionadas con tomacorrientes e interruptores:

- En ambientes contiguos, los tomacorrientes se colocarán uno frente al otro (ver **Fig. 7.1**).

- De ser posible, los tomacorrientes se colocarán debajo de interruptores (ver **Fig. 7.2**).

- Los interruptores de luminarias no se colocarán detrás de las puertas.

- Los espacios horizontales de pared cuya longitud sea igual o mayor de 60 cm deben poseer un tomacorriente.

- Para los tomacorrientes de uso general se recomienda una altura de 30 cm sobre el piso terminado.

- En las salas de cocina, los tomacorrientes de pequeños artefactos, ubicados en la pared posterior de los gabinetes, se colocarán a una altura entre 1 y 1.15 m sobre el piso terminado. La altura sobre los gabinetes será menor a 50 cm sobre el tope de los mismos.

- La altura de los tomacorrientes en las áreas exteriores será de 45 cm sobre el piso.

- Los interruptores regulares se colocarán a una altura de 1.15 m sobre el piso terminado, aunque algunos propietarios prefieren colocarlos más bajos (70 a 90 cm) para que los niños puedan alcanzarlos fácilmente.

---

* En el **Apéndice E** se anexan los planos correspondientes al diseño de la vivienda tomada como ejemplo.

CAPÍTULO 13: EL PROYECTO ELÉCTRICO RESIDENCIAL

La vivienda que nos servirá de ejemplo para el proyecto eléctrico cuenta con los siguientes artefactos y equipos:

Acondicionadores de aire (4):	1870 VA/208 V
Calentadores de agua (2):	1500 VA/120 V
Cocina eléctrica:	12000 VA/208 V
Bomba de hidroneumático:	1500 VA/120 V
Triturador de desperdicios:	1000 VA/120 V
Compactador de basura:	1000 VA/120 V
Lavaplatos eléctrico:	1500 VA/120 V
Secadora de ropa:	5000 VA, 208 V
Horno de microondas:	1700 VA, 120 V
Motor del portón 3/4 hp:	1587 VA, 120 V

A fin de mantener una correcta organización en el desarrollo del proyecto, se recomienda seguir este orden en cuanto a la relación de los circuitos con el tablero principal (ver **figuras 11.25** y **11.26**):

1. LUMINARIAS DE LA PLANTA BAJA: Se comienza por el circuito 1 y se continúa con circuitos a los cuales se asignan números impares (1, 3, 5, …). En nuestro ejemplo hay dos circuitos de iluminación en la planta baja [ver **Plano IE-1** y **Fig. 13.2**(*a*)] designados como C_1 y C_3.

2. LUMINARIAS DE LA PLANTA ALTA: Se procede como se indicó en la planta baja. En nuestro ejemplo hay dos circuitos de iluminación en la planta alta [ver **Plano IE-2** y **Fig. 13.2**(*b*)], designados como C_1 y C_3.

3. TOMACORRIENTES DE LA PLANTA BAJA: Los circuitos de tomacorrientes se enumeran con números pares, comenzando por el número 2, y se continúa de dos en dos hasta superar el número impar mayor de los circuitos de iluminación. A partir de allí se enumeran consecutivamente con números pares o impares. En el proyecto [ver **Plano IE-3** y **Fig. 13.1**(*a*)], la numeración sigue el siguiente orden para los tomacorrientes de propósito general: circuitos C_2, C_4, C_5, C_6, C_7, C_8, C_9. Observa que no se usó la designación C3, porque esta corresponde a uno de los circuitos de iluminación de la planta baja. Luego, se continúa con los circuitos individuales C_{10}, C_{11}, C_{12}, C_{14}, C_{16}, C_{18}, C_{20}, C_{22} y C_{24}. A los circuitos conectados a 208 V se les designa con un subíndice doble: $C_{13/15}$, $C_{17/19}$, $C_{21/23}$, $C_{25/27}$ y $C_{26/28}$.

4. TOMACORRIENTES DE LA PLANTA ALTA: Los circuitos de tomacorrientes de propósito general son: C_2, C_4, y C_5. Hay un circuito individual a 120 V, C_6, correspondiente al calentador de agua, y tres circuitos individuales a 208 V, de los acondicionadores de aire de las habitaciones 2, 3 y 4: $C_{7/9}$, $C_{8/10}$ y $C_{12/14}$. Ver **Fig. 13.1**(*b*).

Para la ubicación de tomacorrientes y luminarias seguiremos los pasos que serán expuestos en las próximas páginas.

PLANTA BAJA

SALIDAS PARA LUMINARIAS (PLANO IE-1)

a) **Sala de cocina**. Se identifican con el número 1 en el plano. En las salidas para las luminarias se tendrá en cuenta lo siguiente:

a.1 Se dejarán dos salidas: una cerca del fregadero y otra frente al mueble de cocina que está al lado de la nevera. Ambas luminarias se controlarán mediante dos interruptores de 3 vías, S_{3v}, colocados al lado de las puertas de acceso a la cocina desde el exterior y desde el comedor. De esta manera, quien ingresa o sale por esas vías de acceso puede apagar o encender las luces de la cocina.

a.2 Se dejará una salida para la luminaria de tubo fluorescente, empotrada debajo del gabinete superior de cocina, con el fin de que ilumine el área de trabajo en el fregadero. El suiche que la controlará estará ubicado cerca de la luminaria.

a.3 Una luminaria instalada debajo del gabinete superior de cocina alumbrará el tope superior del gabinete de piso, situado entre la nevera y el fregadero. El interruptor que la controla estará ubicado debajo de la luminaria.

a.4 Se prevé una salida para la luminaria x que se instalará debajo de la mesa de desayuno de la sala de cocina. Un interruptor, S_x, cercano a la entrada de la cocina, controlará esta luminaria.

b) **Sala de comedor**. Las salidas para las luminarias, identificadas con el número 1, serán las siguientes:

b.1 Una salida para la luminaria m, colocada encima de la mesa de comedor, controlada por dos interruptores de tres vías, S_{3m}, como se indica en el plano.

b.2 Dos salidas correspondientes a apliques de iluminación general del comedor, controladas por interruptores individuales.

c) **Sala de recibo y bar**. Se les asigna el número 1. Las salidas para las luminarias se mencionan a continuación:

c.1 Las salidas n y p corresponden al alumbrado general del recibo y están controladas por los interruptores S_n y S_p.

c.2 Las salidas j y k se conectan a apliques para iluminar los muebles del recibo (lectura y otras actividades) y están controladas por los interruptores S_j y S_k.

c.3 El bar es iluminado por un aplique, controlado por su interruptor S.

d) **Pasillo**. Se usan dos luminarias f, controladas desde tres puntos diferentes: la entrada al comedor, las entradas a la habitación 1 y al cuarto de estudio y al pie de la escalera que lleva a la planta alta, mediante dos interruptores de tres vías, S_{3f}, y un interruptor de 4 vías, S_{4f}. La idea es que al salir o entrar al comedor o a las habitaciones, o al subir o bajar de la planta alta, se puedan apagar o encender estas dos luminarias desde tres puntos distintos. Se identifican con el número 1.

La luminaria del pasillo de entrada, r, se controla mediante dos interruptores de tres vías, S_{3r}: uno ubicado a la entrada de la vivienda y otro ubicado cerca del estudio y de la habitación 1. Se identifica con el número 3.

La luminaria q, en la parte externa de la puerta de entrada, es controlada por dos interruptores de tres vías, S_{3q}: uno cerca de la puerta de entrada y otro cerca de la entrada del cuarto de estudio. Se le asigna el número 3.

La luminaria que ilumina la entrada al cuarto de estudio y la habitación 1 se controla mediante un interruptor sencillo. Se identifica con el número 3.

e) **Baños 1 y 2**. El baño 1 está anexo a la habitación 1, mientras que el baño 2 es una sala auxiliar que no posee ducha. Se identifican con el número 3.

> **Baño 1**: Posee la salida para la luminaria de entrada a la sala que es controlada por el interruptor S. Dos luminarias estarán empotradas en el clóset, para mejorar la visibilidad en su interior, y las controla el interruptor S. La luminaria de entrada a la ducha, controlada por S, alumbra el resto de la sala. Otro interruptor S controla la luminaria del gabinete del lavamanos.
>
> **Baño 2**: Se instala una salida única para una luminaria, controlada por un interruptor cercano a la puerta.

f) **Habitación 1**. Se identifica con el número 3. Se tendrán las siguientes salidas:

> **f.1** La salida en el techo corresponde a una luminaria o a una combinación de un ventilador más luminaria. El interruptor cercano a la puerta de entrada de la habitación controla esta salida.
>
> **f.2** Se deja una salida para un aplique en la pared, controlado por un interruptor cercano a la luminaria.
>
> **f.3** Salida para una lámpara del mueble de tocador, controlada por un interruptor colocado en la pared que se encuentra frente al tocador.

g) **Sala de estudio**. Las salidas están identificadas en el plano con el número 3. Tenemos:

> **g**.1 En el techo, correspondiente a una combinación de un ventilador más luminaria. El interruptor S_b, cercano a la puerta, controla a la luminaria b. El interruptor S_v controla al ventilador.

g.2 Se instalan dos apliques, controlados por dos interruptores (S_a y S_c), contiguos a S_b y S_v, para prever un posible cambio en los muebles de esta sala.

h) **Lavadero**. Se instalan las salidas para dos luminarias t y u, como se muestra en el **Plano IE-1**, las cuales se controlan mediante dos interruptores S_t y S_u. Ambas luminarias serán de techo. Se les asigna el número 3.

i) **Escalera**. Dos apliques, g, iluminan los dos niveles de la escalera, controlados por los interruptores de tres vías S_{3g}. Se les asigna el número 1.

PLANTA ALTA

Salidas para Luminarias (Plano IE-2)

a) **Estar íntimo**. La luminaria central, f, ilumina toda la sala y se controla desde la escalera y desde el pasillo, mediante los interruptores de tres vías S_{3f}. El aplique g, controlado por S_g, ilumina la cónsola del televisor. El otro aplique, controlado por el interruptor situado debajo del mismo, sirve para iluminar los muebles previstos en este espacio.

b) **Futura terraza**. Se proyectan dos salidas para apliques, m y n, bajo el control de los interruptores respectivos, S_m/S_n, colocados a la entrada de la terraza.

c) **Pasillo**. Las luminarias h, tipo aplique, iluminan el pasillo que conduce a las habitaciones. Las mismas son controladas por los interruptores de tres vías S_{3h}. En las entradas de las habitaciones 2 y 3 y 4 se coloca la luminaria p, activada por los interruptores de tres vías (S_{3p}) mostrados en el plano.

Las salidas de las tres áreas anteriores se identifican con el número 1.

d) **Habitaciones**. En la planta alta hay tres habitaciones cuyos patrones de iluminación son parecidos.

> **Habitación 4**: Se instalarán dos luminarias en el clóset, controladas mediante un interruptor S. La salida en el techo, ubicada en el centro de la habitación, se usará para una combinación luminaria-ventilador. El ventilador se controla mediante el interruptor S_v, y la luminaria k mediante los interruptores de tres vías S_{3k}. El aplique ubicado frente a la cama ilumina la pared a la cual se fija y se activa mediante el interruptor S. El aplique colocado en la pared lateral se utiliza para alumbrar el tocador de belleza y se controla mediante un interruptor S. A estas salidas se les asigna el número 1.

> **Habitación 2**: La combinación ventilador (v) y luminaria (z) es controlada por los interruptores S_v y S_z. El aplique encima de la ventana y la luminaria en la otra pared lateral, cerca de donde irá el tocador, son controlados por interruptores S.

> **Habitación 3**: La salida en el techo es controlada por dos interruptores de tres vías S_{3c} (luminaria c) y un interruptor sencillo S_v (ventilador v).

Vestier: Se prevén salidas para la iluminación general (luminaria a) y para el interior del clóset (dos luminarias b), controladas por sus respectivos interruptores S_a y S_b.

A las salidas anteriores se les asigna el número 3.

e) **Salas de baño**. En la planta alta están las salas de baño 3, 4 y 5, conectadas al circuito número 3. Las luminarias en cada una de estas salas, y sus respectivos interruptores, S, cubren la iluminación de las mismas. El interior del clóset del baño 3 es iluminado por dos luminarias controladas por sus respectivos interruptores.

PLANTA BAJA

Salidas para tomacorrientes (Plano IE-3A)

a) **Cocina, comedor, recibo y pasillo**. Se debe tener en cuenta lo siguiente:

a.1 Todos los tomacorrientes de pequeños artefactos colocados encima de los muebles de la cocina serán del tipo GFCI.

a.2 Los tomacorrientes de uso general en la cocina, el comedor y la despensa deben tener entre sí una distancia mínima no mayor a 3.6 m.

a.3 La distancia entre tomacorrientes, colocados encima de los gabinetes, será menor o igual a 1.20 m, y su altura será de 1.10 m, aproximadamente, sobre el piso terminado.

a.4 A cada lado de artefactos como lavaplatos, fregadero y cocina se dejará una distancia de 60 cm. Esto podría ser un criterio para comenzar a distribuir los tomacorrientes sobre los gabinetes.

a.5 Los tomacorrientes de uso general y para pequeños artefactos de la cocina no alimentarán a otros artefactos como lavaplatos eléctrico, cocina eléctrica, triturador de desperdicios, microondas o tomacorrientes externos al área de la cocina, la despensa y espacios afines.

a.6 Los tomacorrientes de pequeños artefactos se pueden usar para enchufar relojes eléctricos y para el encendido de cocinas y hornos a gas en el área de la cocina.

a.7 Los tomacorrientes de pequeños artefactos, que se instalen en la pared posterior de los gabinetes de cocina, se colocarán a una distancia no superior de 50 cm del tope de los mismos.

a.8 En las islas y penínsulas, los tomacorrientes se instalarán a una distancia no mayor de 30 cm por debajo del tope del gabinete.

a.9 No se permite colocar los tomacorrientes con la cara hacia arriba sobre los topes de los gabinetes de piso (mesones) de la cocina.

a.10 En los pasillos se debe dejar, al menos, un tomacorriente.

En el **Plano IE-3** se indica la ubicación de los tomacorrientes en la cocina y el comedor:

- Tres T/C tipo GFCI sobre el gabinete de piso, en su pared posterior, y dos tomacorrientes de uso general, en la sala de la cocina. Se identifican con el número 7.

- Dos T/C tipo GFCI, uno sobre el gabinete de cocina, en su parte posterior, y otro en la isla, a menos de 30 cm por debajo del tope. Cinco tomacorrientes de uso general ubicados en la sala de la cocina y el comedor. Están identificados con el número 6.

- ⚫B: T/C individual para el compactador de basura (C_{22}).

- ⚫P: T/C individual para el lavaplatos (C_{16}).

- ⚫D: T/C individual para el triturador de desperdicios (C_{14}). Se coloca debajo del fregadero.

- ⚫R: T/C individual para el refrigerador (C_{11}).

- ⚫C: T/C individual de 50 A para cocina eléctrica con horno ($C_{17/19}$). Tensión: 208 V.

- ⚫M: T/C individual para microondas (C_{10}).

En el recibo y los pasillos se colocaron ocho tomacorrientes de uso general, conectados a dos tomacorrientes externos a prueba de intemperie, ubicados en la pared posterior y en la pared lateral derecha. Se identifican con el número 4.

b) Lavadero. Recordemos que en este ambiente se debe considerar lo siguiente:

b.1 Un circuito ramal de uso general de 20 A suministrará energía a la lavadora y a cualquier otro artefacto.

b.2 Se tendrá un circuito individual de 208 o 240 V para la secadora. En un conjunto lavadora-secadora se usará el mismo circuito individual para los dos artefactos. Es conveniente el uso de un interruptor de dos polos como medio de desconexión para el circuito ramal individual de la secadora.

b.3 Se tendrá, al menos, un circuito ramal de uso general para la plancha y cualquier otro artefacto que se requiera en el área.

b.4 El calentador de agua de la planta baja estará en el lavadero, alimentado por un tomacorriente individual. Es conveniente el uso de un interruptor como medio de desconexión para bloquear la energía en el circuito del calentador.

CAPÍTULO 13: EL PROYECTO ELÉCTRICO RESIDENCIAL

En el **Plano IE-3** se indica la ubicación de los tomacorrientes en el lavadero:

- Dos T/C de uso general, para la plancha u otro artefacto (C_9). Se identifican con el número 9 en el plano.

- Un tomacorriente de uso general para la lavadora (C_{18}). Normalmente, la lavadora se conecta a este tomacorriente y no utiliza medio de desconexión separado.

- ♠s : T/C individual para secadora ($C_{13/15}$). Se utilizará un interruptor de dos polos como medio de desconexión. Tensión: 208 o 240 V.

- ♠t : T/C individual para el calentador de agua (C_{12}). Se utilizará un interruptor sencillo como medio de desconexión.

c) Salas de baño. En la planta baja se encuentran las salas de baño 1 y 2. Las particularidades que se han de observar incluyen:

c.1 Se instalará al menos un tomacorriente de uso general en cada sala de baño. Los mismos serán del tipo GFCI.

c.2 Los tomacorrientes se instalarán a una distancia menor de 90 cm de los bordes del lavamanos (**Fig. 7.18**).

c.3 Los tomacorrientes se alimentarán a partir de circuitos ramales individuales para cada baño, los cuales no suministrarán energía a otras cargas situadas fuera del baño respectivo. Se permite alimentar todos los baños a partir de un solo circuito ramal.

c.4 No se permite instalar tomacorrientes ni tableros eléctricos en el área de la ducha.

c.5 No se permite colocar tomacorrientes con la cara frontal hacia arriba.

Veamos, en el **Plano IE-3**, la ubicación de los tomacorrientes en las dos salas de baño.

Baño 1: Se instalará un T/C en la pared situada frente al lavamanos y otro cerca del mismo, para cualquier artefacto típico de un baño (máquina de afeitar, por ejemplo). Ambos son del tipo GFCI. Se identifican con el número 8 en el plano.

Baño 2: Se instalará un único T/C, tipo GFCI, de uso general, conectado al circuito del baño 1. También se denota con el número 8.

d) Habitación 1. Se recomienda, sujeto a la disponibilidad en el mercado, el uso de tomacorrientes AFCI en todas las habitaciones. Se tendrán en cuenta los siguientes detalles:

d.1 T/C para el equipo de TV.

d.2 Salida para el evaporador del acondicionador de aire, A_1, ($C_{21/23}$), en 208 V. La unidad condensadora estará ubicada en el techo.

En el **Plano IE-3**, la ubicación de los tomacorrientes en la habitación de la planta baja es:

• Dos T/C de uso general, colocados a ambos lados de la cama matrimonial. Tres T/C adicionales de uso general. Se identifican todos con el número 2.

• ⬛A1: Unidad evaporadora del aire acondicionado de la habitación 1. La unidad condensadora se ubica en el techo de la vivienda. El circuito es el $C_{21/23}$ a 208 V.

e) Sala de estudio. Se tuvo en cuenta los siguientes detalles respecto a tomacorrientes:

e.1 Previsión para tomacorrientes de uso general en la sala, colocados a una distancia no mayor de 3.6 m entre sí.

e.2 Con base en la distribución del mueble de computación, se dejó una salida para un tomacorriente cuya altura será de 90 cm sobre el piso terminado.

En el **Plano IE-3**, la ubicación de los tomacorrientes en la sala de estudio es:

• Cuatro T/C de uso general.

• Un T/C para los equipos de computación, colocado a 90 cm del piso terminado. Se identifica con el número 2.

• ⬛A2: Unidad evaporadora del acondicionador de aire del estudio. La unidad evaporadora se ubica en el techo. Circuito $C_{26/28}$ a 208 V.

f) Tomacorrientes exteriores. Todos los tomacorrientes serán a prueba de intemperie; se identifican con la sigla T/PI (TC a prueba de intemperie). Estos tomacorrientes se conectan al circuito C_2 y son del tipo GFCI por estar ubicados en áreas afectadas por las lluvias y otros factores atmosféricos:

• Dos T/C en la pared frontal, identificados con el número 2.

• Un T/C en la pared lateral derecha, identificado con el número 2.

• Un T/C en la pared lateral derecha, identificado con el número 4.

• Un T/C en la pared posterior, identificado con el número 4.

CAPÍTULO 13: EL PROYECTO ELÉCTRICO RESIDENCIAL | 611

PLANTA ALTA

UBICACIÓN DE TOMACORRIENTES (PLANO IE-4)

a) **Salas de baño**. En la planta alta se encuentran los baños 3, 4 y 5. Los tomacorrientes, del tipo GFCI, están conectados al circuito C_5 y se distribuyen así:

Baño 3: Dos T/C, uno en la pared situada frente al lavamanos y otro cerca del mismo para cualquier artefacto (máquina de afeitar, secador de pelo, etc.). Identificación: número 5.

Baño 4: Se instala un único T/C cerca del lavamanos. Identificación: número 5.

Baño 5: Se instala un único tomacorriente, cerca del lavamanos. Identificación: número 5.

b) **Habitaciones**. En la planta alta hay tres habitaciones con las distribuciones descritas a continuación:

Habitación 2. Se instalarán los tomacorrientes mencionados a continuación e identificados con el número 2:

• Dos T/C de uso general colocados a ambos lados de la cama matrimonial.

• Tres T/C de uso general, uno de los cuales se destinará para el televisor.

• ▲A3 : Unidad evaporadora del acondicionador de aire de la habitación 2. La unidad condensadora estará en el techo. El circuito corresponde a $C_{7/9}$.

• ▲T : La salida corresponde a un calentador de agua para los tres baños de la planta alta. Está colocada en el pequeño clóset de la habitación, destinado a tal fin. Se identifica con el número 6.

Habitación 3. Se instalarán los cinco tomacorrientes siguientes, identificados todos con el número 2:

• Dos T/C de uso general colocados a ambos lados de la cama matrimonial.

• Tres T/C de uso general, de los cuales uno será para el televisor y otro se ubicará en el vestier.

• ▲A4 : Salida para la unidad evaporadora del acondicionador de aire de la habitación 3. La unidad evaporadora se coloca en el techo. El circuito corresponde a $C_{8/10}$.

Habitación 4. Se instalarán los cinco tomacorrientes, mencionados a continuación e identificados con el número 4.

• Dos T/C de uso general colocados a ambos lados de la cama matrimonial.

• Tres T/C de uso general, de los cuales uno será para conectar el televisor.

• 🔆A5 : Salida para la unidad evaporadora del acondicionador de aire de la habitación. La unidad evaporadora se coloca en el techo. El circuito corresponde a $C_{12/14}$.

c) Pasillos. Se dejarán salidas para cuatro tomacorrientes, identificados con los números 2 y 4.

d) Salón familiar. Se instalarán salidas para tres tomacorrientes, uno de los cuales se utilizará para el televisor. Están identificados con el número 4.

e) Futura terraza. Se instalarán tres tomacorrientes. Tienen el número 4 en el plano y están conectados al circuito C_4.

ESPACIOS EXTERIORES

SALIDAS PARA TOMACORRIENTES Y LUMINARIAS (**PLANO IE-5**)

Todos los tomacorrientes a instalar serán del tipo GFCI y a prueba de intemperie por estar en áreas sujetas a ser afectadas por el agua.

a) Garaje. Se dispondrá de tres tomacorrientes para la conexión de cualquier herramienta o equipo. Tres luminarias, separadas por dos metros, aproximadamente, permiten alumbrar el garaje. Las luminarias anterior y posterior son convenientes en el caso de tener que reparar el vehículo. Son controladas por dos interruptores de tres vías S3. Todas estas salidas para tomacorrientes y luminarias están identificadas con el número 5.

b) Entrada principal. Se instalará un tomacorriente, identificado con el número 2, cerca de la puerta principal, como se muestra en el **Plano IE-3**.

c) Fachada principal. Se instalarán los tomacorrientes identificados con el número 2 (**Plano IE-3**). Un poste P1 (**Plano IE-5**), al cual puede conectarse un reflector, identificado con la letra b, se utilizará para alumbrar la fachada principal. Se controla mediante el interruptor S_b, ubicado cerca de la puerta principal de entrada y el pasillo.

d) Paredes laterales. Las salidas para luminarias se identifican con el número 5. Las luminarias de la pared lateral derecha, a las que se asigna la letra a, son controladas por los interruptores S_{3a}. Las luminarias de la pared izquierda, identificadas con la letra d, son controladas por los interruptores S_{3d}.

e) Otros tomacorrientes externos. Se identifican con el número 5 (pared posterior y lateral izquierda de la cocina).

f) Patio trasero. Los postes ornamentales P2, P3, P4, y P5, con las luminarias identificadas con la letra c, se controlan desde la puerta de salida de la cocina hacia el garaje mediante S_c. Se les asigna el número 5.

g) Tomacorrientes individuales. Se contempla una salida para el tomacorriente del hidroneumático ($\blacktriangle_H$) y otra para el motor del portón eléctrico del garaje. Esta salida está situada en la media luna de entrada de la residencia.

13.4 CÁLCULO DE LOS CIRCUITOS RAMALES

Una vez determinada la ubicación de los tomacorrientes y luminarias, se procede a determinar los circuitos ramales de acuerdo con lo estudiado en el **Capítulo 9**. Aun cuando las normas permiten mezclar salidas para tomacorrientes y luminarias en un mismo circuito ramal, es una buena práctica separar estas salidas mediante circuitos ramales que contengan solo tomacorrientes y solo luminarias. En el diseño que nos sirve de ejemplo, adoptaremos este enfoque, excepto en las salidas para tomacorrientes y luminarias de los espacios exteriores a la vivienda.

Entre los circuitos ramales a utilizarse en la vivienda que hemos tomado como ejemplo están los indicados a continuación:

• **Circuitos ramales de 15 A para uso general**: Salidas para iluminación y tomacorrientes a 120 V, para conectar equipos y artefactos de baja potencia, frecuentemente encontrados en una residencia, como ventiladores, computadoras, televisores, secador de pelo, equipos de sonido y teléfonos inalámbricos, entre otros. El número de circuitos ramales se calcula mediante el uso de la relación (9.2):

$$N_{15} = 0.01833 \cdot \text{Área}$$

donde el área se determina usando las dimensiones exteriores en el plano arquitectónico. El área total de la vivienda que estamos tratando está dada por la suma de las áreas de las plantas baja (Área_{PB}) y alta (Área_{PA}):

$$\text{Área}_{PB} = 9{,}70 \cdot 4{,}45 + 9{,}25 \cdot 8{,}70 - 1{,}65 \cdot 1{,}75 \qquad \text{Área}_{PB} \approx 123 \text{ m}^2$$

$$\text{Área}_{PA} \approx 123 \text{ m}^2 \qquad \text{ÁreaTotal} = \text{Área}_{PB} + \text{Área}_{PA} \approx 246 \text{ m}^2$$

Según la fórmula anterior: $\quad N_{15} = 0.01833 \cdot 246 = 4.51$

Se requerirá no menos de cinco circuitos ramales de 15 A para alumbrado y tomacorrientes de uso general. En la planta baja se instalarán dos circuitos de tomacorrientes (C_2 y C_4) y tres de luminarias (C_1, C_3 y C_5), mientras que en la planta alta (subtablero ST-PA) tendremos dos circuitos de tomacorrientes (C_2 y C_4) y dos de luminarias (C_1 y C_3). Esto hace un total de nueve circuitos de 15 A para propósitos generales.

Como se dijo anteriormente, cada uno de estos circuitos ramales utiliza una protección de 15 A y conductores calibre AWG 14. Con ductos de PVC se requiere un conductor activo, uno neutro y uno de puesta a tierra para cada circuito ramal. El conductor de puesta a tierra, desnudo o aislado, será calibre 14 de acuerdo con la **Tabla 12.2** del **Capítulo 12**. Se recuerda que el número de salidas en un circuito ramal de 15 A, de uso general, no está limitado y que la carga se debe repartir equilibradamente entre los circuitos. El ducto de PVC será, en la mayoría de los casos, de tamaño comercial 3/4*, el cual permite hasta 17 conductores THHN, calibre 14 AWG. Aun cuando el ducto de tamaño comercial 1/2 puede alojar a nueve conductores THHN calibre 12 AWG, seleccionamos el tamaño 3/4 porque permite mayor holgura en caso de cambios posteriores en la instalación. La diferencia en los costos por esta opción no es significativa.

- **Circuitos ramales de 20 A de uso general**: No se contemplan circuitos ramales de 20 A para uso general en este diseño.

- **Circuitos ramales de 20 A para pequeños artefactos de la sala de cocina**: La cocina requiere, de acuerdo con la normativa eléctrica, al menos dos circuitos de 20 A. Los circuitos C_6 y C_7 cubren los tomacorrientes de la sala de cocina, tanto los que están encima de los gabinetes como los de sus paredes, así como los del comedor. El conductor a usar será del tipo THHN, calibre AWG 12. Los ductos serán de PVC 3/4 y la protección será de 20 A. Los tomacorrientes situados encima de los gabinetes serán del tipo GFCI. A estos circuitos se les asigna una carga fija de 1500 VA cada uno, la cual se sumará a la carga de iluminación general para efectos del cálculo de la acometida.

- **Circuitos ramales de 20 A para el lavadero**: El circuito C_9 alimentará a dos tomacorrientes de pared. C_{18} es un circuito ramal para el tomacorriente de la lavadora. Se usarán tres conductores (fase + neutro + tierra) del tipo THHN, calibre 12 AWG, para estos circuitos. La protección será 20 A en cada caso. El ducto será de PVC 3/4. A cada uno de los circuitos mencionados antes (C_9 y C_{18}) se le atribuye una carga de 1500 VA a los fines del cálculo de la acometida.

- **Circuitos ramales de 20 A para las salas de baño**: El circuito C_8 alimenta a los tomacorrientes de las salas de baño 1 y 2 (planta baja). El circuito C_5 alimenta a las salas de baño 3, 4 y 5 (planta alta). Son del tipo GFCI. Se usarán tres conductores (fase + neutro + tierra) del tipo THHN, calibre 12 AWG. La protección será 20 A. El ducto será de PVC 3/4.

- **Circuitos ramales individuales**. En la planta baja se tienen los siguientes circuitos individuales, que se alojarán en ductos de PVC, tamaño comercial 3/4, si no se indica lo contrario:

    C_{10}: **Microondas** (cocina). Dos conductores tipo THHN, calibre 12 AWG. Protección: 20 A.

    C_{11}: **Refrigerador** (cocina). Dos conductores tipo THHN, calibre 12 AWG. Protección de 20 A.

---

* Es costumbre referirse al tamaño de los ductos comerciales como 3/4 de pulgadas. En realidad, el tamaño comercial se acerca a la medida en pulgadas, pero no coincide exactamente. Por tanto, el tamaño de los ductos se debe expresar en términos de 1/2, 3/4, 1, etc., sin mencionar la palabra pulgada. Por ejemplo: un tubo tamaño comercial 3/4 indica que el diámetro interno del mismo se acerca a 3/4 de pulgada.

CAPÍTULO 13: EL PROYECTO ELÉCTRICO RESIDENCIAL

C_{12}: Calentador de agua (lavadero). Dos conductores tipo THHN, calibre 12 AWG. Protección de 20 A. Se utilizará un medio de desconexión de 20 A (suiche o similar).

$C_{13/15}$: Secadora de ropa (lavadero). Dos conductores (208 V) tipo THHN, calibre 10 AWG. Neutro calibre 14 AWG. Protección bipolar de 30 A. Se utilizará un medio de desconexión de 30 A (suiche o similar).

C_{14}: Triturador de desperdicios (cocina). Dos conductores tipo THHN, calibre 12 AWG. Protección de 20 A.

C_{16}: Lavaplatos (cocina). Dos conductores tipo THHN, calibre 12 AWG. Protección de 20 A.

$C_{17/19}$: Cocina eléctrica con horno. Dos conductores de fase (208 V) tipo THHN, calibre 8 AWG. Neutro calibre 10. Conductor de puesta a tierra calibre 10. Protección bipolar de 40 A. El ducto será de PVC tamaño comercial 1.

C_{18}: Lavadora (lavadero). Dos conductores tipo THHN, calibre 12 AWG. Protección de 20 A.

C_{20}: Hidroneumático 3/4 HP (jardín posterior). Dos conductores tipo THHN, calibre 12 AWG. Protección de 35 A [(1500/120) • 2.5 A = 31.25 A]*.

$C_{21/23}$: Acondicionador de aire (habitación 1). Dos conductores tipo THHN, calibre 12 AWG. Protección de 20 A.

C_{22}: Compactador de basura (cocina). Dos conductores tipo THHN, calibre 12 AWG. Protección de 20 A.

C_{24}: Motor del portón. Su carga es de 1587 VA a 115 V. Dos conductores tipo THHN, calibre 12 AWG. Protección de 35 A. [(1587/115) • 2.5 A = 34.5 A]*.

$C_{26/28}$: Acondicionador de aire (estudio). Tres conductores tipo THHN, calibre 12 AWG. Protección de 20 A.

En la planta alta tenemos los siguientes circuitos individuales (ver tablero ST-PA):

C_{6}: Calentador de agua (baño 4, planta alta). Dos conductores THHN, calibre 12 AWG. Protección de 20 A. Se usará un medio de desconexión de 20 A (suiche o similar).

$C_{7/9}$: Acondicionador de aire (hab. 2). Dos conductores THHN, calibre 12 AWG. Protección 20 A.

---

* Para calcular la protección, hay que multiplicar la carga por 2.5 con el fin de garantizar el arranque del motor.

$C_{8/10}$: Acondicionador de aire (hab. 3). Tres conductores THHN, calibre 12 AWG. Protección 20 A.

$C_{12/14}$: Acondicionador de aire (hab. 4). Tres conductores THHN, calibre 12 AWG. Protección 20 A.

• **Circuitos ramales para exteriores**: El circuito ramal C_5 alimenta a la iluminación exterior, correspondiente a apliques y postes decorativos. Dos conductores THHN, calibre 12 AWG. Protección de 20 A.

En la **Fig. 13.1** se muestran los tableros para tomacorrientes y luminarias en las dos plantas.

13.5 CÁLCULO DEL ALIMENTADOR Y LA ACOMETIDA

Para el cálculo del subtablero y de la acometida, se seguirá el procedimiento usado en el **Capítulo 10**.

ALIMENTADOR SUBTABLERO PLANTA ALTA (ST-PA)

La planta alta tiene un área de 123 m². Hay cuatro circuitos individuales (C_6, $C_{7/9}$, $C_{8/10}$, y $C_{12/14}$) correspondientes a tres acondicionadores de aire y a un calentador de agua de 60 litros, 120 V y 1500 W. Los acondicionadores de aire consumen 1870 VA a 208 V. Usando el método estándar:

1. CARGA DE ILUMINACIÓN GENERAL   123 m² • 33 VA/m² = 4059 VA

Aplicando factores de demanda:

        Primeros 3000 al 100%:   3000 VA
        Próximos 1059 al 35%:   371 VA

        Subtotal carga con demanda: 3371 VA

2. ARTEFACTOS FIJOS (CARGAS CONTINUAS)

        Calentador de agua   1500 VA

        Acondicionadores de aire (1870 • 3)   5610 VA

3. CÁLCULO DE LA CARGA TOTAL

        Carga general de iluminación: 3371 VA
        Carga continua (calentador):   1500 VA
        Carga acondicionadores de aire: 5610 VA

        Carga total: 10481 VA

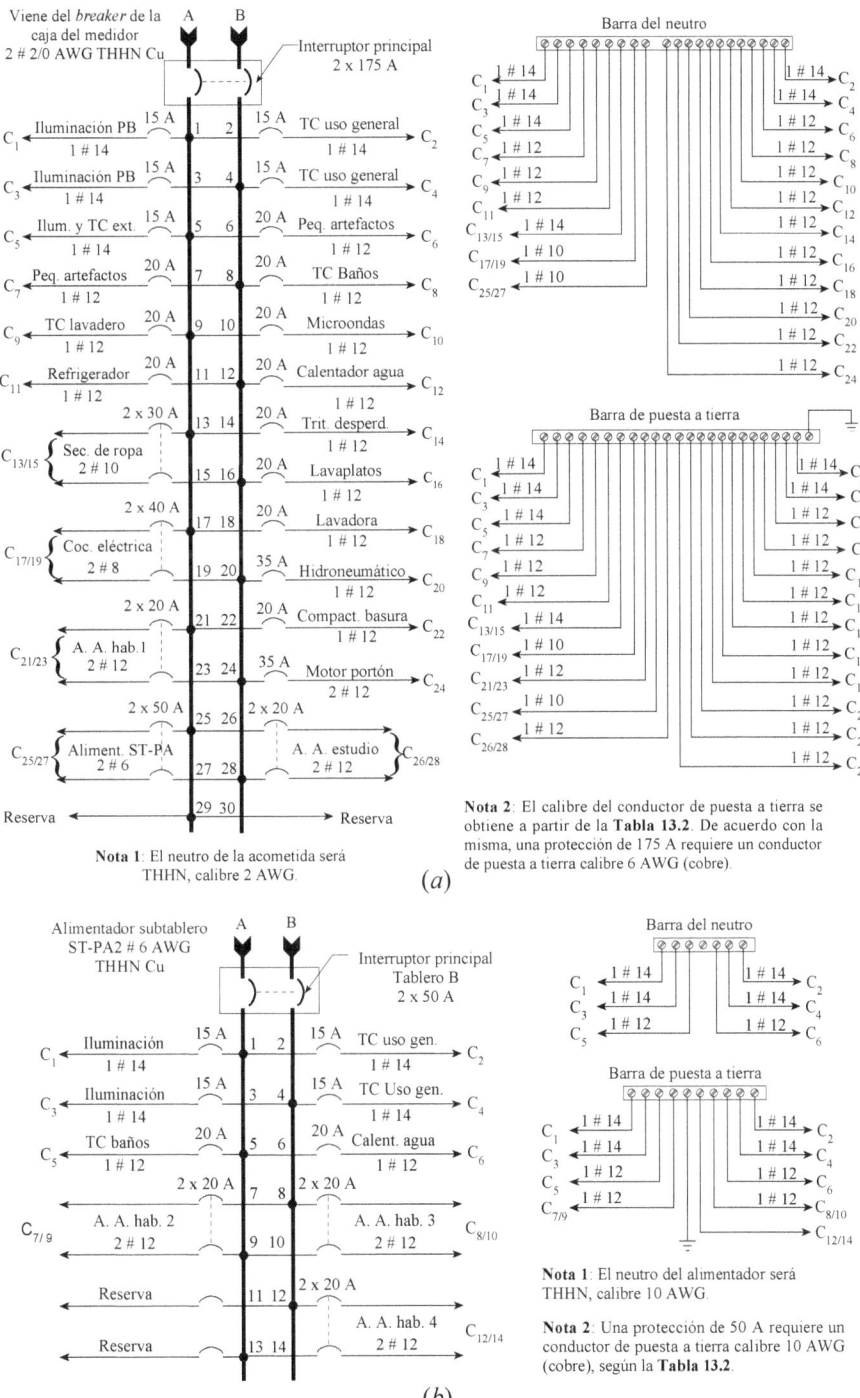

Fig. 13.1 Distribución de los circuitos ramales de una edificación de dos plantas tomada como ejemplo, según el texto. *a*) Tablero principal. *b*) Subtablero de la planta alta.

4. Corriente en el alimentador

$$I = \frac{10481}{208} = 50 \text{ A}$$

5. Selección de los conductores de fase

La selección de los conductores de fase supone, normalmente, dos pasos: en el primero se escoge el calibre por capacidad de corriente y en el segundo se determina si la caída de tensión, debida a la longitud del conductor, está dentro del límite permitido. Se tomará como caída de tensión un 2% del voltaje de alimentación. Asumiremos una distancia de unos 15 m entre el tablero principal y el subtablero.

Según la corriente de carga, dos conductores de fase THHN, calibre 6 AWG, seleccionados en la primera columna de la **Tabla 2.11**, sirven como alimentador de este tablero. El ducto será de PVC tamaño comercial 1.

La longitud máxima de los conductores para una caída del 2% se obtiene multiplicando la relación (2.44) del **Capítulo 2** por dos:

$$I = \frac{2 \cdot 1040}{K \cdot I} \text{ (m)}$$

Según la **Tabla 2.19**, el valor de K para un conductor calibre 6 AWG es de 1.610. Como la corriente en los conductores es de 50 A, se tiene:

$$I = \frac{2 \cdot 1040}{1.610 \cdot 50} = 25.84 \text{ m}$$

Dado que la longitud calculada es mayor que la del conductor del circuito alimentador, el calibre 6 AWG es apropiado para el alimentador.

6. Protección del alimentador. La protección será de 50 A, valor estándar establecido en las normas.

7. Calibres del neutro y del conductor de puesta a tierra

Los acondicionadores de aire no contribuyen a la corriente en el neutro. Por tanto:

$$\text{Carga} = 3371 + 1500 = 4871 \text{ VA}$$

Con la carga entre fase y neutro balanceada, la corriente debida a esta carga se obtiene dividiendo 4871 entre 2 • 120:

$$I = \frac{4871 \text{ VA}}{240 \text{ V}} = 20.29 \text{ A}$$

Un conductor THHN, calibre 12 AWG, se usará para el neutro. Es necesario recordar que la carga resultante del cálculo anterior no se puede redondear hacia abajo, según las normas, cuando se trata de seleccionar el calibre. Según la **Tabla 12.2**, el conductor de puesta a tierra será de cobre desnudo y calibre 12. El ducto será de PVC, tamaño comercial 1, suficiente para alojar a los conductores de fase, neutro y puesta a tierra.

CAPÍTULO 13: EL PROYECTO ELÉCTRICO RESIDENCIAL 619

ALIMENTADOR DEL TABLERO PRINCIPAL (T-PR)

1. CARGA DE ILUMINACIÓN GENERAL: 246 m^2 • 33 VA/m^2 = 8118 VA

2. CIRCUITOS DE PEQUEÑOS ARTEFACTOS. Son dos circuitos de 20 A para pequeños artefactos a 1500 VA cada uno:

$$2 • 1500 = 3000 \text{ VA}$$

3. LAVADERO. Dos circuitos de 1500 VA: 2 • 1500 = 3000 VA

4. APLICACIÓN DE LOS FACTORES DE DEMANDA

Carga general de iluminación:	8118 VA
Carga pequeños artefactos:	3000 VA
Carga del lavadero:	3000 VA
Carga total:	14118 VA
Primeros 3000 VA al 100%:	3000 VA
Próximos 11118 VA al 35%:	3891 VA
Carga/factores de demanda:	6891 VA

5. CARGA DE ARTEFACTOS FIJOS. Excluye cocinas eléctricas, secadoras de ropas, equipos de calefacción ambiental y acondicionadores de aire.

Calentadores de agua (2 • 1500):	3000 VA
Triturador de desperdicios:	1000 VA
Compactador de basura:	1000 VA
Bomba del hidroneumático:	1500 VA
Horno de microondas:	1700 VA
Motor portón eléctrico 3/4 hp(125 V):	1587 VA
Lavaplatos	1500 VA
Total:	11287 VA

Como hay más de cuatro artefactos fijos, se puede aplicar un factor del 75%:

Carga artefactos fijos • 0.75:   8465 VA

6. SECADORA DE ROPA. Se selecciona el valor mínimo de 5000 VA

7. COCINA CON HORNO ELÉCTRICO. Esta carga es de 12000 vatios. Según la columna C de la **Tabla 9.7**, se tomará una carga de 8000 VA.

8. ACONDICIONADORES DE AIRE. Se tienen cuatro acondicionadores de aire de 1870 VA cada uno: 7480 VA

10. MOTOR MÁS GRANDE. El motor de cada acondicionador de aire de 1870 VA.

25% del motor más grande: 468 VA

11. CARGA TOTAL DEL ALIMENTADOR

Carga total = 6891 + 8465 + 5000 + 8000 + 7480 + 468 = 36304 VA

CORRIENTE EN EL ALIMENTADOR:

$$I = \frac{36304 \text{ VA}}{208 \text{ V}} = 174.53 \text{ A}$$

12. DISPOSITIVO DE PROTECCIÓN. El valor estándar más cercano es de 175 A:

OCPD: 175 A

13. CÁLCULO DEL CIRCUITO ALIMENTADOR Y DEL CONDUCTOR DE PUESTA A TIERRA

Las fases serán conductores THHN, calibre 2/0, con ampacidad de 175 A a 75°C. Como el dispositivo de protección es de 175 A, la **Tabla 12.2** permite seleccionar un conductor de puesta a tierra calibre 6. La acometida será subterránea.

CONDUCTORES DE LAS FASES: Conductores THHN, 2/0 AWG.

CONDUCTOR DE PUESTA A TIERRA: Conductor desnudo calibre 6 AWG.

Veamos si la caída de tensión, debida a una longitud aproximada de 20 m entre el medidor y el tablero principal, está dentro de un 2% del voltaje de alimentación. Usando la relación (2.44) y la **Tabla 2.19** para un conductor 2/0 (K = 0.330):

$$L = \frac{2 \cdot 1040}{0.33 \cdot 174.53} = 36.11 \text{ m}$$

Como la longitud calculada es mayor que la del conductor del circuito alimentador, el calibre 2/0 AWG es apropiado para el alimentador que va desde el medidor hasta el tablero principal.

En el caso de la acometida, que va desde el secundario de un transformador hasta el medidor, se asumirá una caída de voltaje del 2% y una distancia aproximada hasta la caja del medidor de 40 m. Esto, de acuerdo con cálculo anterior, requerirá un calibre superior al 2/0. Si se hace la operación, se encontrará un calibre 3/0 AWG.

14. CALIBRE DEL NEUTRO

Iluminación:	6891 VA
Artefactos fijos (75%):	8465 VA
Secadora eléctrica (5000 • 70%):	3500 VA
Cocina eléctrica (8000 • 70%):	5600 VA
Acondicionadores de aire:	0 VA
Motor más grande (25%):	468 VA
Carga total:	24924 VA

CAPÍTULO 13: EL PROYECTO ELÉCTRICO RESIDENCIAL

La carga se reparte por igual entre las dos fases y la corriente en el neutro es:

$$I = \frac{24924 \text{ VA}}{2 \cdot 120 \text{ V}} = 103.85 \text{ A}$$

CALIBRE DEL NEUTRO: conductor desnudo 2 AWG.

13.6 TABLAS DE CARGA

Con los planos de diseño y demás documentos (memoria descriptiva, especificaciones de materiales, etc.), se suministra una o varias planillas por cada tablero o subtablero. A tales planillas se les conoce como **tablas de carga** que presentan, en forma condensada, una visión global del proyecto eléctrico. En las tablas de carga se indican las características del tablero, protección, calibre del alimentador, demanda de carga y los distintos circuitos ramales con sus protecciones y detalles. En las **figuras 13.3** y **13.4** se muestran las tablas de carga para el tablero principal y el subtablero del proyecto en consideración.

TABLA DE CARGA											
TABLERO					TIPO EMBUTIDO	TIPO SUPERFICIAL	INTERRUPT. PCPAL.		CAP. MIN. RUPTURA		PLANOS	
T-PR					NLAB330AB		2 X 175 A		10 KA SIMETRICOS		IE-1 + IE-3 +IE-5	
Sistema Monofásico 120/208 V							DEMANDA		AMP. POR FASE		CALIBRE ALIM.	
							36,30 KVA		175 A		THHN 2/0 AWG CU	
CIRCUITO Nº	SALIDAS				CARGA PUNTOS VATIOS	CARGA CIRCUITO VA	PROTECCIÓN CIRCUITO (A)	FASE	CALIBRE NEUTRO			CALIBRE TIERRA
	Luminarias		Tomacorrientes							THHN 2 AWG CU			6 AWG CU
	TECHO	PARED	POSTES	PROPÓSITO GENERAL	ESPECIAL				CANALIZACION			PROTECCION
									TUBO PVC 21/2			2 X 175 A
1	6	11						15	A	Luminarias cocina, recibo, escalera, pasillo			
2				13				15	A	T/C hab. 1, estudio y externos			
3	13	4						15	B	Luminarias hab. 1, estudio, entrada, baños			
4				10				15	B	T/C estar, pasillo y externos			
5	7	5		6				15	A	Luminarias y T/C externos			
6				7			1.500	20	A	T/C pequeños artefactos cocina			
7				5			1.500	20	B	T/C pequeños artefactos cocina			
8				3			NA	20	B	T/C baños 1 y 2			
9				2			1.500	20	A	T/C lavadero			
10					1	1.700	1.700	20	A	Horno de microondas			
11					1	NA	NA	20	B	Refrigerador			
12					1	1.500	1.500	20	B	Calentador de agua			
13/15					1	5.000	5.000	2 X 30	A/B	Secadora de ropa			
14					1	1.000	1.000	20	A	Triturador de desperdicios			
16					1	1.500	1.500	20	B	Lavaplatos			
17/19					1	8.000	8.000	2 X 40	A/B	Cocina eléctrica			
18					1	1.500	1.500	20	A	Lavadora			
20					1	1.500	1.500	35	B	Hidroneumático			
21/23					1	1.870	1.870	2 X 20	A/B	Acondicionador de aire hab. 1			
22					1	1.000	1.000	20	A	Compactador de basura			
24					1	1.656	1.656	35	B	Motor portón eléctrico			
25/27					1	10.480	10.480	2 X 50	A/B	Subtablero planta alta			
26/28					1	1.870	1.870	2 X 20	A/B	Acondicionador de aire 2 estudio			
29										Reserva			
30										Reserva			

Fig. 13.3 Tabla de carga para el tablero principal (T-PR).

TABLA DE CARGA							
TABLERO	TIPO EMBUTIDO	TIPO SUPERFICIAL	INTERRUPT. PCPAL.		CAP. MIN. RUPTURA		PLANOS
ST-PA	NLAB314AB		2 X 50 A		10 KA SIMET.		IE-2 + IE-4
Sistema Monofásico 120/208 V			DEMANDA		AMP. POR FASE		CALIBRE ALIM.
			10,48 KVA		50 A		THHN 6 AWG CU
CIRCUITO Nº	SALIDAS				CARGA PUNTOS VATIOS	CARGA CIRCUITO VA	PROTECCIÓN CIRCUITO AMPERIOS	FASE	CALIBRE NEUTRO		CALIBRE TIERRA
	Luminarias			Tomacorrientes							
	TECHO	PARED	POSTE JARDÍN	PROPÓSITO GENERAL	ESPECIAL					THHN 10 AWG CU	10 AWG CU
										CANALIZACION	PROTECCION
										Tubo PVC 1	2 X 50 A
1	6	7						15	A	Luminarias hab. 4, terraza, salón familiar, pasillo	
2				12				15	A	T/C hab. 2 y 3, pasillo	
3	15	3						15	B	Luminarias hab. 2 y 3, baños	
4				12				15	B	T/C hab. 4, terraza, salón familiar, pasillo	
5				4				20	A	T/C baños 3, 4 y 5	
6					1	1.500	1.500	20	A	Calentador de agua	
7/9					1	1.870	1.870	2 X 20	A/B	Acondicionador de aire hab. 2	
8/10						1.870	1.870	2 X 20	A/B	Acondicionador de aire hab. 3	
12/14					1	1.870	1.870	2 X 20	A/B	Acondicionador de aire hab. 4	
11										Reserva	
13										Reserva	

Fig. 13.4 Tabla de carga para el subtablero de la planta alta (ST-PA).

13.7 ESQUEMAS DE LOS TABLEROS. SÍMBOLOS.

La **Fig. 13.5** muestra los símbolos utilizados en el proyecto que nos sirve de ejemplo. Se incluyen los símbolos de comunicación y señales.

13.8 PUESTA A TIERRA. TANQUILLAS.

Como se expuso en el **Capítulo 12**, son de vital importancia la puesta a tierra y la conexión equipotencial. Para la puesta a tierra de la acometida, se aprovechará cualquier tubería metálica de agua, la estructura metálica o una barra apropiada, de acuerdo con lo que ya se ha discutido.

La conexión equipotencial se hará mediante un conductor de puesta a tierra que irá desde el tablero principal hasta todos los elementos y equipos que conforman la instalación. Se tendrá cuidado para que todas las partes metálicas del sistema formen parte de la conexión equipotencial. En particular, se debe garantizar que las cubiertas metálicas de artefactos como lavadoras y secadoras, entre otros, estén efectivamente conectadas al sistema de puesta a tierra y conexión equipotencial, a fin de evitar riesgos de electrocución.

CAPÍTULO 13: EL PROYECTO ELÉCTRICO RESIDENCIAL 623

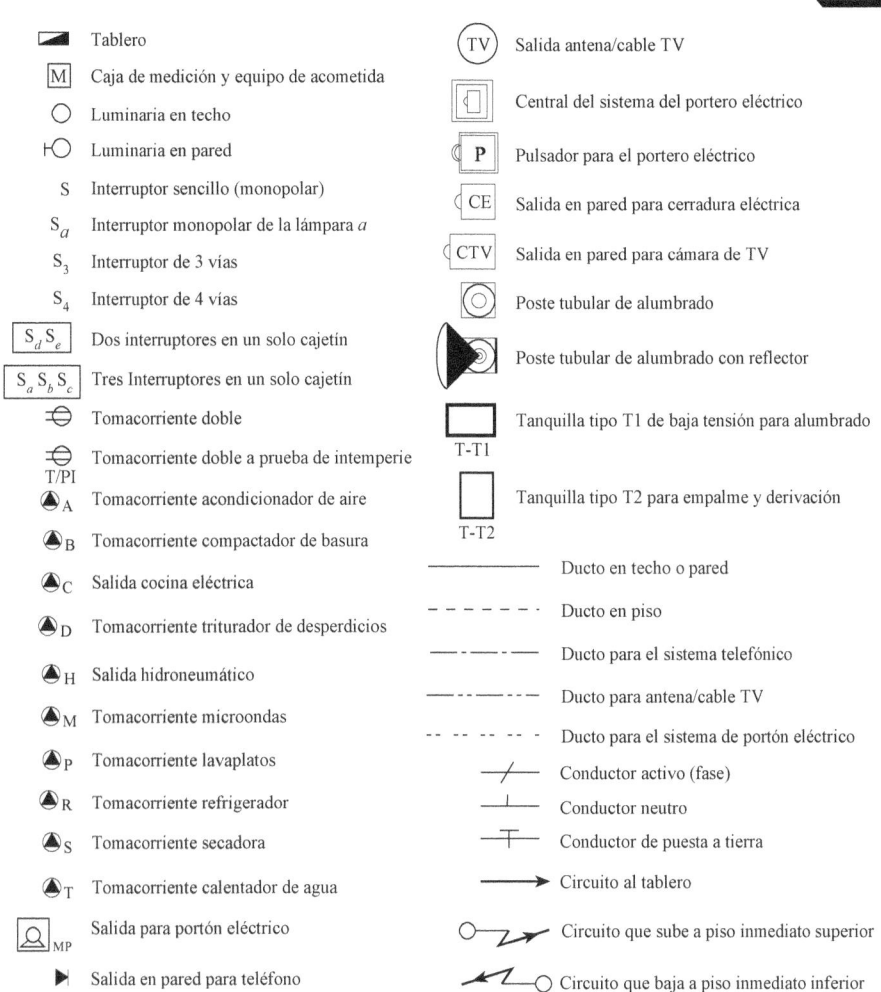

Fig. 13.5 Lista de símbolos en el proyecto que sirve de ejemplo.

Los tipos de tanquillas y fundaciones a utilizar en este proyecto se muestran en el **Plano IE-6**. Allí se indican los detalles de las mismas.

13.9 MEMORIA FINAL DEL PROYECTO ELÉCTRICO

Como guía para el diseñador, se propone el siguiente orden en la elaboración de la memoria final del proyecto eléctrico:

1. INTRODUCCIÓN.

2. MEMORIA DESCRIPTIVA. Comprende:

    2.1 Descripción de la edificación. Incluye la descripción de los distintos pisos o niveles de la estructura.

2.2 Cargas eléctricas del proyecto.

2.3 Criterios técnicos y de seguridad.

3. Planos de ubicación de los elementos de la instalación eléctrica.

4. Memoria de cálculos eléctricos.

5. Especificaciones técnicas generales:

5.1 Inspección.

5.2 Obligaciones del contratista.

5.3 Materiales.

5.4 Planos.

6. Especificaciones técnicas de materiales. En este punto se describen los distintos tipos de materiales a utilizar en la instalación eléctrica.

6.1 Ductos.

6.2 Cajas y cajetines.

6.3 Conductores.

6.4 Interruptores.

6.5 Tomacorrientes.

6.6 Luminarias.

6.7 Puesta a tierra (*grounding*) y conexión equipotencial (*bonding*).

7. Cómputos métricos.

Veamos cómo se desarrolla la memoria final del proyecto que hemos puesto como ejemplo. Es necesario mencionar la necesidad de que el informe contenga una portada (ver **Fig. 13.6**) donde se especifique el nombre del proyecto, el propietario del mismo y el ingeniero proyectista de la instalación eléctrica. La portada incluye, además, el logo de la empresa que realizó el proyecto y la fecha de culminación. Las otras partes de la memoria final comprenden:

1. Introducción

Este proyecto corresponde al sistema eléctrico de una vivienda unifamiliar, propiedad de la Sra. Miriam Guerrero, ubicada en la Urb. Nueva Cumaná del Edo. Sucre, Venezuela. Comprende alumbrado, tomacorrientes, equipos de potencia, cableado, ductería, protección, tableros, acometida, sistema de comunicación y puesta a tierra de la instalación. El área total de la vivienda es de 246 m^2.

CAPÍTULO 13: EL PROYECTO ELÉCTRICO RESIDENCIAL

```
┌─────────────────────────────────────┐
│                                     │
│        ┌──────────────────┐         │
│        │ LOGO DE LA EMPRESA │       │
│        └──────────────────┘         │
│                                     │
│                                     │
│       PROYECTO DE ELECTRICIDAD      │
│        EDIFICACIÓN UNIFAMILIAR      │
│                                     │
│                                     │
│      Propietaria: Miriam Guerrero   │
│                                     │
│          Diseño y cálculo:          │
│   Ings. Júpiter Figuera y Juan Guerrero │
│                                     │
│         Caracas, mayo 2016          │
│                                     │
└─────────────────────────────────────┘
```

Fig. 13.6 Modelo de portada para un proyecto eléctrico.

2. Memoria descriptiva

2.1 Descripción de la edificación

El proyecto se refiere a una vivienda unifamiliar, destinada exclusivamente a servir como residencia a sus moradores. La edificación está constituida por dos niveles: planta baja y planta alta, entre las cuales se reparte toda la carga según el siguiente esquema:

a) Planta baja

Tiene una superficie de, aproximadamente, 123 m². En la planta baja se concentra la mayor parte de la carga eléctrica de la vivienda, ya que en ella están la sala de cocina, el cuarto del lavadero, el comedor, el recibo, dos habitaciones (dormitorio y estudio) y dos baños. Alrededor de la planta baja están las áreas exteriores, de unos 317 m², alimentadas a partir del tablero principal de la residencia. Las cargas más notables de esta planta involucran, entre otras cosas: la cocina eléctrica, el horno de microondas, los acondicionadores de aire tipo *split* (en el cuarto de estudio y la habitación 1), la lavadora y la secadora. Las unidades condensadoras, que alojan al compresor de los acondicionadores de aire, se ubican en el techo de la vivienda. Las unidades evaporadoras se colocarán en el cuarto de estudio y en la habitación 1.

a) Planta alta

Su superficie, de aproximadamente 123 m², alberga tres habitaciones, tres baños y el salón familiar. La carga más significativa corresponde a tres acondicionadores de aire tipo split, cuyas unidades condensadoras se ubicarán encima de la losa del techo, en una vertical que pase cerca del centro del hall de distribución, de modo que los ductos de refrigeración y electricidad queden cercanos a las tres habitaciones superiores.

2.2 Cargas eléctricas del proyecto

Entre las cargas eléctricas más significativas de este proyecto se destacan las siguientes:

a) Acondicionadores de aire: Se prevé el montaje de una unidad, tipo *split*, en cada una de las cuatro habitaciones y del cuarto de estudio, con una capacidad de enfriamiento de 12000 BTU, una tensión de 208 V y un consumo aproximado de 1870 W a 9 A. Las unidades condensadoras se colocarán en el techo, mientras que las unidades evaporadoras se colocarán en los lugares indicados en los planos. Los circuitos ramales serán individuales para cada equipo y se debe instalar el ducto que comunique a ambas unidades. Es conveniente, asimismo, que, en el momento de la construcción del inmueble, se deje la ductería correspondiente a las tuberías de enfriamiento de las unidades. El calibre de los conductores (dos fases + neutro) será AWG 12, con aislamiento THHN, y las protecciones serán de 20 A, dos polos.

b) Cocina eléctrica: Se consideró una cocina eléctrica con horno y un consumo de 12000 VA. El circuito ramal es individual, a una tensión de 208 V. Su consumo es de aproximadamente 38 A, los conductores activos serán de aislamiento THHN, calibre 8 AWG, y el neutro será calibre 10 AWG. La protección será de 40 A, dos polos.

c) Secadora eléctrica: Ubicada en el lavadero, con un consumo de 5000 vatios. El circuito ramal es individual, a una tensión de 208 V. Su consumo es de 24 A, los conductores activos serán calibre 10 AWG y el neutro será calibre 12 AWG. La protección será de 30 A, dos polos. Se recomienda el uso de un medio de desconexión para cortar la energía eléctrica al equipo.

d) Hidroneumático: Ubicado en la parte más lejana del patio posterior, la bomba del equipo hidroneumático será de 3/4 hp a 120 V. Se espera una corriente a plena carga de 13.8 A, por lo que se seleccionarán conductores calibre 12 AWG. La protección será de 35 A, un polo. Esta protección garantiza el arranque del motor.

e) Microonda: Ubicado en la cocina. Se espera un consumo de unos 1700 vatios a 120 V, con una corriente de 14 A, por lo que se seleccionarán conductores calibre 12 AWG. La protección será de 20 A, un polo.

f) Motor del portón: Ubicado cerca del portón, tiene una potencia de 3/4 hp a 115 V. Los conductores serán calibres 12 AWG, con una protección de 35 A, un polo.

2.3 Criterios técnicos y de seguridad

La seguridad de personas y bienes es el eje central de una buena instalación eléctrica. En tal sentido, el diseño se apega a las normas de las normas eléctricas existentes. Los conductores de la instalación interna serán del tipo THHN, de aislamiento termoplástico resistente al calor y retardante de la llama, con temperatura de operación hasta los 90°C. Los ductos serán de PVC (RNC), que se pueden usar ocultos en paredes y pisos y en lugares secos o húmedos. A fin de tener una instalación segura, se utilizará un conductor de conexión equipotencial (cable de puesta a tierra, color verde) que será puesto a tierra en el tablero principal y establecerá una vía para producir el disparo de los *breakers* en caso de producirse una falla a tierra. Asimismo, el cable de puesta a tierra conectará a todos los elementos metálicos (cajetines, lámparas, tomacorrientes, cubiertas metálicas de equipos, motores) para evitar que los usuarios de la instalación estén sujetos a tensiones que puedan poner su vida en peligro. Para la conexión a tierra en el tablero principal, se utilizará alguna tubería de agua que esté cerca del mismo. También se pueden utilizar la estructura metálica de la vivienda, una barra metálica o una combinación de estas alternativas, tal como se mencionó en el **Capítulo 12**.

3. Planos de ubicación de los elementos de la instalación eléctrica

Se tomará lo señalado en la sección 13.3 de este capítulo.

4. Cálculos eléctricos

Se utilizarán los resultados de las **secciones 13.4** y **13.5** de este libro.

5. Especificaciones técnicas generales

5.1 INSPECCIÓN

El trabajo de la instalación se llevará a cabo bajo la inspección de un ingeniero electricista, que velará porque la obra se realice según lo indicado en los planos y estará en contacto con el ingeniero que diseñó y calculó el proyecto, a fin de aclarar cualquier duda o dificultad que se pueda presentar durante la construcción de la vivienda. El ingeniero inspector, como prueba de que la obra se efectuó de acuerdo con el proyecto, entregará al propietario y al ingeniero proyectista una constancia de que los trabajos se ejecutaron según el proyecto eléctrico.

5.2 OBLIGACIONES DEL CONTRATISTA

El contratista se ceñirá estrictamente a lo establecido en los planos y cálculos del proyecto. Si, en el convenio celebrado, quien construye la obra eléctrica suministra los materiales (ductos, conductores, tomacorrientes, tableros, etc.), se comprometerá por escrito a que estos sean de la calidad y características exigidas. Asimismo, el contratista debe trabajar en conjunción con el ingeniero inspector para resolver los detalles propios de la construcción y los problemas que se puedan presentar en cuanto a la implantación física de los elementos que conforman el sistema eléctrico. Salvo la instalación del medidor, todas las demás tareas relacionadas con la puesta a punto de la instalación son responsabilidad del contratista.

5.3 MATERIALES

Los materiales especificados en el proyecto se adecuarán al cálculo del mismo y, por tanto, se exige su utilización en las distintas áreas consideradas. Cuando en el mercado local no se consignan los dispositivos y otros materiales, el contratista de la obra consultará al ingeniero inspector o al ingeniero proyectista. Esto reviste mayor importancia en la selección de algunos tomacorrientes especiales (GFCI, AFCI) o de protecciones que sean de difícil obtención en la zona donde se ejecuta el proyecto.

5.4 PLANOS

El propietario de la obra hará entrega de los planos eléctricos al ingeniero inspector y al contratista. Los planos, en escala 1:50, establecen la ubicación de cada uno de los dispositivos que conforman la instalación, y en cada plano se suministra una lista de los símbolos usados en la instalación eléctrica. Aun cuando los planos suministrados tratan de señalar con exactitud la ubicación de los dispositivos a instalar, se sugiere al contratista observar los detalles finales (arquitectónicos y estructurales) de la obra para determinar la ubicación exacta de los distintos elementos a instalar. En particular, debe prestarse atención a la altura de tomacorrientes por encima del nivel del piso terminado, en lugares como las salas de cocina y de baño. Igualmente, algunas salidas para luminarias serán ubicadas en los sitios apropiados para asegurar una mejor visualización en espejos (salas de baño) y tocadores de belleza. Las salidas de luminarias para exteriores se han colocado para ofrecer una iluminación adecuada a esas áreas, con el fin de mejorar los sitios de esparcimiento y la seguridad del hogar. De haber alguna diferencia entre los planos y lo especificado en el informe, se deberá consultar al ingeniero inspector o al ingeniero proyectista para aclarar cualquier duda.

6. Especificaciones técnicas de los materiales

El diseño de este proyecto obedece a lo establecido en las normas eléctricas nacionales y, en consecuencia, todos los materiales a utilizar cumplirán con los requisitos mínimos allí mencionados. En particular, se enuncian a continuación los aspectos más resaltantes.

6.1 DUCTOS

Todos los tubos de la instalación serán de PVC, con tamaño comercial igual o superior a 1/2. En la mayoría de las canalizaciones se usará tubería tamaño 3/4 con el fin de prever ampliaciones futuras y facilitar la instalación de los conductores en su interior. En lo posible, la tubería será PVC, estándar 80. Se permitirá el uso de tubería metálica flexible (FMC) en algunas salidas, como las de los acondicionadores de aire y las de motores. Solo el ingeniero inspector podrá aprobar el empleo de tubos distintos a los mencionados.

a) Los tubos serán continuos, entre una y otra caja, para facilitar la instalación o sustitución de conductores.

b) El número de curvas en cada tramo no generará un ángulo superior a 270°.

c) La curvatura de los tubos se hará sin que su diámetro se reduzca sensiblemente.

d) Al fijar los tubos a los cajetines, se tomarán las previsiones, mediante los accesorios adecuados (tuerca, contratuerca), para que los conductores no pierdan su aislante al ser introducidos en las cajas.

e) Durante la construcción, las extremidades de los tubos se taponarán debidamente para evitar que se introduzcan sustancias extrañas en el interior de los mismos.

6.2 Cajas y cajetines

Las cajas de salida o de paso serán metálicas y sus dimensiones serán tales que permitan un adecuado empalme de los conductores en su interior. No se permite dejar las cajas al descubierto, sin tapas. El ingeniero inspector autorizará el uso de cajas diferentes a las mencionadas a continuación cuando los empalmes dentro de cajas y cajetines den lugar a un peligro de hacinamiento de conductores en el espacio del cual se dispone. Cuando esto suceda, se usarán cajetines de mayores dimensiones, con las tapas de reducciones adecuadas.

a) Cajetines para luminarias: serán octogonales, de dimensiones 4 x 4 1/2 pulgadas (100 x 100 x 32 cm).

b) Cajetines para tomacorrientes e interruptores: serán rectangulares, de dimensiones 4 x 21/8 x 1/2 pulgadas (100 x 54 x 38 cm).

c) Las cajas y los cajetines serán accesibles al usuario de la instalación.

d) La instalación de cajas y cajetines se hará de manera que su lado inferior sea paralelo al piso terminado, a fin de guardar la estética del inmueble. Las cajas se deben fijar en posición, a objeto de evitar su desplazamiento durante las operaciones de vaciado de concreto o frisado de paredes.

e) Las cajas se taponarán debidamente durante el proceso constructivo para evitar que restos de cemento u otros materiales se introduzcan en su interior.

f) La entrada de los tubos a las cajas se hará perpendicularmente a las mismas, nunca en dirección oblicua.

g) Las cajas a empotrarse se instalarán a ras con las superficies de las paredes o techos. Cuando se prevea el recubrimiento de paredes con porcelana, se tomarán las previsiones para que las cajas queden al ras de las baldosas.

h) Con excepción de lo indicado en los planos, y teniendo en cuenta los detalles que podrían presentarse durante el proceso constructivo, las alturas (metros) de instalación de las cajas serán las siguientes:

- Interruptores: 1.15

- Tomacorrientes de uso general: 0.30

- Tomacorrientes especiales (consultar al ingeniero inspector): 1.10

- Tomacorrientes en baños: 1.10
- Tomacorrientes en áreas externas: 0.45
- Apliques en pared: 2.00
- Teléfonos en pared: 0.30
- Timbres: 2.00

6.3 CONDUCTORES

a) Se emplearán conductores de cobre tipo THHN trenzados, de los calibres mencionados en el proyecto y en los planos. El conductor THHN tiene una cubierta termoplástica resistente al calor, es retardador de la llama, posee una chaqueta exterior de nylon y una temperatura máxima de operación de 90°C. En un ducto de tamaño comercial 3/4 y de PVC rígido estándar 80, se pueden alojar hasta diecisiete conductores THHN calibre 14, doce conductores calibre 12 y siete conductores calibre 10.

b) Los conductores se identifican de acuerdo con el color de su capa aislante. El neutro es blanco o gris, las fases se identifican con los colores rojo, amarillo o azul, y el conductor de puesta a tierra es de color verde. Este código de colores se debe mantener en toda la instalación eléctrica.

c) No se permitirá el tendido de los conductores de los circuitos ramales sin que la ductería esté completamente terminada, con sus tuercas, contratuercas y bujes.

d) Los empalmes de los conductores se harán mediante los conectores adecuados, tomando precauciones para evitar que se suelten con el tiempo o por manipulación.

e) No se permite el empalme de los conductores en el interior de los ductos. Solo se harán empalmes en las cajas.

f) El neutro y el conductor de puesta a tierra se tenderán sin interrupción a lo largo de toda la instalación.

6.4 INTERRUPTORES

En general, los interruptores del presente proyecto cumplirán con las siguientes normas:

a) Los interruptores especificarán la corriente y la tensión de operación. Para el proyecto, los interruptores tendrán una capacidad de 15 A y una tensión de operación de 120 V.

b) No deben conectar, por ningún motivo, al neutro de los circuitos ramales.

c) Su caja metálica se conectará al conductor de puesta a tierra.

d) Cuando operen verticalmente, la posición de encendido estará en la parte superior y la de apagado en la inferior.

e) Cuando por alguna circunstancia haya que colocarlos en la intemperie, se protegerán de los factores ambientales externos, principalmente del agua.

f) Se utilizarán interruptores de tres y cuatro vías para controlar luminarias de pasillos y habitaciones, tal como se indica en los planos.

g) Para los calentadores de agua y la secadora se hará uso de medios de desconexión colocados a la vista de estos artefactos.

h) Se instalarán a no menos de 15 cm del marco de las puertas y del lado opuesto de las bisagras.

6.5 Tomacorrientes

Los tomacorrientes del presente proyecto tendrán sus partes metálicas conectadas al conductor de puesta a tierra y cumplirán con las siguientes normas:

a) Los tomacorrientes de propósitos generales serán polarizados, dobles y con terminales de puesta a tierra.

b) Los tomacorrientes de propósitos generales tendrán una capacidad de 15 A y operarán a una tensión de 120 V.

c) Los tomacorrientes para la sala de cocina, ubicados por encima de los gabinetes de piso, serán del tipo GFCI. Su altura será de 90 a 115 cm sobre el piso terminado. El contratista y el ingeniero inspector consultarán al propietario sobre el diseño final del mobiliario de la sala de cocina, a fin de decidir la altura final.

d) Los tomacorrientes para las salas de baño serán del tipo GFCI. Se debe colocar un tomacorriente por encima del lavamanos.

e) Los tomacorrientes en áreas externas a la residencia serán del tipo GFCI y a prueba de intemperie.

f) La salida para el triturador de desperdicios estará debajo del lavaplatos.

g) Los tomacorrientes para los televisores se colocarán a una altura conveniente sobre el nivel del piso en caso de que se utilicen plataformas altas para alojar los equipos.

h) El refrigerador, el horno de microondas, los calentadores de agua, la lavadora y el triturador de desperdicios tendrán tomacorrientes de 15 A si se utilizan tomacorrientes dobles, o de 20 A si se utilizan tomacorrientes individuales para cada artefacto.

i) Los tomacorrientes de los baños de la planta baja se conectarán a un mismo circuito, al cual no se conectarán otros tomacorrientes. Los tomacorrientes de los baños de la planta alta se conectarán a un mismo circuito, al cual no se conectarán otros tomacorrientes.

j) Los tomacorrientes del garaje serán del tipo GFCI.

k) En el cuarto de estudio se debe indagar con más precisión, ante el propietario del inmueble, la ubicación del mobiliario, a fin de instalar las salidas de los tomacorrientes en las posiciones correspondientes al uso del espacio físico.

l) La secadora de ropa usará un tomacorriente apropiado, según las normas NEMA, de 30 A. Tendrá, además, un medio de desconexión (suiche o *breaker*) (ver **Capítulo 9**).

m) Se recomienda la instalación de tomacorrientes AFCI en los dormitorios, como lo determinan las normas.

n) La cocina eléctrica se conectará mediante un tomacorriente apropiado de 50 A según las normas NEMA.

6.6 Luminarias

Se sugiere el uso de bombillos fluorescentes compactos o a base de LED en todas las salidas para luminarias. Su mayor duración y su bajo consumo permite un ahorro considerable de energía. Las partes metálicas de las luminarias serán conectadas al conductor de puesta a tierra.

a) Las salidas para luminarias en la sala de cocina se colocarán encima del fregadero y del mueble de cocina, para iluminar los lugares donde se llevan a cabo labores propias de este espacio.

b) Las salidas para luminarias en los clósets se instalarán de modo que permitan observar con claridad el contenido de los mismos.

c) Las luminarias exteriores serán apropiadas para este tipo de ambiente y protegidas para evitar los efectos nocivos del agua y de otros agentes externos.

6.7 Puesta a tierra y conexión equipotencial

La instalación eléctrica se pondrá a tierra en el equipo de acometida (medio de desconexión de la misma), quede este dentro del tablero principal o no. Para ello, se utilizará la estructura metálica enterrada, una tubería metálica de agua o una barra metálica, aun cuando una combinación de estas posibilidades es aconsejable. En el caso de que se utilice la estructura metálica, se tomarán las medidas para que la puesta a tierra se haga durante el proceso de construcción.

Debido al uso de tubería de PVC, la conexión equipotencial se hará efectiva mediante un conductor de puesta a tierra, que se tenderá a lo largo de toda la instalación y que unirá a todas sus partes metálicas. Este conductor se conectará a la barra de tierra del tablero principal.

6.8 Tableros

Los tableros se instalarán en las posiciones indicadas en los planos, y su centro se ubicará a una altura de 1.50 m sobre el nivel del piso terminado. El tablero principal tendrá una barra de neutro y una barra de tierra. A esta último se conectarán todos los conductores de puesta a tierra que se dirigen a los distintos dispositivos. El subtablero de la planta alta no tendrá barra de tierra, sino únicamente la barra del neutro.

7. Cómputos métricos

Para determinar el costo total de la obra eléctrica se procederá de acuerdo con lo señalado en la **Fig. 13.1**, donde el valor total de cada renglón dependerá del precio actualizado que tengan las distintas partidas. Se deja al lector el cálculo definitivo para una instalación en particular.

CAPÍTULO 14

INSTALACIONES TELEFÓNICAS

14.1 CONSIDERACIONES GENERALES

En general, todo lo relacionado con sistemas de teléfonos y señales de bajo voltaje, así como sistemas de detección y alarma de incendio, en viviendas unifamiliares y multifamiliares, es cubierto por los requisitos establecidos en el **artículo 800** del **CEN**.

14.2 TELÉFONOS EN VIVIENDAS UNIFAMILIARES

Las instalaciones telefónicas internas en viviendas unifamiliares, además de ajustarse a los requisitos del **CEN**, cumplirán también con las normas de diseño e instalación de sistemas de teléfonos de las empresas que suministran estos servicios. El sistema de teléfonos en una vivienda unifamiliar consta de dos partes fundamentales: la acometida telefónica y la red de distribución interna.

1. LA ACOMETIDA TELEFÓNICA. Está formada por la canalización subterránea y la caja de conexión.

a) La canalización subterránea

Cuando en una urbanización se dispone de una red subterránea, perteneciente a la compañía que suministra servicios de telefonía, las canalizaciones necesarias para alimentar a cada una de las viviendas se derivan de una canalización central a través de tanquillas de dimensiones normalizadas. Esta canalización central, junto con las tanquillas, está normalmente contemplada en el proyecto de urbanización del conjunto de viviendas y su construcción está incluida dentro de las obras de urbanismo del sector. Tal canalización y las correspondientes tanquillas se diseñan para ser construidas en el centro de las aceras del desarrollo habitacional. Generalmente, una tanquilla alimenta a dos parcelas contiguas sobre las cuales se construirá una casa por parcela. La tanquilla se ubica, aproximadamente, equidistante de las casas. La acometida subterránea a cada una de las viviendas se deriva desde la tanquilla hasta la caja de conexión dentro de la casa, sitio donde termina la acometida y se inicia la red interna de la vivienda.

La **Fig. 14.1** muestra un diagrama de los elementos constructivos de la acometida de teléfonos. La construcción de la acometida y de sus detalles es responsabilidad del propietario de la vivienda.

Dos tipos de tanquillas se utilizan para derivar las acometidas telefónicas a las viviendas, como se describe a continuación:

CAPÍTULO 14: INSTALACIONES TELEFÓNICAS

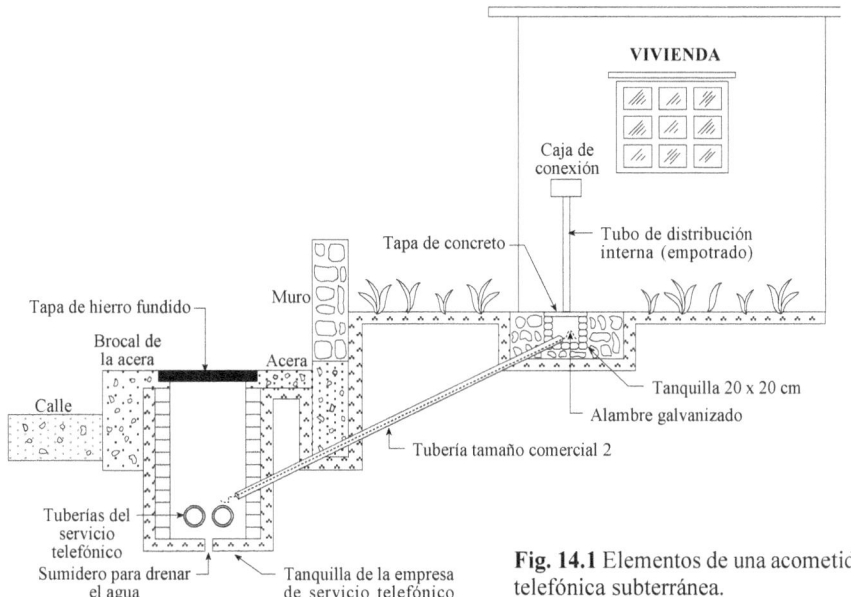

Fig. 14.1 Elementos de una acometida telefónica subterránea.

- *Tanquilla tipo A*: La **Fig. 14.2** muestra los diagramas de una tanquilla normalizada tipo A, usada para derivar canalizaciones de acometida a dos viviendas de parcelas contiguas.

- *Tanquilla tipo B*: Cuando se tiene una sola parcela, con una única vivienda, la canalización de la acometida se deriva de una tanquilla tipo B. Diagramas de este tipo de tanquilla se muestran en la **Fig. 14.3**.

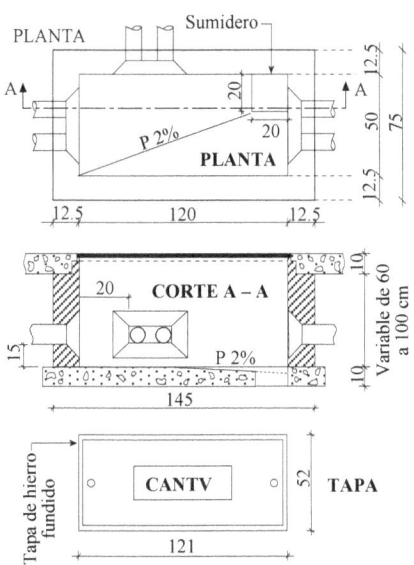

Fig. 14.2 Tanquilla tipo A de acometidas telefónicas subterráneas para dos viviendas. Las medidas están en cm.

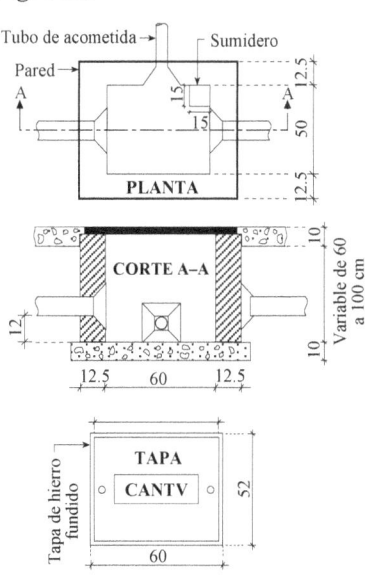

Fig. 14.3 Tanquilla tipo B de acometidas telefónicas subterráneas para una vivienda. Las medidas están en cm.

Para las canalizaciones de acometidas de viviendas se utilizan, preferiblemente, tubos rígidos de PVC de tamaño comercial 2. Las tanquillas telefónicas individuales o de cada par de viviendas se alimentan a partir de un tanque o sótano telefónico de distribución general que se construye en la calzada o calle.

b) La caja de conexión

La caja de conexión es una caja con dimensiones mínimas de 20x10x10 cm*. Si la demanda de líneas de la vivienda sobrepasa el número de cinco, se instalará un cable de acometida y la caja de conexiones se deberá adecuar a las dimensiones de una caja tipo de distribución principal, de acuerdo con el número de pares telefónicos, tal como se describirá posteriormente en este capítulo, para el caso de acometidas telefónicas destinadas a edificios.

2. Red de distribución interna

La red de distribución interna esta constituida por uno o más pares de cables telefónicos, los cuales son alojados en tubos que se empotran tanto en paredes como en pisos. Los tubos serán preferiblemente de plástico PVC rígido, cuyos tamaños dependen del número de líneas que transporten. Cuando se trate de un solo par telefónico y no se prevea que en el futuro se pueda requerir, por lo menos, otro par adicional, el mínimo tamaño de la tubería será 1/2. Los diámetros para diferentes tuberías son normalmente presentados en tablas de fácil manejo y son muy útiles para quienes realizan proyectos eléctricos de viviendas, tanto unifamiliares como multifamiliares, los cuales incluyen siempre los proyectos de instalaciones telefónicas. Estas tablas se muestran más adelante, en la sección dedicada a edificios.

14.3 DISTRIBUCIÓN INTERNA DE LA RED TELEFÓNICA

La distribución interna de la red telefónica se realiza mediante dos métodos: en forma de anillo y en forma radial.

1. Método en forma de anillo

Es un método tradicional, usado por ser más económico en comparación con el método de instalación radial, el más empleado en la actualidad. La instalación en anillo se inicia en la caja de conexión, a partir de la cual arranca el cable telefónico interno, para dirigirse a todos los ambientes de la casa, desde donde se derivarán las salidas de teléfonos. La **Fig. 14.4** muestra un esquema del tipo de instalación en anillo. La utilización de este método tiene el inconveniente de que si ocurre una avería entre la caja de conexión y la primera toma de teléfonos, el resto de las tomas queda fuera de servicio. Debido a esto, y a lo arduo que puede resultar la labor de reparación, la práctica actual es utilizar el método de instalación radial.

2. Método en forma radial

La diferencia de este método, en relación con la distribución en anillo, consiste en que cada salida de teléfono tiene su propio cable de alimentación. Para lograr esto, se requiere llevar el cable de acometida desde la caja de conexión hasta una caja de distribución, la cual se ubica preferiblemente cerca del tablero de protecciones eléctricas.

---

* La caja puede ser de madera o metálica. En cualquier caso, tendrá un fondo de madera con espesor de 2 cm y una puerta provista de un candado de seguridad.

CAPÍTULO 14: INSTALACIONES TELEFÓNICAS   637

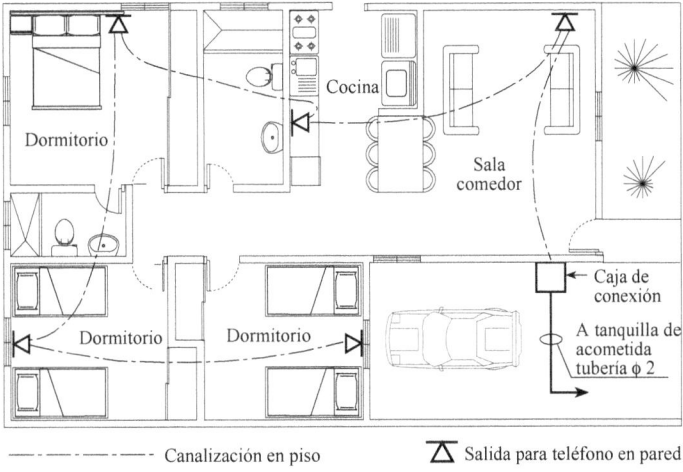

Fig. 14.4 Red de instalación interna mediante el método de instalación radial.

El tamaño de estas cajas es similar al de una caja de distribución final, presente en los sistemas de distribución interna de edificios. Es importante destacar que en aquellos ambientes donde se requieran otras salidas contiguas, se permite utilizar, como una extensión del método radial, el método en anillo. Por ejemplo, se puede tener un cuarto u oficina donde se requiera más de una salida de teléfono, en cuyo caso se haría el cableado en forma radial hasta la primera toma, y, como se tienen las otras salidas muy cercanas entre sí, es perfectamente aceptable cablear el resto de las tomas por el método en anillo. La **Fig. 14.5** corresponde a un diagrama de una red radial donde se muestran sus componentes principales. También se indica allí, en el ambiente de sala comedor, una salida de teléfono adicional por el método en anillo.

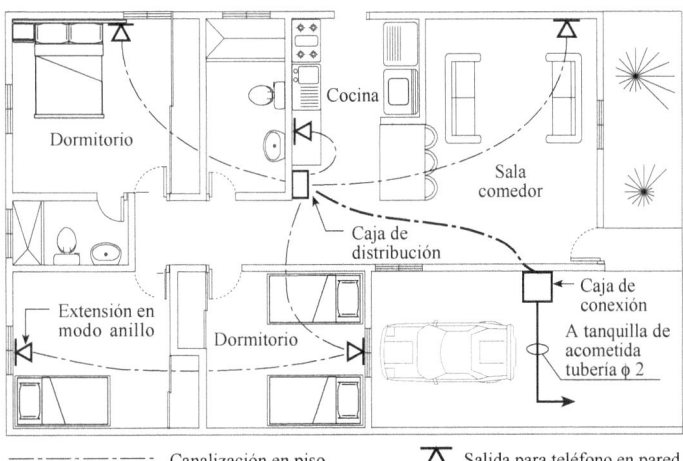

Fig. 14.5 Red de instalación interna mediante el método de instalación radial.

El método de instalación radial es el más recomendado y tiene las siguientes ventajas:

- *Aislamiento de problemas*: Si ocurre una avería en un cable, esto afecta a una sola salida: la del correspondiente teléfono. Cualquier problema que se presente puede ser aislado, lo cual no se puede hacer en la red de anillo. Esta situación es ventajosa, ya que, si la reparación de la avería es difícil o imposible, es preferible tener un teléfono menos por un tiempo que no disponer de ninguno de los teléfonos de la casa.

- *Flexibilidad*: Desde la caja de distribución se pueden hacer cambios con facilidad. Esto quiere decir que si es necesario instalar nuevos números telefónicos, se tienen ya las facilidades para hacerlo, pues en la caja de distribución es posible hacer los cambios sin mayor dificultad.

- *Calidad de la señal*: En una red de tipo anillo, cada punto de conexión de una salida de teléfono es una fuente potencial de problemas. La oxidación de terminales y las conexiones flojas, entre otros inconvenientes, interfieren el flujo normal de las señales y son agentes causantes de ruidos y pérdida de la calidad de las comunicaciones. En la distribución radial no se tienen estos inconvenientes o se reducen sustancialmente.

La tubería a cada salida de teléfono, según ambos métodos, será de tamaño 1/2 para un solo par telefónico; sin embargo, previendo la posibilidad de instalar, en un futuro previsible, otra línea telefónica para Internet, por ejemplo, se recomienda instalar tuberías de tamaño 3/4.

Es conveniente instalar todas las salidas de teléfonos con cajetines de dos tomas, tal como se muestra en la **Fig. 14.6**, y, como una extensión de lo anterior, se recomienda asimismo llevar dos pares telefónicos a cada toma del cajetín con dos salidas, de tal manera que uno de estos pares sea una reserva, sobre todo en aquellos ambientes donde se crea que se puede utilizar en el futuro. Todas las salidas en pared serán empotradas y estarán a una altura mínima de 0.30 m sobre el nivel del piso acabado. Cuando se trate de instalar un teléfono fijo en una pared, la toma en este caso estará a una altura mínima de 1.5 metros sobre el nivel del piso acabado. Se deberá prever que la toma telefónica cuente con una toma de electricidad adyacente para la alimentación eléctrica al equipo de teléfono cuando así se requiera.

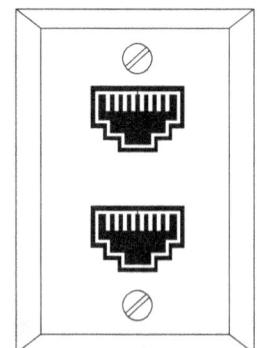

Fig. 14.6 Toma doble recomendada para teléfonos residenciales.

Como una guía general sobre los sitios donde deben estar las salidas telefónicas, es recomendable que el proyectista consulte con el dueño o representante del inmueble sobre la ubicación de las tomas principales y las tomas auxiliares, teniendo en cuenta que el aparato telefónico debe estar en un sitio de fácil acceso, donde se puedan combinar, en lo posible, la privacidad de las conversaciones telefónicas, la disposición del mobiliario y el aislamiento de ruidos que podrían opacar la claridad en la recepción y transmisión de las palabras.

Es posible lograr lo anterior si el proyectista se familiariza con el papel que desempeña cada uno de los ambientes de la edificación y con su interrelación, de manera que pueda ubicar las tomas y sus auxiliares de un modo óptimo, que contemple, adicionalmente, posibles extensiones en el futuro. Para una guía sobre el número de tomas por tipo de edificación, se deberá consultar las normas que la empresa de servicios de telecomunicaciones tiene sobre el particular.

14.4 INSTALACIONES TELEFÓNICAS EN EDIFICIOS

Las instalaciones telefónicas en edificios, en lo que respecta a los apartamentos, son similares a las instalaciones interiores de una vivienda. En cambio, las instalaciones para el suministro del sistema de teléfonos a un edificio son más complejas. A continuación se resumen las características y requisitos que deben cumplir los diseños y construcciones de las instalaciones telefónicas en edificios, sea cual fuere la naturaleza de la función que desempeñan, tanto para viviendas como para comercios e industrias.

Para un tratamiento amplio sobre todos los aspectos de las instalaciones telefónicas en edificios, hay que consultar los manuales y las normas de la empresa que suministra los servicios de telefonía y, en Venezuela, la norma COVENIN 2454: *Manual de instalaciones telefónicas internas*. Las instalaciones telefónicas para edificios comprenden las siguientes partes: *la acometida telefónica* y *la red de distribución interna del edificio*.

1. LA ACOMETIDA TELEFÓNICA

La acometida telefónica, por lo general, es subterránea, pero se puede dar el caso de que la acometida sea aérea para lotes de terreno que no hayan sido urbanizados. La **Fig. 14.**7 muestra un esquema típico de acometida subterránea a un edificio.

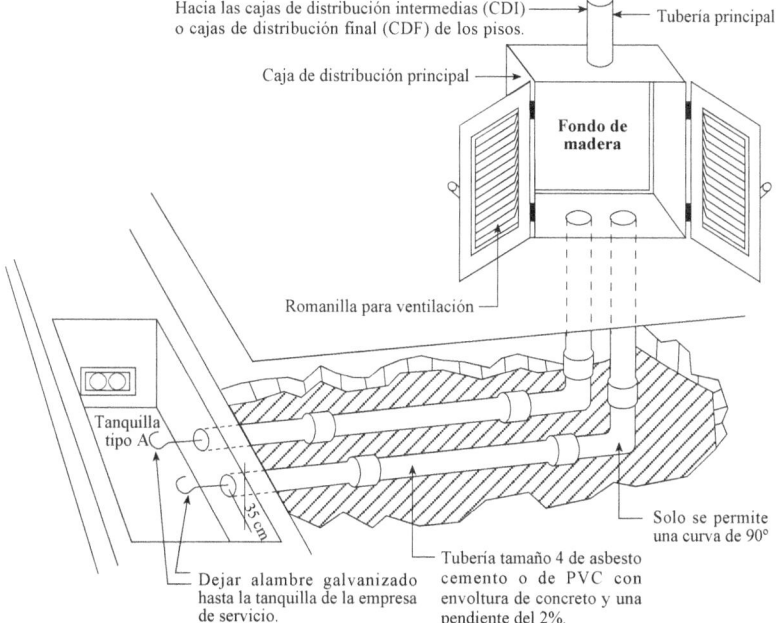

Fig. 14.7 Detalles de la acometida subterránea a un edificio con demanda superior a 200 líneas.

La acometida subterránea de la **Fig. 14.7** refleja los siguientes detalles de construcción, típicas para un edificio.

a) La tubería de acometida: Esta tubería será de asbesto-cemento o de plástico PVC tipo rígido, estándar 80, de tamaño comercial 4. Es importante advertir que la tubería de acometida es para uso exclusivo de conductores de comunicaciones para servicio telefónico, por lo que no se podrá instalar dentro de la misma ningún otro tipo de conductor que se vaya a utilizar para otras funciones. Si la demanda de líneas telefónicas es superior a 200, se instalará un tubo adicional, como se indica en la **Fig. 14.7**.

b) La zanja donde se alojará la tubería: La tubería se instalará en la zanja y se embeberá en concreto de calidad 80 kg/cm^2. La tubería se instalará guardando una pendiente del 2% para evitar que se acumule agua en su interior. La **Fig. 14.8** muestra un esquema de la zanja con las dimensiones de su construcción y las de la instalación de una tubería de PVC tamaño 4.

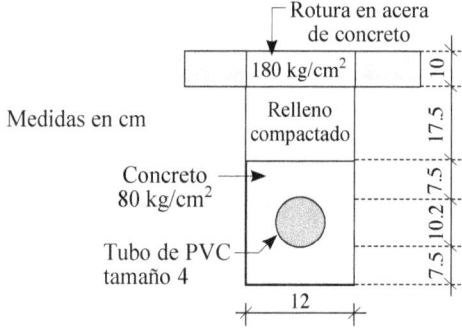

Fig. 14.8 Diagrama y dimensiones de la zanja para la acometida subterránea de un edificio.

2. LA RED DE DISTRIBUCIÓN INTERNA DEL EDIFICIO

La red de distribución interna de un edificio comprende un conjunto de componentes articulados en forma conveniente para llevar, con la mayor eficiencia posible, el servicio telefónico a cada uno de los suscriptores que conviven en el edificio. Tales componentes son:

a) La Caja de distribución principal (CDP): Es una caja de madera o de metal con dos compartimientos: uno sirve para alojar las regletas de entrada, a las que se conectan las líneas telefónicas de la red pública de la empresa de telecomunicaciones, y en el otro compartimiento se instalan las regletas de salida, a las que se conectan las líneas telefónicas de la red interna del edificio.

La **Fig. 14.9** muestra una alternativa de construcción de una caja de distribución principal, en la que se puede ver, en primer lugar, el compartimiento reservado a las regletas donde la compañía que suministra el servicio conectará los pares de entrada. El otro espacio de la caja se utiliza para conectar los pares telefónicos de servicio a suscriptores.

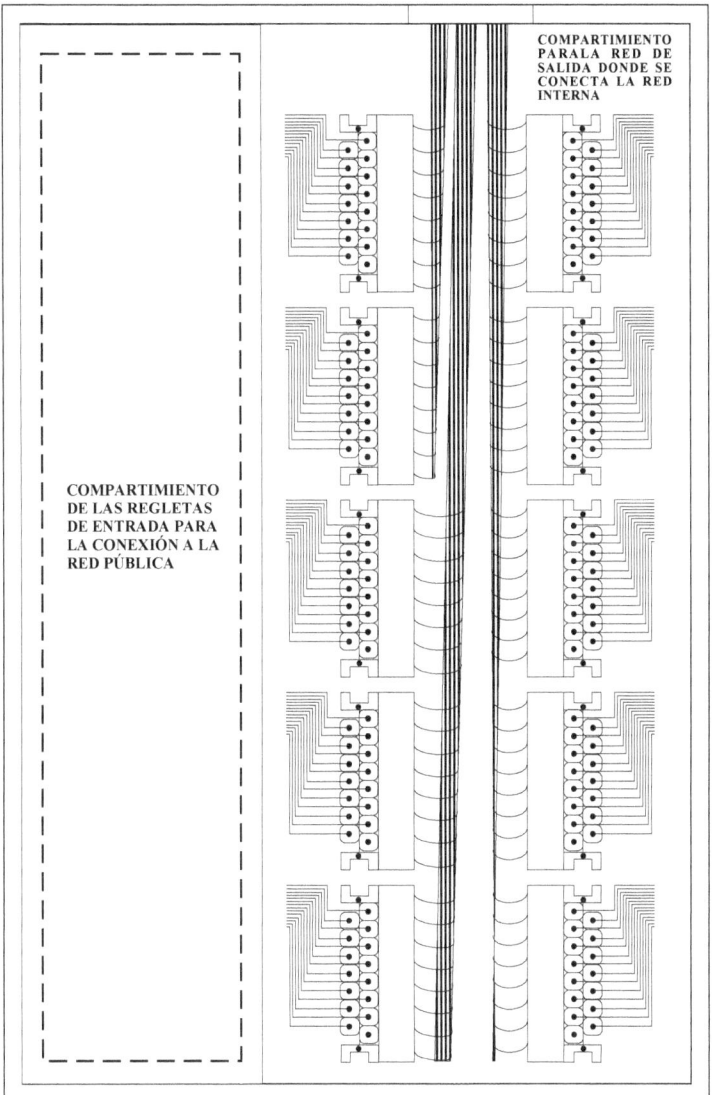

Fig. 14.9 Caja de distribución principal con dos compartimientos: uno para conectar la red pública y otro para conectar la red interna de un edificio.

La **Tabla 14.1** muestra diferentes tamaños de cajas de distribución principal, según el número de líneas de servicio a suscriptores.

N° líneas	Ancho	Alto	Profundidad
5 a 20	60	80	25
21 a 50	80	100	25
51 a 100	90	130	25
101 a 200	150	150	25

Tabla 14.1 Dimensiones de las cajas de distribución principal (cm).

La caja de distribución principal se debe ubicar en un espacio libre de cualquier uso para otro servicio y se puede colocar tanto en el sótano como en la planta baja del edificio. El punto óptimo de ubicación será, en lo posible, debajo de la vertical por donde salen las tuberías de suministro de líneas a los suscriptores del edificio, logrando, a la vez, que tenga un fácil acceso y un espacio suficientemente amplio como para permitir la operación y el mantenimiento por parte de los técnicos de la compañía propietaria de la red externa de servicio. La caja de distribución se debe ubicar lo más cerca posible a la tubería de acceso de la acometida. Se deberá cuidar, por otra parte, que en el sitio donde finalmente se ubique la caja haya varios tomacorrientes para facilitar las labores de instalación y mantenimiento.

- *Ubicación de la caja y altura de instalación.* El sitio de la ubicación de la caja debe estar permanentemente limpio, seco y ventilado, y en sus alrededores hay que disponer de suficiente iluminación y tomas de corriente para labores de instalación y mantenimiento. En cuanto a la altura, la caja se debe colocar por encima de 50 cm del nivel del piso acabado y a no más de dos metros, medidos a partir de su borde superior.

- *Materiales de construcción de la caja.* La caja puede ser de madera o de metal y estará provista de puertas del tipo batiente, nunca corredizas, y con cerraduras. El fondo de la caja, en cualquier caso, se hará de madera con un espesor de 2 cm a fin de facilitar la instalación de regletas. Para mayores detalles, consultar las normas de la empresa de comunicaciones y, en Venezuela, la norma COVENIN 2454: *Manual de instalaciones telefónicas internas*.

- *Puesta a tierra de la caja de distribución principal.* La caja se debe poner a tierra de acuerdo con las normas eléctricas ya estudiadas*.

Es importante aclarar que todo edificio (o un conjunto de edificios que formen una unidad bien determinada, como, por ejemplo, las edificaciones de un complejo hotelero o de una fábrica) tendrá una sola acometida telefónica y una sola caja de distribución principal.

b) Canalizaciones que parten de la CDP, las cuales alojan cables telefónicos principales. Las canalizaciones, para la mayoría de edificios, son tuberías, pero también pueden ser canales verticales en caso de que sea muy grande la demanda de líneas telefónicas.

Todo proyecto de edificio es único. Esto quiere decir que siempre tendrá que haber, en el proyectista, cierto grado de creatividad al diseñar rutas y ubicaciones de elementos del proyecto telefónico. Es decir, toda edificación tiene una solución propia para la red interna de telefonía.

No obstante lo descrito, se han normalizado sistemas de instalación de canalizaciones que satisfacen las necesidades de una buena red de distribución interna, sea cual fuere la configuración arquitectónica, sin menoscabar la calidad de las instalaciones, las facilidades de construcción, las facilidades para el acceso a operaciones de mantenimiento y los aspectos económicos.

---

* Se podrá utilizar como electrodo de puesta a tierra una tubería de agua o una o más barras de acero, recubiertas de cobre (barra COPPERWELD) y enterradas.

A continuación se describen varios esquemas de canalizaciones telefónicas de distribución interna de edificios.

- *Sistema de distribución directa en edificios residenciales pequeños*: Este caso se presenta cuando se tiene un edificio pequeño, donde la demanda total de teléfonos principales, es decir, de teléfonos distintos a los auxiliares, es inferior a 8. La distribución se hace saliendo de la caja de distribución principal con una canalización que lleva un par telefónico a cada toma del suscriptor. La **Fig. 14.10** muestra un diagrama de distribución directa para un edificio pequeño de tres plantas.

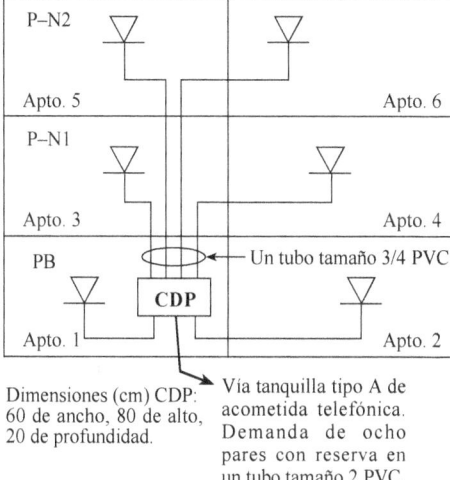

Fig. 14.10 Sistema de distribución telefónica, en forma directa, para un edificio pequeño.

Dimensiones (cm) CDP: 60 de ancho, 80 de alto, 20 de profundidad.

Vía tanquilla tipo A de acometida telefónica. Demanda de ocho pares con reserva en un tubo tamaño 2 PVC.

- *Sistema de distribución radial en edificios con poca densidad de demanda de líneas por piso*: Cuando se trata de edificios de cualquier altura, pero con demanda moderada de líneas por planta (donde las tomas de teléfono, distribuidas en toda la planta, sin tener en cuenta a cuál apartamento u oficina pertenecen, se encuentran relativamente cercanas entre sí), se utiliza en cada piso una caja denominada *caja de distribución final* (CDF). A esta caja llega, y se conecta a regletas, un cable desde la caja de distribución principal (CDP). Desde la caja de distribución final (CDF) salen tuberías en forma radial a cada apartamento u oficina, o a cualquier otro local, las cuales llevan un par telefónico a la respectiva toma del suscriptor. Todas las tuberías, junto con el par telefónico a cada toma, constituyen lo que se conoce como *redes de distribución secundaria*.

Las cajas de distribución final son de madera o de metal y tienen puertas batientes con cerraduras. El fondo es de madera y tiene dos centímetros de espesor para facilitar la instalación de las regletas. Las cajas se deberán empotrar en la pared, o adosarse a la misma en caso de edificaciones ya construidas. La ubicación de las CDF se hará, preferiblemente, en el centro de la tubería principal de subida o muy cercana a esta. El sitio de instalación será de fácil acceso, en espacios abiertos como los pasillos. Estas cajas nunca se instalarán en lugares que puedan cerrarse, sea en forma eventual o permanente.

La ubicación de las cajas de distribución final será tal, que su borde inferior esté a 1.30 m sobre el nivel del piso acabado. Las dimensiones de la caja de distribución final dependen del número de líneas que necesiten los suscriptores del piso del edificio. Para viviendas, se dejará una reserva del 25% del total de líneas servidas por la caja. Para edificaciones oficiales, como hospitales y edificaciones para oficinas, se dejará una reserva del 40%. De acuerdo con estos requisitos, las dimensiones mínimas de las cajas de distribución final son las que se muestran en la **Tabla 14.2**.

La **Fig. 14.11** muestra un diagrama esquemático de la instalación de la caja de distribución principal, las cajas de distribución final, las redes secundarias y las salidas o tomas de teléfonos.

c) **Cajas de distribución intermedia** (sistemas complejos de distribución radial en edificios de alta demanda por piso): Cuando se tienen edificaciones muy grandes, con una alta demanda de líneas telefónicas por piso, siempre en un número superior a ocho líneas, es necesario usar en cada planta una caja más grande que la de distribución final. A esta caja se le denomina caja de distribución intermedia (CDI). Desde allí se distribuyen cables de líneas en forma radial a cajas de distribución final, ubicadas en el mismo piso, desde donde salen pares para alimentar en forma conveniente, a través de la red secundaria, las demandas de los suscriptores en cada apartamento u oficina.

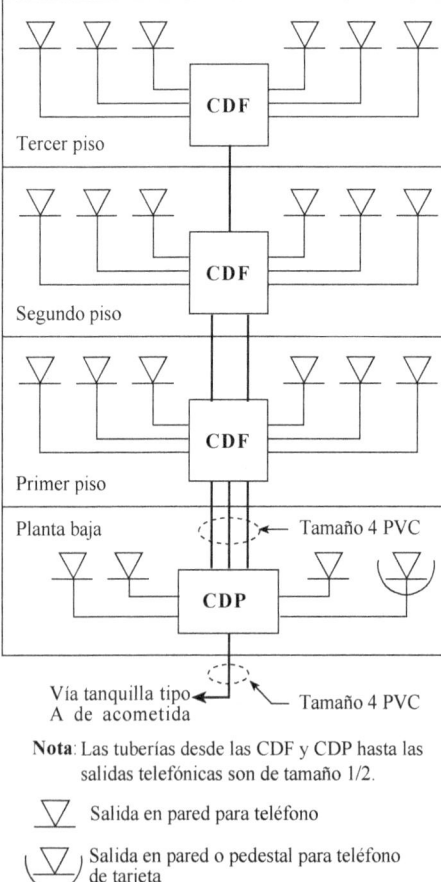

Fig. 14.11 Diagrama de distribución telefónica en sistema radial simple.

La **Tabla 14.3** muestra las dimensiones para las cajas de distribución intermedia. Los cables que unen la caja de distribución intermedia con la caja de distribución final se denominan *cables intermedios*. Así como los cables que unen la caja de distribución principal con la caja de distribución final o la caja de distribución intermedia, cuando sea utilizada, se denominan *cables principales*, los cables que unen las cajas de distribución final con cada una de las salidas principales en apartamentos u oficinas se llaman *cables secundarios*.

La **Fig. 14.12** muestra un diagrama de

CAPÍTULO 14: INSTALACIONES TELEFÓNICAS

un complejo sistema de distribución radial para un edificio de apartamentos, en el que se pueden ver las canalizaciones que alojan cables principales, cables intermedios y cables secundarios

N° pares	Ancho	Alto	Profundidad
1 a 20	30	20	10
21 a 40	30	30	10
41 a 60	30	45	10
61 a 80	50	45	10

Tabla 14.3 Dimensiones de las cajas de distribución intermedia (cm).

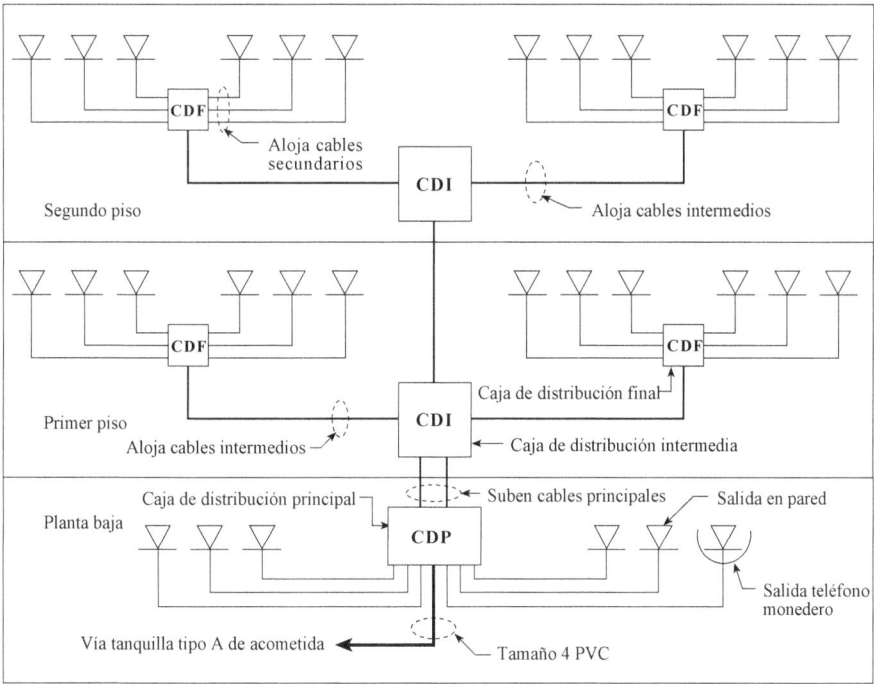

Notas: 1. Las tuberías desde las CDF y CDP hasta las salidas telefónicas son de tamaño comercial 1/2.
2. Las tuberías entre las cajas CDI y las cajas CDF son de tamaño comercial 3/4.
3. Las tuberías entre la cajas CDP y las cajas CDI son de tamaño comercial 1.

Fig. 14.12 Diagrama de distribución telefónica en un sistema radial complejo.

Los cables principales están constituidos por un conjunto de pares, cuyo número corresponde a la capacidad de la caja de distribución final o a la de la caja de distribución intermedia. Por cada una de las cajas mencionadas debe haber un solo cable principal. Los cables intermedios, que parten de una caja de distribución intermedia a una caja de distribución final, tendrán los mismos requisitos que los cables principales. El calibre de los conductores, tanto de los cables principales como de los cables intermedios, es el AWG 24.

La **Tabla 14.4** muestra el número máximo de cables primarios o intermedios permitidos en tuberías según su diámetro. El área total de la sección transversal de los cables a ser instalados en una tubería no puede ser mayor al 40% de la sección transversal interior del tubo.

Tubería / N° pares	3/4	1	1.5	2	2.5	3
1	7	8	-	-	-	-
2	4	7	-	-	-	-
3	3	5	10	-	-	-
4	2	4	9	-	-	-
5	2	4	9	-	-	-
6	1	3	8	10	-	-
10	1	1	5	9	-	-
12	1	1	5	8	-	-
16	1	1	4	7	10	-
20	1	1	3	5	9	-
25	1	1	2	5	8	10
30	1	1	1	4	7	9
50	-	-	1	1	4	5
75	-	-	1	1	2	4
100	-	-	1	1	1	3

Tabla 14.4 Número máximo de cables principales e intermedios permitidos en ductería según el tamaño de la tubería. El calibre de los conductores es 24 AWG.

La **Tabla 14.5** muestra áreas transversales de diversos cables, principales e intermedios, según sus números de pares, y la **Tabla 14.6** muestra las áreas útiles de diversas tuberías, con base en el 40% del área transversal cuya ocupación, por uno o varios cables, está permitida.

N° pares / N° cables	1	2	3	4	5	6	10	12	16	20	25	30	50	75	100
1	0.16	0.20	0.26	0.31	0.34	0.39	0.55	0.62	0.77	0.91	1.10	1.30	2.04	2.90	3.65
2	0.64	0.81	1.01	1.24	1.38	1.55	2.25	2.53	3.12	3.63	4.49	5.03	8.13	11.50	14.60
3	0.75	0.95	1.09	1.53	1.62	1.80	2.56	2.91	3.60	4.27	5.07	5.86	9.50	13.30	17.20
4	0.94	1.20	1.53	1.80	2.02	2.50	3.20	3.77	4.53	5.33	6.38	7.49	11.93	16.71	-
5	1.16	1.53	1.85	2.25	2.53	2.81	3.98	4.53	5.69	6.64	7.99	9.17	15.10	-	-
6	1.42	1.83	2.28	2.82	3.12	3.50	4.91	5.68	6.82	8.19	9.77	11.32	-	-	-
7	1.42	1.83	2.28	2.82	3.12	3.50	4.91	5.68	6.82	8.18	9.77	11.32	-	-	-
8	1.75	2.25	2.81	3.44	3,77	4.23	5.98	6.83	8.49	10.00	11.93	13.76	-	-	-
9	2.07	2.64	3.31	4.13	4.49	5.04	7.11	8.13	10.11	11.93	14.42	16.50	-	-	-
10	2.56	3.25	4.13	4.87	5.40	6.20	8.73	10.11	12.48	14.62	17.38	-	-	-	-

Tabla 14.5 Áreas transversales en cm^2 de cables primarios e intermedios con conductores calibre AWG 24 y según número de pares.

Tubería / % área transversal tubería	1/2	3/4	1	1.5	2	2.5
40%	0.51	1.44	2.02	4.56	8.11	12.67

Tabla 14.6 Áreas transversales útiles de las tuberías.

CAPÍTULO 14: INSTALACIONES TELEFÓNICAS   647

En edificios donde haya una gran cantidad de público en tránsito, como los de farmacias, cines, hospitales y clínicas, entre otros, el proyectista deberá contemplar la instalación de teléfonos de tarjeta electrónica, que se colocarán a una altura mínima de 1.50 metros sobre el nivel del piso acabado.

d) Canalizaciones principales: Las canalizaciones principales unen la caja de distribución principal con las cajas de distribución final. Dichas canalizaciones contienen, por supuesto, la red principal. Las canalizaciones principales pueden estar conformadas por tuberías o canales verticales, según sea la demanda del edificio. En el caso de que se tenga un edificio cuyo uso no esté claramente definido, o en el que no se pueda estimar con seguridad la demanda de líneas telefónicas, se recomienda dejar como reserva una tubería principal cuyo tamaño comercial sea igual a 1 1/2. Igualmente, cuando se esté en presencia de un edificio cuyas áreas por planta sean muy grandes, o se tengan pisos separados por ser partes de diferentes cuerpos del edificio, se permite utilizar dos o más tuberías principales independientes, tal como se muestra en la **Fig. 14.13**.

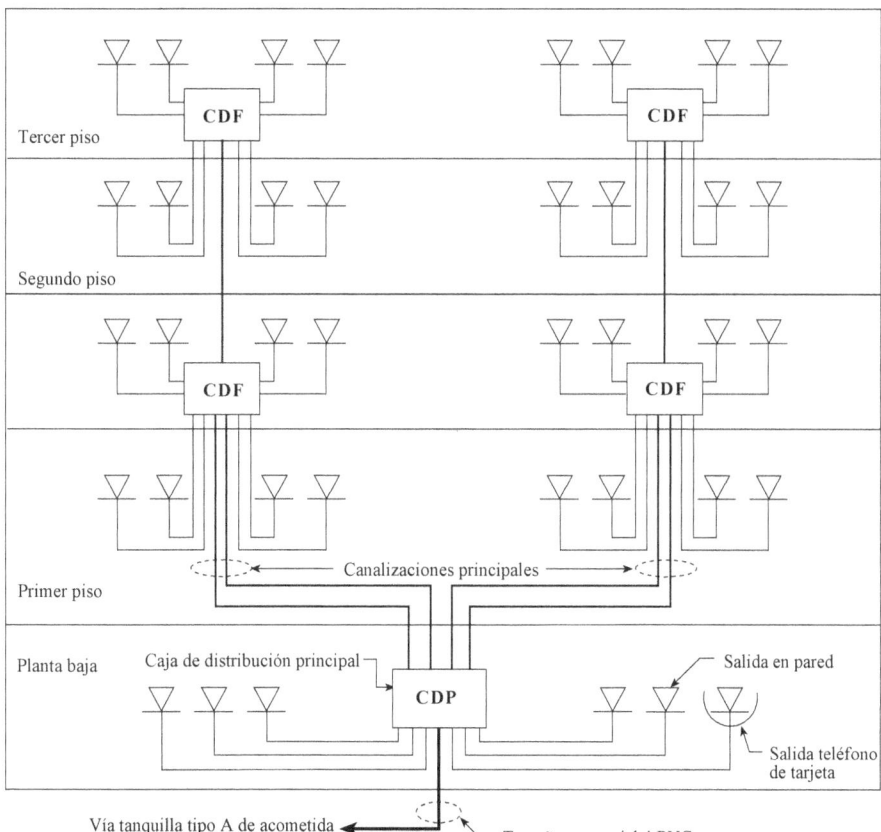

Fig. 14.13 Diagrama de distribución telefónica en un edificio con áreas muy grandes por planta o de dos o más cuerpos.

e) Canalizaciones secundarias: Las canalizaciones secundarias unen las cajas de distribución final, en forma radial, con el cajetín de llegada a cada apartamento u oficina. Pueden estar integradas por tuberías, ductos empotrados en pisos o soportes metálicos, y se extienden, normalmente, en forma horizontal, hasta llegar al cajetín de conexión de cada suscriptor. En las canalizaciones secundarias se incluyen las canalizaciones intermedias cuando las haya.

En edificios de viviendas, por lo regular, las canalizaciones se hacen mediante tuberías, ya que de esta manera puede llegar un tubo individual a cada apartamento, con lo cual se logra la privacidad del servicio y, algo muy importante, la facilidad de hacer reparaciones y/o ampliaciones sin afectar el servicio de otros suscriptores.

En los edificios comerciales, con suscriptores independientes, es recomendable utilizar tuberías para lograr la privacidad del servicio y facilitar las ampliaciones y el mantenimiento. La flexibilidad de estas canalizaciones es muy importante debido a la dinámica de adaptación a exigencias variables en ambientes comerciales y de oficinas. El tamaño comercial mínimo de las tuberías en edificios comerciales y de oficinas debe ser 3/4.

En edificios comerciales muy grandes, destinados a tiendas de diversa naturaleza y a complejos ambientes de oficinas y otros usos, se utilizan las canalizaciones con los ductos empotrados en pisos. El proyectista deberá consultar a la empresa de telecomunicaciones en relación con los requisitos sobre especificaciones de materiales e instalación de ductos en pisos.

En edificios comerciales y de oficinas se utilizan las canalizaciones con soportes metálicos. Es necesario tener en cuenta que las canalizaciones telefónicas no pueden estar a la vista. Por tanto, la utilización de soportes metálicos solo es posible en aquellas construcciones con techos rasos que puedan ocultar las canalizaciones. Los soportes metálicos se pueden instalar en los techos de placas o adosarse a las paredes. Una vez que el proyectista haya ubicado en los planos del proyecto las salidas para un apartamento, comercio u oficina, y haya distribuido las canalizaciones secundarias, estará en capacidad para elegir el diámetro de la tubería apropiada.

La **Tabla 14.7** muestra el número máximo de cables secundarios que se pueden instalar en una tubería, y la **Tabla 14.8** muestra secciones transversales de los cables secundarios. El calibre de los conductores de los cables secundarios es el AWG 22.
Es necesario tener presente que los recorridos de las canalizaciones secundarias por tuberías no podrán ser superiores a quince metros ni tener más de dos curvas de 90° en esa longitud. Si se requieren canalizaciones superiores a quince metros, o se presentan más de dos curvas, se utilizará una caja de paso con el objeto de facilitar el halado de los cables en la tubería. Los cables no se someterán a tensiones que pongan en peligro la integridad de aislamientos y conductores, y no podrán ser halados a una tensión mayor de 25 libras. Las dimensiones de las cajas de paso dependen de la cantidad de cables y de la cantidad de pares por cable que pasen a través de la caja. El ingeniero proyectista consultará las normas de la empresa de telefonía sobre las dimensiones de las cajas de paso en caso de que el proyecto lo requiera.

Tubería / N° pares	1/2	3/4	1	1.5	2	2.5
1	2	5	7	–	–	–
2	1	3	5	10	–	–
3	1	2	4	9	–	–
4	1	1	3	7	–	–
5	1	1	2	5	10	–
6	–	1	1	4	9	–
10	–	1	1	3	7	10
12	–	1	1	2	5	9
16	–	1	1	1	4	8
20	–	1	1	1	4	7
25	–	1	1	1	3	5
30	–	–	1	1	2	4
50	–	–	–	1	1	2
75	–	–	–	1	1	2
100	–	–	–	–	1	1

Tabla 14.7 Número máximo de cables secundarios permitidos en tuberías, según tamaño comercial. El calibre de los conductores es 22 AWG.

N° pares / N° cables	1	2	3	4	5	6	10	12	16	20	25	30	50	75	100
1	0.19	0.27	0.35	0.41	0.48	0.55	0.75	0.81	1.11	1.36	1.54	1.90	3.10	4.34	5.66
2	0.75	1.08	1.38	1.66	1.92	2.18	2.99	3.62	4.56	5.44	6.18	7.60	12.40	17.35	22.65
3	0.87	1.26	1.61	1.94	2.23	2.54	3.48	4.23	5.31	6.34	7.20	8.86	14.45	-	-
4	1.09	1.58	2.02	2.44	2.81	3.19	4.37	5.31	6.66	7.96	9.04	11.11	18.15	-	-
5	1.36	1.97	2.51	3.02	3.50	3.97	5.44	6.60	8.29	9.91	11.26	13.84	-	-	-
6	1.68	2.44	3.10	3.73	4.32	4.71	6.72	8.16	10.25	12.24	13.89	17.08	-	-	-
7	1.68	2.44	3.10	3.73	4.32	4.71	6.72	8.16	10.25	12.24	13.89	17.08	-	-	-
8	2.05	2.96	3.77	4.52	5.26	5.97	8.18	9.93	12.47	14.90	16.91	-	-	-	-
9	2.44	3.53	4.52	5.40	6.26	7.10	9.74	11.81	14.84	17.72	20.12	-	-	-	-
10	2.99	4.32	5.52	6.61	7.69	8.72	11.95	14.50	18.21	21.76	-	-	-	-	-

Tabla 14.8 Áreas transversales en cm^2 de cables secundarios con conductores calibre AWG 22 y según número de pares.

Cuando se utilicen centrales telefónicas privadas, ya sea para todo el edificio o para parte del mismo, se consultará igualmente a la empresa de telefonía sobre los requisitos de diseño e instalación de esos equipos. Como se indicó antes, se deberán instalar cajas de distribución final en todos los pisos de un edificio. Sin embargo, puede ocurrir que las tomas o salidas de teléfonos principales, del conjunto de suscriptores por piso, no sean superiores a cuatro. En tal caso se deberá instalar una caja de distribución final, en pisos alternados, de manera que cada caja pueda cubrir hasta un máximo de ocho tomas, tal como se indica en la **Fig. 14.14**.

En cuanto a la instalación de cables a partir del cajetín de conexión del apartamento, local comercial u oficina, la recomendación general es hacer esta distribución en forma radial, tal como se explicó para las unidades de vivienda unifamiliar.

14.5 ELEMENTOS PRINCIPALES DE UN PROYECTO TELEFÓNICO EN UN EDIFICIO

A continuación presentamos un resumen sobre los elementos principales de un proyecto telefónico en un edificio. El proyectista responsable de la realización de un

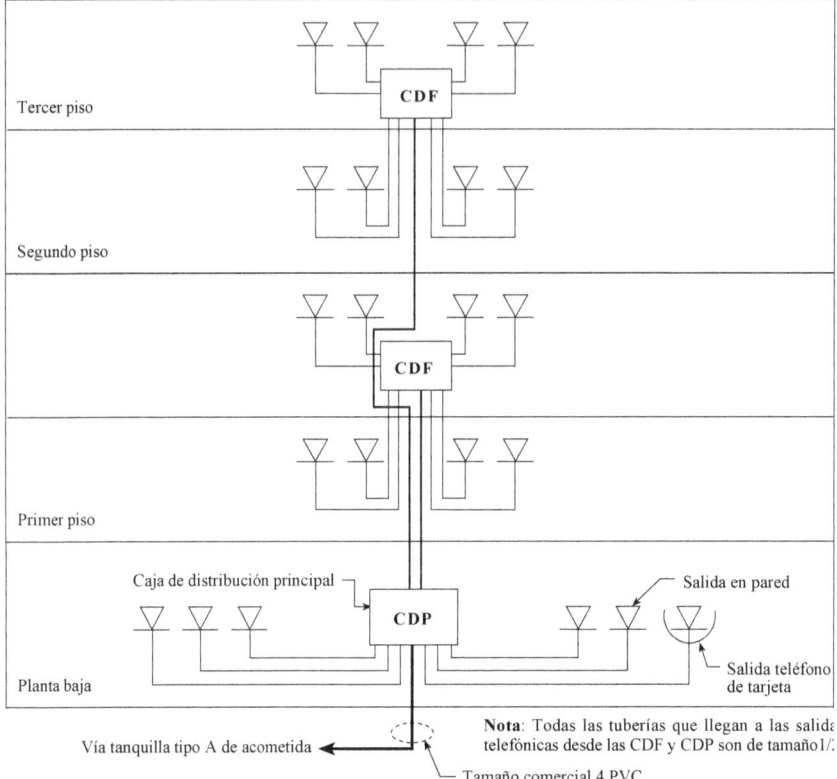

Fig. 14.14 Diagrama esquemático de la instalación de cajas de distribución final por pisos alternados.

proyecto de instalaciones telefónicas deberá recopilar información primaria sobre los siguientes aspectos:

a) Planos de arquitectura para saber de qué tipo de edificación se trata: residencial, comercial, industrial, institucional, oficinas o combinaciones de estos tipos.

b) Planos de ubicación de la edificación, en el contexto del desarrollo urbanístico donde va a ser construida, con el objeto de determinar la existencia de facilidades de redes telefónicas que puedan satisfacer con holgura la demanda de la edificación en proyecto.

c) Planos de arquitectura de la edificación. Los planos más importantes, desde el punto de vista de un proyecto telefónico, son los siguientes: planos de plantas, planos de cortes verticales y planos de detalles.

Después de esta etapa preliminar, el proyectista tendrá en cuenta las compatibilidades del proyecto telefónico con otras instalaciones del edificio objeto del proyecto. Estas compatibilidades son:

1. La tubería de la acometida telefónica al edificio debe estar separada de otras instalaciones de servicios por no menos de 0.5 metros.

2. Las canalizaciones telefónicas nunca deben ir dentro de ductos de aire acondicionado con ventilación forzada o libre.

3. De acuerdo con el **Código Eléctrico Nacional**, los cables de teléfonos pueden ser instalados tanto en canalización como en cajas, junto con otros cables de potencia limitada como los circuitos de control remoto clase 2 y clase 3, los sistemas de alarma contra incendios de potencia limitada, los cables de fibra óptica conductivos y no conductivos, los sistemas de distribución de antenas comunitarias de radio y televisión y los circuitos de comunicaciones de banda ancha suministrados por una red de baja potencia. No se permite instalar en la misma canalización de cables telefónicos los circuitos de alumbrado y de potencia, los circuitos clase 1, los de alarma contra incendios de potencia no limitada y las comunicaciones de banda ancha alimentadas por red de potencia media. Solo se permite que cables de potencia puedan acceder a cajas de salida, o a cajas de conexiones, cuando dichos cables tengan como único fin suministrar potencia al equipo de comunicaciones, o la conexión con equipos de control remoto. Si entran conductores de potencia a la caja de los cables de comunicaciones, los mismos deberán tener una separación mínima de 6 milímetros de los conductores de los circuitos de comunicaciones. Igualmente, los conductores y cables de comunicaciones estarán separados por no menos de 50 mm de los conductores de circuitos de alumbrado y de potencia, de los circuitos clase 1, de los de alarma contra incendios con potencia no limitada y de los circuitos de comunicaciones de banda ancha alimentados por red de potencia media.

4. La tubería telefónica deberá estar suficientemente retirada de fuentes de vapores y calor, ya que la acción de estos factores puede dañar los aislamientos de los conductores. En caso de tener que pasar canalizaciones cerca de estas fuentes, se deberá mantener una distancia mínima de 1.50 metros.

5. La distancia mínima que debe mantener una canalización telefónica con respecto a otros servicios no será nunca menor a 0.50 metros.

6. Se deberá evitar los pasos de tuberías a través de estructuras. En caso de ser absolutamente necesario, el proyectista consultará al ingeniero de estructuras de la obra con el objeto de lograr una solución segura.

Después de cumplida esta etapa, se pasará a la elaboración de los planos del proyecto. Los planos más importantes que utilizará el proyectista son, en primer lugar, los de la planta del edificio de que se trate; en segundo lugar, el del diagrama vertical, y en tercer lugar, los de detalles.

Planos de planta. Los planos de planta, en los cuales se encuentran todos los ambientes de un apartamento, como salas de estar y dormitorios, sirven, en primera instancia, para distinguir detalles, como puertas y ventanas, entre otros. Esto permite evaluar la ubicación de muebles y otros equipos, con lo cual se pueden precisar los sitios donde se instalarán las tomas de teléfonos. Esta actividad posibilita cuantificar la demanda de pares telefónicos para toda la planta y facilita establecer las rutas de las canalizaciones secundarias. Luego de llevar a los planos las ubicaciones de tomas y las rutas de canalizaciones secundarias, estas últimas con indicación de su tipo, diámetro y número de pares que transporta, se identifican los sitios de instalación de las cajas de distribución final y, adicionalmente, los de las cajas de distribución intermedia cuando sean utilizadas en el proyecto. En caso de que se contemple una central privada para una parte del edificio, se deberá indicar el local donde se instalará, incluyendo las partes accesorias requeridas.

Planos del diagrama vertical. En estos planos se indican los siguientes componentes del proyecto de teléfonos en una edificación:

1. Las cajas de distribución final, las de distribución intermedia y las de paso, cuando sean contempladas en el proyecto, así como la de distribución principal.

2. Canalizaciones principales, intermedias (cuando se contemplen) y secundarias. Cuando se trate de tuberías, se deben indicar tamaños, tipos de cables instalados, calibres de conductores y cantidades de pares por cada cable.

Planos de detalles. En estos planos se ubican los diagramas de tanquillas de la acometida, la ruta de la acometida, los diagramas (con dimensiones) de la caja de distribución principal, las cajas de distribución final y las cajas de paso, cuando las contemple el proyecto.

El proyecto de una instalación telefónica de una edificación, sea cual fuere su tipo, contempla, adicionalmente, la elaboración de cómputos detallados de la obra junto con un presupuesto estimado del costo de las instalaciones. El proyecto telefónico forma parte de un conjunto de proyectos mayores de una edificación, como el de arquitectura, el de estructuras de obras civiles, el de instalaciones eléctricas y el de instalaciones sanitarias. El proyectista de instalaciones telefónicas puede determinar las partidas de su proyecto con mayor facilidad que otro profesional que no haya participado en la elaboración del mismo. Esa es la razón principal de que los cómputos de obra estén dentro de los alcances de la elaboración de un proyecto de telefonía.

CAPÍTULO 14: INSTALACIONES TELEFÓNICAS

Piense...
Explique...

14.1. Señale y describa brevemente las partes fundamentales del sistema telefónico de una vivienda unifamiliar. Para ello, haga referencia a la **Fig. 14.1**.

14.2. Describa cómo se puede realizar la distribución interna de la red telefónica en una vivienda unifamiliar.

14.3 Mencione las características del método de distribución telefónica en anillo dentro de una vivienda o apartamento.

14.4 Mencione las características del método de distribución telefónica radial dentro de una vivienda o apartamento.

14.5 Compare los métodos de distribución en anillo y radial, y mencione las ventajas de este último sobre el primero.

14.6 ¿A qué altura se deben colocar las salidas telefónicas sobre el nivel del piso terminado?

14.7 Mencione las partes principales de una instalación telefónica en un edificio.

14.8 Haciendo uso de la **Fig. 14.7**, describa brevemente la acometida telefónica subterránea a un edificio. ¿Cuál es la función del alambre galvanizado dentro de la tubería de la acometida telefónica? ¿Por qué se utilizan tubos de PVC estándar 80 como acometida? ¿Cuál es la motivación para que la tubería de la acometida tenga una inclinación del 2%?

14.9 Mencione los componentes fundamentales de la distribución telefónica interna de un edificio.

14.10 Describa qué es la caja de distribución principal en el sistema de distribución telefónica interna de un edificio. Mencione dónde estará ubicada esta caja y cuál será su altura con respecto al piso terminado.

14.11 ¿Por qué se deben poner a tierra las cajas de una instalación telefónica?

14.12 Mencione los diferentes tipos de distribución interna de un edificio.

14.13 ¿Qué se entiende por sistema de distribución directa, sistema de distribución radial simple y sistema de distribución radial complejo en un edificio? ¿En cuáles casos se ha de utilizar cada uno de estos sistemas?

14.14 Explique en detalles las **figuras 14.10**, **14.11**, **14.12**, **14.13**, **14.14** y **14.15**, referidas a las distribuciones telefónicas.

14.15 Describa qué son un cable de distribución principal, un cable de distribución intermedio y un cable de distribución secundaria.

14.16 ¿Cuáles calibres se utilizan para conductores de cables principales, cables intermedios y cables secundarios?

14.17 ¿Qué tipo de cajas se utilizan en los cables principales, los cables intermedios y los cables secundarios?

14.18 Mencione en forma resumida los elementos principales de un proyecto de instalaciones telefónicas en un edificio.

14.19 Mencione las compatibilidades entre un proyecto telefónico y otras instalaciones en un edificio.

14.20 Describa los planos más importantes utilizados en la elaboración de un proyecto telefónico.

14.21 Indique los elementos principales que deben figurar en un plano de planta, un diagrama vertical y un plano de detalles de una instalación telefónica.

14.22 Explique por qué los cómputos de materiales y el costo estimado de obras están dentro de los alcances de un proyecto telefónico de un edificio.

APÉNDICE A

Calibre (AWG o kcmil)			Conductor trenzado			Conductor completo (según N° de hilos)			
			N° alam-bres	Diámetro cada alambre		Diámetro		Área	
	mm²	CM		mm	pulg	mm	pulg	mm²	pulg²
18	0.823	1620	1	–	–	1.02	0.040	0.823	0.001
18	0.823	1620	7	0.39	0.015	1.16	0.046	1.06	0.002
16	1.31	2580	1	–	–	1.29	0.051	1.31	0.002
16	1.31	2580	7	0.49	0.019	1.46	0.058	1.68	0.003
14	2.08	4110	1	–	–	1.63	0.064	2.68	0.003
14	2.08	4110	7	0.62	0.024	1.85	0.073	2.68	0.004
12	3.31	6530	1	–	–	2.05	0.081	3.31	0.005
12	3.31	6530	7	0.78	0.030	2.32	0.092	4.25	0.006
10	5.261	10380	1	–	–	2.588	0.102	5.26	0.008
10	5.261	10380	7	0.98	0.038	2.95	0.116	6.76	0.011
8	8.367	16510	1	–	–	3.264	0.128	8.37	0.013
8	8.367	16510	7	3.71	0.049	3.710	0.146	10.76	0.017
6	13.30	26240	7	1.56	0.061	4.67	0.184	17.09	0.027
4	21.15	41740	7	1.96	0.077	5.89	0.232	27.19	0.042
2	33.62	66360	7	2.47	0.097	7.41	0.292	43.23	0.067
1/0	53.49	105600	19	1.89	0.074	9.45	0.372	70.41	0.109
2/0	67.43	133100	19	2.13	0.084	10.62	0.418	88.74	0.137
4/0	107.20	211600	19	2.68	0.106	13.41	0.528	141.10	0.219
250	127.00	–	37	2.09	0.082	14.61	0.575	168.00	0.260
500	253.00	–	37	2.95	0.116	20.65	0.813	336.00	0.519
750	380.00	–	61	2.82	0.111	25.35	0.998	505.00	0.782
2000	1013.00	–	127	3.19	0.126	41.45	1.632	1349.00	2.092

Tabla A1 Características geométricas de los conductores eléctricos desnudos que se usan con más frecuencia.

Tamaño AWG o kcmil	Máxima temperatura de operación		
	60°	75°	90°
	TW, UF	RHW, THHW, THW, THWN, XHHW, XHHW, USE	SA, MI, RHH, THHN, THW-2, THWN-2, USE-2, XHH, XHHW, XHHW-2
16	–	–	18
14	20	20	25
12	25	25	30
10	30	35	40
8	40	50	55
6	55	65	75
4	70	85	95
2	95	115	130
1	110	130	150
1/0	125	150	170
2/0	145	175	195
3/0	165	200	225
4/0	195	230	260
250	215	255	290
300	240	285	320
350	260	310	350
400	280	335	380
500	320	380	430
600	355	420	474
700	385	460	520
750	400	475	535
800	410	490	555
900	435	520	585
1000	455	545	615
1250	495	590	665
1500	520	625	705
1750	545	650	735
2000	560	665	750

Tabla A2 Ampacidad de conductores aislados de cobre a temperatura ambiente de 30°C y no más de tres conductores en una canalización o conformando un cable. La tabla se aplica para voltajes de hasta 2000 voltios.

Temperatura ambiente (°C)	TW, UF	RHW, THHW, THW, THWN, XHHW, XHHW, USE	SA, MI, RHH, THHN, THW-2, THWN-2, USE-2, XHH, XHHW, XHHW-2
21 – 25	1.08	1.05	1.04
26 – 30	1.00	1.00	1.00
31 – 35	0.91	0.94	0.96
36 – 40	0.82	0.88	0.91
41 – 45	0.71	0.82	0.87
46 – 50	0.58	0.75	0.82
51 – 55	0.41	0.67	0.76
56 – 60	–	0.58	0.71
61 – 70	–	0.33	0.58
71 80	–	–	0.41

Tabla A3 Factores de corrección de la ampacidad por temperatura ambiente para distintos tipos de aislamiento.

Número de conductores portadores de corriente	Factor por el cual se deben multiplicar los valores de la Tabla 2.11 para obtener la ampacidad de conductores en una canalización.
4 – 6	0.80
7 – 9	0.70
10 – 20	0.50
21 – 30	0.45
31 – 40	0.40
Más de 40	0.35

Tabla A4 Factores de corrección por agrupamiento.

Calibre (AWG)	Protección (A)	Aplicaciones típicas
14	15	Circuitos ramales de luminarias y tomacorrientes de uso general.
12	20	Circuitos ramales de pequeños artefactos en sala de cocina, comedor, lavadero, luminarias y tomacorrientes de uso general.
10	30	Secadoras de ropa, cocinas y hornos eléctricos, acondicionadores de aire, calentadores de agua.
8	40	Cocinas y hornos eléctricos, acondicionadores centrales de aire, grandes secadores de ropa.
6	50	Cocinas eléctricas, alimentadores de subtableros.
4	70	Cocinas eléctricas, alimentadores de subtableros.

Tabla A5 Calibres de los conductores de circuitos ramales, protecciones contra sobrecorriente y aplicaciones típicas.

Área y resistencia de conductores				
Calibre AWG o kcmil	Área		N° de alambres	Resistencia (Ω/km)
	mm²	CM		
18	0.823	1620	1	25.5
18	0.823	1620	7	26.1
16	1.31	2580	1	16.0
16	1.31	2580	7	16.4
14	2.08	4110	1	10.1
14	2.08	4110	7	10.3
12	3.31	6530	1	6.34
12	3.31	6530	7	6.50
10	5.261	10380	1	3.984
10	5.261	10380	7	4.070
8	8.367	16510	1	2.506
8	8.367	16510	7	2.551
6	13.30	26240	7	1.608
4	21.15	41740	7	1.01
2	33.62	66360	7	0.634
1/0	53.49	105600	19	0.399
2/0	67.43	133100	19	0.3170
4/0	107.20	211600	19	0.1996
250	127.0	–	37	0.1687
500	253.0	–	37	0.0845
750	380.0	–	61	0.0563
2000	1013.0	–	127	0.0211

Tabla A6 Área y resistencia en corriente continua a 75°C de algunos conductores de cobre no recubiertos.

Calibre AWG o kcmil	Tubería de PVC	Tubería de aluminio	Tubería de acero
14	10.2	10.2	10.2
12	6.6	6.6	6.6
10	3.9	3.9	3.9
8	2.56	2.56	2.56
6	1.61	1.61	1.61
4	1.02	1.02	1.02
2	0.62	0.66	0.66
1	0.49	0.52	0.52
1/0	0.39	0.43	0.39
2/0	0.33	0.33	0.33
3/0	0.253	0.269	0.259
4/0	0.203	0.220	0.207
250	0.171	0.187	0.177
300	0.144	0.161	0.148
350	0.125	0.141	0.128
400	0.108	0.125	0.115
500	0.089	0.105	0.095
600	0.075	0.092	0.082
750	0.062	0.079	0.069
1000	0.049	0.062	0.059

Tabla A7 Resistencia (Ω/km) en corriente alterna para conductores de cobre a 600 V y frecuencia de 60 Hz a 75°C.

Calibre AWG o kcmil	Tubería no metálica	Tubería metálica
2	1	1.01
1	1	1.01
1/0	1.001	1.02
2/0	1.001	1.03
3/0	1.002	1.04
4/0	1.004	1.05
250	1.005	1.06
300	1.006	1.07
350	1.009	1.08
400	1.011	1.10
500	1.018	1.13
600	1.025	1.16
750	1.039	1.21
1000	1.067	1.30

Tabla A8 Factor de multiplicación para obtener la resistencia *ac* a 60 Hz utilizando el valor de la resistencia *dc*.

Calibre AWG o kcmil	Reactancia en tubos PVC o de aluminio	Resistencia en tubo PVC	Factor de potencia			
			0.80	0.85	0.90	0.95
14	0.190	10.20	8.274	8.770	9.263	9.749
12	0.177	6.60	5.386	5.703	6.017	6.325
10	0.164	3.90	3.218	3.401	3.581	3.756
8	0.171	2.56	2.151	2.266	2.379	2.485
6	0.167	1.61	1.388	1.456	1.522	1.582
4	0.157	1.02	0.910	0.950	0.986	1.018
2	0.148	0.62	0.585	0.605	0.623	0.635
1/0	0.144	0.39	0.398	0.407	0.414	0.415
2/0	0.141	0.33	0.349	0.355	0.358	0.358

Tabla A9 Valores de la constante K para determinar la caída de voltaje según la relación (2.40).

APÉNDICE B

Tamaño comercial	PVC rígido estándar 80		PVC rígido estándar 40		PVC rígido tipo A		PVC rígido tipo EB	
	Diámetro interno (mm)	Área (mm^2)	Diámetro interno (mm)	Área (mm^2)	Diámetro interno (mm)	Área (mm^2)	Diámetro interno (mm)	Área (mm^2)
1/2	13.4	141	15.3	184	17.8	249	–	–
3/4	18.3	263	20.4	327	23.1	419	–	–
1	23.8	445	26.1	535	29.8	696	–	–
1 1/2	37.5	1104	40.4	1282	43.7	1500	–	–
2	48.6	1855	52.0	2124	54.7	2350	56.4	2498
2 1/2	58.2	2660	62.1	3029	66.9	3515	–	–
4	96.2	7268	101.5	8091	106.2	8858	108.9	9314
6	145	16153	153.2	18433	–	–	160.9	20333

Tabla B1 Diámetro interno y área interna para distintos tubos de PVC.

Tamaño AWG	RHH, RHW		TW, THHW, THW, THW–2		THHN, THWN, THWN-2		XHHW, XHHW-2, XHH	
	Diámetro (mm)	Área (mm^2)	Diámetro (mm)	Área (mm^2)	Diámetro (mm)	Área (mm^2)	Diámetro (mm)	Área (mm^2)
14	4.902	18.90	3.378	8,968	28.19	6.258	3.378	8.968
12	5.385	22.77	3.861	11.68	3.302	6.581	3.861	11.68
10	5.994	28.19	4.470	15.68	4.166	13.61	4.470	15.68
8	8.280	53.87	5.994	28.18	5.486	23.61	5.994	28.19
6	9.246	67.16	7.722	46.84	6.452	32.71	6.960	38.06
4	10.46	86.00	8.941	62.77	8.230	53.16	8.179	52.52
2	11.99	112.90	10.46	86.00	9.754	74.71	9.703	73.94
1/0	15.80	196.10	13.51	143.40	12.34	119.7	12.24	117.7
2/0	16.97	226.10	14.68	169.30	13.51	143.4	13.41	141.3
4/0	19.76	306.70	17.48	239.90	16.31	208.8	16.21	206.3

Tabla B2 Diámetro y área transversal para conductores más comunes en instalaciones eléctricas residenciales.

Tamaño comercial	PVC rígido estándar 80 (áreas y porcentajes de la sección transversal interna en mm^2)				
	Área	60%	Un conductor 53%	Dos conductores 31%	Más de dos conductores 40%
1/2	141	85	75	44	56
3/4	263	158	139	82	105
1	445	267	236	138	178
1 1/4	799	480	424	248	320
1 1/2	1104	663	585	342	442
2	1855	1113	983	575	742
2 1/2	2660	1596	1410	825	1064
3	4151	2491	2200	1287	1660
3 1/2	5608	3365	2972	1738	2243
4	7268	4361	3852	2253	2907
5	11518	6911	6105	3571	4607
6	16513	9908	8752	5119	6605

Tabla B3 Área y porcentaje de relleno para tubos rígidos de PVC, estándar 80.

Tamaño comercial	PVC rígido estándar 40 y tubos de polietileno (áreas y porcentajes de la sección transversal interna en mm^2)				
	Área	60%	Un conductor 53%	Dos conductores 31%	Más de dos conductores 40%
1/2	184	110	97	57	74
3/4	327	196	173	101	131
1	535	321	284	166	214
1 1/4	935	561	495	290	374
1 1/2	1282	769	679	397	513
2	2124	1274	1126	658	849
2 1/2	3029	1817	1605	939	1212
3	4693	2816	2487	1455	1887
3 1/2	6277	3766	3327	1946	2511
4	8091	4855	4228	2508	3237
5	12748	7649	6756	3952	5099
6	18433	11060	9770	5740	7373

Tabla B4 Área y porcentaje de relleno para tubos rígidos de PVC, estándar 40, y tubos de polietileno

Tamaño comercial	PVC rígido tipo A (áreas y porcentajes de la sección transversal interna en mm^2)				
	Área	60%	Un conductor 53%	Dos conductores 31%	Más de dos conductores 40%
1/2	249	149	132	77	100
3/4	419	251	220	130	168
1	697	418	370	216	279
1 1/4	1140	684	604	353	456
1 1/2	1500	900	795	465	600
2	2350	1410	1245	728	940
2 1/2	3515	2109	1863	1090	1406
3	5281	3169	2799	1637	2112
3 1/2	6896	4137	3655	2138	2758
4	8858	5315	4695	2746	3543
5	–	–	–	–	–
6	–	–	–	–	–

Tabla B5 Área y porcentaje de relleno para tubos rígidos de PVC, tipo A.

Tamaño comercial	PVC tipo EB (áreas y porcentajes de la sección transversal interna en mm^2)				
	Área	60%	Un conductor 53%	Dos conductores 31%	Más de dos conductores 40%
1/2	–	–	–	–	–
3/4	–	–	–	–	–
1	–	–	–	–	–
1 1/4	–	–	–	–	–
1 1/2	–	–	–	–	–
2	2498	1 499	1324	774	999
2 1/2	–	–	–	–	–
3	5621	3373	2799	1743	2248
3 1/2	7329	4397	3884	2272	2932
4	9314	5589	4937	2887	3726
5	14314	8588	7586	4437	5726
6	20333	12200	10776	6303	8133

Tabla B6 Área y porcentaje de relleno para tubos rígidos de PVC, tipo EB.

Las siguientes notas se refieren a las tablas **B3** a **B6** del **Apéndice B**:

Nota 1: Las tuberías de las canalizaciones eléctricas, sea cual fuere el material utilizado en su fabricación, se designan de acuerdo con el diámetro interno de las mismas. Estos diámetros internos no coinciden con la respectiva designación y, en general, son mayores que los marcados sobre los tubos. Así, por ejemplo, un tubo marcado como 3/4 y que supuestamente tiene un diámetro interno de 3/4 pulg (0.75 pulg), tiene, realmente, un diámetro interno de 0.824 pulg. Esta disparidad es general para tubos de cualquier diámetro interno y ha determinado que las normas eléctricas, al referirse a cualquier tubería eléctrica, lo hagan sin mencionar sus dimensiones, sea en el sistema métrico (mm) o en el sistema inglés (pulgadas). Entonces, un tubo marcado como de 2 pulgadas se designa como *tubo de tamaño comercial 2*. Asimismo, a un tubo marcado con un diámetro de 3/4 pulg. se le designa como tubo de *tamaño comercial 3/4* o su equivalente en el sistema métrico: *tamaño comercial 21*. De esta manera se evita caer en inconvenientes inexactitudes.

Nota 2: De acuerdo con estándares eléctricos internacionales, se reconocen cuatro clases de tuberías rígidas de PVC. Ellas son: *estándar 40, estándar 80, tipo A* y *tipo EB*. Los estándares 40 y 80 se fabrican en los tamaños comerciales de 2 a 6; el tipo A, en tamaños comerciales entre 1/2 y 4, y el tipo EB, en tamaños comerciales entre 2 y 6. Todos los tipos mencionados tienen en común el mismo diámetro externo para la misma designación comercial. Difieren, sin embargo, en sus diámetros internos, lo que da lugar a distintas aplicaciones para estos tubos. Tomemos como ejemplo un tubo de tamaño comercial 2. El diámetro externo es el mismo para todos los tipos e igual a 2.575 pulgadas. En cambio, los diámetros internos varían según el tipo de tubo: para el estándar 40, d_i = 2.067 pulg, para el tubo estándar 80, d_i =1.939 pulg, para el tubo tipo A, d_i = 2.175, y para el tubo tipo EB, d_i = 2.255 pulg. El tubo estándar 40 es uno de los más utilizados en instalaciones residenciales, locales comerciales y edificios de oficinas. También se utiliza en instalaciones subterráneas, sea enterrado directamente o en concreto, dentro de los alrededores de una casa o edificio. Puede ser instalado a la vista, siempre que haya garantías de que no sufrirán daños físicos. El estándar 80 se puede usar en las mismas instalaciones del estándar 40; sin embargo, dada la robustez de sus paredes, su utilización se reserva a lugares con severas condiciones físicas, posiblemente sujetos a fuertes impactos, como cuando se adosan a postes eléctricos en instalaciones industriales de servicio pesado, en el cruce de puentes o en instalaciones subterráneas que cruzan avenidas o calles, sujetas al impacto vehicular continuo. El tubo tipo EB solo es utilizado en instalaciones subterráneas, en bancadas fuera de edificios, pero siempre envuelto en cemento. El tubo tipo A se utiliza, como el EB, en cualquier sitio. En cuanto a la temperatura de trabajo, los estándares 40 y 80 están diseñados para una temperatura ambiente de 50°C o menor, y pueden alojar conductores con aislamiento de 90°C. Los tipos A y EB pueden trabajar a temperaturas ambientes de 75°C o menos, pudiéndo alojar, también, conductores con aislamiento de 90°C.

Nota 3: El tubo de polietileno de alta densidad (HDPE) es una canalización semirrígida y lisa con sección transversal circular. El HDPE es un polímero derivado del petróleo. Entre sus propiedades figuran: resistencia a las bajas temperaturas, alta resistencia a compresiones y tracciones, impermeable, baja reactividad y no tóxico. Se permite su uso en: *a)* longitudes cortas o longitudes largas, a partir de carretes; *b)* en ambientes sometidos a severas condiciones corrosivas; c) en instalaciones enterradas directamente en la tierra o en concreto, y *d)* encima de la tierra, encapsulado en una capa no menor de 5 cm de concreto. Su uso está prohibido en: *a)* instalaciones expuestas a la vista; *b)* dentro de edificios; *c)* en lugares clasificados como peligrosos; *d)* donde la temperatura ambiente supere 50°C, y *e)* cuando se utilicen conductores cuya máxima temperatura de operación supere la temperatura de régimen del tubo HDPE.

Tipo	AWG	Tamaño comercial para tubos de PVC rígido estándar 80									
		1/2	3/4	1	1 1/4	1 1/2	2	2 1/2	3	3 1/2	4	5	6
RHH*	14	4	8	13	23	32	55	79	123	166	215	341	490
RHW*	12	3	6	10	19	26	44	63	99	133	173	274	394
RHW-2*	10	2	5	8	15	20	34	49	77	104	135	214	307
	8	1	3	5	9	12	20	29	46	62	81	128	184
	6	1	1	3	7	9	16	22	35	48	62	98	141
	4	1	1	3	5	7	12	17	26	35	46	73	105
	2	1	1	1	3	5	8	12	19	26	33	53	77
	1/0	-	1	1	1	3	5	7	11	15	20	32	46
	2/0	-	1	1	1	2	4	6	10	13	17	27	39
	4/0	-	-	1	1	1	3	4	7	9	12	19	27
TW	14	6	11	20	35	49	82	118	185	250	324	514	736
	12	5	9	15	27	38	63	91	142	192	248	394	565
	10	3	6	11	20	28	47	67	106	143	185	294	421
	8	1	3	6	11	15	26	37	59	79	103	163	234
	6	1	1	3	7	9	16	22	35	48	62	98	141
	4	1	1	3	5	7	12	17	26	35	46	73	105
	2	1	1	1	3	5	8	12	19	26	33	53	77
	1/0	-	1	1	1	3	5	7	11	15	20	32	46
	2/0	-	1	1	1	2	4	6	10	13	17	27	39
	4/0	-	-	1	1	1	3	4	7	9	12	19	27
THHW	14	4	8	13	23	32	55	79	123	166	215	341	490
THW	12	3	6	10	19	26	44	63	99	133	173	274	394
	10	2	5	8	15	20	34	49	77	104	135	214	207
	8	1	3	5	9	12	20	29	46	62	81	128	184
	6	1	1	3	7	9	16	22	35	48	62	98	141
	4	1	1	3	5	7	12	17	26	35	46	73	105
	2	1	1	1	3	5	8	12	19	26	33	53	77
	1/0	-	1	1	1	3	5	7	11	15	20	32	46
	2/0	-	1	1	1	2	4	6	10	13	17	27	39
	4/0	-	-	1	1	1	3	4	7	9	12	19	27
THHN	14	9	17	28	51	70	118	170	265	358	464	736	1.065
THWN	12	6	12	20	37	51	86	124	193	261	338	537	770
THWN-2	10	4	7	13	23	32	54	78	122	164	213	338	485
	8	2	4	7	13	18	31	45	70	95	123	195	279
	6	1	3	5	9	13	22	32	51	68	89	141	202
	4	1	1	3	6	8	14	20	31	42	54	86	124
	2	1	1	2	4	6	10	14	22	30	39	61	88
	1/0	-	1	1	2	3	6	9	14	28	24	38	55
	2/0	-	1	1	1	3	5	7	11	15	20	32	46
	4/0	-	-	1	1	1	3	5	8	10	14	22	31
XHH	14	6	11	20	35	49	82	118	185	250	324	514	736
XHHW	12	5	9	15	27	38	63	91	142	192	248	394	565
XHHW-2	10	3	6	11	20	28	47	67	106	143	185	294	421
	8	1	3	6	11	15	26	37	59	79	103	163	234
	6	1	2	4	8	11	19	28	43	59	76	121	173
	4	1	1	3	6	8	14	20	31	42	55	87	125
	2	1	1	2	4	6	10	14	22	30	39	62	89
	1/0	-	1	1	2	3	6	9	14	19	24	39	56
	2/0	-	1	1	1	3	5	7	11	16	20	32	46
	4/0	-	-	1	1	1	3	5	8	11	14	22	32

* Sin cubierta exterior.

Tabla B.7 Máximo número de conductores para tubos rígidos de PVC estándar 80.

| Tipo | AWG | Tamaño comercial para conduit de PVC rígido estándar 40 y *conduits* HDPE ||||||||||
		1/2	3/4	1	1 1/4	1 1/2	2	2 1/2	3	3 1/2	4	5	6
RHH*	14	5	9	16	28	38	63	90	139	186	240	378	546
RHW*	12	4	8	12	22	30	50	72	112	150	193	304	439
RHW-2*	10	3	6	10	17	24	39	56	87	117	150	237	343
	8	1	3	6	10	14	23	33	52	70	90	142	205
	6	1	2	4	8	11	18	26	40	53	69	109	157
	4	1	1	3	6	8	13	19	30	40	51	81	117
	2	1	1	2	4	6	10	14	22	29	37	59	85
	1/0	–	1	1	2	3	6	8	13	17	22	35	51
	2/0	–	1	1	1	3	5	7	11	15	19	30	43
	4/0	–	–	1	1	1	3	5	8	10	13	21	
TW	14	8	14	24	42	57	94	135	209	280	361	568	822
	12	6	11	18	32	44	72	103	160	215	277	436	631
	10	4	8	13	24	32	54	77	119	160	206	325	470
	8	2	4	7	13	18	30	43	66	89	115	181	261
	6	1	2	4	8	11	18	26	40	53	69	109	157
	4	1	1	3	6	8	13	19	30	40	51	81	117
	2	1	1	2	4	6	10	14	22	29	37	59	85
	1/0	–	1	1	2	3	6	8	13	17	22	35	51
	2/0	–	1	1	1	3	5	7	11	15	19	30	43
	4/0	–	–	1	1	1	3	5	8	10	13	21	30
THHW	14	5	9	16	28	38	63	90	139	186	240	378	546
THW	12	4	8	12	22	30	50	72	112	150	193	304	439
	10	3	6	10	17	24	39	56	87	117	150	237	343
	8	1	3	6	10	14	23	33	52	70	90	142	205
	6	1	2	4	8	11	18	26	40	53	69	109	157
	4	1	1	3	6	8	13	19	30	40	51	81	117
	2	1	1	2	4	6	10	14	22	29	37	59	85
	1/0	–	1	1	2	3	6	8	13	17	22	35	51
	2/0	–	1	1	1	3	5	7	11	15	19	30	43
	4/0	–	–	1	1	1	3	5	8	10	13	21	30
THHN	14	11	21	34	60	82	135	193	299	401	517	815	1 178
THWN	12	8	15	25	43	59	99	141	218	293	377	594	859
THWN-2	10	5	9	15	27	37	62	89	137	184	238	374	541
	8	3	5	9	16	21	36	51	79	106	137	216	312
	6	1	4	6	11	15	26	37	57	77	99	156	225
	4	1	2	4	7	9	16	22	35	47	61	96	138
	2	1	1	3	5	7	11	16	25	33	43	68	98
	1/0	1	1	1	3	4	7	10	15	21	27	42	61
	2/0	–	1	1	2	3	6	8	13	17	22	35	51
	4/0	–	1	1	1	2	4	6	9	12	15	24	35
XHH	14	8	14	24	42	57	94	135	209	280	361	568	822
XHHW	12	6	11	18	32	44	72	103	160	215	277	436	631
XHHW-2	10	4	8	13	24	32	54	77	119	160	206	325	470
	8	2	4	7	13	18	30	43	66	89	115	181	261
	6	1	3	5	10	13	22	32	49	66	85	134	193
	4	1	2	4	7	9	16	23	35	48	61	97	140
	2	1	1	3	5	7	11	16	25	34	44	69	99
	1/0	1	1	1	3	4	7	10	16	21	27	43	62
	2/0	–	1	1	2	3	6	8	13	17	23	36	52
	4/0	–	1	1	1	2	4	6	9	12	15	24	35

* Sin cubierta exterior.

Tabla B.8 Máximo número de conductores para tubos rígidos de PVC estándar 40 y tubos HDPE.

Tipo	AWG	Tamaño comercial para tubos de PVC rígido tipo A								
		1/2	3/4	1	1 1/4	1 1/2	2	2 1/2	3	3 1/2	4
RHH*	14	5	9	15	24	31	49	74	112	146	187
RHW	12	4	7	12	20	26	41	61	93	121	155
RHW-2*	10	3	6	10	16	21	33	50	75	98	125
	8	1	3	5	8	11	17	26	39	51	65
	6	1	2	4	6	9	14	21	31	41	52
	4	1	1	3	5	7	11	16	24	32	41
	2	1	1	2	4	5	8	12	18	24	31
	1/0	–	1	1	2	3	5	7	10	14	18
	2/0	–	1	1	1	2	4	6	9	12	15
	4/0	–	–	1	1	1	3	4	7	9	11
TW	14	11	18	31	51	67	105	157	235	307	395
	12	8	14	24	39	51	80	120	181	236	303
	10	6	10	18	29	38	60	89	135	176	226
	8	3	6	10	16	21	33	50	75	98	125
	6	1	3	6	9	13	20	30	45	59	75
	4	1	2	4	7	9	15	22	33	44	56
	2	1	1	3	5	7	11	16	24	32	41
	1/0	1	1	1	3	4	6	10	14	19	24
	2/0	–	1	1	2	3	5	8	12	16	21
	4/0	–	1	1	1	2	4	6	9	11	14
THHW	14	7	12	20	34	44	70	104	157	204	262
THW	12	6	10	16	27	35	56	84	126	164	211
	10	4	8	13	21	28	44	65	98	128	165
	8	2	4	8	12	16	26	39	59	77	98
	6	1	6	3	9	13	20	30	45	59	75
	4	1	2	4	7	9	15	22	33	44	56
	2	1	1	3	5	7	11	16	24	32	41
	1/0	1	1	1	3	4	6	10	14	19	24
	2/0	–	1	1	2	3	5	8	12	16	21
	4/0	–	1	1	1	2	4	6	9	11	14
THHN	14	16	27	44	73	96	150	225	338	441	566
THWN	12	11	19	32	53	70	109	164	246	321	412
THWN-2	10	7	12	20	33	44	69	103	155	202	260
	8	4	7	12	19	25	40	59	89	117	150
	6	3	5	8	14	18	28	43	64	84	108
	4	1	3	5	8	11	17	26	39	52	66
	2	1	1	3	6	8	12	19	28	37	47
	1/0	1	1	2	4	5	8	11	17	23	29
	2/0	1	1	1	3	4	6	10	14	19	24
	4/0	–	1	1	1	3	4	6	10	13	17
XHH	14	11	18	31	51	67	105	157	235	307	395
XHHW	12	8	14	24	39	51	80	120	181	236	303
XHHW-2	10	6	10	18	29	38	60	89	135	176	226
	8	3	6	10	16	21	33	50	75	98	125
	6	2	4	7	12	15	24	37	55	72	93
	4	1	3	5	8	11	18	26	40	52	67
	2	1	1	3	6	8	12	19	28	37	48
	1/0	1	1	2	4	5	8	12	18	23	30
	2/0	1	1	1	3	4	6	10	15	19	25
	4/0	–	1	1	1	3	4	7	10	13	17

* Sin cubierta exterior.

Tabla B.9 Máximo número de conductores para tubos rígidos de PVC tipo A.

Tipo	AWG	Tamaño comercial para tubería eléctrica metálica (EMT)									
		1/2	3/4	1	1 1/4	1 1/2	2	2 1/2	3	3 1/2	4
RHH*	14	4	7	11	20	27	46	80	120	157	201
RHW*	12	3	6	9	17	23	38	66	100	131	167
RHW-2*	10	2	5	8	13	18	30	53	81	105	135
	8	1	2	4	7	9	16	28	42	55	70
	6	1	1	3	5	8	13	22	34	44	56
	4	1	1	2	4	6	10	17	26	34	44
	2	1	1	1	3	4	7	13	20	26	33
	1/0	–	1	1	1	2	4	7	11	15	19
	2/0	–	1	1	1	2	4	6	10	13	17
	4/0	–	–	1	1	1	3	5	7	9	12
TW	14	8	15	25	43	58	96	168	254	332	424
	12	6	11	19	33	45	74	129	195	255	326
	10	5	8	14	24	33	55	96	145	190	243
	8	2	5	8	13	18	30	53	81	105	135
	6	1	3	4	8	11	18	32	48	63	81
	4	1	1	3	6	8	13	24	36	47	60
	2	1	1	2	4	6	10	17	26	34	44
	1/0	–	1	1	2	3	6	10	16	20	26
	2/0	–	1	1	1	3	5	9	13	17	22
	4/0	–	–	1	1	1	3	6	9	12	16
THHW	14	6	10	16	28	39	64	112	169	221	282
THW	12	4	8	13	23	31	51	90	136	177	227
	10	3	6	10	18	24	40	70	106	138	177
	8	1	4	6	10	14	24	42	63	83	106
	6	1	3	4	8	11	18	32	48	63	81
	4	1	1	3	6	8	13	24	36	47	60
	2	1	1	2	4	6	10	17	26	34	44
	1/0	–	1	1	2	3	6	10	16	20	26
	2/0	–	1	1	1	3	5	9	13	17	22
	4/0	–	–	1	1	1	3	6	9	12	16
THHN	14	12	22	35	61	84	138	241	364	476	608
THWN	12	9	16	26	45	61	101	176	266	347	443
THWN-2	10	5	10	16	28	38	63	111	167	219	279
	8	3	6	9	16	22	36	64	96	126	161
	6	2	4	7	12	16	26	46	69	91	116
	4	1	2	4	7	10	16	28	43	56	71
	2	1	1	3	5	7	11	20	30	40	51
	1/0	1	1	1	3	4	7	12	19	25	32
	2/0	–	1	1	2	3	6	10	16	20	26
	4/0	–	1	1	1	2	4	7	11	14	18
XHH	14	8	15	25	43	58	96	168	254	332	424
XHHW	12	6	11	19	33	45	74	129	195	255	326
XHHW-2	10	5	8	14	24	33	55	96	145	190	243
	8	2	5	8	13	18	30	53	81	105	135
	6	1	3	6	10	14	22	39	60	78	100
	4	1	2	4	7	10	16	28	43	56	72
	2	1	1	3	5	7	11	20	31	40	51
	1/0	1	1	1	3	4	7	13	19	25	32
	2/0	–	1	1	2	3	6	10	16	21	27
	4/0	–	1	1	1	2	4	7	11	14	18

* Sin cubierta exterior.

Tabla B10 Máximo número de conductores para tubería metálica EMT.

Tipo	AWG	Tamaño comercial para tubería metálica rígida (RMC)										
		1/2	3/4	1	1 1/4	1 1/2	2	2 1/2	3	3 1/2	4	5	6
RHH*	14	4	7	12	21	28	46	66	102	136	176	276	398
RHW*	12	3	6	10	17	23	38	55	85	113	146	229	330
RHW-2*	10	3	5	8	14	19	31	44	68	91	118	185	267
	8	1	2	4	7	10	16	23	36	48	61	97	139
	6	1	1	3	6	8	13	18	29	38	49	77	112
	4	1	1	2	4	6	10	14	22	30	38	60	87
	2	1	1	1	3	4	7	11	17	23	29	46	66
	1/0	-	1	1	1	2	4	6	10	13	17	26	38
	2/0	-	1	1	1	2	4	5	8	11	14	23	33
	4/0	-	-	1	1	1	3	4	6	8	11	17	24
TW	14	9	15	25	44	59	98	140	216	288	370	581	839
	12	7	12	19	33	45	75	107	165	221	284	446	644
	10	5	9	14	25	34	56	80	123	164	212	332	480
	8	3	5	8	14	19	31	44	68	91	118	185	267
	6	1	3	4	8	11	18	27	41	55	71	111	160
	4	1	1	3	6	8	14	20	31	41	53	83	120
	2	1	1	2	4	6	10	14	22	60	38	60	87
	1/0	-	1	1	2	3	6	8	13	18	23	36	52
	2/0	-	1	1	2	3	5	7	11	15	19	31	44
	4/0	-	-	1	1	1	3	5	8	10	14	21	31
THHW	14	6	10	17	29	39	65	93	143	191	246	387	558
THW	12	5	8	13	23	32	52	75	115	154	198	311	448
	10	3	6	10	18	25	41	58	90	120	154	242	350
	8	1	4	6	11	15	24	35	54	72	92	145	209
	6	1	3	5	8	11	18	27	41	55	71	111	160
	4	1	1	3	6	8	14	20	31	41	53	83	120
	2	1	1	2	4	6	10	14	22	30	38	60	87
	1/0	-	1	1	2	3	6	8	13	18	23	36	52
	2/0	-	1	1	2	3	5	7	11	15	19	31	44
	4/0	-	-	1	1	1	3	5	8	10	14	21	31
THHN	14	13	22	36	63	85	140	200	309	412	531	833	1202
THWN	12	9	16	26	46	62	102	146	225	301	387	608	877
THWN-2	10	6	10	17	29	39	64	92	142	189	244	383	552
	8	3	6	9	16	22	37	53	82	109	140	221	318
	6	2	4	7	12	16	27	38	59	79	101	159	230
	4	1	2	4	7	10	16	23	36	48	62	98	141
	2	1	1	3	5	7	11	17	26	34	44	70	100
	1/0	1	1	1	3	4	7	10	16	21	27	43	63
	2/0	-	1	1	2	3	6	8	13	18	23	36	52
	4/0	-	1	1	1	2	4	6	9	12	16	25	36
XHH	14	9	15	25	44	59	98	140	216	288	370	581	839
XHHW	12	7	12	19	33	45	75	107	165	221	284	446	644
XHHW-2	10	5	9	14	25	34	56	80	123	164	212	332	480
	8	3	5	8	14	19	31	44	68	91	118	185	267
	6	1	3	6	10	14	23	33	51	68	87	137	197
	4	1	2	4	7	10	16	24	37	49	63	99	143
	2	1	1	3	5	7	12	17	26	35	45	70	101
	1/0	1	1	1	3	4	7	10	16	22	28	44	64
	2/0	-	1	1	2	3	6	9	13	18	23	37	53
	4/0	-	1	1	1	2	4	6	9	12	16	25	36

* Sin cubierta exterior.

Tabla B11 Máximo número de conductores para tubos metálicos rígidos (RMC).

Tipo	AWG	Tamaño comercial para tubería metálica intermedia (IMC)									
		1/2	3/4	1	1 1/4	1 1/2	2	2 1/2	3	3 1/2	4
RHH*	14	4	8	13	22	30	49	70	108	144	186
RHW*	12	4	6	11	18	25	41	58	89	120	154
RHW-2*	10	3	5	8	15	20	23	47	72	97	124
	8	1	3	4	8	10	17	24	38	50	65
	6	1	1	3	6	8	14	19	30	40	52
	4	1	1	3	5	6	11	15	23	31	41
	2	1	1	1	3	5	8	11	18	24	31
	1/0	–	1	1	1	3	4	6	10	14	18
	2/0	–	1	1	1	2	4	6	9	12	15
	4/0	–	–	1	1	1	3	4	6	9	11
TW	14	10	17	27	47	64	104	147	228	304	392
	12	7	13	21	36	49	80	113	175	234	301
	10	5	9	15	27	36	59	84	130	174	224
	8	3	5	8	15	20	33	47	72	97	124
	6	1	3	5	9	12	20	28	43	58	75
	4	1	2	4	6	9	15	21	32	43	56
	2	1	1	3	5	6	11	15	23	31	41
	1/0	1	1	1	3	4	6	9	14	19	24
	2/0	–	1	1	2	3	5	8	12	16	20
	4/0	–	1	1	1	2	4	5	8	11	14
THHW	14	6	11	18	31	42	69	98	151	202	261
THW	12	5	9	14	25	34	56	79	122	163	209
	10	4	7	11	19	26	43	61	95	127	163
	8	2	4	7	12	16	26	37	57	76	98
	6	1	3	5	9	12	20	28	43	58	75
	4	1	2	4	6	9	15	21	32	43	56
	2	1	1	3	5	6	11	15	23	31	41
	1/0	1	1	1	3	4	6	9	14	19	24
	2/0	–	1	1	2	3	5	8	12	16	20
	4/0	–	1	1	1	2	4	5	8	11	14
THHN	14	14	24	39	68	91	149	211	326	436	562
THWN	12	10	17	29	49	67	109	154	238	318	410
THWN-2	10	6	11	18	31	42	68	97	150	200	258
	8	3	6	10	18	24	39	56	86	115	149
	6	2	4	7	13	17	28	40	62	83	107
	4	1	3	4	8	10	17	25	38	51	66
	2	1	1	3	5	7	12	27	17	36	47
	1/0	1	1	1	3	4	8	11	17	23	29
	2/0	1	1	1	3	4	6	9	14	19	24
	4/0	–	1	1	1	2	4	6	9	13	17
XHH	14	10	17	27	47	64	104	147	228	304	392
XHHW	12	7	13	21	36	49	80	113	175	234	301
XHHW-2	10	5	9	15	27	36	59	84	130	174	224
	8	3	5	8	15	20	33	47	72	97	124
	6	1	4	6	11	15	24	35	53	71	92
	4	1	3	4	8	11	18	25	39	52	67
	2	1	1	3	5	7	12	18	27	37	47
	1/0	1	1	1	3	5	8	11	17	23	30
	2/0	1	1	1	3	4	6	9	14	19	25
	4/0	–	1	1	1	2	4	6	10	13	17

* Sin cubierta exterior.

Tabla B12 Máximo número de conductores para tubería metálica intermedia (IMC).

Tipo	Calibre AWG	Tamaño comercial para tubería metálica flexible (FMC)									
		1/2	3/4	1	1 1/4	1 1/2	2	2 1/2	3	3 1/2	4
RHH*	14	4	7	11	17	25	44	67	96	131	171
RHW*	12	3	6	9	14	21	37	55	80	109	142
RHW-2*	10	3	5	7	11	17	30	45	64	88	115
	8	1	2	4	6	9	15	23	34	46	60
	6	1	1	3	5	7	12	19	27	37	48
	4	1	1	2	4	5	10	14	21	29	37
	2	1	1	1	3	4	7	11	16	22	28
	1/0	-	1	1	1	2	4	6	9	12	16
	2/0	-	1	1	1	1	3	5	8	11	14
	4/0	-	-	1	1	1	2	4	6	8	10
TW	14	9	15	23	36	53	94	141	203	277	361
	12	7	11	18	28	41	72	108	156	212	277
	10	5	8	13	21	30	54	81	116	158	207
	8	3	5	7	11	17	30	45	64	88	115
	6	1	3	4	7	10	18	27	39	53	69
	4	1	1	3	5	7	13	20	29	39	51
	2	1	1	2	4	5	10	14	21	29	37
	1/0	-	1	1	1	3	6	9	12	17	22
	2/0	-	1	1	1	3	5	7	10	14	19
	4/0	-	-	1	1	1	3	5	7	10	13
THHW	14	6	10	15	24	35	62	94	135	184	230
THW	12	5	8	12	19	28	50	75	108	148	193
	10	4	6	10	15	22	39	59	85	115	151
	8	1	4	6	9	13	23	35	51	69	90
	6	1	3	4	7	10	18	27	39	53	69
	4	1	1	3	5	7	13	20	29	39	51
	2	1	1	2	4	5	10	14	21	29	37
	1/0	–	1	1	1	3	6	9	12	17	22
	2/0	–	1	1	1	3	5	7	10	14	19
	4/0	–	–	1	1	1	3	5	7	10	13
THHN	14	13	22	33	52	76	134	202	291	396	518
THWN	12	9	16	24	38	56	98	147	212	289	378
THWN-2	10	6	10	15	24	35	62	93	134	182	238
	8	3	6	9	14	20	35	53	77	105	137
	6	2	4	6	10	14	25	38	55	76	99
	4	1	2	4	7	10	16	28	43	56	71
	2	1	1	3	4	6	11	17	24	33	43
	1/0	1	1	1	2	4	7	10	15	20	27
	2/0	–	1	1	1	3	6	9	12	17	22
	4/0	–	1	1	1	1	4	6	8	12	15
XHH	14	9	15	23	36	53	94	141	203	277	361
XHHW	12	7	11	18	28	41	72	108	156	212	277
XHHW-2	10	5	8	13	21	30	54	81	116	158	207
	8	3	5	7	11	17	30	45	64	88	115
	6	1	3	5	8	12	22	33	48	65	85
	4	1	2	4	6	9	16	24	34	47	61
	2	1	1	3	4	6	11	17	24	33	44
	1/0	1	1	1	2	4	7	10	15	21	27
	2/0	–	1	1	2	3	6	9	13	17	23
	4/0	–	1	1	1	2	4	6	9	12	15

* Sin cubierta exterior.

Tabla B13 Máximo número de conductores para tubos flexibles metálicos (FMC).

		Tamaño comercial para tubos *conduits* PAVCO					
Tipo	AWG	1/2	3/4	1	1 1/4	1 1/2	2
TW	14	11	18	31	51	67	105
	12	8	14	24	39	51	80
	10	6	10	18	29	38	60
	8	3	6	10	16	21	33
RHH*, RHW* RHW-2*, THHW THW, THW2	14	7	12	20	34	44	70
RHH*, RHW* RHW-2*, THHW THW	12	6	10	16	27	35	56
	10	4	8	13	21	28	44
RHH*, RHW* RHW-2*, THHW THW, THW-2	8	2	4	8	12	16	26
RHH*, RHW* RHW-2*, TW THW, THHW THW-2	6	1	3	6	9	13	20
	4	1	2	4	7	9	15
	3	1	1	4	6	8	13
	2	1	1	3	5	7	11
	1	1	1	1	3	5	7
	1/0	1	1	1	3	4	6
	2/0	0	1	1	2	3	5
	3/0	0	1	1	1	3	4
	4/0	0	1	1	1	2	4

* Sin cubierta exterior.

Tabla B14 Máximo número de conductores para tubos PAVCO.

Tamaño comercial		Diámetro nominal exterior		Grosor nominal de las paredes		Diámetro interior	
U. S.	Métrico	Pulgadas	mm	Pulgadas	mm	Pulgadas	mm
1/2	16	0.706	17.9	0.042	1.07	0.622	15.76
3/4	21	0.922	23.4	0.049	1.25	0.824	20.90
1	27	1.163	29.5	0.057	1.45	1.049	26.60
1-1/4	35	1.51	38.4	0.065	1.65	1.380	35.10
1-1/2	41	1.74	44.2	0.065	1.65	1.610	40.90
2	53	2.197	55.8	2.065	1.65	2.067	52.50
2-1/2	63	2.875	73.0	0.072	1.83	2.731	69.34
3	78	3.500	88.9	0.072	1.83	3.356	85.24
3-1/2	91	4.000	101.6	0.083	2.11	3.834	97.38
4	103	4.500	114.3	0.083	2.11	4.334	110.08

Tabla B15 Dimensiones de tubería eléctrica metálica tipo EMT.

Tamaño comercial	Tubería EMT (área y porcentajes de la sección transversal interna en mm²)				
	Área (mm²)	60%	Un cond. 53%	Dos cond. 31%	Más de dos cond. 40%
1/2	196	118	104	61	78
3/4	343	206	182	106	137
1	556	333	295	172	222
1 1/4	967	581	513	300	387
1 1/2	1314	788	696	407	526
2	2165	1299	1147	671	866
2 1/2	3783	2270	2005	1173	1513
3	5701	3421	3022	1767	2280
3 1/2	7451	4471	3949	2310	2980
4	9521	5712	5046	2951	3808

Tabla B16 Área y porcentaje de relleno para tubería EMT.

Tamaño comercial	Tubería IMC (área y porcentajes de la sección transversal interna en mm²)				
	Área (mm²)	60%	Un cond. 53%	Dos cond. 31%	Más de dos cond. 40%
1/2	222	133	117	69	89
3/4	377	226	200	117	151
1	620	372	329	192	248
1 1/4	1064	638	564	330	425
1 1/2	1432	859	759	444	573
2	2341	1405	1241	726	937
2 1/2	3308	1985	1753	1026	1323
3	5115	3069	2711	1586	2046
3 1/2	6822	4093	3616	2115	2729
4	8725	5235	4624	2705	3490

Tabla B18 Área y porcentaje de relleno para tubería IMC.

Tamaño comercial	Tubería RMC (área y porcentajes de la sección transversal interna en mm²)				
	Área	60%	Un cond. 53%	Dos cond. 31%	Más de dos cond. 40%
1/2	204	122	108	63	81
3/4	353	212	187	109	141
1	573	344	303	177	229
1 1/4	984	591	522	305	394
1 1/2	1333	800	707	413	533
2	2198	1319	1165	681	879
2 1/2	3137	1822	1663	972	1255
3	4840	2904	2565	1500	1936
3 1/2	6461	3877	3424	2003	2584
4	8316	4990	4408	2578	3326
5	13050	7830	6916	4045	5220
6	18821	11292	9975	5834	7528

Tabla B17 Área y porcentaje de relleno (mm²) para tubería RMC.

Calibre U.S.	Peso (kg) por cada 100 ft (30.5 m)			Diámetro externo (mm)			Diámetro interno (mm)		
	EMT	IMC	RMC	EMT	IMC	RMC	EMT	IMC	RMC
1/2	13.6	28.1	37.2	17.9	20.7	21.3	1.07	1.80	2.60
3/4	20.9	38.1	49.4	23.4	26.1	26.7	1.25	1.90	2.70
1	30.4	54.0	73.0	29.5	32.8	33.4	1.45	1.20	3.20
1 1/4	45.8	71.7	98.9	38.4	41.6	42.2	1.65	2.20	3.40
1 1/2	52.6	88.0	119.3	44.2	47.8	48.3	1.65	2.30	3.50
2	67.1	116.1	158.7	55.8	59.9	60.3	1.65	2.40	3.70
2 1/2	98.0	200.0	253.5	73.0	72.6	73.0	1.83	3.50	4.90
3	119.3	246.3	329.7	88.9	88.3	88.9	1.83	3.50	5.20
3 1/2	158.3	285.3	399.1	101.6	100.9	101.6	2.11	3.50	5.50
4	178.2	317.54	471.1	113.41	113.41	114.3	2.11	3.50	5.70
5	–	–	634.9	–	–	141.3	–	–	6.20
6	–	–	834.5	–	–	168.3	–	–	6.80

Tabla B19 Comparación entre tuberías EMT, RMC e IMT.

Tamaño comercial	Tubería FMC (área y porcentajes de la sección transversal interna en mm²)				
	Área (mm²)	60%	Un cond. 53%	Dos cond. 31%	Más de dos cond. 40%
1/2	204	122	108	63	81
3/4	343	206	182	106	137
1	527	316	279	163	211
1 1/4	824	495	437	256	330
1 1/2	1 201	720	636	372	480
2	2 107	1 264	1 117	1 013	843
2 1/2	3 167	1 900	1 678	1 267	982
3	4 560	2 736	2 417	1 414	1 824
3 1/2	6 207	3 724	3 290	1 924	2 483
4	8 107	4 864	6 660	2 513	3 243

Tabla B20 Área y porcentaje de relleno para tubería FMC.

APÉNDICE C

Tamaño comercial y tipo de caja			Volumen mínimo		Número máximo de conductores					
mm	Tamaño	Tipo de Caja	cm³	pulg³	16	14	12	10	8	6
100 x 32	4 x 1 1/4	Redonda/Octogonal	205	12,5	7	6	5	5	5	2
100 x 38	4 x 1 1/2	Redonda/Octogonal	254	15,5	8	7	6	6	5	3
100 x 54	4 x 2 1/8	Redonda/Octogonal	353	21,5	12	10	9	8	7	4
100 x 32	4 x 1 1/4	Cuadrada	295	18,0	10	9	8	7	6	3
100 x 38	4 x 1 1/2	Cuadrada	344	21,0	12	10	9	8	7	4
100 x 54	4 x 2 1/8	Cuadrada	497	30,3	17	15	13	12	10	6
120 x 32	4 11/16 x 1 1/4	Cuadrada	418	25,5	14	12	11	10	8	5
120 x 38	4 11/16 x 1 1/2	Cuadrada	484	29,5	16	14	13	11	9	5
120 x 54	4 11/16 x 2 1/8	Cuadrada	689	42,0	24	21	18	16	14	8
75 x 30 x 38	3 x 2 x 1 1/2	Dispositivo	123	7,5	4	3	3	3	2	1
75 x 50 x 50	3 x 2 x 2	Dispositivo	164	10,0	5	5	4	4	3	2
75 x 50 x 57	3 x 2 x 2 1/2	Dispositivo	172	10,5	6	5	4	4	3	2
75 x 50 x 65	3 x 2 x 2 1/2	Dispositivo	205	12,5	7	6	5	5	4	2
75 x 50 x 70	3 x 2 x 2 3/4	Dispositivo	230	14,0	8	7	6	5	4	2
75 x 50 x 90	3 x 2 x 3 1/2	Dispositivo	295	18,0	10	9	8	7	6	3
10 x 54 x 38	4 x 2 1/8 x 1 1/2	Dispositivo	169	10,3	5	5	4	4	3	2
10 x 54 x 48	4 x 2 1/8 x 1 1/2	Dispositivo	213	13,0	7	6	5	5	4	2
10 x 54 x 54	4 x 2 1/8 x 2 1/8	Dispositivo	283	14,5	8	7	6	5	4	2
95 x 50 x 65	3 3/4 x 2 x 2 1/2	Mampostería Uso Múltiple	230	14,0	8	7	6	5	4	2
95 x 50 x 90	3 3/4 x 2 x 3 1/2	Mampostería Uso Múltiple	344	21	12	10	9	8	7	4

Tabla C1 Número máximo de conductores en una caja metálica.

Calibre del conductor (AWG)	Espacio libre dentro de la caja para cada conductor	
	cm^3	pulg^3
16	28.7	1.75
14	32.8	2.00
12	36.9	2.25
10	41.0	2.50
8	49.2	3.00
6	81.9	5.00

Tabla C2 Volumen requerido por cada conductor en cajas.

Equipo eléctrico	Consumo (W)
A. A. Central (2,5 Ton)	2800
A. A. Central 2 Ton)	1900
A. A. Central 3 Ton)	2922
A. A. Central 5 Ton	4900
A. A. *split* 12.000 BTU/h	1060
A. A. *split* 15.000 BTU/h	1500
A. A. *split* 18.000 BTU/h	1730
A. A. *split* 24.000 BTU/h	2310
A. A. *split* 36.000 BTU/h	2660
A. A. *split* 9.000 BTU/h	820
A. A. ventana 12.000 BTU/h	1260
A. A. ventana 15.000 BTU/h	1410
A. A. ventana 18.000 BTU/h	1840
A. A. ventana 24.000 BTU/h	2300
A. A. ventana 9.000 BTU/h	800
Abridor de latas	120
Aspiradora	650
Batidora	200
Bomba de agua 1.5 HP	1120
Bomba de agua 1/3 HP	250
Cafetera	800
Calentador de agua	3000
Calentador de teteros	350
Cocina (4 hornillas)	8000
Cocina (horno + 4 hornillas)	11000
Computadora	60 - 250
Congelador 14 pies cúbicos	350
Cortador de alimentos	360
Cuchillo	90
Deshumificador portátil	36
Ducha eléctrica	3500
DVD	20
Equipo de sonido	100
Esterilizador de teteros	500
Horno grande	4000 - 8000
Humificador	40

Equipo eléctrico	Consumo (W)
Impresora *deskjet*	20
Impresora láser	400
Lámpara fluorescente	20
Lavadora automática	500
Lavadora manual	300
Lavaplatos	1200-1500
Licuadora	300
Máquina de afeitar	20
Máquina de coser	100
Microondas	600 - 1500
Monitor 17 pulgadas	80
Olla arrocera	1000
Plancha	1000
Procesador de alimentos	360
Pulidora de pisos	300
Radio	20 - 70
Refrigerador	400
Reproductor de *CD*	35
Sandwichera	650
Sartén eléctrica	1300
Secador de pelo	1875
Secadora de ropa (120 V)	1600
Secadora de ropa (220 V)	5000
Taladro 1 pulg.	1000
Taladro 1/2 pulg.	750
Taladro 1/4 pulg.	250
Televisor 19 pulgadas	200
Televisor 25 pulgadas	250
Tostadora de pan	800 - 1500
Tostiarepa	1200
Triturador de desperdicios	1500
VCR	40
Ventilador de techo	10 - 50
Ventilador portátil de mesa	10 - 25

Tabla C3 Equipos y artefactos usados comúnmente en una residencia y su consumo típico en vatios.

APÉNDICE D

Tipo de ambiente	Carga unitaria	
	VA/m²	VA/ft²
Auditorios	11	1
Bancos	39	3.5
Barberías y tiendas de belleza	33	3
Iglesias	11	1
Clubes	22	2
Salas de juzgados	22	2
Unidades de vivienda	33	3
Garajes - Comercios (almacenamiento)	6	0.5
Hospitales	22	2
Hoteles y moteles (incluye casas de apartamentos sin facilidades de cocina).	22	2
Edificios comerciales e industriales	22	2
Casas de huéspedes	17	1.5
Edificio de oficinas	39	3.5
Restaurantes	22	2
Escuelas	33	3
Tiendas	33	3
Almacenes (depósitos)	3	0.25
En cualquiera de los ambientes anteriores, excepto residencias unifamiliares, bifamiliares y multifamiliares:		
Salones de reunión y auditorios	11	1
Recibos, corredores, clósets, escaleras	6	0.50
Espacios para almacenamiento	3	0.25

Tabla D1 Carga de iluminación general por m² o por pie² para distintos ambientes.

Tipo de ambiente	Porción de carga de alumbrado al cual se aplica el factor de demanda (VA)	Factor de demanda (%)
Hogares	Primeros 3000 o menos	100
	Desde 3001 a 120000	35
	Remanente sobre 120000	25
Hospitales	Primeros 50000 o menos	40
	Remanente sobre 50000	20
Hoteles y moteles (incluye casas de apartamentos sin facilidades de cocina para huéspedes)	Primeros 20000 o menos	50
	Desde 20001 a 100000	40
	Remanente sobre 100000	30
Almacenes	Primeros 12500 o menos	100
	Remanente sobre 12500	50
Todos los demás	Total voltios-amperios	100

Tabla D2 Factores de demanda para cargas de iluminación.

Régimen o ajuste máximo de OCPD, que no excedan el valor mostrado (A)	Tamaño AWG 0 kcmil conductor de cobre
15	14
20	12
30	10
40	10
60	10
100	8
200	6
300	4
400	3
500	2
600	1
800	1/0
1000	2/0
1200	3/0
1600	4/0
2000	250
2500	350
3000	400
4000	500
5000	700
6000	800

Tabla D3 Calibre mínimo de los conductores de puesta a tierra para equipos y canalizaciones.

HP	115 V	200V	208V	230V
1/6	4,4	2.5	2.4	2.2
1/4	5.8	3.3	3.2	2.9
1/3	7.2	4.1	4.0	3.6
1/2	9.8	5.6	5.4	4.9
3/4	13.8	7.9	7.6	6.9
1	16	9.2	8.8	8.0
1,5	20	11.5	11.0	10
2	24	13.8	13.2	12
3	34	19.6	18.7	17
5	56	32.2	30.8	28
7,5	80	46	44	40
10	100	57.5	55	50

Tabla D4 Corriente a plena carga de amperios para motores monofásicos de corriente alterna. La tabla se aplica a motores funcionando a velocidades y características de torque normales. Los voltajes pueden tener un rango de 110 a 120 voltios y de 220 a 240 voltios.

HP	115 V	200V	208V	230V	460	575V
1/2	4.4	2.5	2.4	2.2	1.1	0.9
3/4	6.4	3.7	3.5	3.2	1.6	1.3
1	8.4	4.8	4,6	4.2	2.1	1.7
1.5	12.0	6.9	6.6	6.0	3.0	2.4
2	13.6	7.8	7.5	6.8	3.4	2.7
3	-	11.0	10.6	9.6	4.8	3.9
5	-	17.5	16.7	15.2	7.6	6.1
.,5	-	25.3	24.2	22	11	9
10	-	32.2	30.8	28	14	11
15	-	48.3	46.2	42	21	17
20	-	62.1	59.4	54	27	22
25	-	78.2	74.8	68	34	27
30	-	92	88	80	40	32
40	-	120	114	104	52	41
50	-	150	143	130	65	52
60	-	177	169	154	77	62
75	-	221	211	192	96	77
100	-	285	273	248	124	99
125	-	359	343	312	156	125
150	-	414	396	360	180	144
200	-	552	528	480	240	192
250	-	-	-	-	-	302
300	-	-	-	-	-	361
350	-	-	-	-	-	414
400	-	-	-	-	-	477
450	-	-	-	-	-	515
500	-	-	-	-	-	590

Tabla D5 Corriente a plena carga de amperios para motores trifásicos de corriente alterna. La tabla se aplica a motores de inducción de jaula de ardilla y a motores de rotor bobinado.

N° de arte-factos de cocina	Factores de demanda		
	Columna A (cocinas con capacidad menor de 3.5 kW, %)	Columna B (cocinas con capacidad de 3.5 kW a 8.75 kW, %)	Columna C (máxima demanda en kW. Régimen menor de 12 kW)
1	80	80	8
2	75	65	11
3	70	55	14
4	66	50	17
5	62	45	20
6	59	43	21
7	56	40	22
8	53	36	23
9	51	35	24
10	49	34	25
11	47	32	26
12	45	32	27
13	43	32	28
14	41	32	29
15	40	32	30
16	39	28	31
17	38	28	32
18	37	28	33
19	36	28	34
20	35	28	35
21	34	26	36
22	33	26	37
23	32	26	38
24	31	26	39
25	30	26	40
26-30	30	24	15 kW + 1 kW/cocina
31-40	30	22	
41-50	30	20	25 kW + 3/4 kW/cocina
51-60	30	18	
Más de 61	30	16	

Nota 1: Para cocinas individuales de más de 12 kW y no más de 27 kW, se aumentará la demanda máxima de la columna C un 5% por cada kW adicional, por encima de 12 kW.

Nota 2: Para cocinas individuales de distintas capacidades, de más de 8.75 kW y no más de 27 kW, se suman las capacidades y se divide entre el número de cocinas. Luego, la máxima demanda de la columna C se incrementa un 5% por cada kW por el cual el valor obtenido supere 12 kW.

Nota 3: Cuando se tengan cocinas cuyas capacidades sean mayores de 1.75 kW y menores de 8.75 kW, se aplican los factores de demanda de las columnas A y B.

Nota 4: Cuando se tiene una cocina de tope de mesa y hasta dos hornos instalados en la pared, alimentados por un mismo circuito y ubicados en un mismo ambiente, se suman las capacidades de la cocina y los hornos. El resultado se trata como si esta carga fuera una sola unidad de cocina y se aplica la columna C. Si la carga no excede 12 kW, la carga final será de 8 kW. Si la carga excede 12 kW, se aplica la Nota 1.

Nota 5: Esta tabla también se aplica a cocinas domésticas con capacidad superior a 1.75 kW, usadas en programas instruccionales.

Tabla D6 Factores de demanda en % y cargas para cocinas eléctricas, hornos de pared, topes eléctricos y otros artefactos con capacidad superior a 1.75 kW.

Número de secadoras	Factor de demanda (%)
1 - 4	100%
5	85%
6	75%
7	65%
8	60%
9	55%
10	50%
11	47%
12 - 22	% = 47 – (N° secadoras – 11)
23	35%
24 - 42	% = 35 – [0,5 · (N° secadoras – 23)]
Más de 42	25%

Tabla D7 Factores de demanda para secadoras eléctricas domésticas (ver **Apéndice D**, **Tabla D8**).

Calibre del mayor conductor activo de la acometida (AWG/kcmil)	Calibre del conductor del electrodo de puesta a tierra
2 o menor	8
1 o 1/0	6
2/0 o 3/0	4
Mayor de 3/0 hasta 350	2
Mayor de 350 hasta 600	1/0
Mayor de 600 hasta 1100	2/0
Mayor de 1100	3/0

Tabla D8 Calibre del conductor de cobre del electrodo de puesta a tierra y del puente de unión equipotencial para sistemas de corriente alterna.

Régimen o ajuste máximo de breakers colocados en el lado de la alimentación (amperios)	Calibre (AWG o kcmil) (conductores de cobre)
15	14
20	12
30	10
40	10
60	10
100	8
200	6
300	4
400	3
500	2
600	1
800	1/0
1000	2/0
1200	3/0
1600	4/0
2000	250
2500	350
3000	400
4000	500
5000	700
6000	800

Tabla D9 Calibre mínimo de los conductores de cobre de puesta a tierra en equipos y canalizaciones.

APÉNDICE E

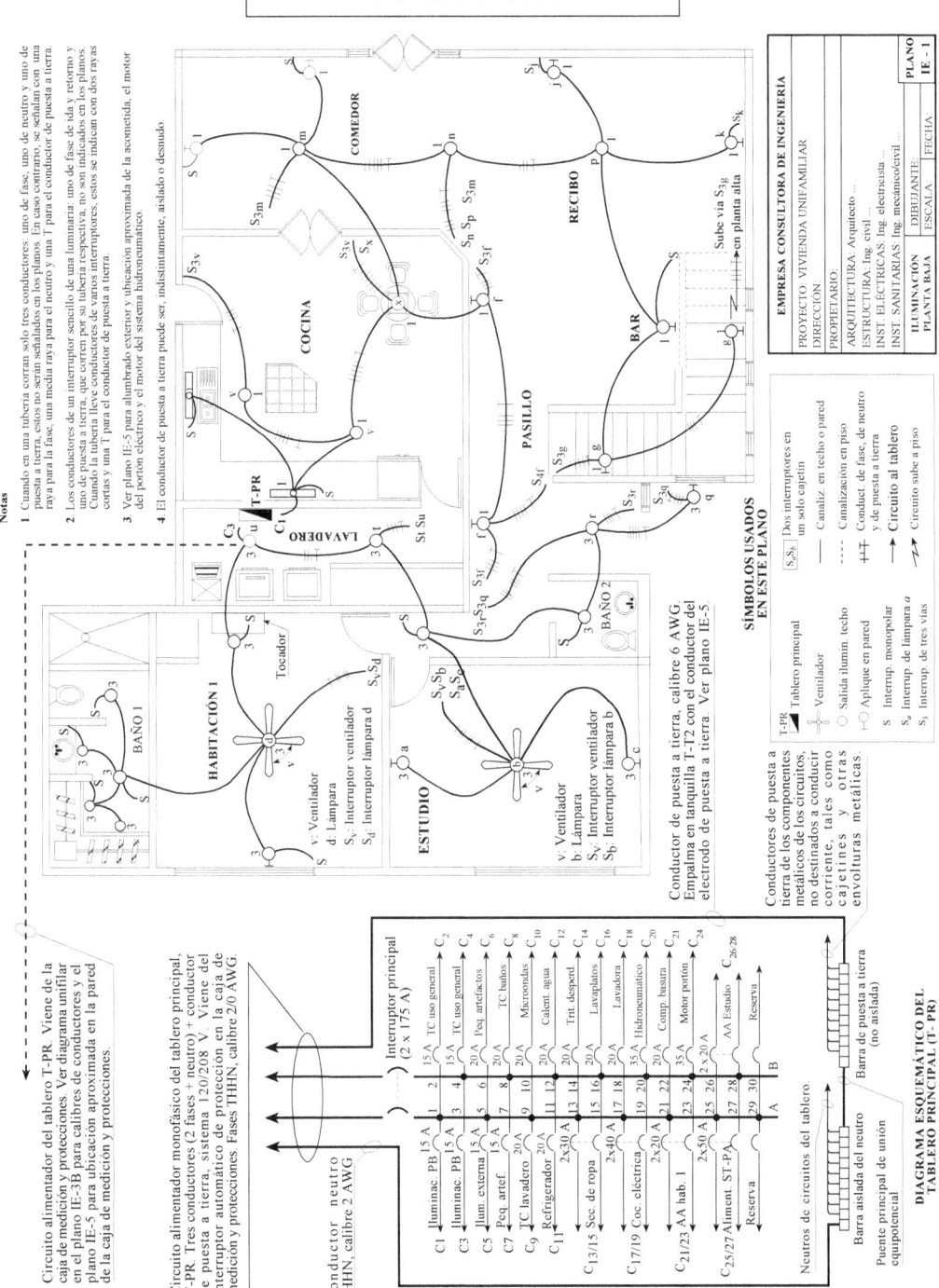

PLANO IE–1

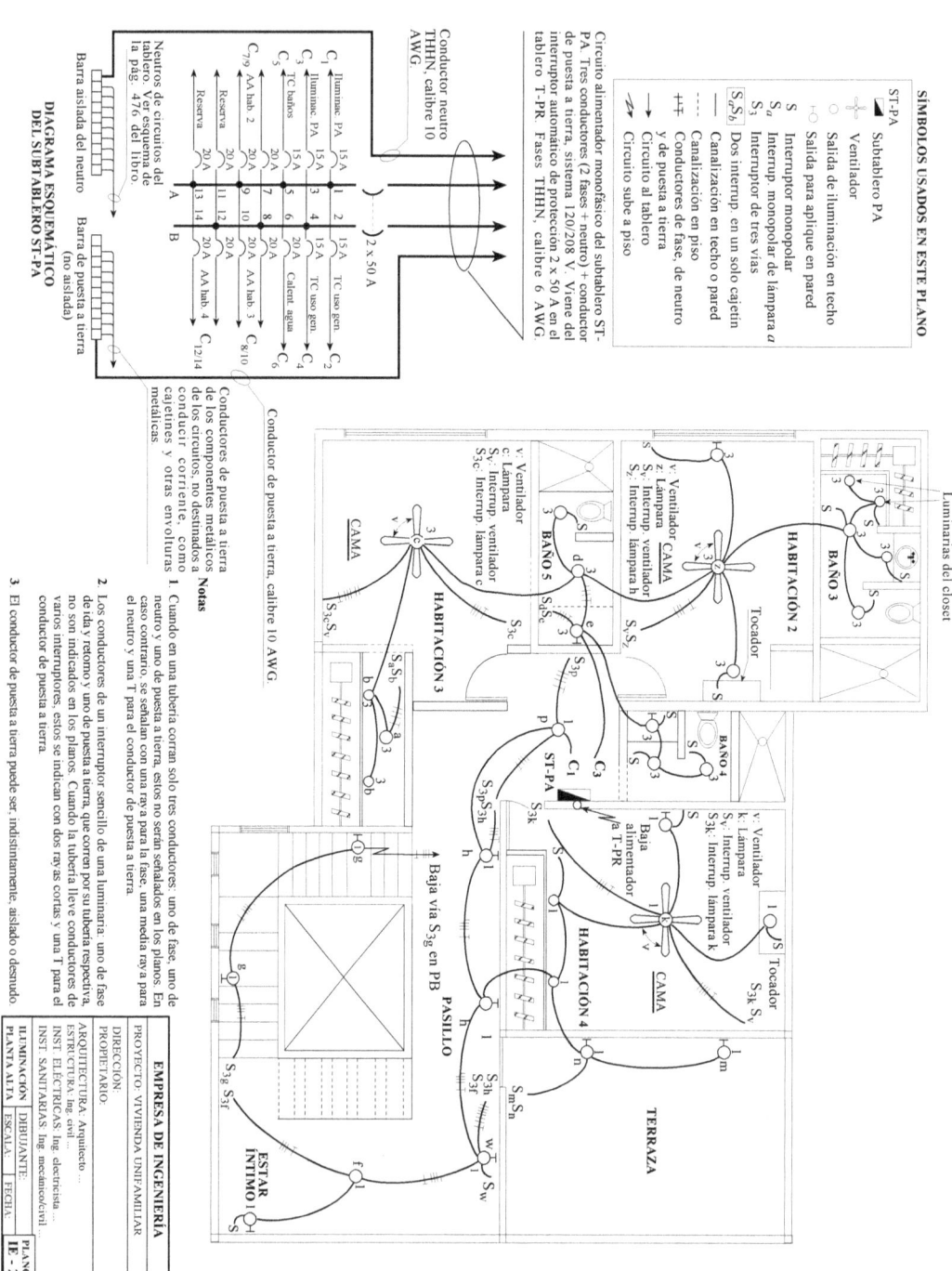

PLANO IE–2

APÉNDICES TOMO II INSTALACIONES ELÉCTRICAS RESIDENCIALES 683

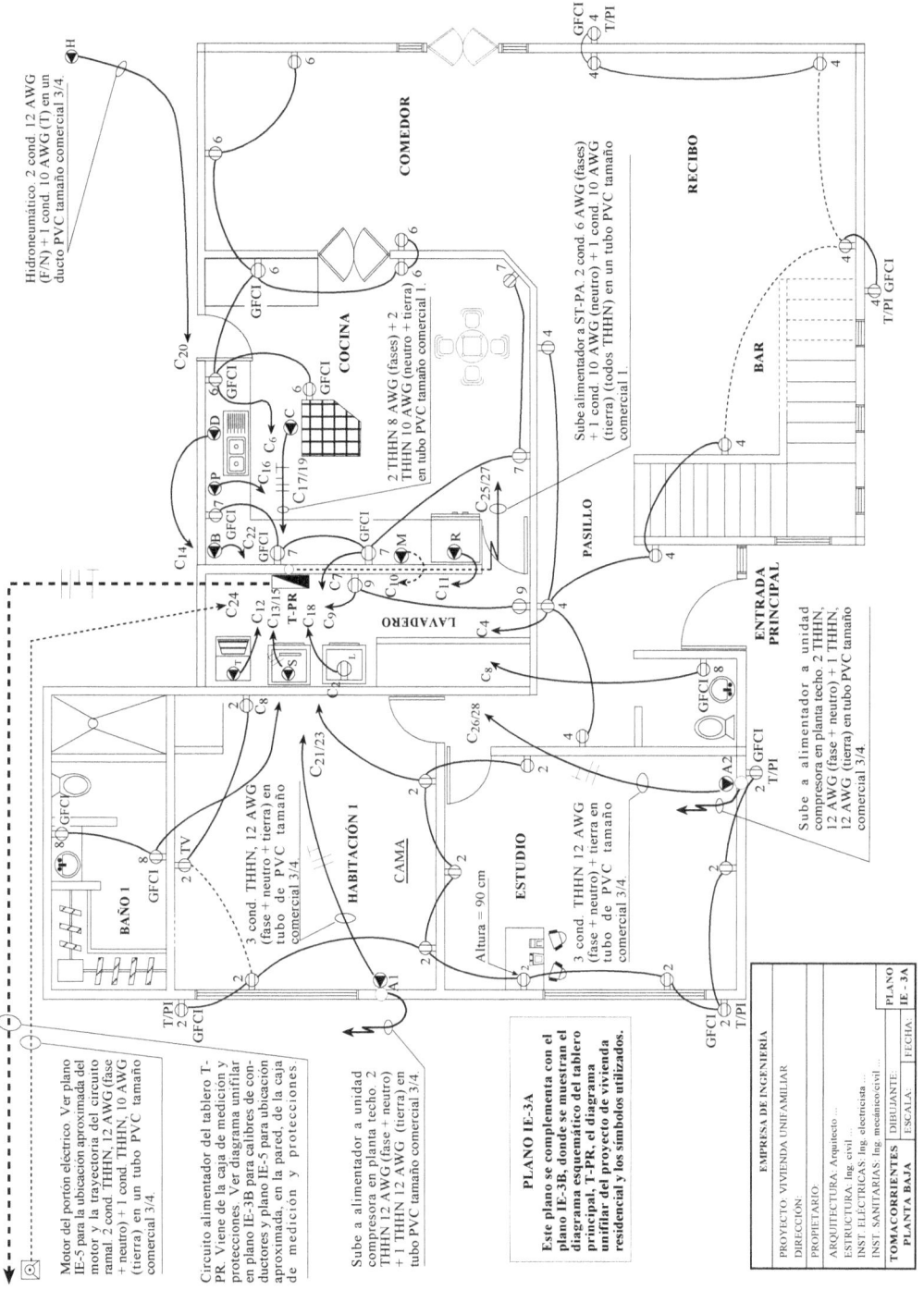

PLANO IE–3A

PLANO IE-3B
Este plano complementa al plano IE-3A.

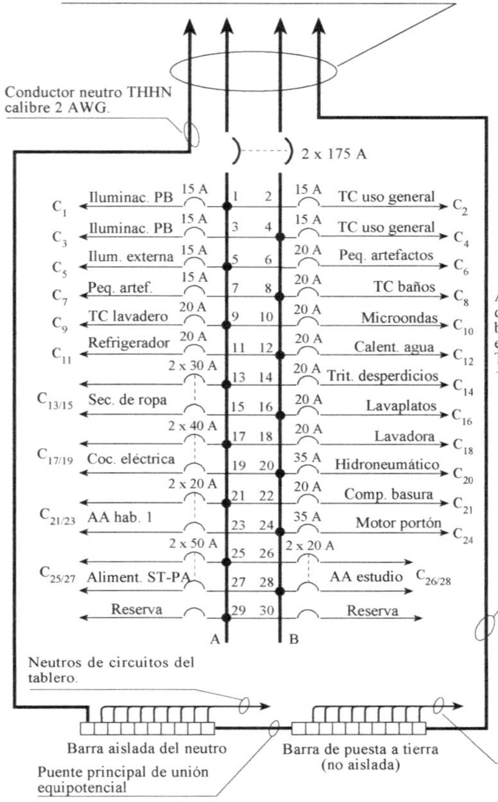

DIAGRAMA ESQUEMÁTICO DEL TABLERO PRINCIPAL T- PR

SÍMBOLOS USADOS EN LOS PLANOS

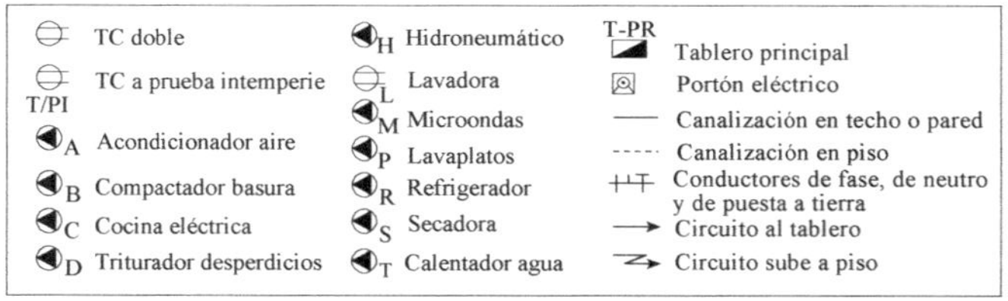

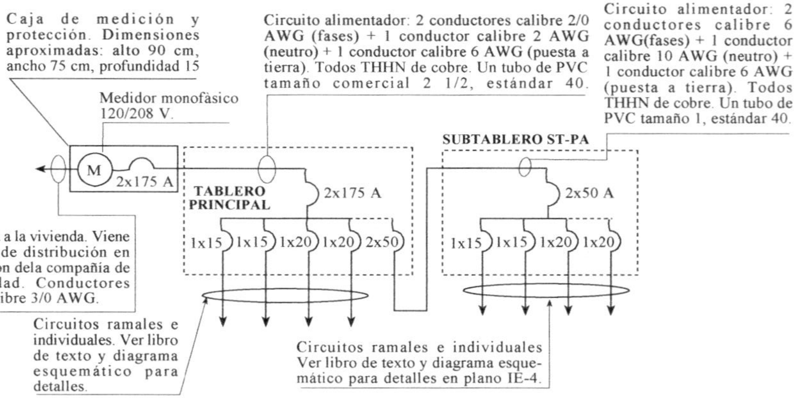

DIAGRAMA UNIFILAR DEL PROYECTO DE VIVIENDA RESIDENCIAL

EMPRESA CONSULTORA DE INGENIERÍA			
PROYECTO: VIVIENDA UNIFAMILIAR DIRECCIÓN:			
PROPIETARIO:			
ARQUITECTURA: Arquitecto ... ESTRUCTURA: Ing. civil ... INST. ELÉCTRICAS: Ing. electricista ... INST. SANITARIAS: Ing. mecánico/civil ...			
DIAGRAMAS Y SÍMBOLOS ELÉCTRICOS	DIBUJANTE:		**PLANO IE - 3B**
	ESCALA:	FECHA:	

PLANO IE–3B

APÉNDICES TOMO II INSTALACIONES ELÉCTRICAS RESIDENCIALES

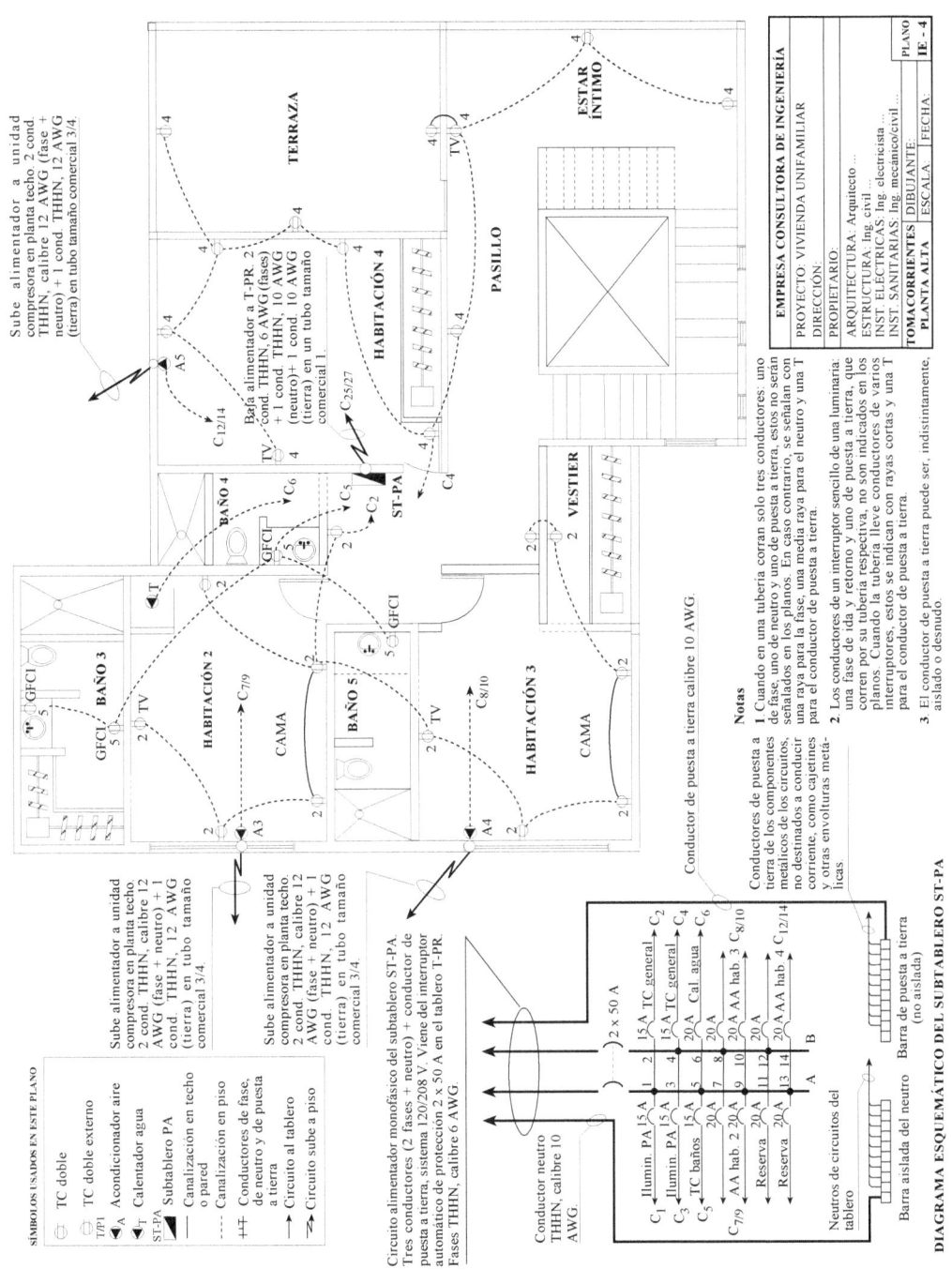

PLANO IE–4

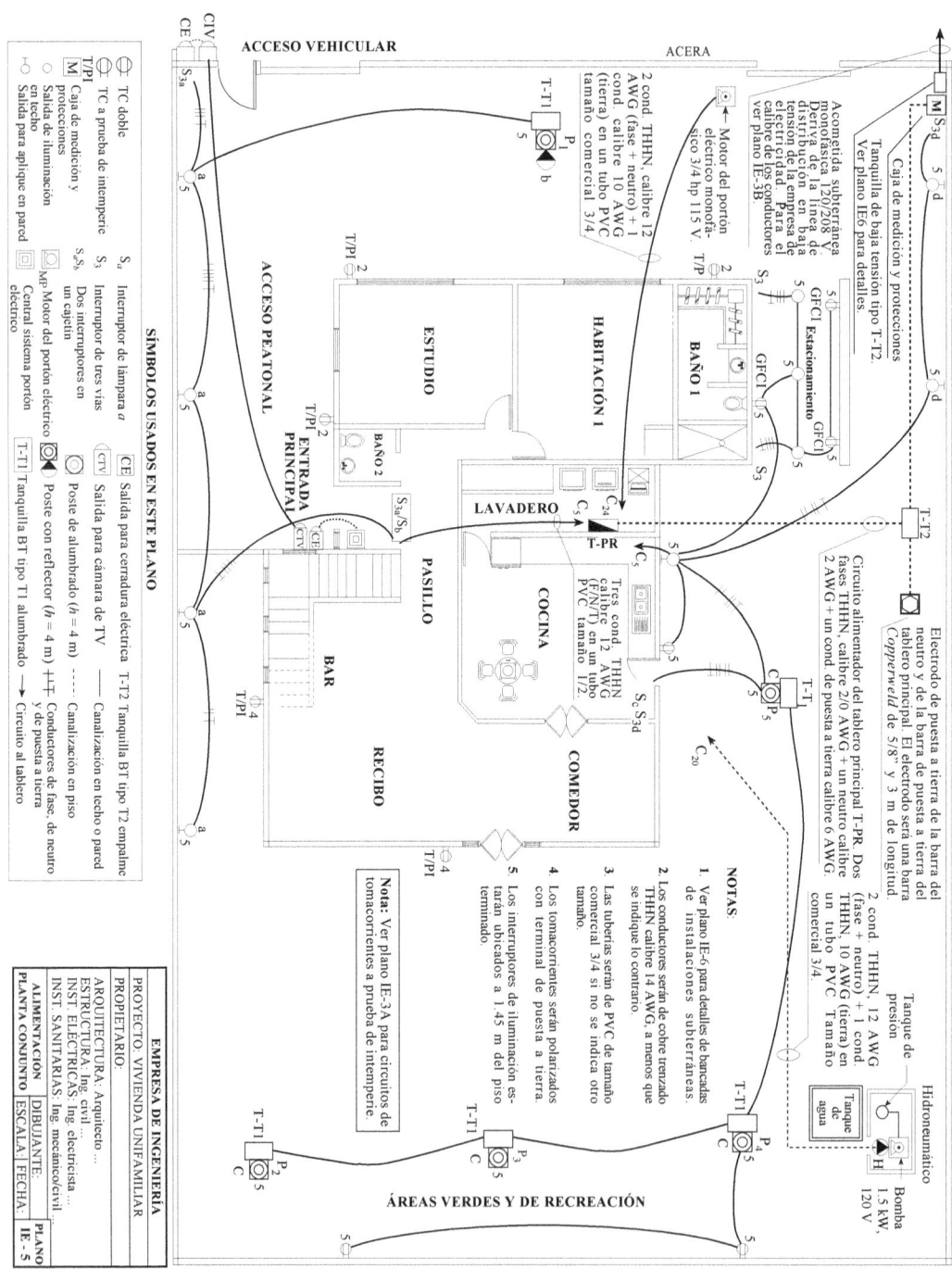

PLANO IE–5

Apéndices Tomo II Instalaciones Eléctricas Residenciales

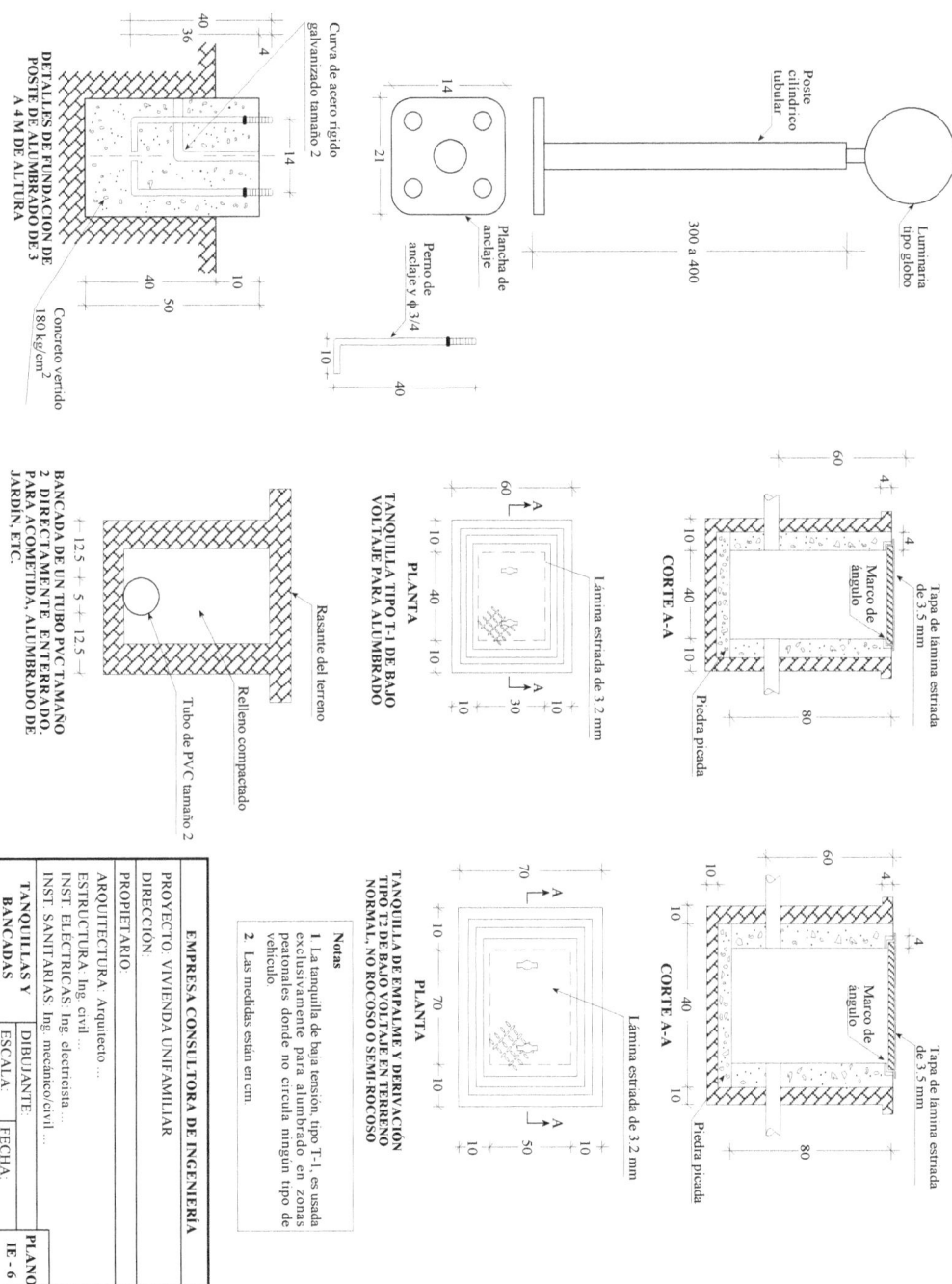

PLANO IE–6

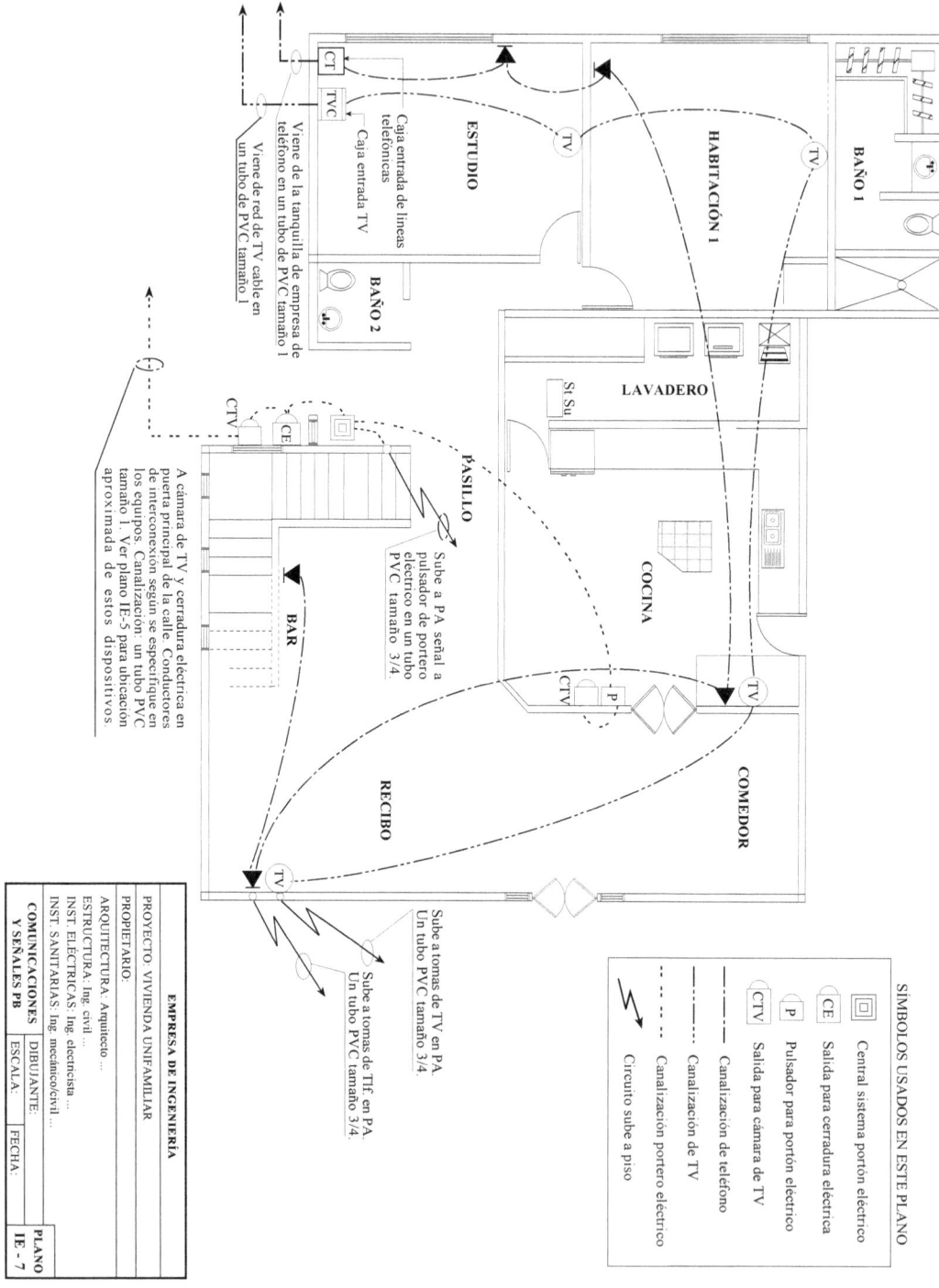

PLANO IE–7

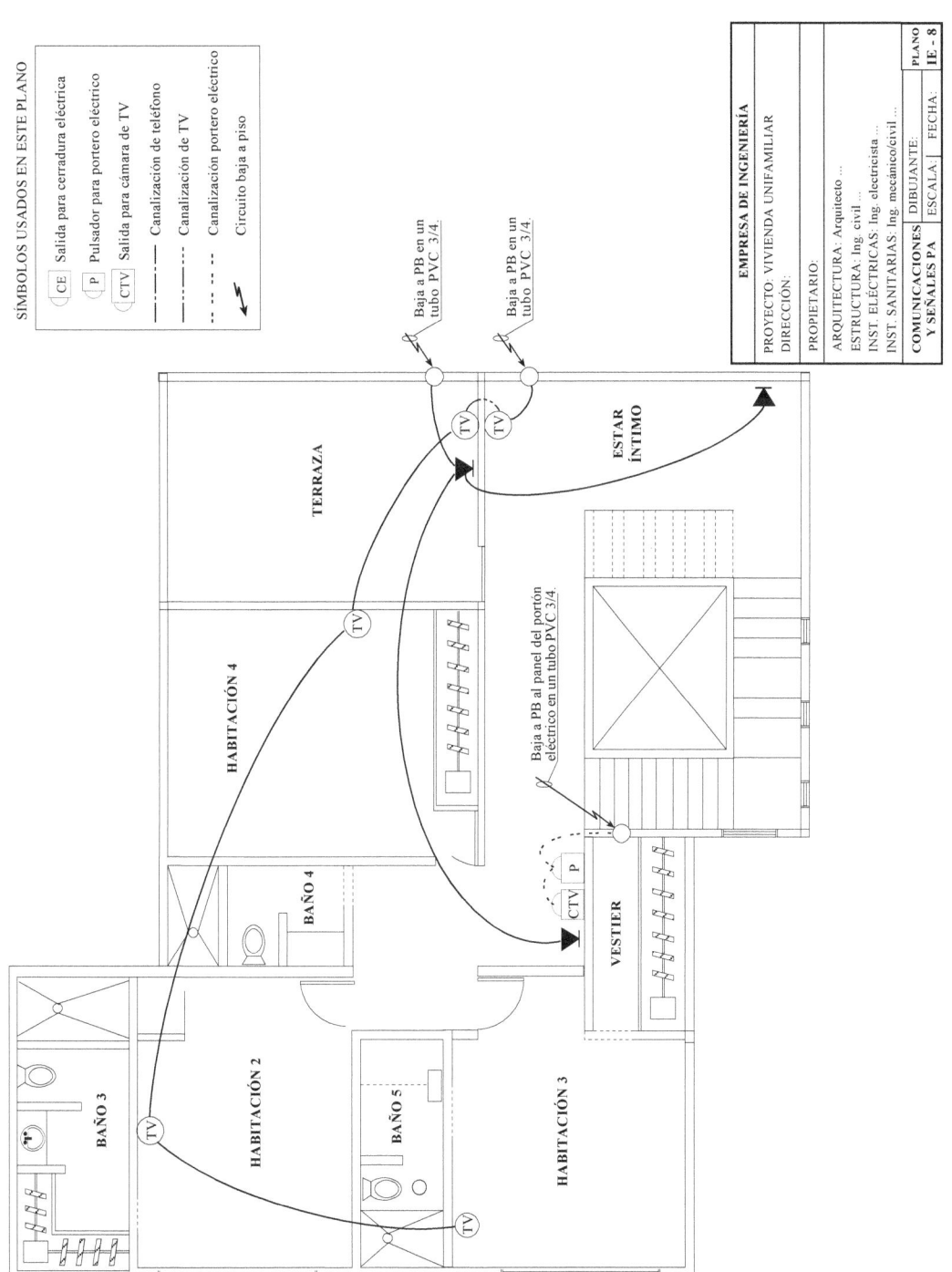

PLANO IE–8

ÍNDICE ALFABÉTICO TOMO II

A

Acometida
  aislamiento de los conductores de entrada 544
  cables de 529
  calibre mínimo y capacidad de corriente 545
  características de la 526
  casos especiales 531
  definiciones 457
  definiciones relativas a una 529-530
  empalme de conductores 546
  equipo de 530
  medios de desconexión 547
  métodos de cableado para tensión menor o igual a 600 V 545
  número de conductores de la 544
  protección contra sobrecorriente 549
  punto de 529
  separación de las edificaciones 535
  subterránea 530
  unión equipotencial de la 588
Acometida aérea
  conductores de entrada de la 529, 536
  conductores de la 527, 529
  elementos de una 526
  elementos mecánicos y de soporte 539
  métodos de fijación de la 539
  puntos de fijación de los conductores 539
  separación por encima de un techo 537
  separación vertical del suelo 538
  soporte sobre inmuebles 540
Acometida en edificaciones
  separaciones de los conductores 535
  separación vertical de los conductores 535
Acometidas
  externas a un edificio 532
  número de 530
Acometidas duales, puestas a tierra 577
Acometida subterránea
  aislamiento de los conductores 541
  calibre y capacidad de corriente 541
  conductores de la 540
  elementos de una 528
  en alta tensión 528
  en baja tensión 528
  profundidad de los conductores 543
  protección contra daños 541
  recubrimiento mínimo de las canalizaciones 542
Acondicionador de aire
  ampacidad de los circuitos ramales 449
  circuito ramal para el 448
  medios de desconexión 450
  protección contra sobrecorriente 449
  puesta a tierra 450

B

Bonding (fusión conductiva) de equipos 591

C

Cables de la acometida, definición 529
Cálculo de acometidas y alimentadores
  en residencias multifamiliares 497
  método estándar 461
  método opcional 491
  normativas para el 461-462
Cálculo de circuitos ramales para pequeños artefactos 399
Cálculo de la corriente de cortocircuito 319
Cálculo de las protecciones, procedimiento 356
Cálculos eléctricos de un proyecto eléctrico residencial 601
Calentador de agua
  característica de la carga de los 434
  circuitos ramales 434
  medios de desconexión 436
  protección del circuito ramal 436
  selección de conductores para el 435
  voltaje de alimentación 434
Calibre del conductor de puesta a tierra 537
Capacidad de interrupción de corriente de un fusible 317

Capacidad o régimen de los
    tomacorrientes 345
Características de los fusibles 315
Carga continua, definición 333
Carga de iluminación general por m^2 388
Circuito ramal
    de artefactos 376
    definición 375, 376
    de una secadora eléctrica 437
    de uso general 376
    individual 409, 410
    multiconductor 376, 451
    para acondicionadores de aire 448
    para calentador de agua 434
    para el compactador de basura 444
    para el horno de microondas 447
    para el lavaplatos eléctrico 442
    para el triturador de desperdicios 445
    para la secadora eléctrica de ropa 437
Circuitos individuales de artefactos y
    equipos 306, 409, 414, 460
Circuitos individuales en una residencia
    460
Circuitos ramales
    ampacidad de los conductores 333-
        334, 350
    clasificación 340
    de artefactos 376
    individuales 376, 409
    multiconductores 376, 409
    normas para la protección contra so-
        brecorrientes 341
    para calentadores de agua 436
    para cocinas eléctricas 408, 419, 421-
        422
    para una combinación de cargas
        continuas y discontinuas 333,
        377-383, 416
    para varios tomacorrientes 340
    protección contra sobrecorriente 309,
        341, 347-348, 353, 366
    requisitos generales 377
    tipos de 377
Circuitos ramales de 15 amperios
    capacidad nominal 392-393
    número de 387, 389

número de salidas para iluminación
    y tomacorrientes 389
uso general 383
Circuitos ramales de 20 amperios
    capacidad nominal 392-393
    en el lavadero 403
    en las salas de baño 404
    númerro de circuitos 394-395
    para pequeños artefactos 399
    salidas de iluminación y
        tomacorrientes 396
    para pequeños artefactos 399
    para equipos de refrigeración 399
    uso general 391
Circuitos ramales de 30 amperios
    de uso general 407
    calibre mínimo del conductor 440
Clasificación de circuitos ramales 340
Clasificación de interruptores
    automáticos 325
Clasificación de los fusibles 321
Clasificación de tableros 552
Cocinas eléctricas
    ampacidad de conductores 422
    calibre del neutro en 422
    Carga a ser tomada en cuenta en circu-
        itos ramales 421
    conexión al circuito ramal 419-420
    demanda máxima para demanda entre
        12 y 27 kW 426
    factores de demanda 419, 424, 426
    factores de demanda para consumo
        entre 3.5 y 8.75 kW 426
    normativas para los dispositivos de
        protección 422
    normativas para el neutro 422
    notas de aplicación para su uso 426,
        428, 430-431, 433
Compactador de basura
    circuito ramal 444
Concepto de tierra 558
Conductor de puesta a tierra 559, 571,
    575-576, 583, 590, 592-593
Conductores de entrada de la acometida
    aérea 527, 543

Conductores de la acometida áerea
definición 529
Conductores de puesta a tierra, calibre mínimo 413, 589
Conductor puesto a tierra 465, 563, 574, 578, 581
Conductor puesto a tierra sólidamente 560
Conexión equipotencial 558, 560
de materiales conductivos 587
puentes de 563

D

Definición de circuito ramal 375
Diagramas unifilares, ejemplos 458, 471, 474, 478, 484

E

Electrodo de puesta a tierra 561-562, 572, 584, 585-586, 572, 642
anillo de cobre como 586
encapsulados en concreto 585
estructura metálica de edificaciones como 585
placas de hierro o acero como 586
tipos de 584
tuberías de aguas y metálicas como 584
tubos y barras como 586
Empalme de conductores en la acometida 546
Equipo, definición 380
Equipo de utilización 380

F

Factores de demanda para cargas de iluminación 401, 463
Factores de demanda para cocinas eléctricas 419
Falla a tierra 566
recorrido de la corriente en una 567
Falla a tierra, definición 308
Fórmula para calcular el número de circuitos ramales de 15 A 389
Fórmula para calcular el número de circuitos ramales de 20 A 394
Fusible
capacidad de interrupción de corriente 317
características 313
curvas tiempo vs corriente 317
con férulas 312
de acción retardada 312
de cartucho 312
de cuchillas 313-314
de férulas
de acción rápida 313
de férulas
de acción retardada 313
limitación de corriente 318
operación de un 310
régimen de corriente 316
régimen de voltaje 315
sin retardo de tiempo 312
tipo tapón 311
velocidad de respuesta 312

H

Horno de microondas
circuito ramal para el 447
carga a tomar para el 461

I

Instalaciones telefónicas 634
acometida 634
distribución interna 636
en forma de anillo 636
en forma radial 636
en edificios 639
la acometida en edificios 639
red interna en edificios 640
caja de distribución principal 640
Interruptores automáticos 322
características 326
clasificación 325
cuádruples 328
de uno y dos polos 325
régimen de corriente en 316

régimen de voltaje en 315
valores normalizados 353

L

Lavadero
  circuitos ramales en el 402
  cómputo en VA del circuito ramal 403
  número de circuitos ramales 403
Lavaplatos eléctrico
  circuito ramal para el 442
  medios de desconexión del 443

M

Máxima corriente de cortocircuito que puede soportar un conductor 351
Medios de desconexión
  de la acometida 547
Memoria descriptiva de un proyecto eléctrico residencial 600-601
Método estándar para el cálculo de alimentadores y acometidas 461
Método opcional para el cálculo de alimentadores y acometidas 491, 493
Método opcional para residencias multifamiliares
  factores de demanda 500
  normativas para su uso 500

N

Neutro
  conexión como conductor puesto a tierra 581
  reducciones permitidas en su calibre en cocinas eléctricas 422, 424
  en secadoras eléctricas 440
Número de acometidas 530
Número de circuitos ramales de 15 amperios 387-389
Número de circuitos ramales de 20 amperios 394-395

P

Pequeños artefactos
  cálculo del número de circuitos ramales 399
  carga a tomar en cuenta para el cálculo de alimentadores 400
  circuitos ramales para 397
  limitaciones de los circuitos ramales de 398
Planos eléctricos de un proyecto eléctrico residencial 601
Protección de circuitos ramales contra sobrecorrientes 303, 343, 347
  normas del CEN 333, 341, 344
  cuando hay carga cargas continuas y no contiguas 333-334, 341, 344, 354, 356, 377
  de acondicionador de aire 449
  del equipo de acometida 549
  para aparatos de consumo mayor a 13.3 A 348-349, 417, 436
  para pequeños conductores 14, 12 y 10 AWG 356, 413
  de circuitos ramales que alimentan a artefactos eléctricos 346
  de portalámparas 343
  de tomacorrientes individuales 344
  de carga conectada mediante cordón y enchufe 344-345, 352-353, 356
  de artefactos eléctricos 346
  de conductores cuando hay riesgos de pérdida de energía 351
Proyecto eléctrico residencial
  características de un buen 599
  cómputos métricos 601, 624
  ejemplo completo de ubicación de tomacorrientes y luminarias 603
  ejemplo de cálculo de los circuitos ramales 613
  especificaciones técnicas de materiales 624
  esquema de tableros y símbolos 622
  memoria descriptiva 623
  memoria descriptiva de un 600
  memoria final 623
  plano de ubicación de elementos eléctricos 624
  planos eléctricos 601-602

ÍNDICE ALFABÉTICO - TOMO II

puesta a tierra 622
tablas de distribución de cargas 621
Proyecto telefónico, el 649
Puente de unión equipotencial 572, 580-581
  calibre del 564
  del equipo 587
  principal 558
  tabla del calibre del 578
Puesta a tierra
  accesorios para la 558-559, 572
  calibre mínimo de conductores 589
  circuitos que no deben tener 575
  conductores de los equipos 562
  cuando el voltaje es menor que 50 V 572
  cuando el voltaje está entre 50 y 1000 V 572
  cuando hay dos acometidas 572
  de la acometida 575
  del neutro de la acometida 575-576
  de los sistemas eléctricos 572
  de sistemas derivados separadamente 581
  de sistemas y circuitos 572
  electrodos de 584
  en el lado de la carga 577

R

Régimen de corriente
  de un fusible 316
  de un interruptor 327
Régimen de temperatura de conductores, disposiciones del CEN 335-336

S

Salas de baño
  carga proporcionada por el circuito ramal para 405
  circuitos ramales para 404
Secadora eléctrica
  calibre del neutro 440
  capacidad mínima del circuito ramal 439
  carga mínima de diseño 438

  circuito ramal para la 437
  medios de desconexión 440
  protección del circuito ramal 439
  tabla de factores de demanda 439
  tomacorriente para una 437
Sistema de puesta a tierra
  como garante de la seguridad eléctrica 584
Sistemas derivados separadamente
  definición y puesta a tierra 581

T

Tableros eléctricos 550
  capacidad de corriente 552
  clasificación de los 552
  corriente de cortocircuito de los 553
  especificaciones 552
  puesta a tierra de los 553
  ubicación en una residencia 553
  ubicado en lugares mojados o húmedos 553
  voltaje de 552
Tierra
  cómo funciona la protección a 563
  concepto de 558
  conductor del electrodo de puesta a tierra 561
  conductor de puesta a 562
  conductor de puesta a tierra de los equipos 562
  conductor puesto a 559
  conductor puesto a tierra sólidamente 560
  definición de conductor puesto a 559
  electrodo de puesta a 561
  falla a 566
  objeto de la conexión a 558
  para qué se usa la puesta a 559
  recorrido de la corriente de falla a 566, 567
  resistividad de la 558
Tomacorrientes
  conexión a tierra de los 593

U

Unión equipotencial

calibre de la acometida 588
calibre mínimo de la acometida 588
calibre del puente de la acometida 588
calibre del puente en el lado de la carga 588
materiales y calibres del puente de 588
métodos para unir los equipos en 591
otros componentes de la 588

V

Valores normalizados de fusibles e interruptores 353

www.ingramcontent.com/pod-product-compliance
Lightning Source LLC
Chambersburg PA
CBHW080007210526
45170CB00015B/1854